普通高等教育“十一五”国家级规划教材

新形态教材

微生物学

（第2版）

主　编　袁　生　戴传超

编著者（按姓名拼音排序）

陈双林　戴传超　董宏平　韩管助　何孔旺

黄　鹰　连　宾　陆　玲　邵蔚蓝　薛业敏

闫淑珍　袁　生

中国教育出版传媒集团

高等教育出版社·北京

内容简介

本书为普通高等教育“十一五”国家级规划教材，在保持第1版特色和编排体例基础上，系统、精练地介绍了绪论、原核微生物、真核微生物、病毒、微生物营养与生长、微生物代谢、微生物遗传、微生物生态、微生物感染与免疫。

第2版教材结合微生物学重大原理发现和发展过程中的创新历程，凸显科学探索方法，并将这种创新思维培养贯穿于整个教材中；反映了近10年来微生物研究方法和技术的重要进展，增加了关于微生物起源与进化的最新内容；补充介绍了一些重要的新知识点，如新冠病毒感染、人造生命、巨大病毒、微生物组、合成微生物群落、CRISPR-Cas9系统、肿瘤CAR-T细胞免疫疗法、mRNA疫苗等。

本书适合作为高等学校生物科学、生物技术、生物工程以及相关的环境科学类和食品科学类专业的微生物学课程教材，也适于微生物学及其相关学科的科技人员参考使用。

图书在版编目（CIP）数据

微生物学 / 袁生，戴传超主编．--2版．-- 北京：高等教育出版社，2023.12（2025.3重印）．

ISBN 978-7-04-061070-3

Ⅰ．①微… Ⅱ．①袁… ②戴… Ⅲ．①微生物学－高等学校－教材 Ⅳ．①Q93

中国国家版本馆CIP数据核字（2023）第157797号

WEISHENGWUXUE

策划编辑 高新景　　责任编辑 高新景　　封面设计 李小璐　　责任印制 刘弘远

出版发行	高等教育出版社	网　　址	http://www.hep.edu.cn
社　　址	北京市西城区德外大街4号		http://www.hep.com.cn
邮政编码	100120	网上订购	http://www.hepmall.com.cn
印　　刷	天津鑫丰华印务有限公司		http://www.hepmall.com
开　　本	850mm×1168mm　1/16		http://www.hepmall.cn
印　　张	21.5	版　　次	2009年8月第1版
字　　数	500千字		2023年12月第2版
购书热线	010-58581118	印　　次	2025年3月第2次印刷
咨询电话	400-810-0598	定　　价	49.80元

物 料 号　61070-00

数字课程（基础版）

微生物学

（第2版）

主编　袁　生　戴传超

登录方法：

1. 电脑访问 http://abook.hep.com.cn/61070，或手机扫描下方二维码、下载并安装 Abook 应用。
2. 注册并登录，进入“我的课程”。
3. 输入封底数字课程账号（20 位密码，刮开涂层可见），或通过 Abook 应用扫描封底数字课程账号二维码，完成课程绑定。
4. 点击“进入学习”，开始本数字课程的学习。

课程绑定后一年为数字课程使用有效期。如有使用问题，请点击页面右下角的“自动答疑”按钮。

Abook

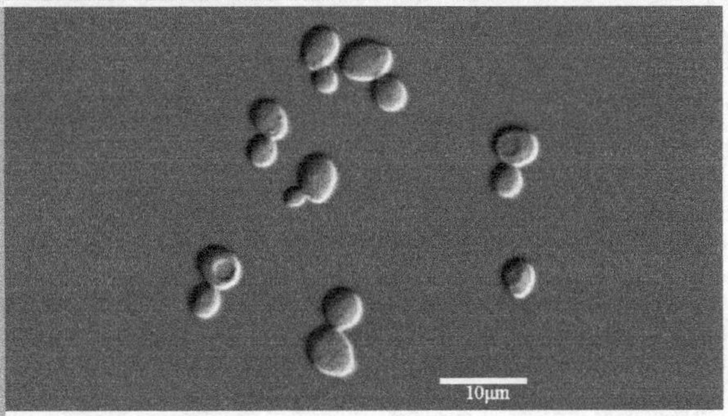

微生物学（第2版）

本数字课程与纸质教材紧密配合，一体化设计，包括教学课件、自测题等内容，充分运用多种形式的媒体资源，为师生提供教学参考。

用户名：　密码：　验证码：　5360　忘记密码？　登录　注册

http://abook.hep.com.cn/61070

扫描二维码，下载Abook应用

第1版序

微生物学是生命科学中的一门极为重要的基础学科，涉及工、农、医、环境等领域的基础研究和应用，特别是与人的关系极为密切。由于微生物（包括病毒）是最简单的生命体而又具有高等生物的基本生命过程，因此，当它们在显微镜下被发现以后，很快就成了人们关注的焦点，并逐渐成为研究生命现象的主要材料。特别是进入“基因组”时代后，微生物更起着“先锋”的作用。第一个全基因组序列测定完成的独立生命体就是微生物。微生物基因组学的研究不仅将微生物学自身的发展推向一个新的阶段，而且也极大地促进了人类基因组学的深入和发展，为整个生命科学的发展做出了（并将继续做出）巨大的贡献。

微生物学教材是生物学各专业和相关学科有关专业的必备教材，微生物课程是培养生命科学人才过程中必不可少的基础课，应用十分广泛，需要不同版本、不同风格和不同特色的微生物学教材出版，以适应我国不同高等院校的需求。

由袁生教授主编的“十一五”规划教材“微生物学”，是在多年教学实践的基础上，根据该课程教学的基本要求、学科的发展以及学生的知识结构和需求撰写而成。该教材涵盖了微生物学的基本理论、基本知识和基本技能，并与学科发展前沿技术息息相通，内容丰富，系统性强。在注重基础内容的同时，强调了微生物的多样性、实践性，注重理论联系实际；教材具有明显的先进性、实用性。

该教材在内容的编排上颇具特色，特别是对微生物分类学内容的处理显示了一种新的尝试；对相关内容（如微生物的营养、生长、纯培养和纯种保藏，微生物代谢与生产实践等）进行的有机整合，使教材内容紧凑、逻辑性强，有利于学生对所学知识及其实际应用的融会贯通，有利于学生能力的培养。该教材适用于师范院校和其他高等院校生命科学有关专业的教学，同时，对于从事微生物学研究及其相关专业的科技人员也是一本好参考书。

沈　萍

第 2 版前言

我们编写的“十一五”国家级规划教材《微生物学》自 2009 年出版以来，时间已经过去了 10 余年。这期间，微生物学在理论上获得了飞跃发展，实践上也为社会经济发展特别是抗击新冠病毒感染疫情做出了重大贡献。我们深感第 1 版教材已不能全面反映学科的发展面貌，需要更新补充。在教材使用过程中，我们也陆续发现第 1 版教材存在一些疏漏甚至错误的地方，需要进行修订、纠正。自 2019 年第 1 版教材出版 10 周年之际，我们启动了修订工作。

现将修订工作简要说明如下：

1. 第 2 版在保持原有教材特色基础上，对发现的一些疏漏、错误的地方，做了必要的勘误和修订；对某些内容根据教学实际情况做了调整、增减。

2. 为加强大学生创新意识培养，在绪论中结合巴斯德、科赫等微生物学先驱科学家在微生物学原理发现和发展过程中的创新历程，介绍科学探索方法，并将这种创新思维贯穿于整个教材中，注意介绍重要科学发现和理论建立的创新思维过程。

3. 微生物的起源与进化是生物学研究的一个基本问题，近年来不断取得新的进展。第 2 版增加了微生物起源与进化的内容，如原核微生物的起源与进化、真核细胞的起源与进化、病毒的起源与进化。

4. 近 10 年来，微生物学研究方法和技术发生了巨大的变化，我们在原核微生物分类与鉴定、真核微生物分类与鉴定、病毒的分类与鉴定等章节中给予了及时更新和补充，有关基因工程育种、环境微生物研究方法、基因组学研究方法等内容也进行了更新以反映最新进展。

5. 对一些重要的新知识点做了必要的补充介绍，如新冠病毒感染、人造生命、巨大病毒、CRISPR–Cas9 系统、微生物组、合成微生物群落、肿瘤 CAR–T 细胞免疫疗法、mRNA 疫苗等。

以下教师参加修订工作。袁生负责修订第一章，连宾负责修订第二章，陈双林负责修订第三章，韩管助负责修订第四章（第 1 版何孔旺），戴传超和袁生负责修订第五章，薛业敏负责修订第六章，陆玲负责修订第七章（第 1 版邵蔚蓝），闫淑珍负责修订第八章，黄鹰负责修订第九章（第 1 版董宏平）。袁生、戴传超负责全书的统稿工作。感谢高等教育出版社吴雪梅主任和高新景编辑对第 2 版编写修订工作的大力支持、关心和帮助；感谢武汉大学陈向东教授、南京师范大学戴亦军教授提供的帮助。

限于作者水平和能力，第 2 版教材不可避免仍会存在一些错漏甚至不当之处，欢迎广大师生和同行批评指正，以便再版时更好地加以改进。

袁 生 戴传超

2022 年 7 月 26 日

第1版前言

我们结合精品课程建设，汲取、借鉴和参考国内外一些优秀教材的长处，在微生物学教学中作了一些尝试和改革，本书反映了我们这方面的努力。简要说明如下：

1. 加强微生物现代分子生物学前沿知识的介绍。如近年来一直处于学科发展前沿的微生物基因组学、蛋白质组学和蜂拥而起的各种组学研究，近年来发展较快、研究得较为清楚的各种基因调控机制的研究，微生物分子生态学和环境基因组学的研究。

2. 加强微生物多样性知识的介绍。国外微生物学教材通常采用很大篇幅介绍微生物的多样性，但鉴于国内教学课时的限制，如何在教学中体现微生物的多样性是一个难题。我们尝试将微生物系统分类单元和细胞生物的拉丁双名法等内容调到绪论中，使学生掌握共性的基础分类知识。然后在原核微生物、真核微生物和病毒章节中在介绍完它们的形态和结构特点之后，引出它们的特殊分类标准和方法，并以图表概括方式介绍各个类群微生物的多样性，对一些主要微生物类群再适当予以详细介绍。

3. 注意对当前热点问题的介绍。如近年来社会关注的SARS、禽流感、猪链球菌感染等传染性疾病，新生病毒与肿瘤病毒，环境污染与微生物修复，未能培养微生物、海洋微生物（特别是海底微生物）的研究进展等。

4. 在教材编排体例上做了一些新的尝试。除了没有单独设置微生物分类一章外，考虑到营养物是影响微生物生长的重要因素，将微生物的营养与微生物的生长合并为一章。由于微生物纯培养分离获得之后就面临菌种保藏问题，将菌种保藏内容放入微生物营养与生长一章中相关部分。将有关代谢调控的内容按其属性放入微生物遗传一章中介绍。鉴于微生物学课程在许多高校同时为生物学专业、生物技术专业、生物工程专业、食品科学和环境科学专业学生开设，在相关章节中增加实践和应用知识，以满足不同需要。

5. 注意内容简明扼要，尽可能减去不必要的赘述和重复，不致因新增加的学科前沿内容，导致课程内容大幅膨胀。本书已经作者试讲5年，其间不断根据教学情况进行修改，以便让教师能在50课时左右时间内讲授完成。

本书适用于综合性大学和高等师范院校生物学专业、生物技术专业、生物工程专业，以及相关的环境科学专业和食品科学专业微生物学课程的教材。

本书由长期从事相关领域研究工作的同志参加编写。袁生（南京师范大学）编写第一章，连宾（南京师范大学）编写第二章，陈双林（南京师范大学）编写第三章，何孔旺（江苏省农业科学研究院）编写第四章，戴传超（南京师范大学）和袁生编写第五章，薛业敏（南京师范大学）编写第六章，邵蔚蓝（南京师范大学）编写第七章，闫淑珍（南京师范大学）编写第八章，董宏平（南京师范大学）编写第九章。袁生负责全书的统稿和修订工作。

感谢高等教育出版社吴雪梅和赵晓媛编辑对本教材编写的大力支持、关心和帮助。感谢武汉大学沈萍教授为本书审稿并作序，感谢武汉大学陈向东教授、南开大学李明春教授、河北师范大学赵孝宝教授、安徽师范大学柯丽霞教授、云南师范大学黄遵锡教授、南京师范大学徐旭士教授、陆玲教授、尚广东副教授审阅全书并提出很好意见。感谢孙磊同志参与了部分插图的绘制工作。

我们长期使用的教材《微生物学教程》（周德庆主编）、《微生物学》（沈萍主编）和《微生物学》（黄秀梨主编），为本书编写提供了重要参考。沈萍教授和周德庆教授对编者的积极鼓励使得本书得以顺利完成。

限于作者水平和能力，本书恐将存在一些错漏及不当之处，欢迎广大师生和同行批评指正，以便再版时改进。

袁 生

2008年12月31日

目　录

第一章

绪　论

一、微生物及其特点

微生物通常是指那些微小、简单、肉眼难以观察的生物。英文“微生物（microorganism）”一词，就是在“生物（organism）”词之前加上前缀“非常小（micro）”所构成。需要指出的是，微生物并不是一个分类学上的术语，它们主要是根据生物体的大小而被人为地划归在一起的。实际上微生物是由生物多样性非常广泛的不同生物类群所组成，它包含真核生物中的真菌、微型藻类、原生动物，原核生物中的细菌、放线菌、蓝细菌和古菌，非细胞生物中的病毒和亚病毒。

为什么要把上述范围如此广泛不同的生物类群与其他生物（动物和植物）相区别，另列为微生物呢？这是由于不同的微生物类群尽管差异非常之大，但却具有一些共同特点。

1. 大多数微生物肉眼难以直接观察

在我们周围世界中，到处都存在微生物，但我们却看不见它们。这是由于它们个体比较微小，一般小于 100 μm，而人眼分辨率有限，一般能看清的最小物体为 100 ~ 200 μm。所以肉眼通常不能直接观察到微生物，需要借助光学显微镜甚至电子显微镜才能观察到它们的存在。典型细菌体积只有大约 1 μm^3，为人体细胞的 1/1 000 左右，较小体积意味着具有较大的表面体积比，细菌的表面体积比约为动物细胞的 1 000 倍，使其容易以较高速率从环境中吸收营养物质，支撑细菌细胞得以快速生长。

2. 微生物通常以独立的增殖单位存在

例如，相同细菌组成的群体中的每一个细菌的增殖都是独立的，它对群体中的其他细菌既不依赖，又不产生很大的影响。将任何一个细胞移开单独放置，它都可以通过自我增殖产生新的群体。当然也有例外，特别是在藻类、原生动物和真菌当中，有些类群具有多细胞形式，有些具有非常复杂的生活周期并且有不同的细胞类型参与其中。

3. 微生物结构较不复杂

这点主要是与动植物相比较而言的。动植物具有特别复杂的细胞分化，不同的细胞执行不同的功能。尽管有些微生物确实具有多细胞的形式，还有些微生物甚至出现了细胞分化，但没有任何微生物的多细胞性和细胞分化结合在一起，而这样的结合对于动植物却是最基本的。

4. 微生物生长快速

有些细菌比如大肠杆菌仅仅 20 min 就可增殖一代，但生长周期快的模式植物拟南芥从播种到收获种子一般需要 40 ~ 50 天左右，繁殖力强的小鼠生长周期雌性需 35 ~ 50 日龄，雄性需 45 ~ 60 日龄。如将一个大肠杆菌细胞在牛肉汤培养基中，37℃培养 6 h 40 min，理论上大肠杆菌细胞数目就会达到 10 亿个。按此生长速率，理论上 24 h 后可产生 4 722 366 500 万亿个细胞，重达约 4 722 t，不到 48 h 细胞总体积就可大大超过地球。在实际培养中，由于营养物质的消耗、有害物质的积累和空间条件限制，细胞生长到一定密度后就不再生长了。

5. 微生物几乎无所不在

它们大量地存在于土壤、水体和人体表面；它们可以生活在岩石里、酸性温泉水中、高原冻土内、南极海岸冰川之下海水之中；它们也存在于桌面、水龙头等物体表面和空气之中。

因而有人试图根据上述 5 大特点给微生物一个更加全面的定义："典型的微生物是肉眼不可见、以独立增殖单位存在、结构较不复杂、生长快速、几乎无所不在的一个非常多样化的生物类群"。并据此给出 "micro" 新的诠释，即由上述 5 大特点的肉眼不可见（microscopic）、独立增殖单位（independent unit）、较不复杂（less complex）、快速生长速率（rapid growth rate）和无所不在（opmipresent）的英文首字母所组成。

另外，微生物研究使用相同的方法。由于微生物非常微小，微生物学家很少使用微生物个体进行研究，而代之以使用一种微生物的群体进行研究。由于微生物无所不在并且可以独立增殖，微生物学家研究微生物时还要使用特殊的无菌技术，以防止微生物之间的相互污染和对环境的污染。在对不同微生物类群进行鉴定、培养和研究时所使用的技术也是相似的。实际上将互不相关的微生物类群放在一起作为一门独立学科——微生物学加以研究，主要是根据研究微生物的方法和技术，而不是根据微生物之间的相关性。

二、微生物的观察方法

由于微生物太小，肉眼难以观察，就需要借助显微镜来观察和了解微生物。人类能够观察的物体大小取决于观察者眼的分辨率。分辨率是两个物体之间能够被分辨和区别的最小距离。前已指出，人类视网膜的分辨率（也就是人眼所能够看到的最小物体的长度）为 100 ~ 200 μm，而一种海洋原绿球菌（*Prochlorococcus marinus*）细胞直径只有 0.4 μm，大肠杆菌（*Escherichia coli*）细胞长度只有 2.5 μm，酿酒酵母（*Saccharomyces cerevisiae*）细胞长度也就只有 4.5 ~ 21 μm，因而一般微生物细胞都在人类视网膜分辨率以下。显微镜的发明帮助人类克服了肉眼观察事物分辨率的限制，发现了自然界存在的微生物，使微生物学的研究得以进行。因此，显微镜技术成为微生物学的基本实验技术之一。

（一）光学显微镜

光学显微镜工作原理在于通过透镜产生一个放大的影像。如图 1-1 所示，当物体被置于透镜焦平面里时，从物体发出的所有光线都被透镜折射，会聚在透镜相反的焦平面上，光线继续穿过焦点，直到和被透镜折射的非平行光会聚，在会聚的平面就会产生一个倒置的、放大的物体影像。影像通过折射光线向外扩散而被放大，影像各部分之间的距离随之被拉大，使得我们眼睛能够分辨被观察物体的精细结构。

根据德国物理学家 Abbe 在 19 世纪 70 年代建立的 Abbe 公式，两物体之间最小可分辨距离被称为最小距离（d），d 值计算公式如下：

$$d = 0.5\lambda / (n\sin\theta)$$

式中，λ 是用来代表照射样品所用光线的波长，λ 越小，d 就越小；d 越小，则分辨率越高。在可见光范围内，蓝光波长最短（450 ~ 500 nm），所提供的分辨率最高。$n\sin\theta$ 代表所用透镜的数值孔径（$NA = n\sin\theta$），数值孔径就是透镜的聚光能力。n 表示光线穿过的介质（如空气）的折射率，θ 是样品光线进入物镜的光锥角的 1/2（图 1-2A）。

由于 $\sin\theta$ 最大为 1（$\theta = 90°$），显然，只有通过提高介质折射率（n）来提高分辨率。空气折射率为 1，因而空气中使用物镜的数值孔径总是小于 1。为了提高分辨率，通常使用香柏油代替空气作为介质。因为香柏油的折射率（1.52）比空气及水的折射率（分别为 1.0 和 1.33）要高，所以使用香柏油作为镜头与玻片之间介质的油镜所能达到的数值孔径值 NA 可以达到 1.2 ~ 1.4，高于低倍镜、高倍镜（NA 都低于 1.0）。若以可见光的平均波长 0.55 μm 来计算，数值孔径通常在 0.65 左右的高倍镜只能分辨出距离不小于 0.4 μm 的物体，而油镜的分辨率却可达到 0.2 μm 左右。另外，从承载标本的玻片透过来的光线，因介质密度不同（从玻片进入空气，再进入镜头），有些光线会因折射或全反射，不能进入镜头，致使在使用物镜时会因射入的光线较少，物像显现不清；在样品和透镜之间插入香柏油之后，因物镜透镜和玻片表面反射和折射而不能进入物镜的光线就可以进入物镜了，增加了照明亮度，物像更加清晰（图 1-2B）。这就是为什么观察特别微小的细菌需要使用油镜的缘故。

1. 明视野显微镜（bright-field microscope）

是微生物学实验室最常使用的光学显微镜，用于观察染色和未染色的微生物样品。因其在较亮

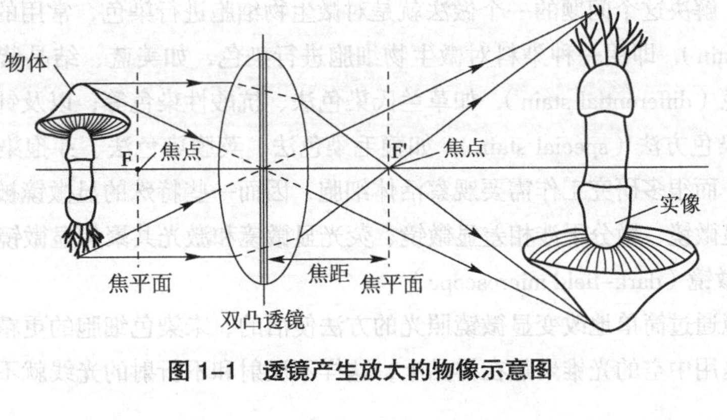

图 1-1 透镜产生放大的物像示意图

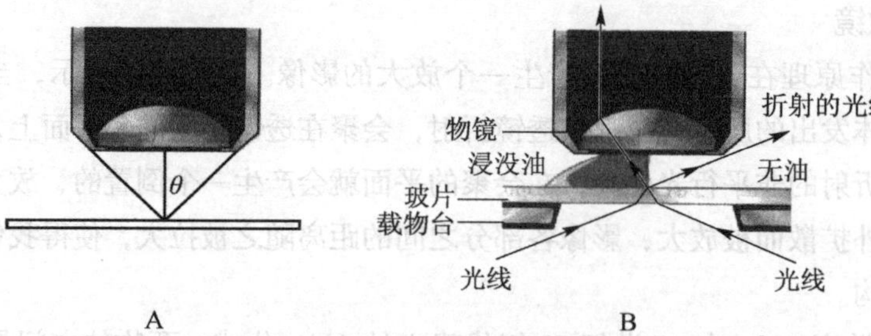

图 1–2 显微镜物镜的孔径角度θ（A）和使用浸油为介质的工作情况（B）

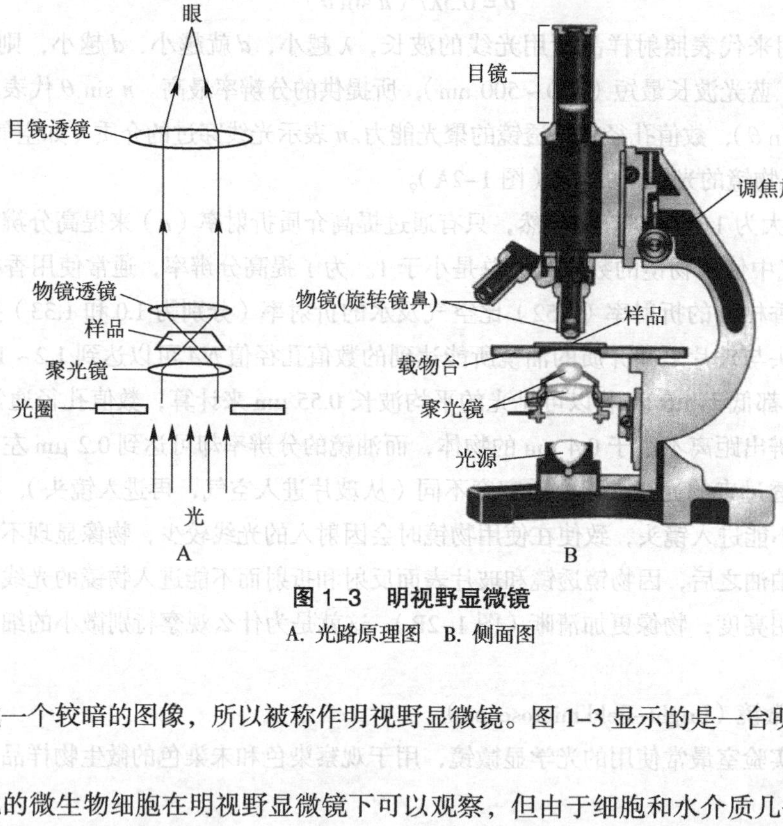

图 1–3 明视野显微镜

A. 光路原理图 B. 侧面图

的背景下形成一个较暗的图像，所以被称作明视野显微镜。图 1–3 显示的是一台明视野显微镜和其工作原理图。

尽管无色的微生物细胞在明视野显微镜下可以观察，但由于细胞和水介质几乎没有什么反差，图像不是很清晰。解决这个问题的一个做法就是对微生物细胞进行染色，常用的微生物染色方法有单染色（simple stain），即用一种染料对微生物细胞进行染色，如美蓝、结晶紫、石炭酸复红等染料；还有鉴别染色（differential stain），如革兰氏染色法、抗酸性染色等；以及针对特殊的细胞结构发展出来的特殊染色方法（special stain），如鞭毛染色法、荚膜染色法、芽孢染色法等。但染色过程通常杀死细胞，而很多研究工作需要观察活体细胞，因而一些特殊的显微镜被发明，它们是暗视野显微镜、相差显微镜、微分干涉相差显微镜、荧光显微镜和激光共聚焦显微镜。

2. 暗视野显微镜（dark–field microscope）

暗视野显微镜通过简单地改变显微镜照光的方法使活的、未染色细胞的更精细的形态结构能够被观察。其做法是用中空的光锥聚焦在样品上，这样不反射和不折射的光线就不进入物镜，只有样品反射或折射的光线形成图像，而样品周围的背景是黑的。暗视野显微镜可以用来观察较大的真核细胞的内部细微结构，也可以用来清晰观察细菌细胞形态。

3. 相差显微镜（phase-contrast microscope）

相差显微镜主要是通过将折射光和透射光发生相改变，以便能像明视野和暗视野显微镜那样观察折射率的差别。这种显微镜在聚光器中安装一种特殊的环状光阑，在物镜中安装一种特殊的相板。观察样品时，聚光器产生一种中空圆桶状的光束。当这种光束通过细胞时，一部分光线会由于在样品内密度和折射率的差异而发生偏斜，从相板上除相板环以外的地方通过，相位被滞后约 1/4 波长，这种偏斜光聚焦后形成物像；而非偏斜光从相板上的相环通过，使相位被提前 1/4 波长，结果与偏斜光之间产生 1/2 波长的相位。当偏斜光和非偏斜光相遇形成图像时就会相互抵消，由未偏斜光形成的背景是亮的，而偏斜光形成的不染色的样品图像则显得较暗和清晰。相差显微镜主要用于观察细菌的运动、细菌活细胞的形态和内含物，在真核微生物细胞观察研究中，也有广泛应用。

4. 微分干涉相差显微镜（differential interference contrast microscope）

微分干涉相差显微镜通过检测样品折射率和厚度差异产生物像。利用棱镜产生两束相互垂直的平面偏振光，一束作为目标光束通过样品，另一束作为参考光束穿过玻片上无样品的区域。分别穿过样品或玻片的两束光聚合，相互干扰形成样品图像。活的未染色的样品在微分干涉相差显微镜下呈现出色彩鲜亮、三维立体感的图像，一些细胞内含物或细胞器等结构清晰可见。

5. 荧光显微镜（fluorescence microscope）

荧光显微镜是利用紫外光、紫光或蓝光照射样品，通过样品产生的荧光形成物体的图像。因此荧光显微镜要有一个激发光源，通常选用汞蒸汽弧光灯，并用一个激发滤光片选择特定波长的光波用以照射激发样品。为了观察样品发出的荧光，还需要在物镜后面安装一个阻断滤光片，去除影响观察的可能的激发光波，只让特定波长的发射荧光通过。由于只有少数微生物细胞可以自发荧光，大多数普通微生物细胞是不能够经照射发出荧光的，因此通常需要利用一些特殊的荧光染料对细胞进行染色，经过光激发，被荧光染料所标记的微生物就能够在显微镜中形成图像。

6. 激光扫描共聚焦显微镜（laser scanning confocal microscope）

激光扫描共聚焦显微镜是用来观察自身可发荧光的微生物细胞，或经荧光染料染色后的微生物细胞。激光扫描共聚焦显微镜利用激光发出的特定波长光束穿过物镜棱镜聚焦在样品某一点上，被激发的样品生色团在较长波长区域发出荧光，荧光返回到棱镜处被反射到光电倍增管。只有从聚焦点发出的共聚焦光才能穿过针孔到达光电倍增管，而其他散色光则被阻挡掉。一个狭窄聚焦的激光束代表一个图像的像素。通过激光束在样品的某一平面进行扫描，并用光电倍增管收集样品各个点发射的荧光，就形成一个平面的光学物像。而激光束对样品上下不同平面进行扫描，可得到一系列不同平面的光学物像。这些图像可堆积在一起，经计算机处理产生一个重建的三维立体细胞图像，这样就可以克服普通荧光显微镜由于使用混合波长光源对样品的一个大区域照射激发，引起物像景深较大，整个细胞都成像，使观察到的物像模糊、嘈杂、清晰度不够的问题。

（二）电子显微镜

由于光学显微镜最大分辨率只有大约 0.2 μm，只能观察到原核微生物的形状和主要的形态特征，即使较大的真核微生物，其细胞的内部结构也不能被有效观察。分辨率最大的限制是由可见光波长所确定，电子显微镜可以克服光学显微镜分辨率不足的问题。电子显微镜工作原理是利用电子束也具有波的特性，并可以像光学显微镜所使用的光波一样被会聚。若将电子束用作样品的照明光源，将大大提高显微镜的分辨率，因为它的波长只有大约 0.005 nm，比可见光要短约 10 万倍。透射电子显微镜的实际分辨率比光学显微镜高约 1 000 倍，很多电镜的分辨率可达 0.5 nm，有效放大倍数超过 100 000 倍。

1. 透射电子显微镜（transmission electron microscope）

透射电子显微镜是靠穿过样品的电子束的聚焦而形成样品物像的一种电子显微镜。其工作原理是，用一个电子源代替光源。由电子枪中的钨丝被加热产生电子束，采用一种电磁圈（磁透镜）作为使电子束聚焦的聚光器。要想得到清晰的物像，装载磁透镜和样品的柱体必须处于高度真空环境，否则电子会和空气分子发生碰撞而偏转。穿过样品时被散射的电子束再被磁透镜所聚焦，并在荧光屏上形成一个放大的、肉眼可见的样品图像。由于细胞样品的不同区域密度高低不一，造成电子发生散射程度不同，因而导致明暗不同的物像产生（图 1–4）。由于电子非常容易被固体物质所吸收或散射，所以观察微生物样品时要求使用非常薄的样品切片（厚度 20 ~ 100 nm）。样品超薄切片需要经过特殊的固定、脱水、包埋和超薄切片等过程。同样，超薄切片在电镜观察之前，也要进行染色（如乙酸双氧铀染色），样品固定时使用的四氧化锇也具有染色功能。

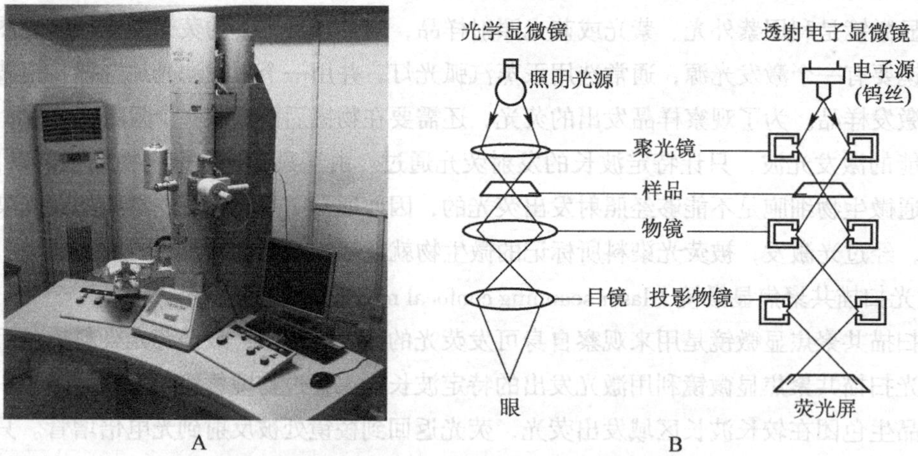

图 1–4 透射电子显微镜（A）和原理示意图（B）

2. 扫描电子显微镜（scanning electron microscope）

扫描电子显微镜是通过由样品表面所激发的电子束而非由透过样品的电子束聚焦而形成物像的一种电子显微镜。扫描电子显微镜利用一个锥形细小电子束在样品上前后扫描，在电子束扫描到的相应的区域可激发样品表面的原子产生二次电子，后者被一个特殊的探测器所采集，转换成光信号，再经光电倍增管转换成电流信号并被放大。电流信号同步输入到阴极射线管，就可在荧光屏上形成物像。扫描电子显微镜主要用以观察微生物细胞表面及其附着物形态结构，以及微生物在生态环境中的分布，如观察生长在人类皮肤及肠黏膜上的微生物。

三、微生物在生命世界的位置

人类在漫长的生活实践中对周围的动植物，逐步有了粗浅的了解，对于动植物形态和类别的认识也逐步有了一些系统的知识，逐渐形成了生物可分成动物和植物两大类的认识。1735 年瑞典博物学家林奈 Linnaeus 在《自然系统》中首次对两界系统进行了较为科学的阐述，把一切生物分成截然不同、区别明显的两大界——能够运动、摄食异养的动物界和不能运动、光合自养的植物界。虽然列文虎克 1766 年在显微镜下发现了微生物，但当时因很多微生物被发现具有快速运动性而被归为动物。19 世纪 80 年代，因发现微生物中的藻类、真菌和细菌更类似植物，而将它们归于植物界，但原生动物继续归于动物界。

后来发现，几乎不同微生物类群都既含有类似植物特性的种类又含有类似动物特性的种类。例如：某些细菌可光合作用，但很多光合细菌又是可运动的；所有藻类是光合作用的，但有些藻类又是可运动的；某些真菌的孢子是运动的，但没有一个真菌是光合作用的。因此，1866 年 Haeckel 建议在动物界和植物界之外，增加一个由微生物组成的第三界——原生生物界（Protista）。

20 世纪 30 年代，由于电子显微镜的发明，科学家发现所有生物的细胞分为两类，原核细胞和真核细胞。1937 年法国科学家 Chatton 建议将生物划分为原核生物与真核生物两类，从而将细菌和其他的微生物类群划分出来。1938 年 Copeland 进一步提出应将现有生物分为四界系统的设想，其 4 个界为：植物界、动物界（除原生动物外）、原生生物界（原生动物、真菌、部分藻类）和原核生物界（细菌、蓝细菌）。

1959 年美国分类学家 Whittaker 提出真菌与其他生物之间的差异足以使其成为一个独立的真菌界，导致生物五界分类系统的诞生。根据 Whittaker 的五界学说（图 1–5A），以纵向表示从原核生物到真核单细胞生物再到真核多细胞生物三大进化阶段，真核多细胞生物再以横向显示光合式营养（photosynthesis）、吸收式营养（absorption）和摄食式营养（ingestion）三大进化方向，将生物分为动物界（Animalia）、植物界（Plantae）、原生生物界（Protista）、真菌界（Fungi，包括黏菌、水霉和真菌）以及原核生物界（Monera，包括细菌和蓝细菌等）（图 1–5A）。

20 世纪 70 年代以后，由于对各大类生物进行深入的分子生物学研究并累积了大量的研究资

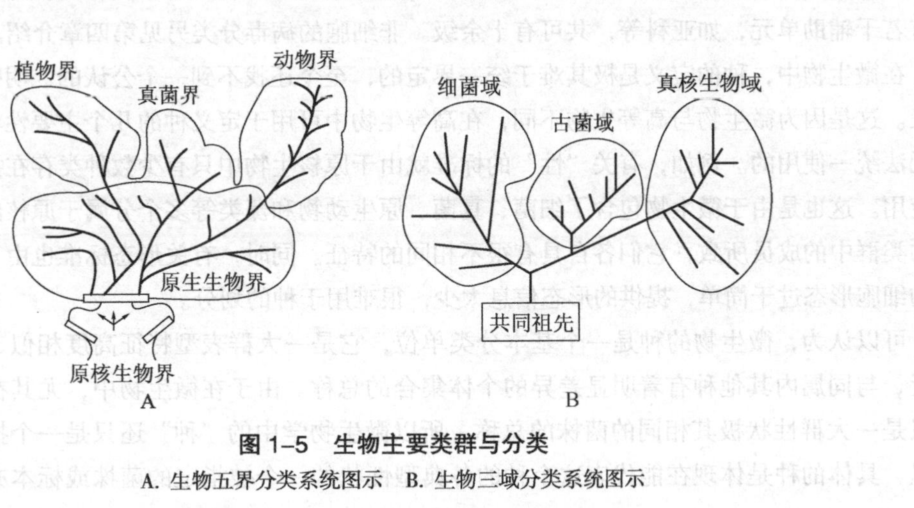

图 1–5 生物主要类群与分类

A. 生物五界分类系统图示 B. 生物三域分类系统图示

料，尤其是美国科学家Woese（1977）对细菌的16 S rRNA核苷酸序列的同源性进行测定后，分子生物学家发现原核生物是由差异很大、没有相关性的细菌（又称真细菌）和古菌两个类群所组成，古菌与真核生物之间的亲缘关系比与细菌之间的亲缘关系更接近。根据上述新的认识，加之其他生理生化的证据，美国科学家Woese、Kandier和Wheelis 1990年提出了新的生物“三域”分类系统，“域（dormain）”是一个高于“界（kingdom）”的新的分类阶元，传统的界分布于这三个域中，即把所有生物分为“真核生物域（Eucarya）”、“细菌域”（Bacteria）和“古菌域”（Archaea）（图1-5B）。该系统目前为多数生物学家所接受。按照该系统假设，在生物进化过程的早期，存在着一类各生物的共同祖先（common ancestor），由它分为3条进化路线，亦即形成了3个域：①古菌域，包括产甲烷菌，极端嗜盐菌和嗜热嗜酸菌；②细菌域，包括除古菌以外的其他原核生物；③真核生物域，包括原生生物、真菌、动物和植物。

由于病毒不是一种独立的细胞形式，上述各种系统都未将病毒包括在内。在Whittaker（1959）提出五界系统后，一些学者陆续提出，应在其基础之上增加一个病毒界，例如：我国学者王大耜等就提出过应增加一个病毒界（Vira）的六界系统。

四、微生物的分类

微生物的种类众多。目前全球已描述的真菌物种超过100 000种，据估计实际的真菌种数可能有220万～380万种。已描述的原核微生物种数为21 000～25 000种，据估计地球上原核微生物应有220万～430万种。已描述的病毒有9 000多种，据预测可能高达100万种。对于如此之多的微生物资源，我们首先要认识它们，对它们进行分类学研究，然后才能进一步深入研究和利用它们。

与动植物分类一样，细胞型微生物分类也要根据微生物有机体的多样性、进化历史以及它们之间的相互亲缘关系将其归成不同类群或单元，再把不同类群按阶层系统加以排列。微生物的系统分类单元同样遵循分类学家林奈建立的系统分类单元，自上而下依次分为七级：界（Kingdom）、门（Phylum）、纲（Class）、目（Order）、科（Family）、属（Genus）、种（Species）。必要时每一级都还可有若干辅助单元，如亚科等，共可有十余级。非细胞的病毒分类另见第四章介绍。

在微生物中，种的定义是极其难于统一界定的，至今还找不到一个公认的、明确的微生物种的定义。这是因为微生物与高等生物不同，在高等生物中可用于定义种的几个主要性状，在微生物中是无法统一使用的。例如，有关“性”的标准就由于原核生物中只有少数种类存在接合现象，故无法应用。这也是由于微生物包含了细菌、真菌、原生动物和藻类等多个分属于原核的和真核的不同生物类群中的成员所致，它们各自具有很不相同的特征。同时，有关形态标准也由于大多数原核生物的细胞形态过于简单，提供的形态信息太少，很难用于种的划分。

可以认为，微生物的种是一个基本分类单位，它是一大群表型特征高度相似、亲缘关系极其接近、与同属内其他种有着明显差异的个体集合的总称。由于在微生物中，尤其在原核生物中的种只是一大群性状极其相同的菌株的总称，所以微生物学中的“种”还只是一个抽象的概念。在这里，具体的种是体现在能代表这个种的各典型性状的一个被指定的菌株或标本亦即模式菌株或模式标本。

根据生理性状、生化性状、生态特征、培养性状和致病能力等方面的差异种下可划分出：生物型、生理小种、生态型、血清型、菌系、培养小系、致病型等，但这些名称不是分类学上的种下单位。

像高等生物一样，分类学赋予每一种微生物一个科学的名字——学名。学名是按照生物的国际命名法命名的、国际学术界公认并通用的正式名字。由于微生物涉及了多个属于不同生物界的类群，而各类群依据的命名法规是不同的，微生物的命名也需要按照各类群的差异分别使用不同的命名法。在细胞生物学方面，真菌和藻类的命名遵守国际植物命名法；细菌的命名遵守国际细菌命名法；原生动物遵守国际动物命名法。在非细胞的病毒的命名及鉴定特征体系要遵守国际病毒命名委员会制定的规则。

所有细胞生物的种名均遵守林奈制定的拉丁双名法，即一个种的学名用拉丁词或拉丁化的词组成。在出版物中应排成斜体字。根据双名法的规则，学名通常由一个属名加一个种的加词构成，并且属名首字母要大写，种的加词要小写。出现在分类学文献中的学名，在此两者之后往往还加上定名人，但在一般使用时，定名人部分经常是省略的。

例 1：大肠埃希氏菌（即大肠杆菌）学名：

Escherichia coli（Migula）Castellani et Chalmers

例 2：黄曲霉

Aspergillus flavus

例 3：粟酒裂殖酵母

Schizosaccharomyces pombe

在当该名称是一个亚种（subspecies，简称“subsp.”，排正体字）或变种（variety，简称“var.”，排正体字）时，学名就应按“三名法”构成，即：

学名 + 种的加词 +（subsp. 或 var.）+ 亚种（或变种）的加词

（学名 + 种的加词：排成斜体；（subsp. 或 var.）：排成正体，但可省略；亚种（或变种）的加词：排成斜体）

例 1：苏云金芽孢杆菌蜡螟亚种

Bacillus thuringiensis subsp. *galleria*

例 2：酿酒酵母椭圆变种

Saccharomyces cerevisiae var. *ellipsoideus*

当一个微生物种名在一篇文章或著作中反复出现时，为避免重复和节约篇幅，常常可以对学名进行省略，如我们经常所见的 *E. coli*（大肠杆菌），但是这种省略也要遵循一定的原则。微生物的学名都是拉丁化的词，属及以上分类单位的名称不能省略，只有种名可省略。当它在有关文章或资料中首次出现时，不能省略，必须写全，以后均可省略。省略时，只能简略种名中的属名，种加词不能省略。一般的省略方法如下：

（1）属名第一个字母为元音的，仅用第一个元音字母代替。例如：*Aspergillus niger* 可简略为 *A. niger*；*Escherichia coli* 可简略为 *E. coli*。

（2）属名开始的字母是辅音时，则视第一个音节中元音前辅音字母数做相应的保留。例如：

C. utilis = *Candida utilis*

Ps. syringae = *Pseudomonas syringae*

Sph. oryzae = *Sphaaeropsis oryzae*

有时为了避免省略后保留的字母相同有可能产生混淆，也可写两至三个字母，例如在一篇文章中同时出现 *Escherichia coli*（大肠杆菌）和 *Erwinia carotovora*（胡萝卜软腐欧文氏菌）时，为了避免 *E. coli* 和 *E. carotovora* 同时出现可能引起的对这两种是否为同一属细菌的误解，可在该文中分别简写成 *Es. coli* 和 *Er. carotovora*，以示区别。

有时分离筛选到的微生物只鉴定到属，一时还不能确定到种，可在属名之后加“sp.”（单数）或“spp.”（复数）表示，正写。如“*Psudomonas* sp.”表示“一种假单胞菌”，而“*Psudomonas* spp.”表示“若干假单胞菌”。

一种微生物可以有许多不同的菌株。一个菌株是指由一个单细胞增殖形成的克隆或无性繁殖系的一个微生物或微生物群体。实践当中通常将不同来源分离获得的同一菌种分别当作不同的菌株看待。同一种微生物的不同菌株虽然在主要分类性状上相同，但在某些次要性状上（如生化性状、代谢产物和产量性状）上会表现出一定的差异。为区别不同的菌株，常在菌种之后加注不同的字母或编号。如 *Stenotrophomonas maltophilia* CGMCC 1.1788 和 *Stenotrophomonas maltophilia* NJ1 分别代表嗜麦芽糖寡养单胞菌的两个不同菌株，前者是由中国普通微生物菌种保藏管理中心（CGMCC 为其英文缩写）保藏的一个菌株，后者是由南京师范大学微生物学实验室从南京（以 NJ 表示）当地土壤中分离获得的一个菌株。

五、微生物学研究范围

微生物学就是研究微生物的科学，其研究范围包括微生物的多样性、微生物的生命活动规律及其对人类社会经济活动的影响。由于研究目的、任务和方法不同，微生物学可分为基础微生物学和应用微生物学两个分支。基础微生物学主要着眼于认识了解微生物世界，揭示微生物生命活动客观规律；而应用微生物学主要针对与疾病、环境、工农业生产相关的微生物问题开展研究，并应用于实践。微生物学还可以根据所研究的问题、对象、涉及的范围和技术的不同等分成若干分支学科，详见图 1–6。

六、学习微生物学的重要性与社会需求

学生在开始学习微生物学这门课程时，必然会想到学习微生物学有什么用？为什么要研究微生物。其实，要回答这个问题很容易，打开手机、电脑和报纸等，几乎每天都有关于微生物的新闻报道和相关的话题，微生物常常还会成为头版或头条新闻。

1. 微生物与人类健康密切相关

人体表面和内部存在着数以万亿计的共生微生物。它们几乎存在于身体的每个部位，包括皮

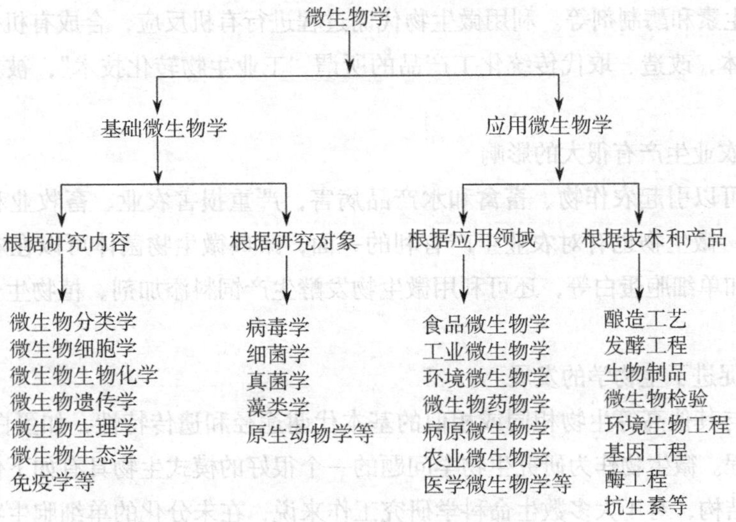

图 1–6 微生物学研究范围与分支学科

肤、口腔、肠道、呼吸道、泌尿道等。这些共生的人体微生物菌群在人类健康中发挥着重要作用，例如一些肠道微生物菌群帮助分解和吸收营养物质、合成必需维生素，影响脂肪储存和抗炎因子产生，与维持肠道 pH、调节免疫功能有关，还能抑制病原微生物生长。

但有些微生物能引起人类病理性损伤，被称为“病原微生物”，引起人类传染性疾病的发生，严重危害人类健康，甚至造成全世界范围内传染病的流行。如 2019 年底爆发、2021 年底仍处于全球大流行阶段的新冠病毒感染疫情，给全世界造成极大的生命和经济损失。据世界卫生组织 2022 年 1 月 7 日在欧洲中部当地时间下午 17：08 公布，自新冠病毒感染病例报告以来，全球新冠病毒感染确诊病例累计达到 298 915 721 例、死亡病例 5 469 303 例，有 12 个国家的新冠病毒感染死亡病例超过 120 000 例。据统计，人类死于微生物感染疾病的人数远远高出死于战争的人数。如 1918 年 3 月爆发到 1920 年初结束的“全球大流感”，造成全世界约 5 亿人感染，占世界 17 亿人口的约 1/3，死亡 4 千万左右，死亡数量比第一次世界大战战死的人还要多。

2. 微生物在生态环境中起重要作用

如果没有微生物，地球的生命包括人类可能就不会存在。光合作用微生物是生物链中的初级食物。氮是生物体最基本元素，动植物都不能利用空气中氮，而固氮微生物可以将空气中氮转变为植物可以利用的氮，从而维持地球生命的存在。所有动物包括人类需要氧气进行呼吸作用，如果没有补充，地球氧气大约 20 年就将消耗殆尽。光合作用微生物（光合作用原生生物和光合作用蓝细菌）总的产氧量约占地球光合作用产氧量的 75%。微生物可以降解死亡的生物体和来自生物体的废弃物，甚至各种其他生物都不能降解的工业原料，以维持自然界的物质循环。某些微生物可以用来处理土壤和水体环境中存在的化学污染物、泄漏的石油和放射性物质等环境修复过程。

3. 微生物在工业生产中有很多应用

面包、酒类、酸奶、酱油和醋等食品生产过程离不开微生物的发酵作用。有些微生物还可以用作生物冶矿。微生物也可以通过代谢合成许多有重要商业价值的化合物，如有机酸、杀虫剂、抗生素、氨基酸、维生素和酶制剂等。利用微生物代谢过程进行有机反应，合成有机化合物、手性化合物或重要的中间体，改造、取代传统化工产品的所谓“工业生物转化技术”，被看作是“生物技术的第三次浪潮”。

4. 微生物对农业生产有很大的影响

不少微生物可以引起农作物、畜禽和水产品病害，严重损害农业、畜牧业和水产的生产，造成重大经济损失。微生物也有对农业生产有利的一面，某些微生物菌体可以在农业上用作生物肥料、生物杀虫剂和单细胞蛋白等，还可利用微生物发酵生产饲料添加剂、植物生长激素、农用抗生素等。

5. 微生物学促进了生物学的发展

微生物具有与其他高等生物相同或相似的基本代谢途径和遗传特性，如蛋白质合成、DNA 复制和能量代谢过程。微生物作为研究生物学问题的一个很好的模式生物具有如下优点：①微生物具有相对不复杂的结构，对于大多数生命科学研究工作来说，在未分化的单细胞生物体中要比在复杂的多细胞生物体中容易进行得多。②微生物培养成本低、群体数量大，易于获得统计学上可信度高的结果。快速生长的微生物，在一个简单的低廉培养基中可以形成每毫升几百万个细胞，其成本远远低于动植物培养成本；大量微生物群体所做的试验要比少量具有个体差异的动植物体所获的结果更加可靠。③微生物生长速度快，倍增时间短，极大缩短了世代培养研究所需周期。如大肠杆菌 1 h 就可进行三次细胞分裂，遗传信息转移的影响通过几代短时间就可显示，这对于遗传信息转移研究特别有利。④基因组小，含有质粒，基因操作方便。所以，采用微生物作为研究材料，往往会加速生物学基本问题研究的进展。20 世纪以来生物学很多重大研究进展都是通过对微生物的研究而取得的（表 1–1）。微生物还在基因工程工作中起着十分重要的作用，基因工程菌常用于生产基因工程药物和其他产物，根癌杆菌等细菌常用于介导基因转化植物，某些病毒可临床用于传递和表达目的基因用于基因缺陷疾病的治疗。

表 1–1 在微生物学及相关学科中有杰出贡献的诺贝尔奖获奖者

获奖年份	获奖者	主要贡献
1901	E. A. V. Behring，德国	制成白喉抗毒素
1905	R. Koch，德国	发现结核杆菌及结核病的研究
1907	E. Büchner，德国	证明发酵是酵素起作用
1908	P. Ehrlich，德国 I. I. Mechnikov，俄国	抗体形成的体液学说及其在免疫中的地位，吞噬作用及其在免疫中的作用
1913	C. R. Richet，法国	过敏反应方面的工作
1919	J. Bordet，比利时	补体结合和免疫研究
1928	C. J. H. Nicolle，突尼斯	斑疹伤寒的研究
1939	G. Domagk，德国	百浪多息药物的抗菌作用
1945	S. A. Fleming，英国；E. B. Chain，英国； S. H. W. Florey，英国	从霉菌中发现青霉素

续表

获奖年份	获奖者	主要贡献
1951	M. Theiler，南非	有关黄热病和如何预防
1952	S. A. Waksman，美国	从链霉菌中分离出链霉素（第一个有效治疗肺结核的抗生素）
1954	J. F. Enders，美国；T. H. Weller，美国；F. C. Robbins，美国	使脊髓灰质炎病毒能够在多种组织培养物中生长
1958	J. Lederberg，美国；G. W. Beadle，美国；E. L. Tatum，美国	发现基因重组和细菌遗传物质等多方面的工作
1960	S. F. M. Burnet，澳大利亚；P. B. Medawar，英国	获得性免疫耐受
1962	J. D. Watson，美国；F. H. C. Crick，英国；M. H. F Wilkins，英国	提出了 DNA 的双螺旋结构模型及其在遗传信息传递中的作用
1965	F. Jacob，A. Lwoff，J. Monod，法国	基因操纵子模型
1966	P. Rous，美国	发现了导致肿瘤的病毒
1968	R. W. Holley，美国；H. G. Khorana，美国；M. W. Nirenberg，美国	解读了遗传密码及其在蛋白质合成方面的机能
1969	M. Delbrück，美国；A. D. Hershey，美国；S. E. Luria，美国	病毒复制中病毒基因结构及作用机制
1972	G. M. Edelman，美国；R. R. Porter，英国	发现了抗体的化学结构
1975	R. Dulbecco，美国；D. Baltimore，美国；H. M. Temin，美国	肿瘤病毒和细胞遗传物质间的相互作用
1976	B. S. Blumberg，美国；D. C. Gajdusek，美国	发现乙型肝炎病毒表面抗原，库鲁病和克－雅病的慢病毒基因
1978	W. Arber，瑞士；D. Nathans，美国；H. O. Smith，美国	发现了限制性内切核酸酶及其在分子遗传学中的作用
1980	B. Benacerraf，美国；J. Dausset，法国；G. D. Snell，美国	细胞表面调节免疫反应的结构由遗传决定
	P. Berg，美国；W. Gilbert，美国；F. Sanger，德国	重组 DNA 技术和 DNA 测序技术
1984	N. K. Jerne，丹麦；G. J. F. Keler，德国；C. Milstein，英国	抗原选择抗体学说，单克隆抗体技术
1987	S. Tonegawa，日本	抗体多样性的遗传原理
1988	Black，G. Eliso and G. Hitchings，美国	药物治疗肿瘤、疟疾和病毒感染的原理
	J. Deisenhofer，R. Huber，H. Michel，德国	细菌膜上光反应中心结晶和研究
1989	J. M. Bishop，美国；H. E. Varmus，美国	发现了逆转录酶病毒致癌基因的细胞来源
1993	K. B. Mullis，美国；M. Smith，美国；R. J. Roberts，美国；P. A. Sharp，美国	聚合酶链反应（PCR）扩增 DNA 的发明

续表

获奖年份	获奖者	主要贡献
1996	P. C. Doherty，澳大利亚；R. M. Zinkernagel，瑞士	细胞介导的特异免疫应答
1997	S. B. Prusiner，美国	发现新的感染因子朊病毒
2001	L. Hartwell，美国；P. Nurse，英国；T. Hunt，英国	以酵母作为模式生物，阐明了“start”基因、CDK蛋白控制细胞周期调控的作用机理，并在动植物中证实
2003	R. MacKinnon，美国；P. Agre，美国	阐明了细菌细胞钾、氯离子通道蛋白结构 发现了水通道蛋白
2005	J. R. Warren，澳大利亚；B. J. Marshall，澳大利亚	发现了幽门螺杆菌，证明该菌感染胃部会导致胃炎、胃溃疡和十二指肠溃疡
2006	A. Z. Fire，C. C. Mello，美国	发现细菌的RNA干扰机制——双链RNA沉默基因
2008	H. Zur Hausen，德国	发现了引发宫颈癌的人乳头状瘤病毒（HPV）
	F. Barré-Sinoussi，L. Montagnier，法国	发现了艾滋病病毒（HIV）
2009	V. Ramakrishnan，美国；T. A. Steitz，美国；A. E. Yonath，以色列	以较高分辨率确定核糖体结构及在原子水平上的功能机理，建立3D模型展示不同抗生素与核糖体结合
2011	B. A. Beutle，美国；J. A. Hoffmann，卢森堡	发现能识别致病性微生物并激活先天免疫的“受体蛋白”
	R. M. Steinman，加拿大	发现能够激活并调节适应性免疫的树突细胞
2015	W. C. Campbell，爱尔兰；S. Omura，日本	发现了阿维菌素，降低了盘尾丝虫症（河盲症）和淋巴丝虫病（象皮病）的发病率
	Y. Tu（屠呦呦），中国	发现了青蒿素，降低疟原虫引起的疟疾患者的死亡率
2015	T. Lindahl，瑞典；P. Modrich，美国；A. Sancar，土耳其	描述并解释了细胞修复DNA的机制以及对遗传信息的保护措施
2018	J. Allison，美国	发现T细胞表面受体结合蛋白CTLA-4
	T. Honjo，日本	发现T细胞表面受体结合蛋白PD-1 这两个蛋白质激活迫使T细胞“自杀”，难以消除肿瘤细胞
2018	P. H. Arnold，美国；G. P. Smith，美国；G. P. Winter，英国	酶的定向进化以及用于多肽和抗体的噬菌体展示技术
2020	H. J. Alter，美国；M. Houghton，英国；C. M. Rice，美国	发现丙型肝炎病毒
2020	E. Charpentier，法国；J. A. Doudna，美国	发展了CRISPR-Cas9新一代基因编辑技术

由上可见，微生物与人类健康息息相关，在工业、农业、生态环境保护等行业有着广阔的应用领域，微生物学是生物学乃至生物技术研究的前沿学科。微生物学研究天地宽广，微生物学工作者大有作为（表1-2）。

表 1-2 微生物学工作者的可能就业去向 *

行业	工作内容	工作单位或部门
医疗卫生行业	病原微生物检验与研究	医院、疾病控制中心、海关等
	传染病溯源调查，环境水质量检测	政府公共卫生监管部门等
	旅馆、餐饮业、食品销售业卫生检测	政府食品卫生监管部门等
工业	微生物药物、疫苗、基因工程药物研发生产	制药企业等
	发酵食品研发生产，食品生产卫生检验	食品企业等
	微生物生化产品研发生产	生物化工企业等
	食品和产品防腐技术和产品研发生产	相关企业等
农业	植物病害检验与研究	植物保护部门，海关微生物检验实验室等
	畜禽、水产病原微生物检验与研究	兽医站、养殖场，海关微生物检验实验室等
	食用菌工业化生产	相关企业、公司等
	微生物饲料、微生物农药、微生物肥料	相关企业、公司等
环境保护	废弃物生物降解、土壤生物修复	相关企业、公司、垃圾处理厂等
	污水处理	污水处理厂等
	水源、空气微生物检验	环保部门、研究所
教学科研单位	与微生物有关的教学、科学研究工作	高等学校，科研院所，职业学校

* 公司企业生产过程包括微生物菌种选育、制作、保藏工作，微生物产品开发工作，微生物检验工作，发酵生产技术工作，发酵产品检验工作，工业废水生物处理工作、微生物产品推广销售宣传工作等各种技术环节。

七、微生物的发现与微生物学发展

微生物学的发现与发展大约经历了 6 个阶段：微生物影响人类生活但不能被检测阶段；微生物发现和微生物来源研究阶段；微生物学原理和方法确立阶段；微生物生理生化水平发展阶段；微生物分子生物学水平发展阶段；微生物基因组学水平发展阶段。

1. 微生物影响人类生活但不能被检测阶段

早在 10 000 多年前，我国、埃及以及世界其他一些地区的人们就利用微生物酿酒和发酵食品如面包和奶酪。如公元前 9000 多年我国就已经酿造出了世界上最早的酒，河南贾湖遗址是世界上发现的最早酿造酒类的古人遗址。并且人类自存在以来就一直与各种微生物引起的疾病进行着不懈的斗争。据古代医书所载史实来看，早在 3 世纪，我国人民就知道用病犬脑预防狂犬病，用携带了病原体的恙螨研成粉末治疗丛林斑疹伤寒，这是早期人类利用疫苗防治疾病的起步之端。但当时人们并不了解发酵食品和传染病的发生是微生物作用的结果，因为微生物在当时还不能被人们所检测。

2. 微生物发现和微生物来源研究阶段

肉眼难以观察的微生物直到 17 世纪中叶才为人类所发现。荷兰人列文虎克（Antony van

Leeuwenhoek）最先发现了“微生物世界”。他将手工磨制的高质量的放大透镜，置于两片金属板之间，附于拇指螺钉上，借助拇指螺钉移动调节样品与透镜之间焦距，自制成“显微镜”。将此显微镜放在蜡烛前观察样品，1674 年他报告发现了其他人利用复式显微镜观察所没有看到的微生物。在随后的不懈研究中，他观察到了细菌、酵母、真菌、微藻、原生动物等各种微生物的主要类群，以及不同形态的细菌类型。

不像动植物，当时人们无法用肉眼直接观察到微生物从母体产生子代，于是提出了这些微生物起源于什么的问题？一些人包括一些化学家认为微生物是从有机质中自发产生的，不需要母体的存在，就像化学试剂混合后化学反应发生一样，因而被称作“自然发生说（spotaneous generation）”。但另外一些人认为微生物也像其他有机体一样是由母体产生的，因而被称作“生源说（biogenesis）”。1765 年，意大利人 Spallanzani 报告，盛装在一个密闭的曲颈瓶内的肉汤，经过加热灭菌之后，就不再产生微生物，肉汤也不再腐败，说明未加热灭菌的肉汤中存在微生物种子。他还发现微生物常常成对存在。这是反映了母体微生物为了繁殖而结合在一起，还是反映了一个微生物通过繁殖变成了两个微生物呢？通过长期观察，Spallanzani 终于发现了一个细胞生长到一定体积后分裂成两个细胞的现象。这样他证明了细胞分裂，通过这种分裂，由已存在的母细胞产生了新的子代细胞。但由于 Spallanzani 实验使用的是密闭曲颈瓶，与空气中的氧气隔绝，微生物的“生源说”仍然受到一些“自然发生说”拥护者的质疑。

3. 微生物学原理和方法确立阶段

19 世纪中叶是微生物学发展史上的一个新纪元，常被称作微生物学发展的第一个黄金时代。人们在探讨微生物起源于什么方面取得一系列进展，以巴斯德和柯赫为代表的微生物学家牢固确立了疾病的病原微生物理论和微生物生态学原理，微生物无菌操作技术、微生物纯培养分离技术和固体培养基制备方法等一系列微生物学专门技术得以建立和发展。

法国科学家巴斯德（Pasteur）1857 年通过研究酿造过程发现微生物发酵可产生乙醇和乳酸。随后于 1864 年利用开口长颈瓶很长的细颈可以通气，但空气中微生物易吸附至细颈管壁的特点，证明盛装此长颈瓶内的肉汤经加热灭菌之后，不再产生微生物，指出是空气中的微生物引起有机质的腐败，而不是发酵产生微生物，彻底否定了微生物“自然发生说”。他研究发现法国葡萄酒酸败是由某种微生物引起的，并认为人患疾病就像葡萄酒酸败一样，是由某种微生物引起的，提出了“疾病的病原微生物学说”。他创立了防止葡萄酒酸败的巴斯德消毒法。巴斯德发明了狂犬病毒减毒疫苗制备方法。他发现感染狂犬病毒兔子的脊髓组织经过干燥处理，可逐渐丧失致病性，接种到健康兔子后，使机体对未减毒狂犬病毒的感染产生免疫性，不引起疾病和死亡。

德国微生物学家柯赫（Koch）对疾病病原微生物理论做出了重要贡献，证明了炭疽病和结核病的病原体，并因在结核病病原体方面的工作获得 1905 年诺贝尔奖。他建立了一套如何确定某种微生物是引起某种疾病的特定病原体的一套规程，又被称作“柯赫定律”，于 1884 年正式发表。该定律主要内容是：①可疑的致病微生物必须要在所有感染病例中都能发现。②致病微生物必须能够以纯培养的形式分离出来。③分离获得的致病微生物接种到敏感动物体内必定能够引起疾病发生。④该致病微生物必须要能够以纯培养的形式从人工感染动物中分离得到。柯赫在病原微生物的研究过程中还发展了微生物无菌操作技术，建立了微生物纯培养分离技术，发明了培养基特别是固体培养基制备方法。

在微生物学原理发现和发展过程中，科学探索方法得以建立，即：①观察到某一现象。②提出问题，如该现象说明了什么？（what）？其发生的原因是什么（why）？其作用的机理是什么（how）？③提出可能的假说，解释所观察到的现象。④设计并进行实验，检验假说正确与否。⑤理论总结，纠正假说不正确或不完善的地方，得出正确的结论。在进行科学实验时，设置对照是至关重要的。所谓对照就是实验中不接受实验变量处理，其他条件与实验组一致，以便排除实验中无关变量对结果的影响。以 Pasteur 长曲颈瓶实验为例，他将长曲颈瓶设置成实验组和对照组，实验组加热处理后再将长曲颈折断，使空气中微生物能够进入加热灭菌肉汤中导致腐败发生；而对照组与实验组一样，但加热处理后长曲颈保持不折断，空气中微生物因吸附至长颈瓶管壁上不能进入灭菌肉汤中因而保持不腐败。

4. 微生物生理生化水平发展阶段

20 世纪初，微生物学获得了进一步的发展。不但持续地揭示了一系列疾病的特定病原微生物，而且提出了采用什么方法可以治疗微生物感染疾病问题，以此深入研究，开发出一系列抗微生物的化学治疗剂，特别是抗生素的应用。

20 世纪初，德国医生 - 化学家 Ehrlich 明确提出了化学治疗剂的选择性毒性理论，并于 1908 年发现洒尔佛散可用作治疗梅毒感染，但对人体损伤较小，是第一个化学治疗剂。1929 年英国微生物学家弗来明（Fleming）发现在培养葡萄球菌的固体平板上，因青霉菌污染长出的霉菌菌落周围形成了一个透明圈，没有葡萄球菌菌落生长。是什么原因造成青霉菌抑制葡萄球菌生长呢？经过研究，证明是青霉菌产生了一种抑制细菌生长的物质，第一个抗生素——青霉素便诞生了。1941 年，青霉素被纯化，此后被大规模发酵生产，在第二次世界大战中获得应用，挽救了成千上万人的生命。随后一系列新的抗生素被发现和应用。

自从微生物被发现后，人们一直想了解细胞的细微结构是什么？1933 年，德国人 Ruska 和 Knoll 发明了第一台透射电子显微镜，其放大倍数是光学显微镜的 10 多倍，后来逐步改进增加到几百万倍。电子显微镜的发明，使得人们能够观察到微生物细胞的细微结构。1938 年，根据所观察到细胞核是否具有核膜，将微生物划分为真核微生物和原核微生物。

亚细胞结构的了解，直接推动了细胞功能的研究。生物化学家试图通过阐述酶催化的众多代谢反应过程说明细胞的功能。微生物代谢研究的一个里程碑，就是 1937 年英国人 Krebs 通过对微生物葡萄糖发酵的研究，发现了柠檬酸循环途径。

5. 微生物分子生物学水平发展阶段

人们在研究微生物形态结构、细胞组成、生理生化和致病性研究过程中，一直在探索微生物体内控制这些生物性状的遗传物质基础是什么？

早在 1928 年，英国医学官员 Griffith 发现非致病肺炎链球菌从死的致病肺炎链球菌中可获得某种转化因子而变成致死的病原菌，即著名的“转化原理”，这就导致控制疾病的遗传因子是什么的问题提出。后来到了 1944 年，Avery 等人证明转化因子是 DNA。

1953，沃森（Watson）和克里克（Crick）在《自然》杂志上发表了 DNA 双螺旋结构，提出了半保留复制理论，标志着微生物学进入了分子生物学阶段。沃森博士论文涉及同位素标记追踪噬菌体 DNA 实验，博士后课题研究烟草花叶病毒，他坚信 DNA 就是遗传物质。当他看到物理学家或化学家鲍林（Pauling）、威尔金斯（Wilkins）和弗兰克林（Franklin）等人做出的 DNA 的 X 射线衍射图片后，根据遗传物质的特性，与克里克一道提出了 DNA 的双螺旋结构。随后，大肠杆菌乳糖操纵子、DNA 遗传信息密码子、细菌限制性内切酶、RNA 病毒逆转录等一系列分子生物学的重要理论和发现陆续被建立。因而这一时期被称为微生物学发展的第二个黄金时代。

在分子生物学理论建立的基础上，科学家们进一步提出了改造微生物遗传物质进而控制微生物性状的问题？1972 年，美国科学家 Berg 等人报道了一种 DNA 重组技术，首次成功地构建了含有 λ 噬菌体基因和大肠杆菌半乳糖操纵子的重组 SV40 病毒 DNA 分子，确立了遗传工程概念。

1985 年，美国 Mullis 等人发明了聚合酶链式反应（polymerase chain reaction，PCR）技术，使人们希望体外无限扩增核酸片段成为可能，极大推动了基因工程发展。PCR 原理其实是利用 DNA 双链复制原理，将一条 DNA 链序列不断加以复制，使其数量以几何级数方式增加。自 1956 年 DNA 聚合酶被分离鉴定后，在试管中复制 DNA 就已是一种常规实验方法。Mullis 主要从事寡核苷酸合成研究，一天他从驾车看到路两边向后移动的路灯获得灵感，感觉两排路灯就是 DNA 的两条链，自己的车和对面开来的车像是 DNA 聚合酶，面对面地合成着 DNA。他假设 DNA 聚合酶既然结合一条引物，就有可能同时结合两条引物，分别结合在 DNA 的正义链和反义链的 5′ 端上，向其 3′ 端延伸合成互补的 DNA 链，最终通过一系列实验研究，创立了 PCR 方法，获得了诺贝尔奖。PCR 技术就是在模板 DNA、引物、dNTP 和 Mg^{2+} 存在的条件下依赖于 DNA 聚合酶的酶促反应。每个 PCR 循环包括以下反应：①双链 DNA 的变性：通过加热至约 94℃使 DNA 双螺旋的氢键断裂，解离成单链 DNA；②退火：将温度迅速降低至适合特定的引物与互补链配对的温度，使引物和模板上与其互补的局部序列配对形成杂交链；③延伸：将温度上升至 DNA 聚合酶催化反应的最适温度，DNA 聚合酶催化以引物的 3′ 端为起始点的 5′→3′ 的 DNA 链延伸反应。以上循环每进行一次，目标 DNA 分子就被拷贝了一次，其总量就增加 1 倍，理论上，20 个循环将产生 100 万个拷贝的靶 DNA 序列，30 个循环产生 10 亿个拷贝。为了满足 PCR 循环反复高温解链的需要，后来引入嗜高温细菌水生栖热菌（*Thermus aquaticus*）产生的 DNA 聚合酶（*Taq* 聚合酶），它在 65～72℃催化 DNA 聚合反应，在 95℃下半衰期为 2 h 以上。

6. 微生物基因组学水平发展阶段

以微生物分子生物学为先驱的分子生物学的发展及其遗传工程技术的建立，使人类改造包括微生物在内的各种生物及其人类自生的遗传物质成为可能。这样，就需要了解人类及各类生物的基因组背景是什么的问题？由美国科学家 1985 年在美国能源部一次会议上讨论酝酿，1986 年由 Dulbecco 在《科学》杂志上发表文章率先提出了人类基因组计划，标志着基因组时代的到来。1990 年“人类基因组计划”正式启动。

由于微生物基因组相对较小，易于操作，它的研究往往先于人类基因组研究，在基因组研究中起着开路先锋作用，提供技术与经验。

早在人类基因组计划启动之前，1977 年美国科学家 Sanger 等人就发明了 DNA 酶解测序法，并完成了噬菌体 ΦX174（5 368 碱基对）的全基因测序。1995 年 Venter 和 Smith 等人发明了全基因组鸟枪测序法（whole-genome shotgun sequencing），完成了第一个原核细胞生物——流感嗜血杆菌

（*Haemophilus influenzae*）基因组测序工作，推动了人类基因组计划的顺利进行。2003 年人类基因组计划顺利完成。此后，以基因功能鉴定为中心的功能基因组学诞生。伴随着微生物功能基因组学研究发展，微生物蛋白质组学、代谢组学、比较基因组学等各种组学研究蓬勃兴起。这一时期又被称作微生物学发展的第三个黄金时期。

随着基因组学及各种组学研究的深入发展，合成生物学应运而生。2008 年 1 月 25 日，美国克莱格凡研究所（The J. Craig Venter Institute）科学家报道将目前已知最小的细菌之一——生殖支原体（*Mycoplasma genitalium*）DNA 中 58 万余种化学成分进行组合，合成了世界上第一个人造细菌基因组。2010 年 5 月 20 日该研究所又将人工设计、合成、装配的蕈状支原体（*M. mycoides*）基因组 DNA 注入到山羊支原体（*M. capricolum*）受体细胞中，产生了受人造基因组控制生长的新的人造蕈状支原体细胞。2014 年美国加州斯克利普斯研究所（Scripps Research Institute）科学家宣布，将人工合成的自然界不存在的碱基引入合成的 DNA 中，扩大了遗传密码，这种自然界不存在的 DNA 分子引入大肠杆菌后，并未影响其生长和复制过程，向人类创造全新的人造生命又迈进一步。2018 年中国科学院分子植物科学卓越创新中心 / 植物生理生态研究所覃重军团队在《自然》杂志上发表论文，以单细胞真核生物酿酒酵母为实验对象，采用工程化精准设计方法，使用 CRISPR-Cas9 基因编辑技术对酿酒酵母天然的 16 条染色体的全基因组进行了大规模修剪、重新排列，最终“创造”了将几乎所有遗传信息融合进 1 条超长线型染色体的酵母细胞菌株 SY14。该酵母细胞生长、功能和基因表达均与天然酵母相似。已知原核生物细胞一般只有 1 条环型染色体，而真核细胞则有多条染色体。覃重军大胆设想，真核细胞与原核细胞之间的染色体数目不同完全可以相互跨越，即：真核细胞也可以改造成 1 条线型、甚至是环型的染色体，装载所有遗传物质、完成正常细胞功能。于是开始设计实验进行研究。该研究成果是通过经典分子生物学“假设驱动”与合成生物学“工程化研究模式”来探索解析生命起源与进化中重大基础科学问题的一个新范例，是继原核细菌“人造生命”之后的一个重大突破，建立了原核生物与真核生物之间基因组进化的桥梁。

人类基因组计划完成后，许多科学家认识到解密人类基因组并不能完全掌握人类疾病与健康的关键问题，因为人体内存在着数以万亿计的微生物，而人体内这些微生物群落与人类健康之间的联系背后的机制仍未阐明。2007 年由美国主导、有多个欧盟国家及日本和中国等十几个国家参加的“人类微生物组计划”宣布启动。该计划使用新一代 DNA 测序仪进行人类微生物组 DNA 的测序工作。该计划第一阶段于 2013 年结束，结果证明了寄生在人体内的微生物是人类生物学不可或缺的一部分，也挑战了医学界认为微生物只是传染病病原体的传统观点。2014 年启动人类微生物组计划第二阶段工作，于 2019 年基本结束，这一阶段工作利用各种组学技术，对怀孕和早产群体、炎症性肠病患者和 2 型糖尿病患者三个不同人群的微生物组和宿主进行分析，探索微生物组和宿主的时间动态变化，揭示这些疾病中的微生物 - 宿主互作影响，证实了微生物组对人类健康和发展的重要性。

展望微生物学未来，可以说微生物学加速发展的势头仍然在继续，微生物学的社会需求仍然是巨大的。以基因组学为代表的各种组学技术的发展和应用给微生物学研究和应用带来全新的变革。合成生物学正在深刻地改变着人类的生活和生产方式，越来越被广泛用于基因疗法、工业生产、环境治理和农业领域，还被用作为探索生物学基本问题的工具。以新冠病毒感染疫情为代表的不断出现的新发微生物传染病，以及不断发生的新的病原微生物抗药性，给人类健康带来严峻挑战，需要持续开发新的抗生素、化学治疗剂或疫苗。环境微生物学是一个未来将迅速扩张的领域，人们将越来越依赖于微生物降解作用以修复我们所生存的环境，利用微生物固定 CO_2 作用以实现碳达峰和碳中和目标，利用微生物将各种工业、农业废弃物转化为可利用资源可以减少我们所面临的环境和资源压力。另外，微生物依然将是基础生物学研究最理想的材料。

摘 要

微生物是指那些微小、简单、肉眼难以观察的生物。微生物共同特点是：①大多数微生物肉眼难以直接观察；②微生物通常以独立的增殖单位存在；③微生物结构较不复杂；④微生物生长快速；⑤微生物几乎无所不在。将互不相关的微生物类群放在一起作为一门独立学科——微生物学加以研究，主要是根据研究微生物的方法和技术的共性，而不是根据微生物之间的相关性。

观察微生物需要借助显微镜。人类视网膜的分辨率为 100 ~ 200 μm，普通显微镜的分辨率约是 0.2 μm，透射电子显微镜的分辨率约是 0.5 nm。

根据五界分类系统，生物分为动物界、植物界、原生生物界、真菌界以及原核生物界。根据“三域”分类系统，所有生物分为“真核生物域”“细菌域”和“古菌域”。

微生物的系统分类单元遵循林奈建立的系统分类单元，自上而下依次可分七级，即：界、门、纲、目、科、属、种。微生物的种是一个基本分类单位，它是一大群表型特征高度相似、亲缘关系极其接近、与同属内其他种有着明显差异的个体集合的总称。所有细胞生物的种名均遵守林奈制定的拉丁双名法，即一个种的学名用拉丁词或拉丁化的词组成，在出版物中应排成斜体字。学名通常由一个属名加一个种的加词构成，并且属名首字母要大写，种的加词要小写。

微生物学是研究微生物的科学，其研究范围包括微生物的多样性、微生物的生命活动规律及其对人类社会经济活动的影响。微生物的重要性表现在：①微生物与人类健康密切相关；②微生物在生态环境中起重要作用；③微生物在工业生产中有很多应用；④微生物对农业生产有很大的影响；⑤微生物学促进了生物学的发展。

微生物学的发展经历了 6 个阶段：①微生物影响人类生活但不能被检测阶段；②微生物发现和微生物来源研究阶段（列文虎克自制“显微镜”首先观察到了微生物）；③微生物原理和方法确立阶段（巴斯德发现微生物发酵产生乙醇和乳酸，长颈瓶实验否定了微生物“自然发生说”，创立了巴斯德消毒法，发明了狂犬病毒减毒疫苗；柯赫提出了“柯赫定律”，发展了无菌操作技术，建立了微生物纯培养分离技术，发明了固体培养基制备方法）；④微生物生理生化水平发展阶段（弗来明发现了青霉素；Krebs 发现了柠檬酸循环途径）；⑤微生物分子生物学水平发展阶段（Watson 和 Crick 发现了 DNA 双螺旋结构；Berg 等发展了 DNA 重组技术；Mullis 等发明了 PCR 技术）；⑥微生物基因组学水平发展阶段（Venter 和 Smith 等发明了全基因组鸟枪测序法，完成了第一个原核细胞生物——流感嗜血杆细菌基因组测序；第一个人造蕈状支原体细胞诞生；“人类微生物组计划”启动）。在微生物学原理发现和发展过程中，科学探索方法得以建立，即：①观察现象；②提出问题；③提出可能的假说以解释所观察到的现象；④进行实验，检验假说；⑤理论总结，纠正假说不正确或不完善的地方。

思考题

1. 如何定义“微生物”?
2. 微生物有那些共同特点?
3. 为什么要把互不相关的微生物类群放在一起作为一门独立学科——微生物学加以研究?
4. 为什么光学显微镜能观察到人肉眼看不见的细菌，但却不能观察到细胞膜?
5. 简述微生物“五界分类系统”与“三域分类系统”有什么不同? 各包含哪些微生物类群?
6. 举例说明书写细胞型微生物种名时如何遵循林奈“拉丁双名法”原则。
7. 谁最先观察到了微生物?
8. 什么是“柯赫定律”?
9. 巴斯德对微生物学发展所做出的重要贡献有哪些?
10. 简述微生物学的重要性。
11. 尝试从互联网中搜寻出5个以上的需要聘用微生物学工作者的部门或公司。
12. 近一年来微生物学有关的最重大事件或进展是什么?
13. 剖析一个微生物学发现或发明的事例，谈谈你对微生物学创新研究的认识。
14. 微生物学实验为什么需要使用无菌操作技术? 说明你的理由。

数字课程学习

教学课件　　在线自测

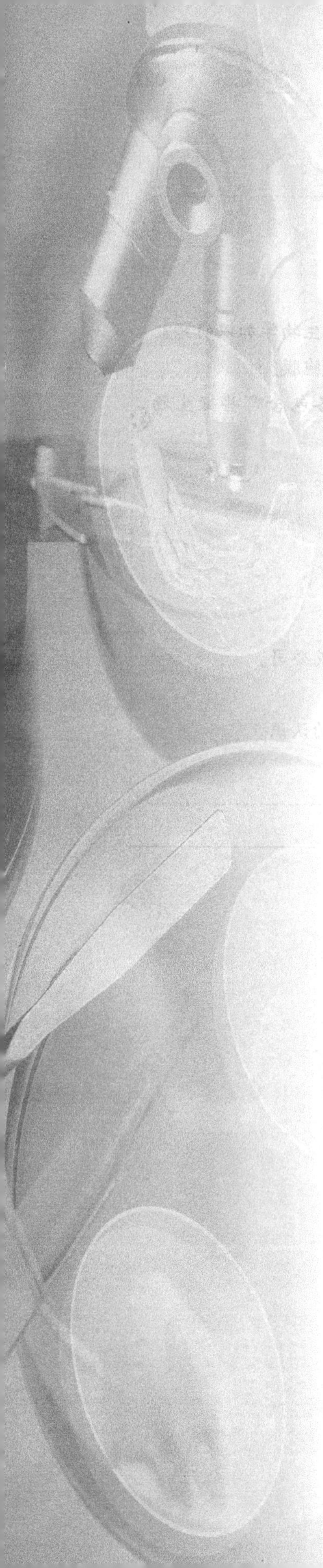

第二章

原核微生物

原核微生物（procaryotic organism）是指一大类细胞核无核膜包裹，只有被称作核区的裸露 DNA 的原始单细胞生物，包括细菌和古菌两大类群。细菌一词有狭义和广义之分，狭义的细菌是指除古菌之外的原核微生物；广义的细菌则是指所有的原核微生物。

一些原核微生物可引发人类、动物和农作物疾病，如伤寒沙门氏菌（*Salmonella typhi*）、结核分枝杆菌（*Mycobacterium tuberculosis*）、破伤风梭菌（*Clostridium tetani*）、肺炎链球菌（*Streptococcus pneumoniae*）等致病菌对人类有害，不少腐败菌还会引起食物和工农业产品腐烂变质。但也有许多原核微生物对人类是有益的，被利用到工业、农业、医学和环保等生产实践中。例如，人们利用乳球菌属（*Lactococcus*）和乳杆菌属（*Lactobacillus*）中的一些种类生产酸奶，用谷氨酸棒杆菌（*Corynebacterium glutamicum*）制造食用味精，利用一些放线菌生产抗生素，利用产甲烷菌（*Methanogenium* spp.）生产沼气，用苏云金芽孢杆菌（*Bacillus thuringiensis*）生产杀虫剂，以及借助细菌来进行生物冶金、处理废水和生产细菌肥料等。

第一节　细菌的形态、结构和功能

这里主要以细菌为例，介绍原核微生物细胞的形态、结构和功能。

一、细菌的形态和大小

（一）细菌的形态

细菌是单细胞生物，一个细胞就是一个个体。细菌个体的基本形态为球状、杆状和螺旋状三大类型。

1. 球菌

球菌（coccus，复数 cocci）即球状细菌，包括：单球菌（新个体分散而单独存在），如尿素微球菌（*Micrococcus ureae*）；双球菌（细胞分裂后，两个细胞成对排列），如淋病奈氏球菌（*Neisseria gonorrhoeae*）；四联球菌（经两次分裂形成的四个细胞连在一起成田字形），如四联微球菌（*Micrococcus tetragenus*）；八叠球菌（分裂后的八个细胞沿着三个互相垂直的方向叠在一起成魔方状），如尿素八叠球菌（*Sarcina ureae*）；葡萄球菌（细胞无定向分裂，形成的新个体排列成葡萄串状），如金黄色葡萄球菌（*Staphylococcus aureus*）；链球菌（多个细胞排列成链状），如乳链球菌（*Streptococcus lactis*）。球菌大小以直径表示，多为 0.5 ~ 1.0 μm。各种不同形状的球菌如图 2–1 所示。

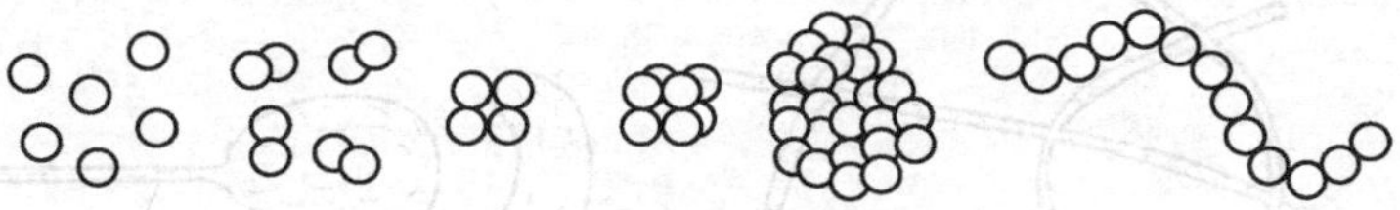

图 2–1 各种不同形状的球菌

A. 单球菌 B. 双球菌 C. 四联球菌 D. 八叠球菌 E. 葡萄球菌 F. 链球菌

2. 杆菌

杆菌（rod bacteria）即杆状或球杆状的细菌，包括单杆菌、双杆菌和链杆菌等，其细胞形态较球菌复杂，多数杆菌呈直杆状，菌体两端钝圆、少数平齐、尖细或膨大，有的粗短，有的细长。细菌中常见种类大多是杆菌，如：大肠杆菌（*Escherichia coli*）、枯草芽孢杆菌（*Bacillus subtilis*）等。杆菌的大小以宽度（或直径）× 长度表示，一般为（0.2 ~ 1.25）μm ×（1 ~ 10）μm。各种不同形状的杆菌如图 2–2 所示。

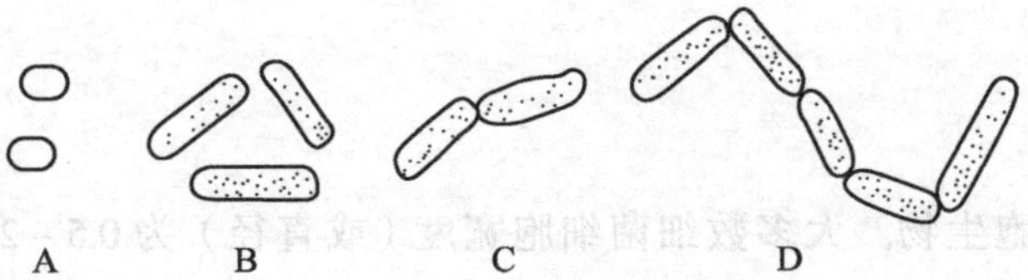

图 2–2 各种不同形状的杆菌

A. 球杆菌 B. 单杆菌 C. 双杆菌 D. 链杆菌

3. 螺旋菌

螺旋菌（spirilla）即菌体呈螺旋状的细菌（图 2–3）。根据细胞弯曲程度和螺旋数目分为三类，若菌体螺旋不满一环，似逗号形，称为弧菌，如霍乱弧菌（*Vibrio cholerae*）；满 2 ~ 6 环的小型、坚硬的螺旋状细菌称为螺菌，如减少螺菌（*Spirillum minus*）；而旋转周数在 6 环以上、体大而柔软的螺旋状细菌则称为螺旋体（spirochaeta）。螺旋菌的大小以宽度（或直径）× 长度表示，一般为（0.3 ~ 1.0）μm ×（1.0 ~ 10）μm，或更长。弧菌和螺菌类普遍都有鞭毛，螺旋体则含有轴丝（详见后述）。

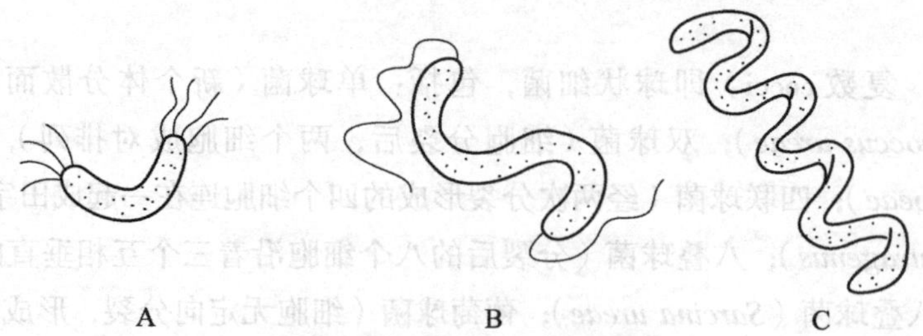

图 2–3 各种不同形状的螺旋菌

A. 弧菌 B. 螺菌 C. 螺旋体

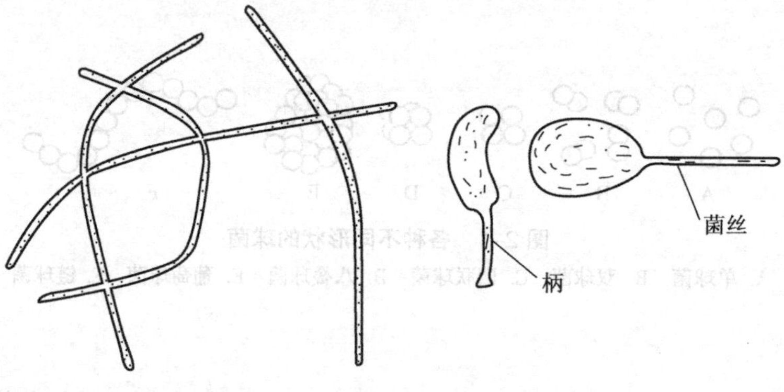

图 2–4 其他不同形状的细菌

A. 丝状菌 B. 附加体细菌

除上述典型的细菌三型之外，还有其他一些特殊形态的细菌，如菌丝状的放线菌，细胞上有柄（stalk）、菌丝（hyphae）和附器（appendages）等细胞质伸出物的柄杆菌（*Caulobacter* spp.）等（图 2–4）。

（二）细菌大小

细菌是最小的细胞生物。大多数细菌细胞宽度（或直径）为 0.5 ~ 2.0 μm，长 0.5 ~ 10 μm。大肠杆菌大小为（1.1 ~ 1.5）μm ×（2.2 ~ 6）μm，代表了杆状细菌的平均大小。但也有例外，如颤蓝细菌属细胞直径约 7 μm；从非洲纳米比亚大陆架的沉积物中分离到的纳米比亚嗜硫珠菌（*Thiomargarita namibiensis*），为球状，直径为 100 ~ 750 μm，肉眼可见；而已知最小能独立繁殖的原核微生物支原体，其直径仅约 250 nm。

二、细菌的细胞结构和功能

细菌细胞的结构见图 2–5，通常把一般细菌都有的构造称为一般构造，例如细胞壁、细胞膜、细胞质和原核等，而把非所有细菌共有的构造称为特殊构造，主要有鞭毛、性菌毛、荚膜和芽孢等。本节以细菌为主介绍原核微生物的细胞结构，古菌因与细菌在细胞结构和组成方面差异较大，将在后面古菌内容中予以补充介绍。

（一）细胞壁

通过染色和质壁分离后在光学显微镜下可观察到细胞质膜外面的一层厚实、坚韧的外被，即为细胞壁（cell wall）（图 2–5），主要由肽聚糖（peptidoglycan）构成（图 2–6）。肽聚糖是由 *N*– 乙酰葡糖胺（*N*–acetylglucosamine）与 *N*– 乙酰胞壁酸（*N*–acetylmuramic acid）以及许多氨基酸肽链所组成的多糖（图 2–7，图 2–8）。肽聚糖层是细菌细胞壁特有的成分，构成细菌细胞壁坚硬的骨架部分。

细胞壁的功能主要有：①固定细胞外形和提高机械强度，保护细胞免受外力的损伤；②参与细胞生长、分裂和鞭毛运动；③阻拦酶蛋白或抗生素等物质进入细胞；④赋予细菌特有的抗原性和致病性，并与细菌对抗生素和噬菌体的敏感性密切相关。

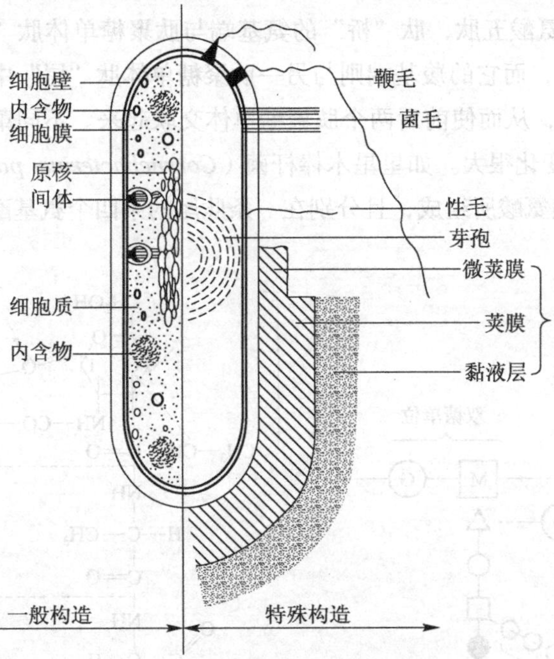

图 2–5　细菌细胞构造的模式图

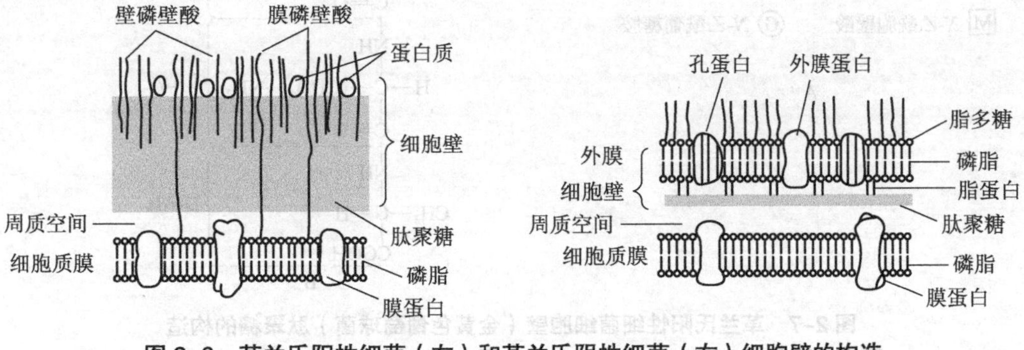

图 2–6　革兰氏阳性细菌（左）和革兰氏阴性细菌（右）细胞壁的构造

1. 革兰氏阳性细菌的细胞壁结构

革兰氏阳性细菌（Gram-positive bacteria，G^+）的细胞壁较厚，有 20～80 nm；化学组分简单，一般含 90% 肽聚糖和 10% 的磷壁酸（teichoic acid）（图 2-6）。

（1）肽聚糖层

以金黄色葡萄球菌（*S. aureus*）为例，它的肽聚糖层厚 20～80 nm，由 40 层左右网状分子所组成。网状的肽聚糖大分子是由大量小分子单体聚合而成。每一肽聚糖单体含有三个组成部分（图 2-7）：①双糖单位，由一个 *N*- 乙酰葡糖胺与一个 *N*- 乙酰胞壁酸分子通过 β-1,4- 糖苷键连接而成（图 2-7B，图 2-8）。胞壁酸是 *N*- 乙酰葡糖胺上 3 位上的羟基与一乳酸分子上羟基以醚键相连而成。②短肽“尾”，由四个氨基酸组成的短肽连接在 *N*- 乙酰胞壁酸羧基上，这四个氨基酸是按 L 型与 D 型交替排列的方式连接而成，即 L- 丙氨酸→ D- 谷氨酸→ L- 赖氨酸→ D- 丙氨酸。③肽“桥”，是革兰氏阳性细菌细胞壁肽聚糖分子中连接不同肽聚糖链分子之间的短肽成分。在金黄色葡萄球菌中为甘氨酸五肽，肽“桥”的氨基端与肽聚糖单体肽“尾”中的第四个氨基酸即 D- 丙氨酸的羧基相连接，而它的羧基端则与另一肽聚糖单体肽“尾”中的第三个氨基酸即碱性的 L- 赖氨酸的氨基相连接，从而使前后两个肽聚糖单体交联起来。不同革兰氏阳性细菌中，组成肽桥的氨基酸种类和数量变化很大。如星星木棒杆菌（*Corynebacterium poinsettiae*）细胞壁肽聚糖分子中肽桥仅由一个 D- 赖氨酸所组成，且分别在一条肽尾的第四个氨基酸与另一条肽尾的第二个氨

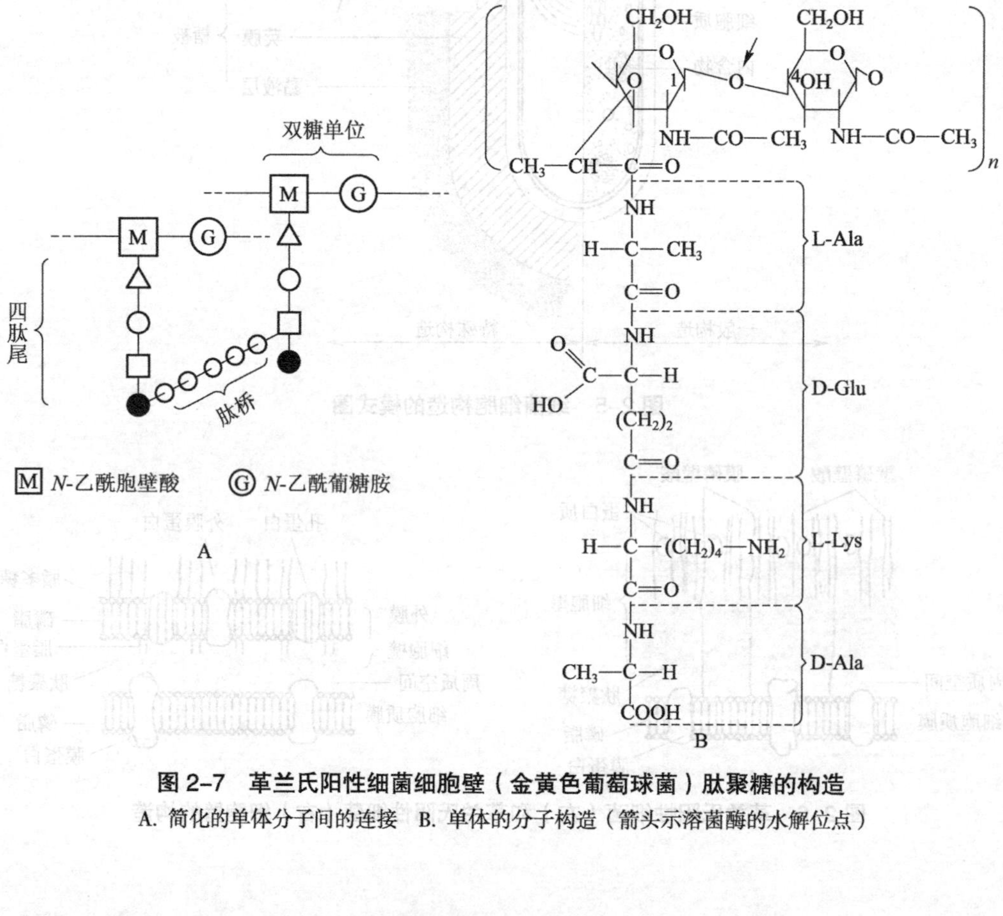

图 2-7 革兰氏阳性细菌细胞壁（金黄色葡萄球菌）肽聚糖的构造

A. 简化的单体分子间的连接 B. 单体的分子构造（箭头示溶菌酶的水解位点）

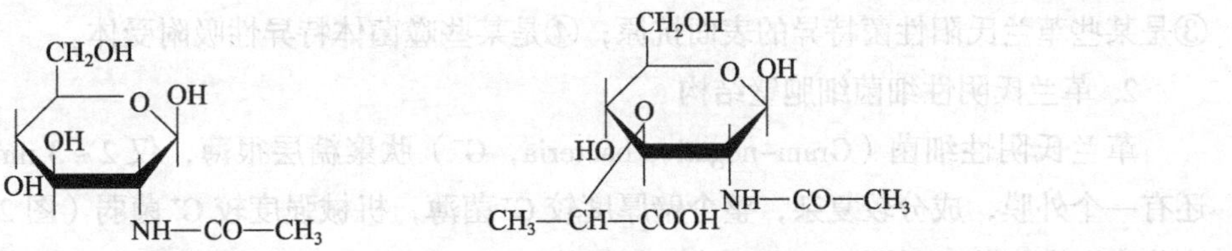

图 2-8 组成肽聚糖双糖单位的 *N*- 乙酰葡糖胺（左）与 *N*- 乙酰胞壁酸（右）的分子结构

基酸之间进行连接。藤黄微球菌（*Micrococcus lulens*）细胞壁肽聚糖分子中肽桥则由 1 ~ 2 个额外的短肽尾分子所组成。

溶菌酶能有效水解细菌的肽聚糖，其水解位点是 *N*- 乙酰胞壁酸和 *N*- 乙酰葡糖胺之间连接的 β-1,4- 糖苷键。溶菌酶无论是对生长旺盛期的细菌还是对处于生长休眠期的细菌孢子都有明显作用。

（2）磷壁酸

磷壁酸是结合在革兰氏阳性细菌细胞壁上的一种酸性多糖，主要成分为甘油磷壁酸和核糖醇磷壁酸，这些聚醇以磷酸酯连接，通常还连接有其他糖类和丙氨酸，是革兰氏阳性细菌所特有的成分之一。它有两种类型，其一为壁磷壁酸，它与肽聚糖分子间发生共价结合，其含量有时可达壁重的 50%；其二为膜磷壁酸（即脂磷壁酸），由磷壁酸分子中的甘油磷酸根与细胞膜上的磷脂进行共价结合后形成。部分细菌壁甘油磷壁酸的结构及其与肽聚糖分子中胞壁酸的连接方式见图 2-9。

磷壁酸的主要生理作用有：①带负电荷，可与环境中的 Mg^{2+} 等阳离子结合，提高这些离子的浓度，维持细胞膜上一些金属酶的活性；②一些革兰氏阳性致病菌可借磷壁酸与其宿主细胞粘连；

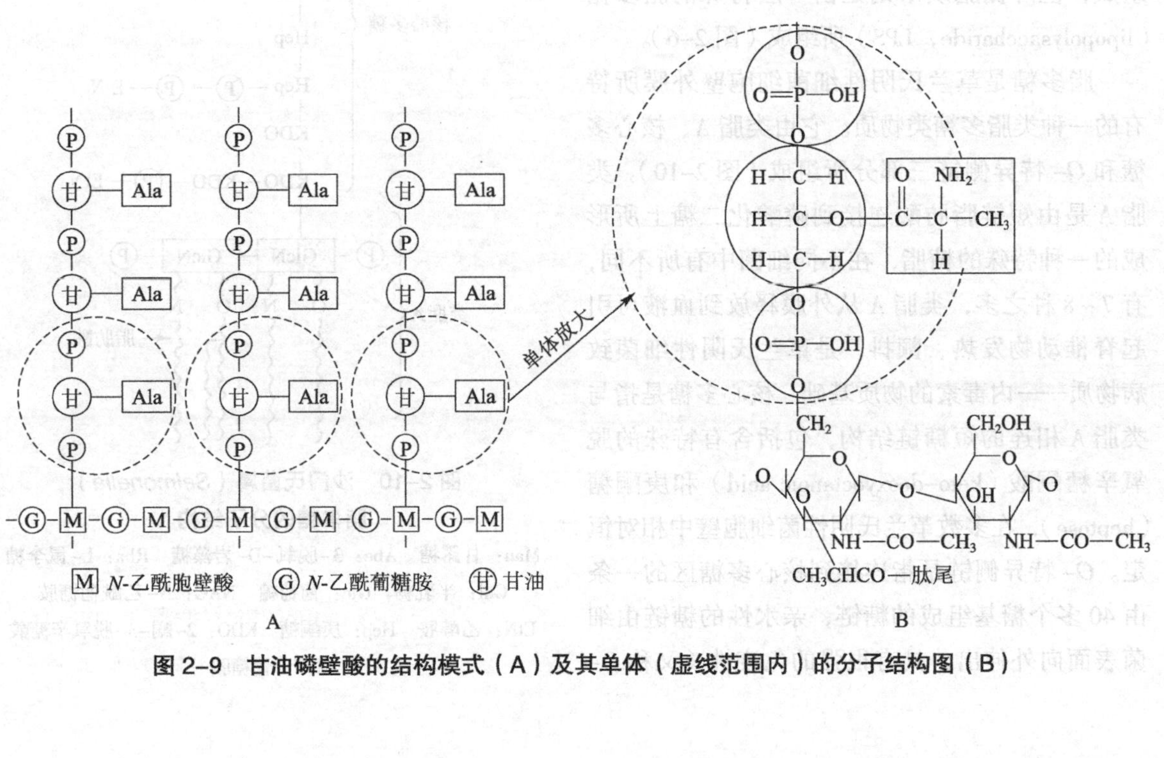

图 2-9 甘油磷壁酸的结构模式（A）及其单体（虚线范围内）的分子结构图（B）

③是某些革兰氏阳性菌特异的表面抗原；④是某些噬菌体特异性吸附受体。

2. 革兰氏阴性细菌细胞壁结构

革兰氏阴性细菌（Gram-negative bacteria，G^-）肽聚糖层很薄，仅 2 ~ 3 nm 厚，在肽聚糖层外还有一个外膜，成分较复杂，整个壁厚度较 G^+ 菌薄，机械强度较 G^+ 菌弱（图 2-6）。现以大肠杆菌为代表，介绍革兰氏阴性细菌细胞壁的结构。

（1）肽聚糖层

革兰氏阴性细菌细胞壁肽聚糖层有以下特点：①肽聚糖含量不足细胞壁的 10%，一般由 1 ~ 2 层网状分子构成，厚度仅为 2 ~ 3 nm。②肽聚糖结构单体与革兰氏阳性细菌基本相同，但也有差异，其肽尾的第 3 个氨基酸为内消旋二氨基庚二酸（meso-diaminopimelic acid，m-DAP），且不同肽聚糖链之间没有特殊的肽桥，而是由一条肽聚糖链上的肽尾上第四个氨基酸即 D- 丙氨酸的羧基与另一条肽聚糖链上的肽尾上第三个氨基酸即 m-DAP 的氨基直接连接。③肽聚糖链之间的交联较稀疏。

（2）外膜

革兰氏阴性细菌细胞壁的外膜（out membrane），又称外壁层，是由类似脂质双分子层膜结构所组成，通过脂蛋白分子与肽聚糖层相连，形成细胞壁的最外层。但外膜的双分子层膜结构与其他生物膜的脂质双分子层膜结构在化学组成上不同，其膜内侧脂质层是由磷脂所组成，但外侧脂质层则是由一层特殊的脂多糖（lipopolysaccharide，LPS）所组成（图 2-6）。

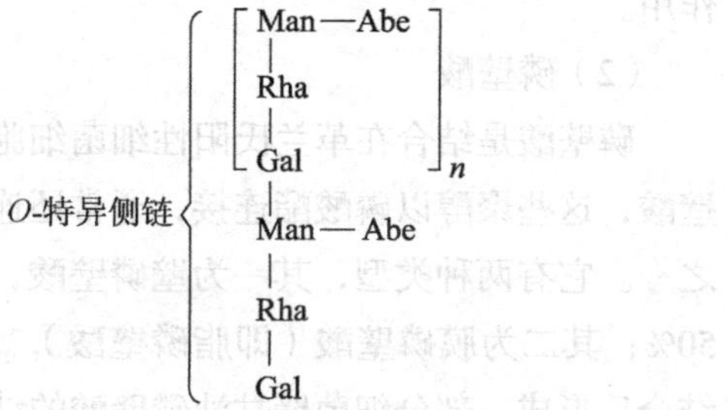

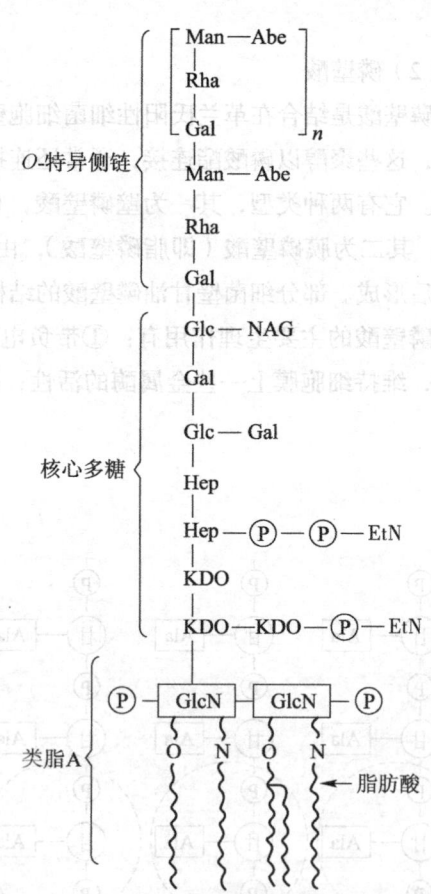

图 2-10 沙门氏菌属（*Salmonella*）脂多糖的分子结构

Man：甘露糖 Abe：3-脱氧-D-岩藻糖 Rha：L-鼠李糖 Gal：半乳糖 Glc：葡萄糖 NAG：*N*-乙酰葡糖胺 EtN：乙醇胺 Hep：庚酮糖 KDO：2-酮-3-脱氧辛糖酸 GlcN：葡糖胺

脂多糖是革兰氏阴性细菌细胞壁外膜所特有的一种类脂多糖类物质。它由类脂 A、核心多糖和 *O*- 特异侧链三部分所组成（图 2-10）。类脂 A 是由短链脂肪酸连接到磷酸化二糖上所形成的一种特殊的糖脂，在不同细菌中有所不同，有 7 ~ 8 种之多，类脂 A 从外膜释放到血液可引起脊椎动物发热、颤抖，是革兰氏阴性细菌致病物质——内毒素的物质基础。核心多糖是指与类脂 A 相连的短糖链结构，包括含有特殊的脱氧辛糖酮酸（keto-deoxyoctanoic acid）和庚酮糖（heptose），在多数革兰氏阴性菌细胞壁中相对恒定。*O*- 特异侧链是指连接到核心多糖区的一条由 40 多个糖基组成的糖链，亲水性的糖链由细菌表面向外伸出，具有很强的免疫性（又称 O-

抗原)；其糖基组成在不同菌株中变化很大，决定了革兰氏阴性细菌细胞表面抗原决定簇的多样性；具有控制某些物质进出细胞的屏障功能，例如，它可透过若干种较小的分子（嘌呤、嘧啶、双糖、肽类和氨基酸等），但阻拦一些抗生素、去污剂和某些染料分子进入细胞；有些还与革兰氏阴性细菌的致病力有关。因脂多糖类脂 A 上含有磷酸基团，要维持其结构的稳定性需要足量 Ca^{2+} 的存在，如果用螯合剂去除 Ca^{2+}，脂多糖就解体。这样就会暴露出细菌内壁层的肽聚糖，使之易被溶菌酶水解。

脂蛋白（lipoprotein），主要是相对分子质量为 7 200 的脂蛋白，其不带脂的一端与细胞壁内壁层相连，带脂的一端通过脂质分子插入到外膜内侧磷脂层中，其作用是使细胞壁的外膜牢固地连接在由肽聚糖所组成的内壁层上。

外膜镶嵌蛋白质，例如大肠杆菌细胞壁外膜中的孔蛋白（porin）就是一种研究得较多的外膜镶嵌蛋白。孔蛋白是一种三聚体结构，每一个亚单位的相对分子质量为 36 000。由三聚体结构构成的输水孔道横跨外膜，可通过相对分子质量小于 900 的亲水性营养物质，例如糖类（尤其是双糖）、氨基酸、二肽、三肽、青霉素和无机离子等，它使外膜具有分子筛的功能。

3. 革兰氏染色及其原理

革兰氏染色（Gram stain）是 1884 年由丹麦医生 Christian Gram 发明的染色反应，其染色要点是：①先用结晶紫初染；②碘液媒染，菌体现紫色；③乙醇脱色；④沙黄或番红复染。最终革兰氏阳性菌呈紫色，革兰氏阴性细菌呈红色。目前一般认为，革兰氏染色是基于细菌细胞壁特殊化学组分基础上的一种物理过程。通过初染和媒染操作后，在细菌细胞膜或原生质上染上了不溶于水的结晶紫与碘的大分子复合物，革兰氏阳性细菌由于细胞壁较厚、肽聚糖含量较高和其分子交联度较紧密且基本上不含类脂，故在用乙醇洗脱时，肽聚糖网孔会因脱水而明显收缩，结晶紫与碘的大分子复合物不能透过网孔而留在细胞壁内，故现紫色。反之，革兰氏阴性细菌因其壁薄、肽聚糖含量低和交联松散，类脂含量高，故乙醇洗脱时，类脂物质溶解，细胞壁上出现较大的缝隙，结晶紫与碘复合物就极易被溶出细胞壁，因此，通过乙醇脱色后，细胞又呈无色。这时，再经沙黄等红色染料进行复染，就使革兰氏阴性细菌呈现红色。依据革兰氏染色法可将细菌区分为两大类，即：革兰氏阳性细菌和革兰氏阴性细菌，这两类细菌由于细胞壁和其他构造成分的不同而存在明显的差别（表 2–1）。

表 2–1　革兰氏阳性细菌与阴性细菌细胞壁的比较

成分	革兰氏阳性细菌	革兰氏阴性细菌
革兰氏染色反应	菌体呈紫色	经脱色、复染后菌体呈红色
肽聚糖含量	含量高，占细胞壁干重的 30% ~ 95%	含量低，占细胞壁干重的 5% ~ 20%
肽聚糖结构	多层，紧密	1 ~ 2 层，疏松
肽桥	一般有	一般无，肽聚糖链间由肽尾直接相连
细胞壁厚度及层次	20 ~ 80 nm，单层	10 nm 左右（其中外膜约 8 nm），多层
磷壁酸	多数有，含量较高（<50）	无
脂多糖与类脂	一般无	含量较高（分布在外膜）

续表

成分	革兰氏阳性细菌	革兰氏阴性细菌
脂蛋白	一般无	含量较高（分布在外膜）
对溶菌酶	敏感	不敏感
对青霉素	敏感	不敏感
与细胞膜的关系	不紧密	紧密

4. 周质空间

周质空间（periplasmic space）又称壁膜空间。指位于细胞壁与细胞膜之间的狭窄间隙（图 2–6），革兰氏阳性细菌与革兰氏阴性细菌均有。其内含有多种蛋白质和酶，例如蛋白酶、核酸酶以及运送某些物质进入细胞的结合蛋白与受体蛋白等。

5. 细胞壁缺损或无细胞壁的细菌

虽说细胞壁是细菌细胞的一般构造，但在特殊情况下也发现几类细胞壁缺损或无细胞壁的细菌，主要有：①原生质体（protoplast），指在人工条件下用溶菌酶除尽原有细胞壁或用青霉素抑制细胞壁的合成后，所留下的仅由细胞膜包裹着的细胞，常见于革兰氏阳性菌；②球状体或原生质球（spheroplast），指用溶菌酶或青霉素处理后还残留部分细胞壁的原生质体，常见于革兰氏阴性细菌；③L 型细菌，是指那些在实验室中通过自发突变而形成的遗传性稳定的细胞壁缺陷菌株。1935 年时，在英国李斯特（Lister）预防医学研究所中发现一种由自发突变而形成的细胞壁缺损的细菌—念珠状链杆菌（*Streptobacillus moniliformis*），它的细胞膨大，对渗透压十分敏感，在固体培养基上形成“油煎蛋”似的小菌落，以 Lister 研究所的第一字母“L”命名之。

原生质体与球状体有几个共同特点，主要是无细胞壁，细胞呈球状，对渗透压十分敏感，即使长有鞭毛也不能运动，对噬菌体不敏感，细胞不能分裂等。如在形成原生质体或球状体前已有噬菌体侵入，则该噬菌体仍能正常增殖和裂解；同样，如在形成原生质体前正在形成芽孢，则该芽孢仍能正常形成。

（二）细胞质膜

细胞质膜（cytoplasmic membrane）又称质膜（plasma membrane）、细胞膜（cell membrane）或内膜（inner memebrane），是紧贴在细胞壁内侧、包围着细胞质的一层柔软、脆弱、富有弹性的半透性薄膜，厚 7 ~ 8 nm，由磷脂（占 20% ~ 30%）和蛋白质（占 50% ~ 70%）组成。细胞膜的生理功能为：①选择性控制细胞内、外营养物质和代谢产物的运送和交换；②维持细胞内正常的渗透压；③作为合成细胞壁和糖被等各种组分（肽聚糖、磷壁酸、脂多糖、夹膜多糖等）的重要场所；④膜上含有氧化磷酸化或光合磷酸化等能量代谢的酶系，是细胞的产能场所；⑤信息传递的重要部位之一；⑥鞭毛基体的着生部位和鞭毛旋转的供能部位。

电镜观察到的细胞膜，是在上、下两暗层之间夹着一浅色中间层的双分子层膜结构。进一步的研究表明细胞膜是由两层磷脂分子按一定规律整齐地排列而成的。其中每一个磷脂分子由一个带正电荷且能溶于水的极性头（磷酸端）和一个不带电荷、不溶于水的非极性尾（烃端）组成。极性头朝向内外两表面，呈亲水性，而非极性端的疏水尾则埋入膜的内层，于是形成了一个磷脂双分子层。在极性头的甘油 C_3 上，不同种微生物具有不同的 R 基，如磷脂酸、磷脂酰甘油、磷脂酰乙醇胺、磷脂酰胆碱、磷脂酰丝胺酸或磷脂酰肌醇等（图 2–11）。在细菌的细胞质膜上多数含磷脂酰甘油。此外，在革兰氏阴性细菌中，多数还含磷脂酰乙醇胺，在分枝杆菌中则含磷脂酰肌醇等。而非极性尾由长链脂肪酸通过酯键连接在甘油的 C_1 和 C_2 位上组成，其链长和饱和度因细胞种类和生长温度而异，通常生长温度要求越高的种，其饱和度也越高，反之则低。

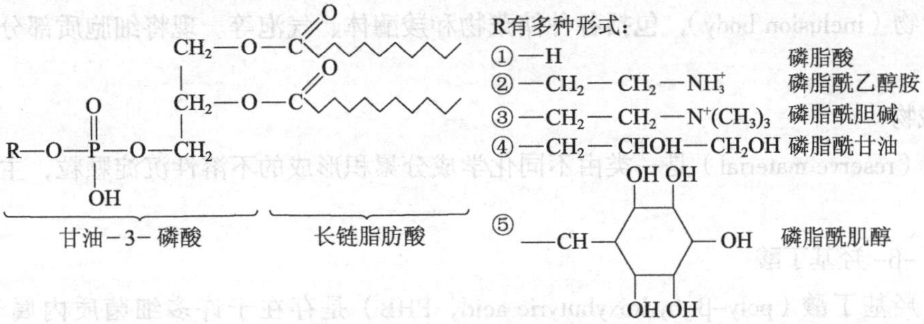

图 2–11　磷脂的分子结构

液态镶嵌模型（fluid mosaic model）用于解释细胞膜的结构与功能已得到多数学者的认可，其要点为：①膜的主体是脂质双分子层，常温下呈液态，具有流动性。②其中嵌埋着许多具运输功能的整合蛋白（integral protein）或内嵌蛋白（intrinsic protein），整合蛋白因其表面呈疏水性，故可“溶”于脂质双分子层的疏水性内层中。③在双分子层的上面则“漂浮着”许多具有酶促作用的周边蛋白（peripheral protein）或膜外蛋白（extrinsic protein），周边蛋白表面含有亲水性基团，故可通过静电引力与脂质双分子层表面的极性头相连。④脂质分子间或脂质与蛋白质分子间无共价结合。⑤脂质双分子层犹如一“海洋”，周边蛋白可在其上作“漂浮”运动，而整合蛋白则似“冰山”状沉浸其中作横向移动，以执行其相应的生理功能（图 2–12）。

原核微生物的细胞膜一般不含胆固醇等甾醇（支原体例外），这一点与真核生物明显不同。多烯类抗生素因可破坏含甾醇的细胞质膜，故可抑制支原体和真核生物的生长，但对其他的原核生物则无抑制作用。

间体（mesosome）或中体是一种由细胞质膜内褶而形成的囊状构造，其中充满着层状或管状的

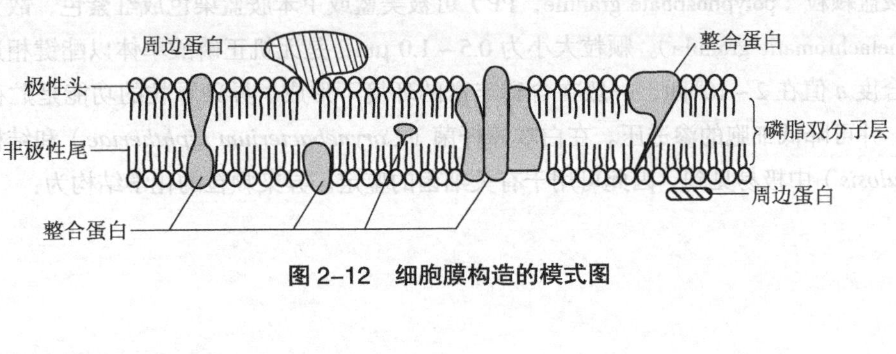

图 2–12　细胞膜构造的模式图

泡囊。多见于革兰氏阳性细菌。每个细胞含间体一至几个，其中有许多酶存在。间体与某些酶如青霉素酶的分泌有关，还可能与 DNA 的复制、分配以及与细胞分裂有关。

（三）细胞质和内含物

细胞质（cytoplasm）是细胞质膜包围的除核区外的一切半透明、胶体状、颗粒状物质的总称。原核微生物的细胞质是不流动的，这一点与真核生物明显不同。细胞质的主要成分是水分（约 80%），核糖体（由 50S 大亚基和 30S 小亚基组成），各种化合物（如基质成分、中间代谢物、营养物和大分子等），以及细胞内含物（如羧酶体、气泡或伴孢晶体等）。细胞质内形状较大的颗粒状构造称为内含物（inclusion body），包括各种储藏物和羧酶体、气泡等。现将细胞质部分内含物简介如下：

1. 储藏物

储藏物（reserve material）是一类由不同化学成分累积形成的不溶性沉淀颗粒，主要功能是贮存营养物。

（1）聚 -β- 羟基丁酸

聚 -β- 羟基丁酸（poly-β-hydroxybutyric acid，PHB）是存在于许多细菌质内属于类脂性的碳源类贮存物，不溶于水，可溶于氯仿，能被尼罗蓝或苏丹黑染色，具有贮存能量、碳源和降低细胞内渗透压的作用。至今已发现 60 属以上的细菌能合成并贮存 PHB。PHB 的无毒、可塑、易降解特性将成为人们研制医用塑料和快餐盒的良好原料。一些产碱菌（*Alcaligenes* spp.）、固氮菌（*Azotobacter* spp.）和假单胞菌（*Pseudomonas* spp.）是主要的 PHB 生产菌种。当巨大芽孢杆菌（*Bacillus megaterium*）在含乙酸或丁酸的培养基中生长时，细胞内贮存的 PHB 可达其干重的 60%。在棕色固氮菌（*Azotobacter vinelandii*）的孢囊中也含 PHB。PHB 的结构（式中的 n 一般大于 10^6）如下：

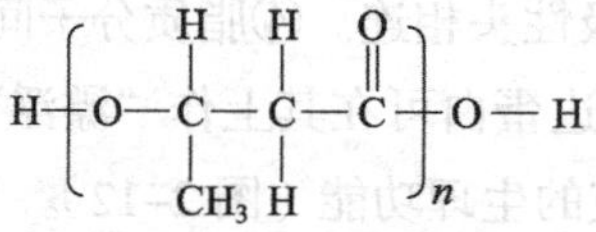

（2）多糖类贮藏物

多糖类贮藏物包括糖原和淀粉类，在细菌中以糖原为多。糖原可用碘液染成褐色，在光学显微镜下可见。

（3）聚磷酸盐颗粒

聚磷酸盐颗粒（polyphosphate granule，PP）可被美蓝或甲苯胺蓝染色成红紫色，故又被称作异染颗粒（metachromatic granule）。颗粒大小为 0.5 ~ 1.0 μm，是无机正磷酸单体以酯键相连的线性聚合物，聚合度 n 值在 2 ~ 10^6 间，一般在含磷丰富的环境下形成。异染颗粒的功能是贮存磷元素和能量物质，并可降低细胞的渗透压。在白喉棒杆菌（*Corynebacterium diphtheriae*）和结核分枝杆菌（*M. tuberculosis*）中极易见到，因此可用于有关细菌的鉴定。异染颗粒的化学结构为：

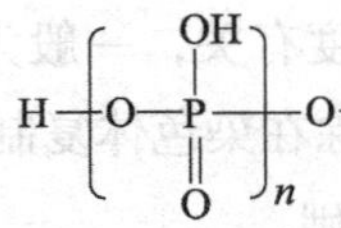

（4）藻青素

藻青素（cyanophycin）通常存在于蓝细菌中，是一种内源性氮源贮藏物，同时还兼有贮存能源的作用。一般呈颗粒状，由含精氨酸和天冬氨酸残基（1∶1）的分枝多肽所构成，相对分子质量在25 000～125 000范围内。例如柱形鱼腥蓝细菌（*Anabaena cylindracea*）的藻青素结构为：

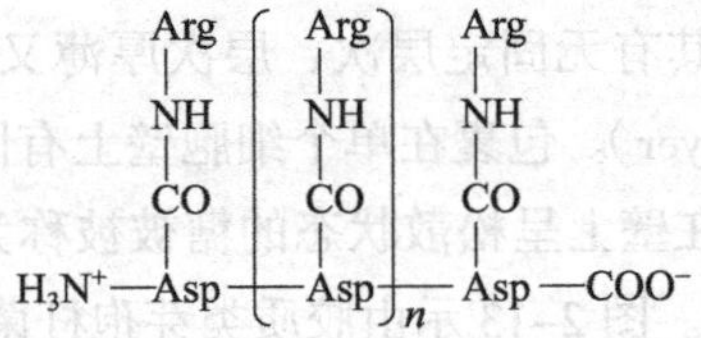

2. 磁小体

1975年，由勃莱克摩（Blakemore）在一种称为折叠螺旋体（*Spirochaeta plicatilis*）的趋磁细菌中发现了磁小体（magnetosome）。目前所知的趋磁细菌主要为水生螺菌（*Aquaspirillum*）和嗜胆球菌属（*Bilophococcus*）中的种类。这些细菌细胞中含有大小均匀、数目不等的磁小体，其成分为Fe_3O_4，外有一层磷脂、蛋白或糖蛋白膜包裹，是单磁畴晶体，无毒，大小均匀（20～100 nm），每个细胞内有2～20颗，形状为平截八面体、平行六面体或六棱柱体等。其功能是导向作用，即借鞭毛游向对该菌最有利的泥、水界面微氧环境处生活。目前认为趋磁菌有一定的实用前景，包括生产磁性定向药物或抗体，以及制造生物传感器等。

3. 羧酶体

羧酶体（carboxysome）又称羧化体，存在于一些自养细菌细胞内的多角形或六角形内含物，是以蛋白质为主的单层膜包裹的内膜结构。其大小与噬菌体相仿，约10 nm，内含1,5–二磷酸核酮糖羧化酶，羧酶体是自养细菌固定二氧化碳的场所。在排硫硫杆菌（*Thiobacillus thioparus*）、那不勒斯硫杆菌（*T. neapolitanus*）、贝日阿托氏菌属（*Beggiatoa*）、硝化细菌和一些蓝细菌中均可找到羧酶体。

4. 气泡

气泡（gas vacuole）是在许多光合营养型、无鞭毛运动的水生细菌中存在的充满气体的泡囊状内含物，内由数排柱形小空泡组成，外有2 nm厚的蛋白质膜，其功能是调节细胞比重以使细胞漂浮在最适水层中获取光能、O_2和营养物质。每个细胞含几个至几百个气泡。如鱼腥蓝细菌属（*Anabaena*）和顶孢蓝细菌属（*Acroporium*）中的一些种细胞中都有气泡。

（四）原核

原核（prokaryon）指原核生物所特有的无核膜结构、无固定形态的原始细胞核，也称核区。细菌用富尔根（Feulgen）染色后，可见到呈紫色的形态不定的核区。它是一个大型环状双链DNA分子，只有少量蛋白质与之结合，长度一般为0.25～3.00 mm。例如，大肠杆菌的核区DNA长1.1～1.4 mm，枯草芽孢杆菌的约为1.7 mm，流感嗜血杆菌（*Haemophilus influenzae*）约0.832 mm。

每个细胞所含的核区数与该细菌的生长速度有关，一般为1～4个。在快速生长的细菌中，核区DNA可占细胞总体积的20%。细胞的核区除在染色体复制的短时间内呈双倍体外，一般均为单倍体。核区是细菌负载遗传信息的主要物质基础。

（五）糖被

某些细菌在一定营养条件下向胞外分泌出厚度不定的胶黏状物质包被于细胞壁的外表，该结构被称为糖被（glycocalyx）。糖被的有无、厚薄除与菌种的遗传性相关外，还与环境（尤其是营养）条件密切相关。糖被按其有无固定层次、层次厚薄又可细分为荚膜（capsule）、微荚膜（microcapsule）和黏液层（slime layer）。包裹在单个细胞壁上有固定层的糖被可根据其厚薄分为大荚膜（macrocapsule）或微荚膜，在壁上呈松散状态的糖被被称为黏液层。几个细胞或一群细胞被糖被包裹则形成菌胶团（zoogloca）。图2-13示由胶质类芽孢杆菌（*Paenibacillus mucilaginosus*）形成的荚膜。荚膜的含水量很高，经脱水和特殊染色后可在光学显微镜下看到。在一般实验室中，可用碳素墨水对产荚膜菌进行负染色（又称背景染色），在光学显微镜下可清楚地观察到它的存在。

糖被的主要成分是多糖、多肽或蛋白质，尤以多糖居多。如肠膜状明串珠菌（*Leuconostoc mesenteroides*）糖被成分是葡聚糖，炭疽芽孢杆菌（*Bacillus anthracis*）的糖被由聚-D-谷氨酸构成。

糖被的功能包括：①保护作用，其上大量极性基团可保护菌体免受干旱损伤或防止噬菌体的吸附和裂解；一些动物致病菌的荚膜还可保护它们免受宿主白细胞的吞噬。②作为透性屏障或（和）离子交换系统，可保护细菌免受重金属离子的毒害。③表面附着作用，例如引起龋齿的唾液链球菌（*Streptococcus salivarius*）会分泌一种己糖基转移酶，使蔗糖转变成果聚糖，从而使细菌牢牢黏附于牙齿表面，可腐蚀牙表珐琅质层并引起龋齿。④细菌间的信息识别作用。⑤堆积代谢废物。

细菌糖被的有无及其性质可用于菌种鉴定，例如胶质类芽孢杆菌在无氮培养基中可以形成十分明显的大荚膜，这是其典型的鉴别性特征之一；某些难以观察到的微荚膜的致病菌，可用极为灵敏的血清学反应鉴定。在制药工业和试剂工业中，肠膜状明串珠菌（*L. mesenteroides*）的糖被可用作提取葡聚糖，制备“代血浆”或葡聚糖生化试剂（如Sephadex）；利用野油菜黄单胞杆菌（*Xanthomonas campestris*）可发酵提取胞外多糖——黄原胶，用于食品、医药、日化、石油等20余

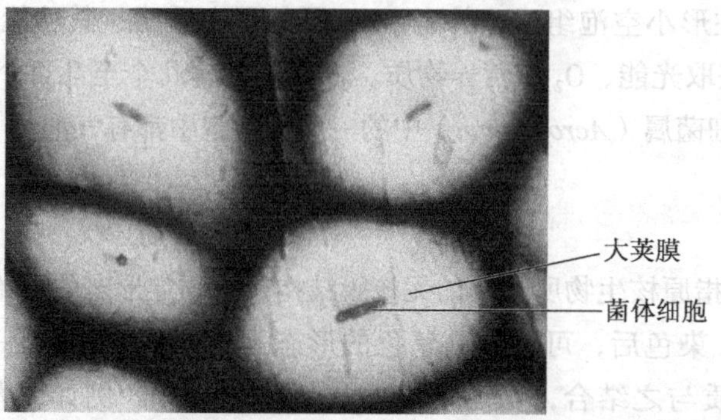

图2-13 胶质类芽孢杆菌的荚膜

个行业，为世界上生产规模最大、用途较广的微生物多糖。产生菌胶团的细菌在污水的生物处理过程中具有吸附和沉降有害物质的作用。有些细菌的糖被也可对人类带来不利的影响，如肺炎链球菌（*Streptcoccus pneumoniae*）荚膜赋予其致病性。

（六）鞭毛

生长在某些细菌体表的细长、丝状或波状弯曲的蛋白质附属物称为鞭毛（flagellum，复数 flagella），其数目常为一至数十条，具有运动功能（图 2–14A）。

细菌鞭毛的构造由基体、钩形鞘和鞭毛丝 3 部分组成。革兰氏阳性细菌和革兰氏阴性细菌在基体的构造上稍有区别。革兰氏阴性细菌的鞭毛最为典型，以大肠杆菌的鞭毛为例（图 2–14B）：鞭毛基体（basal body）由 4 个盘状物即环（ring）组成，最外层的 L 环连在细胞壁最外层的外膜上，接着是连在肽聚糖内壁层的 P 环，第三个是靠近周质空间的 S 环，它与最内面的 M 环连在一起称 S–M 环或内环，共同嵌埋在细胞质膜上。S–M 环被一对 Mot 蛋白包围，由它驱动 S–M 环快速旋转。在 S–M 的基部还存在一个 Fli 蛋白，起着键钮的作用，它可根据细胞提供的信号令鞭毛进行正转或逆转。把鞭毛基体与鞭毛丝连在一起的构造称钩形鞘或鞭毛钩（hook），直径约 17 nm，其上生一条长 15 ~ 20 μm 的鞭毛丝（filament）。鞭毛丝是由许多直径为 4.5 nm 的鞭毛蛋白（flagellin）亚基沿着中央孔道螺旋状缠绕而成，每周为 8 ~ 10 个亚基，鞭毛蛋白是一种呈球状或卵圆状蛋白，相对分子质量为 30 000 ~ 60 000。

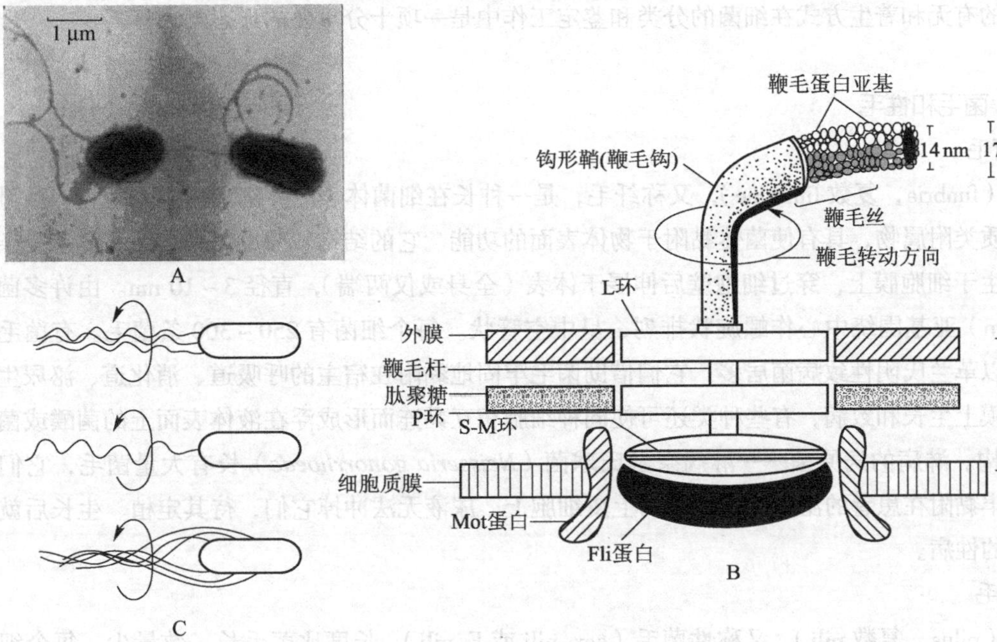

图 2–14 细菌的鞭毛

A. 嗜麦芽寡养单胞菌（*Stenotrophomonas maltophilia*）透射电镜照片（显示含一端生束鞭毛）
B. 革兰氏阴性细菌鞭毛构造示意图 C. 鞭毛的运动方式

革兰氏阳性细菌的鞭毛结构较为简单。枯草芽孢杆菌鞭毛的基体仅有S和M两个环，而鞭毛丝和钩形鞘则与革兰氏阴性细菌相同。

鞭毛的生理功能是运动，这是原核生物实现其趋性（taxis）的有效方式。趋性是指生物体对其环境中的不同理化或生物因子做有方向性的应答运动，包括趋化性（chemotaxis）、趋光性（phototaxis）、趋磁性（magnetotaxis）和趋氧性（oxygentaxis）等。

有关鞭毛运动的机制曾有过"旋转论（rotation theory）"和"挥鞭论（bending theory）"的争议。1974年，美国学者西佛曼（Silverman）和西蒙（Simon）曾设计了一个"拴菌"试验（tethered-cell experiment），设法把单鞭毛菌鞭毛的游离端用相应抗体牢牢"拴"在载玻片上，然后在光学显微镜下观察细胞的行为。结果发现，该菌是在载玻片上不断打转（而非伸缩摆动），从而肯定了"旋转论"是正确的（图2-14C）。

在各种形状的细菌中，螺菌类普遍都有鞭毛；杆状细菌有的菌种有鞭毛，有的菌种没有；球菌中，仅个别的属如动球菌属（*Planococcus*）的种才具有鞭毛。鞭毛在细胞表面的着生方式多种多样，概括起来有端生、周生和侧生3种着生方式。端生又分为一端生或两端生，一端生或两端生中，又根据鞭毛的数量分为一根和一束鞭毛，如霍乱弧菌（*Vibrio cholerae*）是一端生一根鞭毛，空肠弯曲杆菌（*Campylobacter jejuni*）是两端各生一根鞭毛，荧光假单胞菌（*P. fluorescens*）是端生一束鞭毛，红色螺菌（*Spirillum rubrum*）是两端各生一束鞭毛。周生方式常见于肠杆菌科和芽孢杆菌科的一些种。鞭毛侧生方式较为少见，反刍月形单胞菌（*Selenomonas ruminantium*）的鞭毛为侧生。

鞭毛的有无和着生方式在细菌的分类和鉴定工作中是一项十分重要的形态学指标。

（七）菌毛和性毛

1、菌毛

菌毛（fimbria，复数fimbriae），又称纤毛，是一种长在细菌体表的纤细、中空、短直、数量较多的蛋白质类附属物，具有使菌体黏附于物体表面的功能。它的结构较鞭毛简单，无基体等复杂构造。它着生于细胞膜上，穿过细胞壁后伸展于体表（全身或仅两端），直径3~10 nm。由许多菌毛蛋白（pilin）亚基围绕中心作螺旋状排列，呈中空管状。每个细菌有250~300条菌毛。有菌毛的细菌一般以革兰氏阴性致病菌居多，它们借助菌毛牢固地黏附在宿主的呼吸道、消化道、泌尿生殖道等的黏膜上生长和致病，有些种类还可使同种细胞相互黏连而形成浮在液体表面上的菌醭或菌膜等群体结构。淋病的病原菌——淋病奈瑟氏球菌（*Neisseria gonorrhoeae*）长有大量菌毛，它们可把菌体牢牢黏附在患者的泌尿生殖道等的上皮细胞上，尿液无法冲掉它们，待其定植、生长后就会引起严重的性病。

2. 性毛

性毛（pilus，复数pili），又称性菌毛（sex-pili或F-pili），长度比菌毛长，数量少，每个细胞仅一至少数几根，其构造和成分与菌毛相同。性毛一般见于革兰氏阴性细菌的雄性菌株（即供体菌）中，其功能是向雌性菌株（即受体菌）传递遗传物质，有的性毛还是RNA噬菌体的特异性吸附受体。

（八）芽孢

某些细菌在其生长发育后期，在细胞内形成一个圆形或椭圆形、厚壁、含水量极低、抗逆性极强的休眠体，称为芽孢或内生孢子（spore 或 endospore），每一营养细胞内仅生成一个芽孢，故芽孢不是繁殖后代而只是休眠体。能产生芽孢的细菌广泛存在于土壤中，任一土壤样品中都有一些芽孢菌存在。

芽孢可保持一段相当长的休眠期，休眠期内因检查不出任何代谢活力而被称为隐生态（cryptobiosis）。一般的芽孢在普通的条件下可保持几年至几十年的生活力。甚至有文献记载，环状芽孢杆菌（*B. circulans*）的芽孢在植物标本上（英国）已保存 200 ~ 300 年；一种芽孢杆菌的芽孢在琥珀内的蜜蜂肠道中已保存了 2 500 万 ~ 4 000 万年，还保持活力。

细菌芽孢具有抗热、抗干燥、抗化学药物、抗酸碱、抗辐射和抗静水压等方面的能力，是整个生物界中抗逆性最强的生命体。在实践当中对灭菌方法和效果影响很大。

能产芽孢的细菌类群不多，主要是革兰氏阳性杆菌的两个属——好氧性的芽孢杆菌属（*Bacillus*）和厌氧性的梭菌属（*Clostridium*）；球菌中的芽孢八叠球菌属（*Sporosarcina*）和螺菌中的孢螺菌属（*Sporospirillum*）产芽孢；少数其他杆菌也产生芽孢，如芽孢乳杆菌属（*Sporolactobacillus*）、脱硫肠状菌属（*Desulfotomaculum*）、考克斯氏体属（*Coxiella*）、鼠孢菌属（*Sporomusa*）和高温放线菌属（*Thermoactinomyces*）等。芽孢的有无、形态、大小和着生位置是细菌分类和鉴定中的重要指标。芽孢是一个强折光的小体，在光学显微镜下很容易看到。芽孢不渗透染料，所以在用碱性染料如甲基蓝染色的细胞内，它们常被看作是没有染色的区域，用特殊的芽孢染色法可以将芽孢着色。

1. 芽孢的构造与组成

细菌的芽孢一般由核心（core）、皮层（cortex）、芽孢衣（spore coat）和芽孢外壁（exosporium）所组成，也有些细菌的芽孢产在芽孢囊（sporangium）中。细菌芽孢的模式构造见图 2-15。

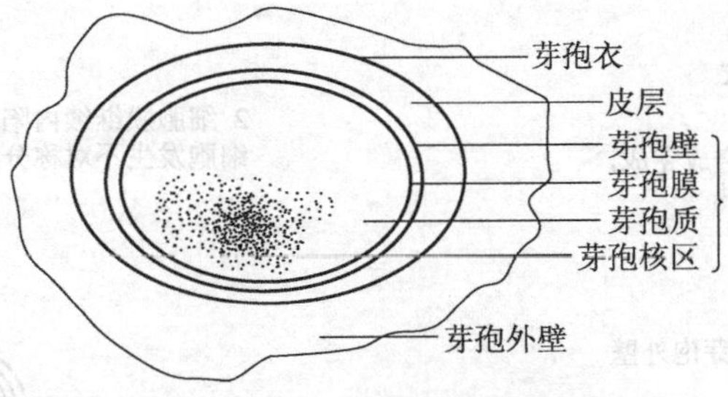

图 2-15　细菌芽孢的构造

芽孢的核心又称为芽孢原生质体，由芽孢壁、芽孢膜、芽孢质和芽孢核区 4 部分组成，它的含水量很低（10% ~ 25%），因而特别有利于抗热和抗化学药物，并可避免酶的失活。除芽孢壁中不含磷壁酸以及芽孢质中含吡啶 -2,6- 二羧酸钙盐（calcium dipicolinate，DPA-Ca）外，核心中的其他成分与一般细胞相似。DPA-Ca 的分子式如下：

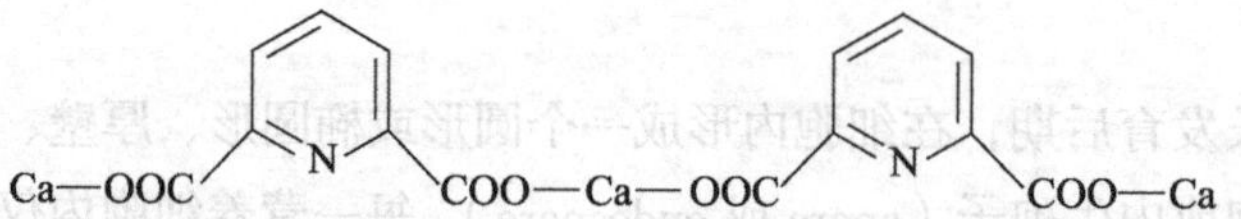

芽孢的皮层在芽孢中占有很大体积（36%～60%），内含大量特有的芽孢肽聚糖，其特点是呈纤维束状、交联度小、带较强的负电荷、可被溶菌酶水解。此外，皮层中还含有占芽孢干重7%～10%的DPA-Ca，但不含磷壁酸。皮层的渗透压可高达2.03×10^6 Pa（20个大气压）左右，含水量约70%，略低于营养细胞（约80%），但比芽孢整体的平均含水量（40%左右）高出许多。芽孢衣主要含疏水性角蛋白，高价阳离子难以通过，具有抗酶解和抗药作用；芽孢外壁主要含脂蛋白，通透性较差，许多细菌芽孢无此层；芽孢囊则是指产芽孢细菌的营养细胞外壳。

2. 芽孢形成（sporulation，sporogenesis）

当环境中缺乏营养及有害代谢产物积累过多时，产芽孢的细菌细胞停止生长，开始形成芽孢。从形态上来看，芽孢形成可分为7个阶段（图2-16）：① DNA浓缩，束状染色质形成，细胞膜内陷。②细胞膜继续内陷，细胞发生不对称分裂，其中小体积部分即为前芽孢（forespore）。③前芽孢的双层隔膜形成。④在双层隔膜间充填芽孢肽聚糖，合成吡啶-2,6-二羧酸，累积钙离子，开始形

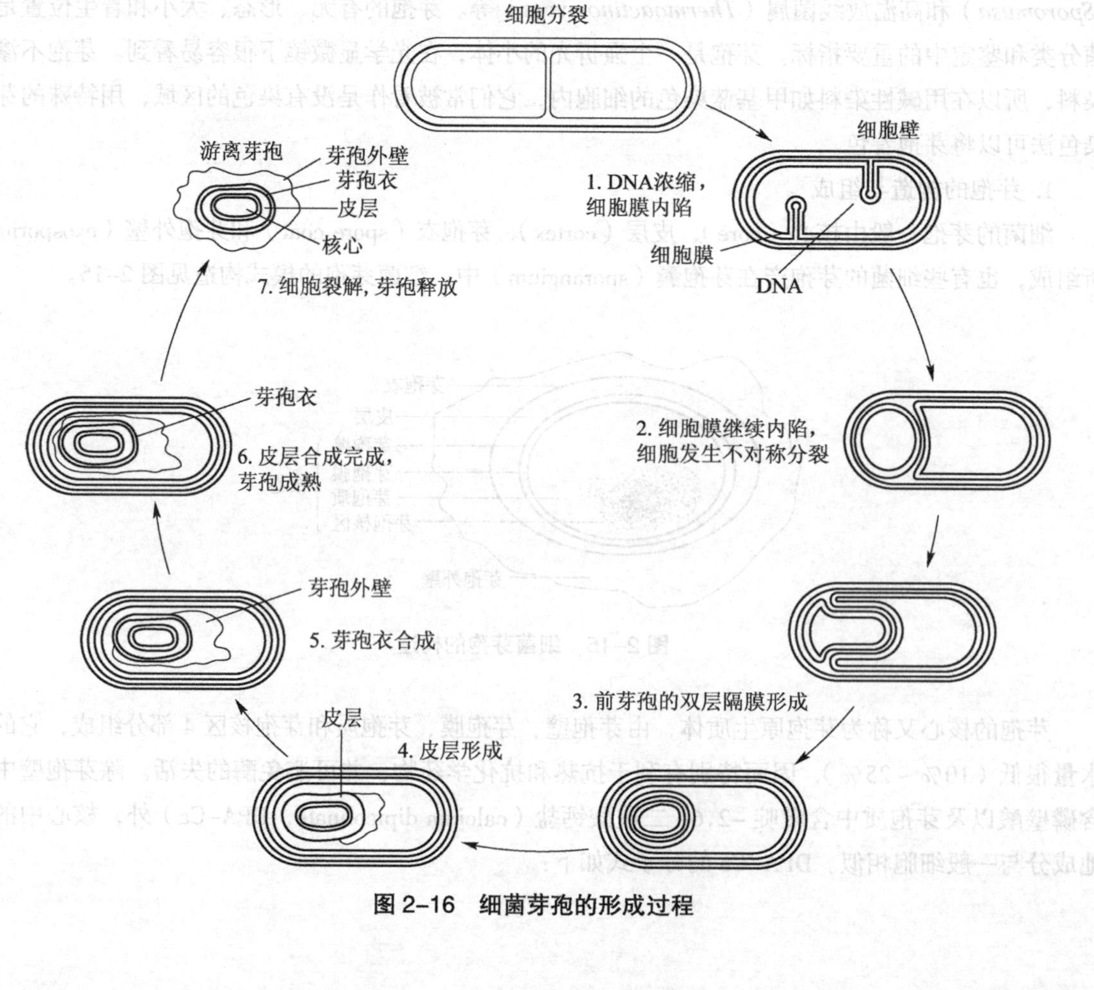

图2-16 细菌芽孢的形成过程

成皮层，再经脱水，使折光率增高。⑤芽孢衣合成结束。⑥皮层合成完成，芽孢成熟。⑦芽孢囊裂解，芽孢释放。在枯草芽孢杆菌中，芽孢形成过程约需 8 h，其中参与的基因约有 200 个。在芽孢形成过程中，伴随着形态变化的还有一系列化学成分和生理功能的变化。

3. 芽孢萌发（germination）

由休眠状态的芽孢变成营养状态细菌的过程称为芽孢萌发，它包括3个阶段：①活化（activation），通常是可逆的，包括芽孢内部一些大分子构型的变化，是芽孢代谢活力动员的早期阶段。②出芽（germination），是不可逆的过程，包括某些芽孢组分的解体和水解，释放出吡啶-2,6-二羧酸、Ca^{2+} 和皮层肽聚糖降解产物，并伴随着芽孢折光性下降和对热失去抗性等现象。③向外生长（outgrowth），是萌发后的芽孢发育成为营养细胞的过程。

4. 芽孢的耐热机制

根据渗透调节皮层膨胀学说（osmoregulatory expanded cortex theory），芽孢衣对多价阳离子和水分的透性很差，而皮层的离子强度很高，使皮层产生极高的渗透压去夺取芽孢核心的水分，结果皮层充分膨胀，而核心部分的细胞质却变得高度失水。核心部位含水量的稀少（10%~25%）是芽孢耐热机制的关键所在。除渗透调节皮层膨胀学说外，也有学者根据芽孢形成过程中合成大量营养细胞所没有的 DPA-Ca 现象，提出 Ca^{2+} 与吡啶-2,6-二羧酸的螯合作用使芽孢中的生物大分子形成一种稳定而耐热性强的凝胶，构成了芽孢耐热机制的物质基础。此外，芽孢质的 pH 也比营养细胞低大约 1 个单位，而且含有较高含量的酸溶性核心特异蛋白。它们在孢子形成过程中产生，与核中的 DNA 紧密结合，保护其免受紫外线辐射及干热的损害。

5. 伴孢晶体

少数芽孢杆菌，例如苏云金芽孢杆菌（*B. thuringiensis*）在形成芽孢的同时，会在芽孢旁形成一颗菱形或双锥形的碱溶性蛋白晶体——δ 内毒素，称为伴孢晶体（parasporal crystal）（图 2-17）。它的干重可达芽孢囊重的 30% 左右，由 18 种氨基酸组成。由于伴孢晶体对 200 多种昆虫尤其是鳞翅目的幼虫有毒杀作用，因而可利用这类产伴孢晶体的细菌制成对人畜安全、对害虫的天敌和植物无害，环境友好型的生物农药——细菌杀虫剂。当害虫吞食细菌后，先被虫体中肠内的碱性消化液分解并释放出蛋白质毒素，毒素与中肠上皮细胞的蛋白质受体特异性结合，使细胞膜产生穿孔，引起肠细胞膨胀和死亡，进而使中肠里的碱性内含物以及菌体、芽孢都进入血管腔，很快使昆虫患败血症而死亡。

6. 其他休眠体

细菌的休眠构造除上述的芽孢外，还有孢囊（cyst，由固氮菌产生）、黏液孢子（myxospore，由黏球菌产生）、蛭孢囊（bdellocyst，由蛭弧菌产生）和外生孢子（exospore，由嗜甲基细菌产生）等。孢囊是固氮菌尤其是棕色固氮菌（*Azotobacter vinelandii*）等少数细菌在缺乏营养的条件下，由营养细胞的外壁加厚、细胞失水而形成的一种抗干旱但不抗热的圆形休眠体，一个营养细胞仅形成一个孢囊，因此与芽孢一样只是休眠体而不具

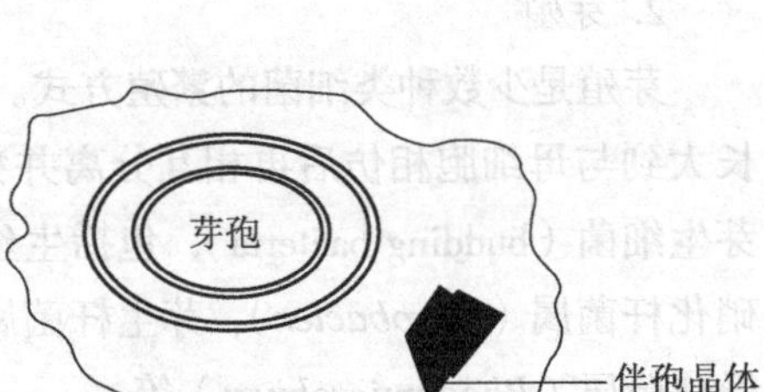

图 2-17　苏云金芽孢杆菌的伴孢晶体示意图

繁殖功能。孢囊在适宜的外界条件下，可发芽，重新进行营养生长。

三、细菌的繁殖与培养特征

（一）细菌的繁殖

细菌的繁殖是指当一个细菌生长到一定阶段，其细胞的体积和重量不断增大，通过细胞结构的复制与重建最终产生新的生命个体的过程。细菌一般为无性繁殖，繁殖方式主要为裂殖（fission）和芽殖（budding）两种。

1. 裂殖

裂殖是细菌无性繁殖的主要方式，多数情况下是通过细胞分裂形成两个子细胞进行繁殖。对杆状细胞来说，多数情况下是对称的横分裂，即分裂时细胞间形成的隔膜与细胞长轴呈垂直状态；纵分裂则是指分裂时细胞间形成的隔膜与细胞长轴呈平行状态。细菌裂殖存在以下 3 种方式：

（1）二分裂

二分裂（binary fission）是细菌最普遍最主要的繁殖方式，包括等二分裂和不等二分裂。等二分裂时，细菌 DNA 先复制，接着形成横隔壁，最后母细胞分裂成两个形态、大小和构造完全相同的子细胞。绝大多数细菌都借这种分裂方式进行繁殖。不等二分裂是少数细菌存在的繁殖方式，其结果产生了两个在外形和构造上有明显差别的子细胞，例如柄细菌属（*Caulobacter*）的细菌，通过不等二分裂产生了一个有柄、不运动的子细胞和另一个无柄、有鞭毛、能运动的子细胞。

（2）三分裂

暗网菌属（*Pelodictyon*）中行厌氧光合作用的绿色硫细菌多数进行常规的二分裂繁殖，但有部分细胞进行成对的、“一分为三”方式的三分裂（trinary fission），形成一对“Y”形细胞，而“Y”形细胞可分裂成 3 个子细胞，随后仍进行二分裂，其结果就形成了松散、不规则的三维构造并由细胞链组成的特殊网状体。

（3）复分裂

复分裂（multiple fission）是一种寄生于细菌细胞中具有端生单鞭毛称作蛭弧菌（*Bdellovibrio*）的小型弧状细菌所具有的繁殖方式。当它在宿主细菌体内生长时，会形成不规则的盘曲状的长细胞，随后细胞多处同时发生均等长度的分裂，形成多个弧形子细胞。

2. 芽殖

芽殖是少数种类细菌的繁殖方式。即在母细胞表面（尤其在其一端）先形成一个小突起，待其长大到与母细胞相仿后再相互分离并独立生活的一种繁殖方式。凡以这类方式繁殖的细菌，统称芽生细菌（budding bacteria），包括生丝单胞菌属（*Hyphomonas*）、生丝微菌属（*Hyphomicrobium*）、硝化杆菌属（*Nitrobacter*）、芽生杆菌属（*Blastobacter*）、红假单胞菌属（*Rhodopseudomonas*）和红微球菌属（*Rhodomicrobium*）等。

（二）细菌的培养特征

细菌的培养特征主要指细菌在固体、半固体和液体培养基中生长后所表现出的群体形态特征，不同的细菌有其固有的培养特征，这些特征一般用固体平板与斜面试管，或采用半固体和液体培养基来进行检测，在细菌分类与鉴定中很有意义。

在固体培养基上，由一个或若干个细菌（或其他微生物）细胞生长、繁殖形成的肉眼可见的细胞堆被称作菌落（colony）。若菌落仅是由一个细菌（或其他微生物）细胞生长、繁殖形成的群体所组成则被称作克隆（clone）或纯菌落。若许多菌落在固体培养基表面连成一片时，则被称作菌苔（lawn）。菌落和菌苔的大小、形状、光泽、颜色、硬度和透明度等特征在菌种的识别和鉴定中均具有重要价值。细菌纯菌落特征是：绝大多数细菌菌落较小、较湿润、较光滑、较透明、较黏稠、易挑起及质地均匀，菌落正反面及边缘与中央部位的颜色一致等。这是因为除放线菌等一些特殊原核微生物外，通常细菌为单细胞生物，细胞体积较小，在固体表面增殖，群体中的细胞没有分化，颜色一致，细胞间充满毛细管状态的水等。

在液体培养基内，细菌生长可使培养液呈现浑浊、絮状和黏液状，一些好氧性细菌在培养液表面生长可形成菌膜（pellicle 或 scum）。

在半固体培养基中，穿刺培养的细菌可以沿接种线向四周蔓延或仅沿接种线生长；也可上层生长很好，甚至连成一片，底部很少生长或底中部长得好，上层甚至不生长。这些不同的培养特征与细菌的运动性和对氧气的需求有关。

第二节 原核微生物的多样性、分类与起源

原核微生物分布广泛，无论大气、水体或土壤甚至在动物或植物体内都有原核微生物的踪迹；某些极端环境如 100℃以上高温的温泉、饱和氯化钠盐池等也栖息着某些特殊原核微生物。原核微生物的种类和数量巨大。例如人的皮肤平均含有 10 万个 /cm^2 左右的细菌；健康人每个喷嚏的飞沫中会含有 4 500 ~ 150 000 个细菌，感冒患者一个喷嚏含有多达 8 500 万个细菌。生活在土壤中和地下的细菌总数加起来，估计其重量为 $10\,034 \times 10^{12}$ t。据最新估计，地球上存在有 220 万 ~ 430 万种原核微生物，但它们当中的绝大多数不能在现有的人工培养条件下生长，人类目前所认识及描述的原核微生物只有近 21 000 ~ 25 000 种（2021 年）。为了了解和研究如此众多的原核微生物，需要借助分类的方法。

原核微生物分类包括两个内容：一是鉴定，即这是什么种；另一个是从进化论的角度描述这个种与其邻近种间的系统进化关系。

一、原核微生物鉴定特征与方法

菌种的鉴定工作主要包括两个部分，即：①测定一系列必要的鉴定指标；②查找权威性鉴定手册。原核微生物的鉴定指标早期主要是依靠形态（细胞形态和培养特征）、生理生化特征（营养要求和代谢产物种类等），此外还有生态学特征、生活史和血清学反应等。随着分子生物学发展，又

发展出DNA碱基组成（G+C含量）、核酸分子杂交、16S rRNA基因序列分析等分子鉴定方法。近年来，基因组分类方法开始应用于原核微生物分类鉴定。

（一）表型分类

表型分类（phenotypic classification）主要依据原核微生物分离株的形态特征、生理生化和致病性特征等。

1. 形态特征

细胞的形态和大小、革兰氏染色反应、抗酸反应和其他的一些特殊的结构（如芽孢、颗粒内含物、荚膜）等显微特征对于原核微生物鉴定非常有用。利用扫描和透射电子显微镜对原核微生物结构进行观察则能确定诸如细胞壁、鞭毛、纤毛和菌毛等更为细致的结构特征。此外，肉眼观察到的菌落和菌苔的大小、形状、光泽、颜色、硬度、色素、生长速度、透明度以及在液体培养基中的生长状况等特征在菌种的识别和鉴定中均具有重要价值。

2. 生理生化特征

原核微生物的酶学性质和其他生化特征的可信度非常高，是各个种化学特征最为稳定的表现。大量的检测手段就是为了获得有关特定的酶和评估菌体营养代谢活动的信息。如糖发酵测试，蛋白质和多糖类大分子的分解实验，过氧化氢酶、氧化酶、脱羧酶等酶的检测，对抗生素药物的敏感度等都是原核微生物鉴定的传统而有效的方法。此外，特定的快速测定系统，如BIOLOG微生物鉴定系统则可以通过在一块鉴定板上使用95种碳源，能够区分4×10^{28}种可能的代谢模式。微生物利用碳源进行呼吸时会将四唑类氧化还原染色剂从无色还原成紫色，从而在微生物鉴定板上形成该微生物特征性的反应模式或“指纹”，通过纤维光学读取设备——读数仪来读取颜色变化，并将该反应模式或“指纹”与数据库相比就可以很快得到鉴定结果。

分析原核微生物细胞某些特定结构的特殊化学成分，如细胞壁中氨基酸、细胞膜中脂肪酸成分的组成和含量等。

3. 血清反应

原核微生物表面具有能被人类及动物免疫系统识别的特定抗原。血清反应，也就是免疫反应，是指抗体与抗原紧密结合的反应。这是一种特异性的反应，可以用特异性的抗体来鉴定标本和培养物中特定的原核微生物。基于这种技术的试剂盒可以用作特定病原微生物的快速确定。

此外，曾有人提出过数量分类方法（numerical taxonomy），试图采用数学方法定量表述不同原核微生物之间的表型特征，但该法缺乏考虑物种之间的系统进化关系。

（二）核酸分子分类

随着分子生物学发展，人们逐渐认识到微生物表型是由其基因确定的。因而不同的核酸分子分类方法被提出。

1. G+C碱基组成

DNA分子中的G+C含量是一个比较稳定指标，不同G+C含量的原核微生物很有可能属于不同的种或属。如尽管在革兰氏染色反应、形状和其他形态指标上很相似，大肠杆菌的G+C含量在

48%～52%，而假单胞菌在58%～70%，在很大程度上说明它们亲缘关系较远。但有些种类细菌虽然具有相同的G+C含量，但可能相互之间并不相关，因而不能单独用作分类特征，而只能用作分类的辅助手段。

2. 核酸分子杂交

DNA单链可以和另一互补的DNA单链通过碱基间形成氢键进行配对，双链DNA中的两条DNA单链是完全互补配对的。如果来自两个相同细胞的DNA被分别分离并拆分成单链DNA，再把这两个细胞的单链DNA混合，则由来自两个不同细胞的单链DNA就会准确配对形成互补的混合链，就像是来自同一个细胞一样。来自两个个体细胞的核酸之间的配对称为“杂交”。任何一对原核微生物的DNA都可以被分离、拆分和混合，如果两个原核微生物非常类似，那么他们基因组DNA序列就非常接近，DNA单链之间杂交程度就非常高；反之，则杂交程度就很低。由于每一种生物种的DNA序列的特定顺序和排列都是唯一的，因而可以确定原核微生物之间的遗传相关性。但该法操作繁琐，且灵敏度不高。

3. 16S rRNA基因序列分析

核糖体在所有细胞中具有相同的功能即合成蛋白质，它们在长期的进化中保持一定程度的稳定性。所以，任何在rRNA序列上信号的不同足可以说明其祖先有一定的距离。这项技术可以用来确定大类群和小种的分类地位。对于原核微生物来讲，通常选用16S rRNA序列进行分析比对。16S rDNA是编码原核生物核糖体小亚基rRNA（16S rRNA）的基因，一般是使用16S rDNA的通用引物，以待测菌基因组DNA为模板，通过PCR扩增出16S rDNA片段，测定其核苷酸序列，从GenBank等数据库中通过与已公布原核微生物的16S rDNA序列进行相似性对比，确定其系统进化关系和分类地位。如图2-18所示，分离菌株NA1 16S rDNA序列1 463个碱基在GenBank中BLAST，显示与假单胞菌属有较高同源性，与恶臭假单胞菌（*P. putida*）聚成一个类群，序列同源性为99%。

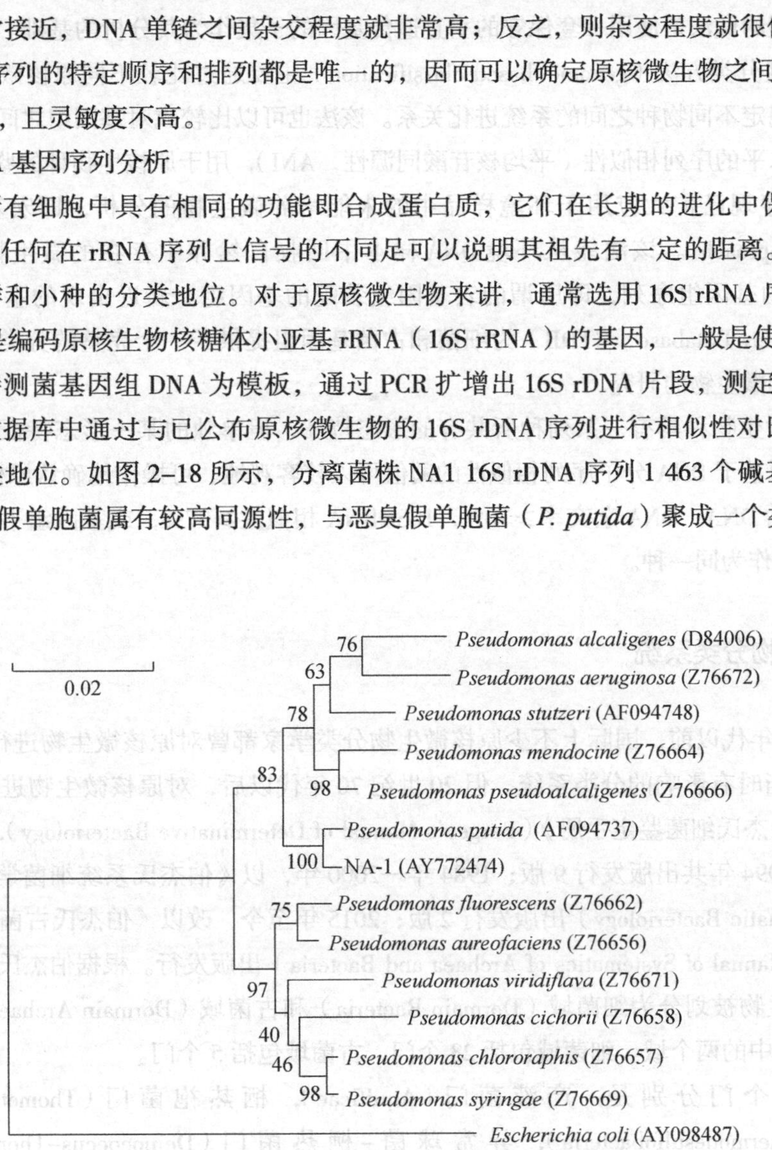

图2-18　基于16S rDNA序列的系统发育树

16S rRNA 基因序列分析的最大优点就是检测速度快，简单易行。对于那些表型方法难于鉴定的细菌，用 16S rRNA 基因序列分析能进行准确的鉴定。16S rRNA 的同源性分析最适用于属及属以上的远缘关系的确定。此外，16S rRNA 基因序列分析法在揭示环境中未能培养微生物多样性方面起着重要作用。

（三）基于基因组分类方法

近些年高通量测序技术和高性能计算机技术的快速发展，使得基因组测序发展成为系统分类的基础。基于基因组测序的原核微生物分类方法提供了比 16S rRNA 基因分析方法更高的分辨率。但由于大多数基因家族在长期进化历史进程中存在着不同原核微生物之间的水平基因转移，基于基因组分类方法典型的做法是使用一套保守的垂直遗传基因的子集作为其分析的基础。

基于基因组分类方法（genome-based classification）主要通过比较不同原核微生物基因组序列构建进化树，确定不同物种之间的系统进化关系。该法也可以比较成对基因组之间的在编码蛋白质水平或核苷酸水平的序列相似性（平均核苷酸同源性，ANI），用于原核生物种的鉴定。

基因组测序现已扩大应用于环境样品中的未能培养微生物的分析，即宏基因组分析方法（metagenomic approach）。该法能从环境 DNA 样本中回收自然界中存在的微生物群落的不完整的、甚至完整的基因组序列，即所谓的宏基因组装配的基因组。新近出现的基因组分类数据库（Genome Taxonomy Database，GTDB）为细菌和古菌基因组提供了一个完整的分类学框架，这将大大促进对未培养微生物的研究。

虽然原核微生物种具有一系列种所共有的形态特征，但单独的某一形态特征有时并不是该物种所特有的。而基于 DNA 分子序列相似性的阈值可以较客观地、可操作地确认原核生物种的地位，如两个分离株的 DNA：DNA 杂交率≥70%，16S rRNA 相似性≥97%，或基因组平均核苷酸同源性≥95%，则可视作为同一种。

二、原核微生物分类系统

20 世纪 60 年代以前，国际上不少原核微生物分类学家都曾对原核微生物进行过全面的分类，提出过一些在当时有影响的分类系统。但 20 世纪 70 年代以后，对原核微生物进行全面分类、影响最大的是《伯杰氏细菌鉴定手册》（Bergey's Manual of Determinative Bacteriology），该书 1923 年第 1 版面世，至 1994 年共出版发行 9 版；1984 年—2000 年，以《伯杰氏系统细菌学手册》（Bergey's Manual of Systematic Bacteriology）出版发行 2 版；2015 年至今，改以《伯杰氏古菌和细菌系统学手册》（Bergey's Manual of Systematics of Archaea and Bacteria）出版发行。根据伯杰氏原核微生物分类系统，原核微生物被划分为细菌域（Dormain Bacteria）和古菌域（Dormain Archaea），它们相当于 Woese 三域学说中的两个域。细菌域包括 23 个门，古菌域包括 5 个门。

细菌域 23 个门分别是：产液菌门（Aquificae），栖热袍菌门（Thomotogae），热脱硫杆菌菌门（Thermodesulfobacteria），异常球菌－栖热菌门（Deinococcus–Thermus），金矿菌门（Chrysiogenetes），绿屈挠菌门（Chloroflexi），热微菌门（Thermomicrobia），硝化螺菌门

（Nitrospirae），铁还原杆菌门（Deferribacteres），蓝细菌门（Cyanobacteria），绿菌门（Chlorobi），变形杆菌门（Proteobacteria），厚壁菌门（Firmicutes），放线菌门（Actinobacteria），浮霉状菌门（Planctomycetes），衣原体门（Chlamydiae），螺旋体门（Spirochetes），丝状杆菌门（Fibrobacteres），酸杆菌门（Acidobacteria），拟杆菌门（Bacteroides），梭杆菌门（Fusobacteria），疣微菌门（Verrucomicrobia），网球菌门（Dictyoglomi）。古菌域5个门分别是泉古菌门（Crenarchaeota），奇古菌门（Thaumarchaeota），广古菌门（Euryarchaeota），初古菌门（Korarchaeota）和纳古菌门（Nanoarchaeota）。表2-2归纳总结了一部分主要的原核微生物类群和部分主要特征。

表2-2　主要原核微生物代表性类群和特征

细菌域（Bacteria）
深刻分支嗜热菌（Deep-branching Thermophiles）
嗜热细菌，早期就与古菌和真核细胞分支进化，许多基因来自古菌转移。
产液菌门（Aquificae）：超嗜热（70～95℃），氧化 H_2、H_2S 或硫代硫酸。 产液菌目（Aquificales）：有外膜；单细胞有鞭毛，或以丝状生长。如产液菌属（*Aquifex*）。 栖热袍菌门（Thermotogae）：嗜热或超嗜热（55～100℃）。 栖热袍菌目（Thermotogales）：外膜有较大的周缘；厌氧；异养。如石油神袍菌属（*Petrotoga*）。 异常球菌-栖热菌门（Deinococcus-Thermus）：肽聚糖含有鸟氨酸。生长温度差异很大。 异常球菌目（Deinococcales）：外膜厚，革兰氏阳性。不嗜热，但对离子辐射和干燥抗性极强。如耐辐射奇球菌（*Deinococcus radiodurans*）。 栖热菌目（Thermales）：丝状成簇排列的细胞，或单细胞。生长温度高（70～75℃）。如水生栖热菌（*Thermus aquaticus*）是DNA *Taq* 聚合酶的产生菌。 绿屈挠菌门（Chloroflexi）：丝状绿色非硫细菌。 绿屈挠菌目（Chloroflexales）：丝状光合细菌，大多数在叶绿小体（chlorosomes）上含有光系统Ⅱ。如 *Chloroflexus aurantiacus* 菌，嗜热，在温泉中形成菌垫（mat）。
蓝细菌（Cyanobacteria）
放氧光合自养微生物，具有类囊体膜。
蓝细菌门（Cyanobacteria）：放氧光合自养微生物，具有类囊体膜，含叶绿素a，使用Rubisco固定 CO_2。常与其他生物共生。 色球蓝细菌目（Chroococcales）：在两个分裂面形成平面菌落，非丝状聚合体。 色球蓝细菌属（*Chroococcus*），单细胞、双细胞或四联细胞。在池塘沉积物中生长。 聚球蓝细菌属（*Synechococcus*），单细胞、双细胞。海洋生产者。 念珠蓝细菌目（Nostocales）：丝链状，具有固氮异形孢。常与其他微生物、珊瑚或植物共生。 鱼腥蓝细菌属（*Anabaena*），水生，和red water fern（*Azolla*）共生一道生长。 念珠蓝细菌属（*Nostoc*），水生，独立生活；或与真菌共生，如地衣；或与 *Gunnera* 植物共生。 颤蓝细菌目（Oscillatoriales）：丝链状，具有游动藻殖段（短链）。 颤蓝细菌属（*Oscillatoria*），水生或海洋生，独立生活，或作为海绵内共生生物。

续表

螺旋蓝细菌属（*Spirulina*），水生，人工养殖作为保健食品。

束毛蓝细菌属（*Trichodesmium*），主要海洋生产者，过度生长形成“水华”。

宽球蓝细菌目（Pleurocapsales）：单细胞，可聚集成聚合体，小孢子繁殖。如宽球蓝细菌属（*Pleurocapsa*），黏八叠球菌属（*Myxosarcina*）。

原绿蓝细菌目（Prochlorales）：较小的单细胞，椭圆或球形，缺乏藻胆素，但含叶绿素 b。

原绿球菌属（*Prochlorococcus*），最丰富的海洋生产者。独立生活的最小微生物细胞之一，基因组高度简化。

原绿蓝细菌属（*Prochloron*），热带海洋生产者，海鞘泄殖腔胞外共生微生物。

厚壁菌（Firmicutes）和放线菌（Actinobacteria）（革兰氏阳性细菌）

革兰氏阳性，肽聚糖多层，通过磷壁酸交联。好氧或兼性厌氧。

厚壁菌门（Firmicutes）：低 G + C 含量，革兰氏阳性杆菌或球菌。

芽孢杆菌目（Bacillales）：好氧或兼性厌氧。

芽孢杆菌属（*Bacillus*），产芽孢杆菌，兼性好氧，土生。如枯草芽孢杆菌（*B. subtilis*），嗜热脂肪芽孢杆菌（*B. stearothermophilus*）等。

李斯特氏菌属（*Listeria*），不产芽孢杆菌。如致病菌 *L. monocytogenes*。

葡萄球菌属（*Staphylococcus*），不产芽孢球菌，六边形成簇。如金黄色葡萄球菌。

梭菌目（Clostridiales）：厌氧杆菌

梭菌属（*Clostridium*），产芽孢。

脱卤素杆菌属（*Dehalobacter*），不产芽孢杆菌。使氯乙烯脱氯。

Epulopiscium，在一种红海褐色 surgeonfish 消化道中生活，细胞巨大，肉眼可见。

阳光杆菌属（*Heliobacterium*），产芽孢，光合异养，使用特殊的菌绿素 g。

瘤胃球菌属（*Ruminococcus*），反刍动物消化道菌群。

乳杆菌目（Lactobacillales）：兼性厌氧菌，发酵产生乳酸。

肠球菌属（*Enterococcus*），消化道球菌。

乳杆菌属（*Lactobacillus*），不产芽孢杆菌，*L. acidophilus* 用作乳品发酵。

乳球菌属（*Lactococcus*），不产芽孢球菌，用作乳品发酵。

链球菌属（*Streptococcus*），不产芽孢球菌，细胞成链状排列。人类咽喉菌群，有的可致发炎。

柔膜菌纲（Mollicutes）：缺乏细胞壁和 S- 层，原被认为革兰氏阴性细菌，但 16S rRNA 分析表明，与梭菌具有亲缘关系。腐生、共生或寄生。

支原体目（Mycoplasmatales）：无细胞壁，形态变化，从球形至分支状，直径 0.3 ~ 0.8 μm，滤过性。

支原体属（*Mycoplasma*），如生殖道支原体（*M. genitalium*），原核生物中最小基因组之一。

放线菌门（Actinobacteria）：高 G + C 含量，革兰氏阳性，适度耐盐。

放线菌目（Actinomycetales）

放线菌（Actinomycetes），丝状，产生气生菌丝和孢子。

续表

链霉菌属（*Streptomyces*），很多种产生不同的抗生素。

弗兰克氏菌属（*Frankia*），许多种具有共生固氮功能。

放线菌属（*Actinomyces*），衣氏放线菌（*A. israelii*）引起放线菌病。

棒杆菌科（Corynebacteriaceae），不规则杆状。白喉棒杆菌（*Corynebacterium diphtheriae*）引起白喉。

分枝杆菌科（Mycobacteriaceae），特别厚的细胞外膜，抗酸性染色。如结核分枝杆菌（*M. tuberculosis*）引起结核病。

微球菌科（Micrococcaceae），非丝状土壤菌，大多专性好氧。

节杆菌属（*Arthrobacter*），杆状，以氧呼吸或卤代芳香化合物呼吸。

微球菌属（*Micrococcus*），好氧球菌，土壤生。

双歧杆菌目（Bifidobacteriales）：杆状，不产气发酵。常存在于哺乳婴儿消化道菌群中。

丙酸杆菌目（Propionibacteria）：兼性厌氧杆菌，丙酸发酵。痤疮丙酸菌（*Propionibacterium* Acnes）引发痤疮。

变形杆菌（Proteobacteria）和硝化螺菌（Nitrospirae）（革兰氏阴性细菌）

革兰氏阴性，外膜含有脂多糖，代谢多样。

变形杆菌门（Proteobacteria）：革兰氏阴性，形态多样，代谢多样。

α- 变形杆菌纲（Alpha Proteobacteria）：异养杆菌或螺旋菌，代谢多样。

柄杆菌目（Caulobacterales）：水生寡养，具柄的月牙形细胞，发育成有鞭毛形态。

根瘤菌目（Rhizobiales）：包括很多植物共生菌，有些是动植物病原菌。如根瘤菌属（*Rhizobium*）、土壤杆菌属（*Agrobacterium*）、硝化杆菌属（*Nitrobacter*）。

红杆菌目（Rhodobacterales），红螺菌目（Rhodospirillales）：光合异养菌，使用硫化物和有机底物。单细胞，有鞭毛。如红杆菌（*Rhodobacter sphaeroides*）、红螺菌（*Rhodospirales rubrum*）、红假单胞菌（*Rhodopseudomonas palustris*）

立克次氏体目（Rickettsiales）：细胞内寄生。可能与线粒体起源有关。如立氏立克次氏体（*Rickettsia rickettsii*）是人类落基山斑疹伤寒病原菌。

鞘氨醇单胞菌目（Sphingomonadales）：分解复杂有机化合物，在生物修复中有作用。

β- 变形杆菌纲（Beta Proteobacteria）：光能营养，异养，无机化能营养。

伯克霍尔德氏菌目（Burkholderiales）：土壤细菌和条件致病菌。

嗜氢菌目（Hydrogenophilales）：无机化能自养。如氧化亚铁硫杆菌（*Thiobacillus ferrooxidans*）氧化铁和硫。

奈瑟氏球菌目（Neisseriales）：黏膜正常菌群和致病菌。淋病奈瑟氏球菌（*Neisseria gonorrhoeae*）是人类性病淋病致病菌。

亚硝化单胞菌目（Nitrosomonadales）：无机化能自养。欧洲亚硝化单胞菌（*Nitrosomonas europea*）可氧化氨。

红环菌目（Rhodocyclales）：土壤异养菌和光合异养菌。红环菌属（*Rhodocyclus*）的种是紫色光合异养菌。

γ- 变形杆菌纲（Gamma Proteobacteria）：兼性厌氧，无机化能营养。

续表

气单胞菌目（Aeromonadales）：水生异养菌。

着色菌目（Chromatiales）：无机化能营养。硫铁光合营养，亚硝酸光合营养。

肠杆菌目（Enterobacteriales）：兼性厌氧，在人类大肠内定居。如大肠杆菌（*E. coli*）。

军团菌目（Legionellales）：水传播的胞内病原菌。

海洋螺菌目（Oceanospirilles）：海洋异养菌，包括石油降解菌。

假单胞菌目（Pseudomonadales）：杆状，一般好氧或硝酸盐呼吸，分解芳香化合物。

硫发菌目（Thiotrichales）：无机营养和有机异养。*Cycloclasticus* 分解石油中多环芳香烃。

弧菌目（Vibrionales）：海洋异养。如霍乱弧菌（*Vibrio cholerae*）

SAR86 簇：海洋光合异养菌，使用变形菌视紫质（proteorhodopsin）捕获光能合成 ATP。

δ- 变形杆菌纲（Delta Proteobacteria）：形态和代谢多样。

蛭弧菌目（Bdellovibrionales）：细菌胞内寄生。*Bdellovibrio bacteriovorus* 寄生在大肠杆菌细胞内，靠裂解大肠杆菌为生。

脱硫杆菌目（Desulfobacterales）：还原硫酸。如若干种脱硫杆菌（*Desulfobacter* spp.）。

脱硫单胞菌目（Desulfuromonadales）：无机营养，还原或氧化硫和金属。

黏球菌目（Myxococcales）：可形成子实体的滑动细菌。如若干种黏球菌（*Myxococcus* spp.）

ε- 变形杆菌纲（Epsilon Proteobacteria）：

弯曲杆菌目（Campylobacterales）：一些螺旋形病原菌来自该目。

弯曲杆菌属（*Campylobacter*），空肠弯曲杆菌（*C. jejuni*）可引发食物中毒，肠炎腹泻。

螺旋杆菌属（*Helicobacter*），幽门螺旋杆菌（*H. pylori*）可引发胃炎。

卵硫菌属（*Thiovulum*），能氧化硫化物，产生硫粒。

硝化螺菌门（Nitrospirae）：亚硝酸氧化菌，专性好氧。

硝化螺菌目（Nitrospirales）：紧密螺旋，存在土壤和水体，氧化 NO_2^- 到 NO_3^-。如硝化螺菌属（*Nitrospira*）和钩端螺菌属（*Leptospirillum*）。

拟杆菌门（Bacteroidetes）和绿菌门（Chlorobi）

革兰氏阴性，专性厌氧，异养或绿硫光合营养。

拟杆菌门（Bacteroidetes）：专性厌氧，异养，能利用多种碳源。

拟杆菌目（Bacteroidales）：专性厌氧，土壤和人类肠道菌群。

黄杆菌目（Flavobacteriales）：土壤和水体异养，条件致病菌。*Flavobacterium psychrophilum* 侵染淡水鳟鱼。

绿菌门（Chlorobi）：绿硫氧化光合营养菌。

绿菌目（Chlorobiales）：进行 H_2S 的厌氧光合作用，主要吸收红光和红外光谱。

螺旋体门（Spirochetes）

细长环绕的细胞，有外鞘包被，含有极性鞭毛。

螺旋体门（Spirochetes）：常共生或病原菌。

续表

螺旋体目（Spirochaetales）：水生，自由生活或病原菌。

疏螺旋体属（*Borrelia*），博氏疏螺旋体（*B. butgdorferi*）引发淋巴疾病。

螺旋体属（*Spirochaeta*），水生，自由生活。

密螺旋体属（*Treponema*），苍白密螺旋体（*T. pallidum*）是性病梅毒病原菌。

衣原体门（Chlamydiae），浮霉状菌门（Planctomycetes），疣微菌门（Verrucomicrobia）

不规则细胞形态，有的缺乏肽聚糖，有的具有类似于真核细胞的亚细胞结构。

衣原体门（Chlamydiae）：动物或原生生物胞内较少细胞壁的病原菌。

衣原体目（Chlamydiales）：较大的网状体细胞变成孢子样具侵染性的较小的原体。

衣原体属（*Chlamydia*），沙眼衣原体（*C.trachomatis*）是沙眼病原体。

嗜衣原体属（*Chlamydophila*），肺炎嗜衣原体（*C. pneumoniae*）引发肺炎。

浮霉状菌门（Planctomycetes）：细胞核具有类似真核细胞核膜的双层膜，以及胞内亚单位膜分隔。

浮霉状菌目（Planctomycetales）：水生或海洋生。细胞形态可变。

浮霉状菌属（*Planctomyces*），一些种具有旋转运动鞭毛，另一些种具有柄，相互附着形成星状聚集体。

疣微菌门（Verrucomicrobia）：柄状附器除含肽聚糖外，还含肌动蛋白丝。水生寡养。

突柄杆菌属（*Prosthecobacter*），每个细胞都有个极性细胞突起，称作突柄。

疣微菌属（*Verrucomicrobia*），细胞具有多个突起，故名疣。

古菌域（Archaea）

泉古菌门（Crenarchaeota）

所有泉古菌都是嗜热的或超嗜热的，生活在热泉和海洋底火山口处。有的泉古菌是硫依赖的，如生活在硫黄温泉及附近生境，硫既可以作为无氧呼吸作用的电子受体，又可以作为无机化能作用的电子供体。细胞膜脂甘油植烷醚含有环戊烷结构，使其在高温环境中具有额外的膜稳定性。

暖球形菌目（Caldisphaerales）：生长在温泉的嗜热嗜酸菌。

硫化叶菌目（Sulfolobales）：好氧，嗜酸，最适生长温度 70~80℃，氧化 H_2S 为 H_2SO_4。

热变形菌目（Thermoproteales）：专性厌氧，生长温度 70~97℃，有机营养和无机营养。

奇古菌门（Thaumarchaeota）

奇古菌在系统发育树上与泉古菌门接近，原先被置于泉古菌门，现已独立成一个门。生活在中温环境，在海洋、湖泊、土壤等环境中广泛分布，数量可达海洋浮游生物总数的 20%，在土壤中占原核生物的 1%~5%。与其他古菌所含的植烷醇甘油醚脂不同，奇古菌植烷醇中含有环己烷结构，环己烷的加入赋予了膜较大的流动性，以适应在低温环境中生长。其代谢特征是能够进行好氧的氨氧化作用。

餐古菌目（Cenarchaeales）：海绵共生菌，生长在 10℃。

亚硝化侏儒菌目（Nitrosopumilales）：海洋生，氧化氨。

广古菌门（Euryarchaeota）

嗜温和嗜热，少数嗜冷。产甲烷，嗜盐光合异养，氧化硫和氢，嗜酸或嗜碱；细胞壁：产甲烷菌和嗜盐菌具有坚硬的细胞壁，其成分为多糖、糖蛋白或假肽聚糖。

古丸菌纲（Archaeoglobi）：超嗜热，代谢硫，利用逆向产甲烷途径。

续表

古丸菌目（Archaeoglobales）：硫酸盐氧化 H_2 或有机氢供体。
热球菌纲（Thermococci）：超嗜热（>100℃）和嗜压（>200 大气压），厌氧，还原硫。
热球菌目（Thermococcales）：如 *Pyrococcus abyssi*，利用 S^0 氧化 H_2 或有机烃。
热原体纲（Thermoplasmata）：极端嗜酸，氧化 FeS_2 中的硫产生硫酸。嗜温，或中度嗜热。
热原体目（Thermoplasmatales）：*Picrophilus torridus* 在 >60℃生长，氧化硫产酸，有细胞壁。
盐杆菌纲（Halobacteria）：嗜盐，在盐池（饱和 NaCl）生长，光合异养，光驱动 H^+ 泵、Cl^- 泵。
盐杆菌目（Halobacteriales）：如盐杆菌属（*Halobacterium*）、盐球菌属（*Halococcus*）。
产甲烷菌（Methanogens）：利用 CO_2、H_2、甲酸、乙酸和其他小分子物质产生甲烷。严格厌氧，必须与产生上述底物的其他细菌协同作用。
甲烷杆菌纲（Methanobacteria）：缺乏细胞色素，利用 H_2 还原 CO_2、甲酸、或甲醇。
甲烷球菌纲（Methanococci）：缺乏细胞色素，利用 H_2 还原 CO_2、甲酸、或甲醇。
甲烷微球菌纲（Methanomicrobia）：缺乏细胞色素，利用 H_2 还原 CO_2、甲酸、或甲醇。
甲烷嗜高热菌纲（Methanopyri）：缺乏细胞色素，利用 H_2 还原 CO_2、甲酸、或甲醇。
甲烷八叠球菌纲（Methanosarcinales）：有细胞色素，利用 H_2 还原甲胺和乙酸（及 CO_2 和甲酸）。
初古菌门（Korarchaeota）
深刻分支超嗜热
Korarchaeote OPF1-KOR；SRI-306：rRNA 序列分析分支位于古菌系统发育树的根部。最初分离株采自黄石公园温泉。
纳古菌门（Nanoarchaeota）
超嗜热共生，细胞体积小于 400 nm。
骑行纳古菌（*Nanoarchaeum equitans*）：附着在一种燃球古菌（*Lgnicoccus* sp.）细胞上共生生长。rRNA 序列与古菌有共同祖先，基因组较小，仅含 490 kb。

三、原核微生物的起源与进化

原核微生物大约在 38 亿年前就出现了。然后，原核微生物分化成不同的生命形式以适应不同的生活方式。早期原核微生物的后代包括了所有的植物、动物，以及我们人类自己。那么地球上的原核微生物是如何起源的呢？根据对早期地球化学、大气组成和温度的研究数据，以及早期生命的地质学证据，科学家们提出了生命起源的“前生物汤”假说（the prebiotic soup）。这个假设的前生物汤类似于 38 亿年前地球早期太古代海洋环境，比如处于高温、还原性大气圈，含有大量还原性气体、一氧化碳、氢气、氨气、硫化氢等。这样的古代海洋环境，有利于小分子的有机化合物脱水，聚合成有机高分子，如由氨基酸合成蛋白质。现在科学家已能够模拟原始地球环境条件下由非生命的有机分子合成生物大分子结构单元及其聚合物过程。系统进化分析表明，现存于海洋热泉中的微生物，确实是生物进化最根部的类型。一些极端嗜热的古菌和甲烷菌可能是最接近于地球上最古老的生命形式，其代谢方式可能是无机化能自养。细胞具有新陈代谢和自我复制特性，那么，早期的生命又是如何从早期形成的生物大分子进化形成的呢？科学家们提出了“RNA世界”（the RNA world）假说。其主要依据是RNA病毒显示RNA具有遗传信息储存功能，并且陆续发现大量RNA分子（核酶）具有催化功能。根据该假说，早期形成的细胞内，RNA能够同时承担起由DNA和蛋白质分别所承担的遗传信息储存和代谢生物催化作用，并且能够进行自我复制，在漫长的进化过程中，RNA的遗传信息储存和催化功能分别由所获取的DNA和蛋白质所承担。最近已有实验证明，含编码自我复制酶基因的RNA单一分子能在实验室长期进化实验中发展成一个复杂的复制系统：一个由五种类型的RNA组成的复制网络，具有不同的相互作用。支持长期设想的进化过渡场景的合理性。细胞一个显著特征是被一层脂质双层细胞膜所包裹，科学家对此提出了“脂球体”（lipid vesicles）假说，因为实验表明，脂肪酸甘油酯是双亲分子，兼有亲水的和疏水的两个部分，能在水中聚焦形成类似于细胞的由脂质双层膜包裹的囊泡结构，被称作脂球体。这些脂球体能够包裹像RNA、蛋白质等一样的分子，这种早期类似的脂球体可能为最简单地生命形式和最原始的细胞出现提供了机会。

第三节　某些特殊原核微生物介绍

一、放线菌

放线菌（actinomyces）是一类具有分枝状菌丝体（mycelium）和以孢子（spore）进行繁殖的丝状细菌。在《伯杰氏系统细菌学手册》第二版中被列为放线菌门（Actinobacteria）。放线菌门类群庞大复杂，只有1个放线菌纲，下分5个亚纲，6个目，14个亚目，40个科。大多数放线菌属于放线菌亚纲、放线菌目，后者分为10个亚目。

放线菌与人类的关系极为密切，广泛分布在含水量较低而有机质丰富的土壤中，与土壤特有的“土腥味”有关。绝大多数放线菌种类是有益菌，现已报道的近万种抗生素中，约70%由放线菌产生，它们还在维生素、酶制剂的生产以及在甾体转化、石油脱蜡等方面具有重要应用价值，目前只发现少数放线菌能引起动植物病害和人类的疾病。

1. 放线菌的形态与结构

放线菌的菌体由丝状菌丝构成。菌丝纤细且有分枝，直径一般为0.2~1.2 μm，菌丝直径比真菌细，与细菌接近。放线菌与革兰氏阳性细菌的细胞壁结构相似，含有磷壁酸、二氨基庚二酸和肽聚糖等成分，不含几丁质和纤维素，革兰氏染色阳性。菌丝内含无核膜、无固定形态的原核，无线粒体等细胞器，核糖体为70S，属原核微生物。另外，放线菌对环境pH的要求是近中性或微偏碱，与细菌相近而不同于真菌（一般偏酸性）；凡能抑制细菌的抗生素也能抑制放线菌，而抑制真菌的抗生素对放线菌无抑制作用；放线菌对溶菌酶也敏感。但放线菌细胞呈丝状体，具有一定程度的功能分化，一般无横隔膜，属于丝状单细胞结构，因而有别于其他细菌类群的细胞结构。

下面以链霉菌属（*Streptomyces*）为例来说明放线菌菌丝体的形态特征。

一株成熟的链霉菌是由基内菌丝（substrate mycelium）、气生菌丝（aerial mycelium）、孢子丝（spore-bearing mycelium）和孢子等几部分组成（图 2-19）。

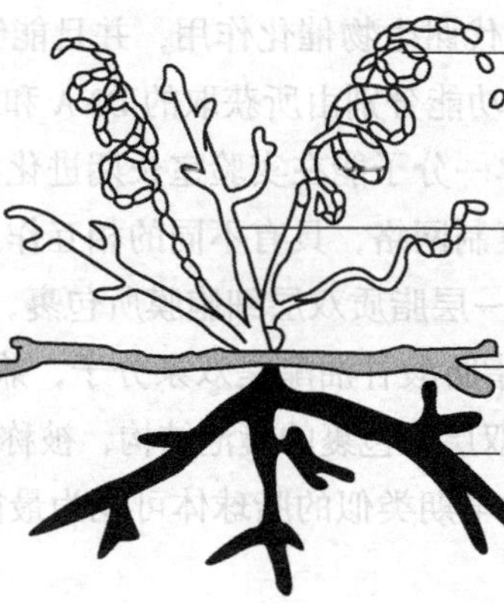

图 2-19 放线菌菌体结构

基内菌丝：又称营养菌丝或初级菌丝体，匍匐生长在培养基内或培养基表面。其主要功能为吸收营养物质和排泄代谢废物，一般无横隔膜（诺卡氏菌属除外）。直径 0.2 ~ 1.2 μm，但长度差别很大，短的小于 100 μm，长的可达 600 μm 以上。无色或产生水溶性或脂溶性色素而呈现黄、绿、橙、红、紫、蓝、褐和黑等各种颜色。

气生菌丝：又称二级菌丝体，基内菌丝发育到一定阶段后，向空间长出的菌丝体。一般颜色较深，比基内菌丝粗（直径为 1 ~ 1.4 μm）。气生菌丝长度差别悬殊，直形或弯曲，有分枝。

孢子丝：又称繁殖菌丝（reproductive mycelium）或产孢丝，当气生菌丝生长发育到一定阶段，气生菌丝上分化出可形成孢子的菌丝（图 2-20）。孢子丝的形状及在气生菌丝上排列的方式随种而异；有的直形，有的波浪形或螺旋形。螺旋的数目、疏密程度、旋转方向等都是种的特征。

孢子：放线菌的孢子形状有球形、椭圆形、杆形和柱形等。同一孢子丝上分化出的孢子的形状、大小有时也不一致。电镜下可见孢子表面结构的差异，有的表面光滑、有的带小疣、刺或毛发状物。孢子常具有色素，呈灰、白、黄、橙、红、蓝和绿等颜色，其颜色在一定培养基与培养条件下比较稳定。孢子表面结构和颜色是放线菌菌种鉴定的主要依据之一。

2. 放线菌的繁殖

放线菌主要通过无性孢子进行繁殖，无性孢子主要有分生孢子和孢子囊孢子；也可借菌丝断片来繁殖。

（1）分生孢子

放线菌长到一定阶段，一部分气生菌丝形成孢子丝，孢子丝成熟便分化形成许多孢子，称为分生孢子（conidium）。分生孢子的产生通过两种横隔分裂方式：一种是细胞质膜内陷，由外逐渐向内收缩并合成横隔膜，从而将孢子丝分隔成许多分生孢子，此为放线菌通过孢子进行繁殖的主要方式；另一种是细胞壁与质膜同时内陷，逐渐向内缢缩、形成横隔，最终将孢子丝缢裂成一串分生孢

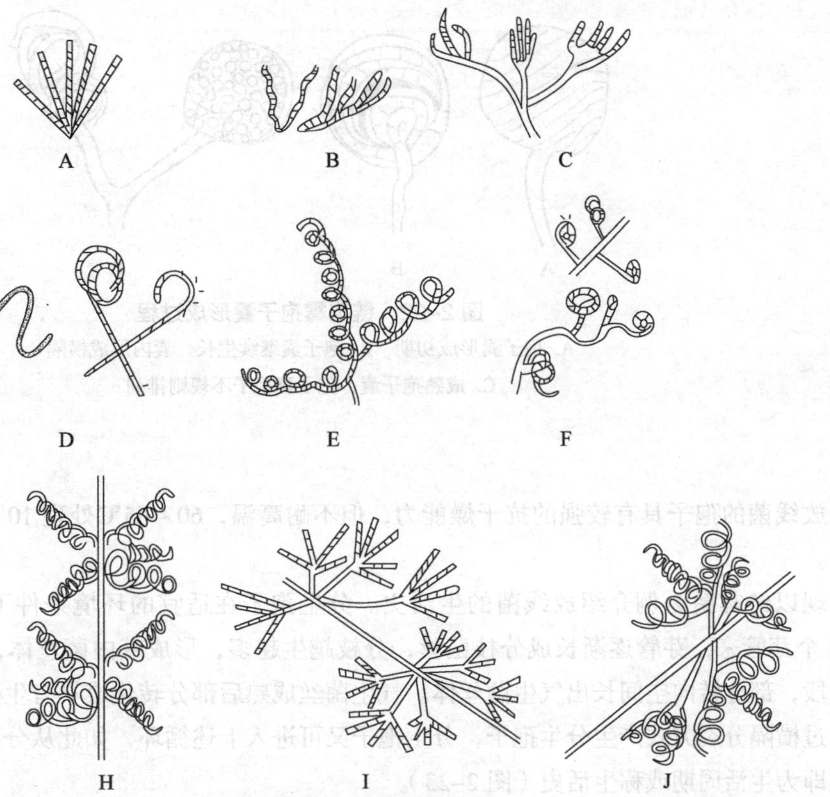

图 2–20　放线菌的孢子丝类型模式图

A. 直形　B. 丛生，波曲　C. 成束　D. 开环，钩形，原始螺旋形　E. 松螺旋　F. 紧螺旋　G. 单轮生，无螺旋　H. 单轮生，有螺旋　I. 两级轮生，无螺旋　J. 两级轮生，有螺旋

子（图 2–21）。

（2）孢子囊孢子

有的放线菌由菌丝盘卷形成孢子囊，其间产生横隔，产生孢子囊孢子（sporangiospore）。孢子囊成熟后，释放出孢子囊孢子。孢子囊可以在气生菌丝，也可在基内菌丝上形成。图 2–22 示一株链孢霉（*Streptosporangium*）的孢子囊形成过程。

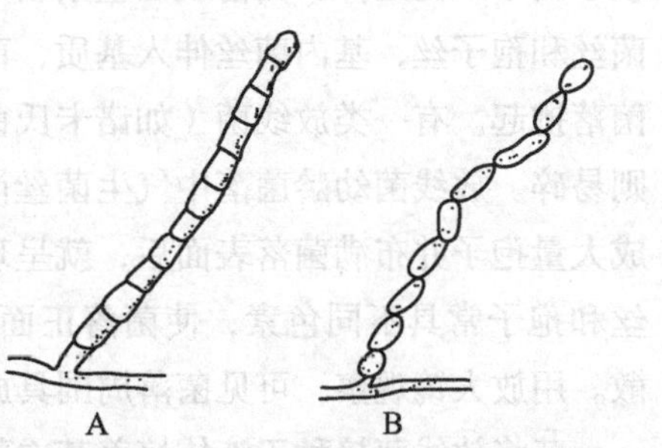

图 2–21　横隔分裂形成分生孢子的两种方式

A. 细胞质膜内陷　B. 细胞壁与细胞质膜同时内陷

（3）菌丝断片

放线菌也可借菌丝断裂的片段形成新菌丝体，这种现象常见于液体培养。工业发酵生产抗生素时，放线菌就以此方式大量繁殖。

（4）其他方式

小单孢菌科（Micromonosporaceae）中多数种的孢子着生在直而短的营养菌丝的分枝顶端上，一个分枝顶端形成一个球形、椭圆形或长圆形的孢子，这些孢子也称分生孢子，它们聚在一起，很像一串葡萄；某些放线菌偶尔也会产生厚壁孢子。

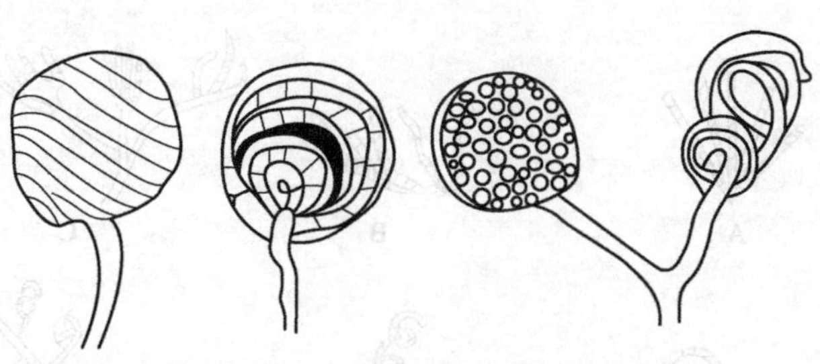

图 2-22 链孢霉孢子囊形成过程

A. 孢子囊形成初期 B. 孢子囊继续生长，囊内形成横隔

C. 成熟孢子囊，孢子囊孢子不规则排列

放线菌的孢子具有较强的抗干燥能力，但不耐高温，60～65℃处理 10～15 min 则会失去生活能力。

现以链霉菌为例介绍放线菌的生活史。分生孢子在适宜的环境条件下，吸水膨胀，萌发出 1～3 个芽管来，芽管逐渐长成分枝菌丝，分枝越生越多，形成基内菌丝体，当基内菌丝生长至一定阶段，部分转向空间长出气生菌丝体。气生菌丝成熟后部分转化成具有生殖能力的孢子丝。孢子丝通过横隔分裂方式产生分生孢子，分生孢子又可进入上述循环，如此从分生孢子到分生孢子往复一代即为生活周期或称生活史（图 2-23）。

3. 放线菌的培养特征

放线菌在固体平板培养基上生长形成的菌落由菌丝体组成。菌落特征介于细菌和霉菌之间，因为其气生菌丝较细，生长缓慢，菌丝分枝并相互交错缠绕，所以形成的菌落质地硬而且致密；菌落较小而不广泛延伸；菌落表面呈紧密的绒状或坚实、干燥、多皱。大部分放线菌具基内菌丝、气生菌丝和孢子丝，基内菌丝伸入基质，菌落紧贴培养基表面，接种针难以挑起，若用接种铲可将整个菌落挑起。有一类放线菌（如诺卡氏菌）不形成大量的菌丝，其黏着力不强，结构似粉质，用针挑则易碎。放线菌幼龄菌落中气生菌丝尚未分化成孢子丝，其菌落表面与细菌难以区分。当孢子丝形成大量孢子并布满菌落表面后，就呈现表面絮状、粉末状或颗粒状的典型放线菌菌落特征；由于菌丝和孢子常具不同色素，使菌落正面、背面呈不同色泽。水溶性色素可扩散，脂溶性色素则不扩散。用放大镜观察，可见菌落周围具放射状菌丝。

若将放线菌接种于液体培养基内静置培养，能在瓶壁液面处形成斑状或膜状菌丝体、或菌丝体沉降于瓶底而不会使培养基浑浊，如采用振荡培养，常形成由菌丝体缠绕所构成的球状颗粒。

二、蓝细菌

蓝细菌曾长期被称作蓝藻或蓝绿藻，而与真核藻类归为一类。但事实上，作为原核生物的蓝细菌与属于真核生物的藻类有着本质的区别。在《伯杰氏系统细菌学手册》第二版中被单独列为蓝细菌门（Cyanobacteria）。蓝细菌门下分为 5 个亚组和 56 个属。

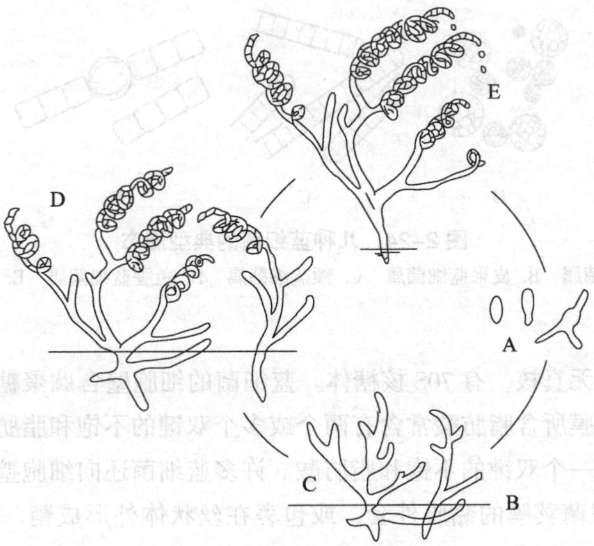

图 2-23 链霉菌的生活史

A. 孢子萌发 B. 基内菌丝体 C. 气生菌丝体 D. 孢子丝 E. 孢子

蓝细菌是广泛分布在各种水体和土壤中的好氧菌，是种类十分庞杂的古老的原核生物，是地球上最早出现的绿色自养原核生物，不仅以其光合作用为绿色植物提供了物质基础（叶绿体的前身）和生存条件（氧气），而且在其进化过程中，分别与真菌、苔、藓、蕨、裸子植物直至被子植物的某些种属形成共生固氮体系。由于它们具有对不良环境的高度抵抗力和普遍的固氮能力，因此还可在贫瘠的沙质海滩和荒漠的岩石上找到它们，故有“先锋生物”之称。蓝细菌在 21 亿 ~ 17 亿年前形成，因为它的发展使得地球大气逐渐由无氧状态变为有氧状态。

一些蓝细菌具有经济价值，如发菜念珠蓝细菌（*Nostoc flagelliforme*）和地耳（*N. commune*）等，盘状螺旋蓝细菌（*Spirulina platensis*）和巨大螺旋蓝细菌（*S. maxixa*）被开发成“螺旋藻”营养品。蓝细菌中有 120 多种具有固氮能力，可用作水稻田生物菌肥。

有的蓝细菌是发生富营养化的海水“赤潮”及湖泊“水华”的元凶，给渔业和养殖业带来危害。其中一些种类如微囊蓝细菌（*Microcystis* spp.）等可以产生毒素，诱发人畜疾病。

1. 蓝细菌的形态与细胞结构

蓝细菌细胞直径范围从一般细菌大小（0.5 ~ 1）μm 到 60 μm，这在原核微生物中是较少见的。一般情况下蓝细菌个体直径或宽度为 3 ~ 10 μm，当许多个体聚集在一起，可形成肉眼可见的、很大的群体。蓝细菌的形态差异极大，主要分为 5 类（图 2-24）：①单细胞非聚合体或细胞聚集体，细胞单平面二分裂，如黏杆蓝细菌属（*Gloeothece*）。②单细胞，多平面分裂，可聚集成非丝状聚合体，如皮果蓝细菌属（*Dermocarpa*）。③细胞聚集成丝状体，无异形胞，单平面二分裂，如颤蓝细菌属（*Oscillatoria*）和螺旋蓝细菌属（*Spirulina*）。④细胞聚集成丝状体，含有异形胞（heterocyst），单平面二分裂，如鱼腥蓝细菌属（*Anabaena*）。⑤细胞聚集成分枝丝状体，细胞多平面分裂，如费氏蓝细菌属（*Fischerella*）。

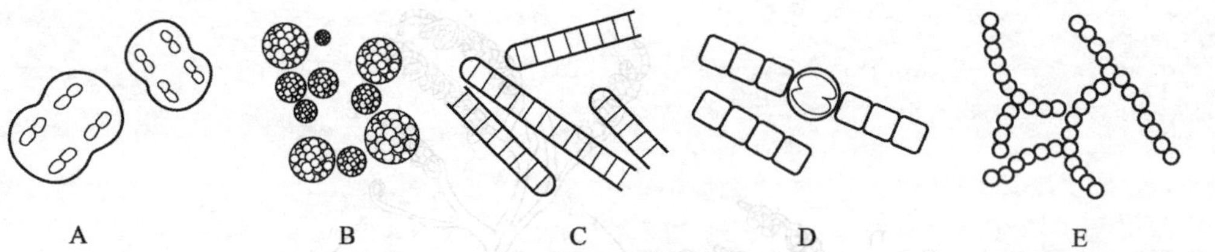

图 2-24 几种蓝细菌的典型形态

A. 黏杆蓝细菌属 B. 皮果蓝细菌属 C. 颤蓝细菌属 D. 鱼腥蓝细菌属 E. 费氏蓝细菌属

蓝细菌无叶绿体，无真核，有 70S 核糖体。蓝细菌的细胞壁含肽聚糖，外有脂多糖层，革兰氏染色阴性。蓝细菌质膜所含脂肪酸常含有两个或多个双键的不饱和脂肪酸，而其他细菌几乎都含饱和脂肪酸以及只有一个双键的不饱和脂肪酸。许多蓝细菌还向细胞壁外分泌胶黏物质，或包在单细胞外形成类似细菌荚膜的黏膜外套，或包裹在丝状体外形成鞘。多数丝状蓝细菌虽无鞭毛，但能作滑行运动。蓝细菌细胞最显著的特性是含叶绿素 a（chlorophyll a）和光合系统Ⅱ，具有放氧性光合作用，这些与真核生物光合作用有相似之处。蓝细菌的光合部位为片层状膜系统——类囊体（thylakoid）。它由多层膜片相叠而成，是由细胞膜内陷所形成，通常位于细胞周缘，平行于细胞壁。在一些较简单的蓝细菌中，片层常以同心圆规则地排列在细胞质四周。类囊体膜含叶绿体 a、类胡萝卜素、藻胆素（phycobilin）以及光合电子传递链的有关组分等。藻胆素为蓝细菌所特有的一种辅助色素。藻胆素与蛋白质结合成藻胆蛋白，聚集在类囊体外表面构成颗粒状藻胆蛋白体（phycobilisome）。

有的丝状蓝细菌产生一种特化细胞——异形胞。鱼腥蓝细菌的异形胞圆形、厚壁、折光率高。异形胞分布在丝状体中间或末端，为有异形胞蓝细菌固氮的唯一场所。它与相邻营养细胞通过胞间连丝互相进行物质交流。异形胞的藻胆素含量很低，而且没有产氧的光合系统Ⅱ。异形胞的厚壁中含大量糖脂，可降低氧气扩散进入。异形胞的这些特性都是为对氧敏感的固氮酶创造一个厌氧的固氮场所，没有异形胞的丝状蓝细菌在厌氧条件下生长时就在营养细胞中固氮。而其他没有异形胞的蓝细菌则通过其他途径来创造固氮所必需的厌氧条件。

2. 蓝细菌的生长与繁殖

蓝细菌营养要求简单，多数为专性光能营养，其中一些是专性光能自养，亦有化能异养。

蓝细菌没有有性生殖，通过无性方式繁殖，极少数种类有孢子。单细胞的种类以二分裂（如黏杆蓝细菌属）或多分裂（如皮果蓝细菌属）方式繁殖。一些有异形胞的丝状蓝细菌形成静息孢子或厚壁孢子（akinete），它是一种特化的细胞，壁厚、色深，通常比营养细胞大，富含储备的营养物，常常在异形胞附近形成，具有抗干旱或冷冻的能力。丝状蓝细菌有的还通过其丝状体断裂形成短的片段——段殖体（hormogonium）的方式繁殖。少数种类如管孢蓝细菌属（*Chamaesiphon*）能在细胞内形成许多球形或三角形的内孢子，具有繁殖功能。

三、支原体

1898年，Nocard等从患传染性胸膜肺炎的病牛中首次分离得到支原体（mycoplasma），当时称为PPO（胸膜肺炎微生物，pleuropneumonia organism）。许多支原体引起动物——牛、绵羊、山羊、猪、禽和人类的疾病。人们从患病植物组织中也陆续分离到多种类似于支原体的微生物。也有一些支原体为腐生的，常常分布在污水、土壤或堆肥中，在受污染的组织培养液中，也常见到支原体。

支原体细胞很小，光学显微镜下勉强可见，直径为150~300 nm，一般为250 nm左右，能穿过细菌滤器，是生物界中能独立生活的最小型生物。支原体缺乏细胞壁，革兰氏染色阴性，多形，易变，对渗透压敏感，对表面活性剂和醇类物质敏感，对抑制细胞壁合成的青霉素、环丝氨酸等抗生素不敏感。因缺乏细胞壁和S-层，最初被认为是革兰氏阴性细菌，但16S rRNA分析表明，该类群与梭菌具有亲缘关系，在《伯杰氏系统细菌学手册》第二版中支原体被列为革兰氏阳性菌厚壁菌门柔膜体纲（Mollicutes）。细胞膜因含有甾醇，具较强坚韧性，弥补了因缺壁而带来的不足。细胞具有氧化型或发酵型的产能代谢系统，在好氧或厌氧条件下生长。支原体基因组很小，仅含5.8×10^5碱基对，约为大肠杆菌的1/8，因而成为人造细胞的首选对象。支原体一般以等二分裂方式进行繁殖。支原体不是严格寄生，能在含血清、酵母膏或甾醇等营养丰富的培养基上生长，菌落小，直径一般仅为0.1~1 mm，呈特有的“油煎蛋”状。对能抑制蛋白质生物合成的四环素、红霉素等抗生素以及毛地黄皂苷等破坏细胞膜结构的表面活性剂都极为敏感，对可破坏含甾醇细胞膜的两性霉素、制霉菌素等多烯类抗生素也十分敏感。

四、立克次氏体

立克次氏体（rickettsia）是严格真核细胞类寄生的一类原核微生物。1909年，美国医生Ricketts首次发现落基山斑疹伤寒的病原体，并于1910年牺牲于此病，故后人称这类病原菌为立克次氏体。立克次氏体可引起人与动物患多种疾病，如引起人类患落基山斑疹伤寒、流行性斑疹伤寒、地方性斑疹伤寒、Q热和恙虫热等疾病。后在患病植物，如在患棒叶病的三叶草和长春花的韧皮部中也发现了寄生于植物细胞中的立克次氏体。

立克次氏体细胞比支原体大，为（0.3~0.6）μm×（0.8~2）μm，所以无滤过性。细胞形态有类球状、杆状或丝状，有的具多形性。具有细胞壁，含胞壁酸和二氨基庚二酸，还有脂多糖复合物，但脂质含量远高于一般细菌，革兰氏染色阴性，在《伯杰氏系统细菌学手册》第二版中被归于革兰氏阴性菌变形杆菌门中α-变形菌纲。立克次氏体细胞膜较疏松而“渗漏性”较大，易于从宿主细胞获得一些重要的物质（包括像NAD^+和辅酶A这样大的辅酶），但同时也会使一些重要物质离开立克次氏体，影响其独立生活。虽然立克次氏体具有产能代谢系统，但其产能代谢途径不完整，不能氧化葡萄糖或有机酸，只能氧化谷氨酸和谷氨酰胺产能，所以要寄生在真核细胞内，不能进行独立生活，一旦离开宿主就会很快死去。立克次氏体需要由蚤、螨等吸血节肢动物作为媒介在动物间传代，但不形成包涵体。立克次氏体以二分裂方式繁殖。立克次氏体对热敏感，一般在56℃以上经30 min即被杀死。

大多数立克次氏体不能用人工培养基培养，须用鸡胚卵黄囊、敏感动物组织细胞（骨髓细胞、血单核细胞和中性粒细胞等）以及实验动物（豚鼠、小鼠、大白鼠和猴等）进行传代培养。立克次氏体对许多抗细菌的抗生素如四环素敏感。

五、衣原体

衣原体（chlamydia）是一类在真核细胞内营专性寄生的小型革兰氏阴性原核微生物，具滤过性，因此很长一段时间被认为是“大型病毒”。1956 年，我国汤飞凡教授等自沙眼中分离到病原体后才逐步证明衣原体是一类特殊的具细胞结构的传染性生物。

衣原体具有细胞构造，细胞为球形或椭圆形，体积微小，直径只有 0.2 ~ 0.3 μm，能透过细菌滤器。细胞含有细胞壁，但不含肽聚糖，革兰氏染色阴性，因而在《伯杰氏系统细菌学手册》第二版中被单独列为一门（衣原体门），归于缺乏肽聚糖的一类细菌中。衣原体细胞内同时含有 DNA 和 RNA 两种核酸，有核糖体。细胞缺乏产能代谢的酶系统，需要来自宿主的 ATP，进行严格的细胞内寄生，故有“能量寄生物之称”。衣原体以等二分裂方式进行繁殖，一般对抑制细菌生长的抗生素和药物如磺胺等都很敏感（但鹦鹉热衣原体对磺胺具有抗性）。衣原体可培养在鸡胚卵黄囊膜、小鼠腹腔、组织培养细胞或 HeLa 细胞上。

衣原体在其独特的生活史中有两种细胞形态，一种是较小的细胞形态，呈球状（直径小于 0.4 μm），有传染性，是衣原体在空气中传播的形式，被称作原体（elementory body）；另一形态是由原体进入宿主细胞后转化而成的无感染性的细胞，呈较大的球形（直径 1 ~ 1.5 μm），被称为始体（initial body）或网状体（reticulate body）。始体生长较快，通过分裂可在宿主细胞内形成微菌落即包涵体。随后每个始体细胞又转化为原体，待从宿主细胞释放后再通过气流传播感染新的宿主。

六、螺旋体

螺旋体（spirochaeta）是一类细长、高度卷曲（螺旋状）、借助轴丝运动、革兰氏染色阴性的原核微生物。螺旋体在形态和构造上与原生动物相近，体态柔软，细胞壁与细胞膜之间绕有弹性轴丝，借助它的屈曲和收缩能活泼运动，易被胆汁或胆盐溶解。但其细胞结构、化学组成、生理生化特征、基因组和 16S rRNA 序列等方面则归属于细菌，具有与细菌相似的细胞壁，内含脂多糖和胞壁酸，无核膜，螺旋体的繁殖方式为二分裂，对化学杀菌剂和抗生素等药物敏感。对不同螺旋体 16S rRNA 序列分析表明，螺旋体在系统发育上形成一个独特的系统发育枝。在《伯杰氏系统细菌学手册》第二版中被单独列为螺旋体门。

螺旋体细胞基本结构与细菌相似，主要结构有外鞘、原生质柱和轴丝（图 2-25）。

原生质柱是由原生质膜和细胞壁包裹的区域构成，是螺旋体主要的细胞成分。轴丝或轴纤维连接着细胞的两极，并被原生质柱包围着。轴丝和原生质柱被一种三层膜的结构所包被，称之为外鞘或外层细胞被膜。

不同类型的螺旋体所拥有的轴丝从 2 条到 100 条以上不等。轴丝的超微结构和化学成分与细菌

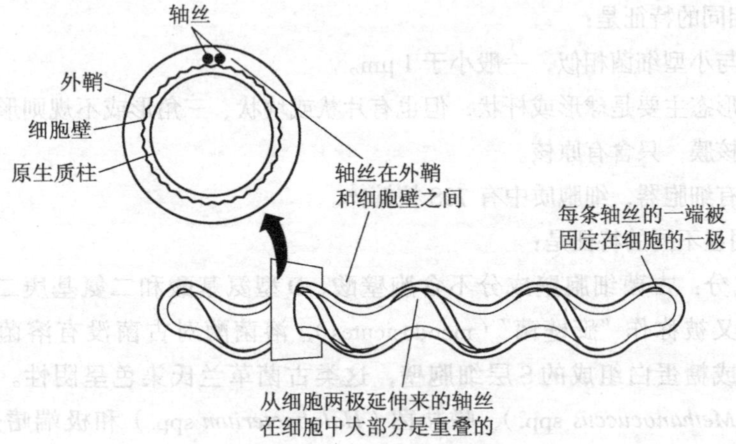

图 2-25　螺旋体细胞基本结构

的鞭毛相似，在插入端有基部的钩和成对的圆盘出现。每条轴丝的一端都被固定，约为细胞长度的2/3。轴丝在螺旋体的运动中起着极其重要的作用，可像细菌的鞭毛一样转动，其运动机制基本上与其他细菌鞭毛一致，通过基部钩与细胞膜相连的刚性纤维的转动与扭曲来实现转动、滑动、转折或波浪形运动。

螺旋体在自然界和动物体内广泛存在，种类很多，很多种类螺旋体是人体及动物体重要的致病菌。依据生境、病原性、形态学和生理学特征划分为 1 科 7 属，即：螺旋体科（Spirochaetaceae），螺旋体属（*Spirochaeta*）、密螺旋体属（*Treponema*）、钩端螺旋体属（*Leptospira*）、疏螺旋体属（*Borrelia*）、脊螺旋体属（*Cristispira*）、细丝体属（*Leptonema*）和蛇形螺旋体属（*Serpulina*）。

性传播疾病梅毒就是因感染苍白密螺旋体而导致的，病程漫长，早期侵犯生殖器和皮肤，晚期侵犯全身各器官，产生多种多样的症状和体征，病变几乎能累及全身各个脏器，危害大。苍白密螺旋体对温度和干燥特别敏感，因此最易于感染身体温度低的部位例如生殖器部位，并且只有通过人体间直接接触（如性交、母婴传播甚至接吻）才能传播。苍白密螺旋体作为细菌对常用化学消毒剂、抗生素（如四环素）或砷剂等都敏感，因此正规医治是可以治愈的。人类回归热是由回归热疏螺旋体引起的，以高烧为特征，并且伴随着肌肉疼痛，持续 3～7 天后恢复，7～9 天后又发作。如果不进行治疗，发热会反复 2～3 个以上的循环（因此叫回归热），引起死亡率高达 40%。这种细菌对四环素非常敏感，可对症下药治疗。

七、古菌

古菌（Archaea）在细胞结构和形态特征方面与细菌相似，具有许多细菌共有的特征。但在细胞结构的化学组成、生理生化特征、基因组和 16S rRNA 序列等方面与细菌明显不一致，古菌在分子生物学水平上与真核生物的关系要比细菌与真核生物的关系更为密切，被认为是除细菌和真核细胞之外的第三种细胞类型生物，在《伯杰氏系统细菌学手册》第二版中，被列为与细菌域同等地位的古菌域。

古菌与细菌相同的特征是：

① 细胞大小与小型细菌相似，一般小于 1 μm。

② 古菌细胞形态主要是球形或杆状，但也有片状或块状、三角形或不规则形状等多种形态。

③ 古菌没有核膜，只含有原核。

④ 古菌不含有细胞器，细胞质中有 70S 核糖体。

古菌与细菌明显不同的特征是：

① 细胞壁成分：古菌细胞壁成分不含胞壁酸、D 型氨基酸和二氨基庚二酸。古菌细胞壁不含肽聚糖，故又被称作“疵壁菌”（mendosicutes），溶菌酶对古菌没有溶菌效果。大多数古菌具有由蛋白质或糖蛋白组成的 S 层细胞壁，这类古菌革兰氏染色呈阴性。如某些产甲烷菌（*Methanolobus* 和 *Methanococcus* spp.）、嗜盐菌（*Halobacterium* spp.）和极端嗜热菌（*Sulfolobus*, *Thermoproteus* 和 *Pyrodictium* spp.）等都具有 S– 层细胞壁（图 2–26A）。某些古菌细胞壁在 S– 层外侧含有额外的成分，如甲烷螺菌（*Methanospirillum* spp.）细胞壁的 S– 层外侧含有一层蛋白质鞘（图 2–26B），某些产甲烷菌（*Methanosarcina* spp.）细胞壁的 S– 层外侧覆盖有一层由甲烷菌软骨素（methanochondroitin）组成的多糖层（图 2–26C）。某些古菌细胞壁如甲烷热菌（*Methanothermus* spp.）和甲烷火菌（*Methanopyrus* spp.），则在 S– 层内侧与质膜之间存在一层类肽聚糖分子，称作假肽聚糖（pseudomurein）（图 2–26D）。假肽聚糖的骨架由 *N*– 乙酰葡糖胺和 *N*– 乙酰塔罗糖胺糖醛酸（*N*–acetyltalosaminuronic acid）交替重复组成，后者代替了肽聚糖中的 *N*– 乙酰胞壁酸。假肽聚糖骨架与肽聚糖的不同之处还在于以 β–1,3– 糖苷键取代了肽聚糖的 β–1,4– 糖苷键。有些古菌细胞壁不含有 S– 层结构，类似革兰氏阳性细菌，仅含有一层厚的同型多糖，如甲烷热杆菌（*Methanothermobacter* spp.）、甲烷球形菌（*Methanosphaera* spp.）、甲烷短杆菌（*Methanobrevilbacter* spp.）、嗜盐球菌（*Halococcus* spp.）和嗜盐碱球菌（*Natronococcus* spp.）的同型多糖由假肽聚糖或酸性杂多糖组成，其成分在不同古菌种类中变化很大（图 2–26E）。也有些古

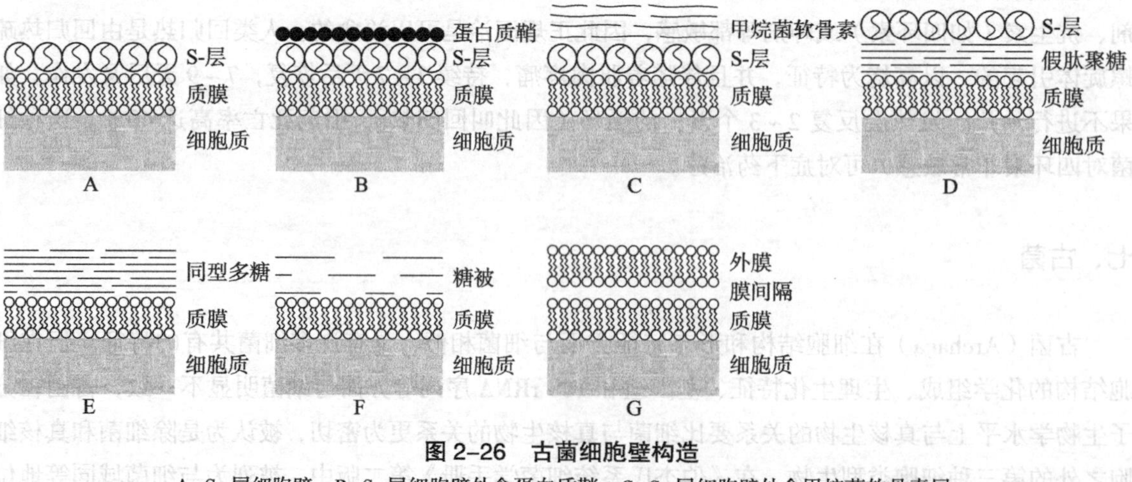

图 2–26 古菌细胞壁构造

A. S–层细胞壁 B. S–层细胞壁外含蛋白质鞘 C. S–层细胞壁外含甲烷菌软骨素层

D. S–层细胞壁内含假肽聚糖层 E. 假肽聚糖层或杂多糖层 F. 糖被 G. 外膜

菌缺乏固定形态结构的细胞壁，如古菌 *Ferroplasma* 和 *Thermoplasma*，仅仅在质膜外覆盖有一层黏液层糖被（图 2–26F），*Ignicoccus hospitalis* 则在质膜外侧再含有一层外膜，两层膜之间存在膜间隔（图 2–26G）。

② 细胞膜成分：古菌细胞结构最显著的特征是膜脂组成。古菌细胞膜脂成分含 L– 型甘油，而不是细菌和真核细胞膜中的 D– 型甘油；膜脂侧链成分是异戊烯化合物链（isoprenoid chain）而不是脂肪酸，如植烷醇（phytanyl）（图 2–27A），某些种类古菌的植烷醇分子上的甲基侧枝还环化形成环戊烷（cyclopentane）（图 2–27E），如双环戊植烷醇；在奇古菌植烷醇（thaumarchaeol）中还发现含有环己烷结构（图 2–27F）。甘油醇与侧链植烷醇或环戊植烷醇通过醚键连接，如形成二植烷甘油二醚（图 2–27A），而不是像细菌和真核细胞膜那样通过酯键相连；某些超嗜热古菌，同一

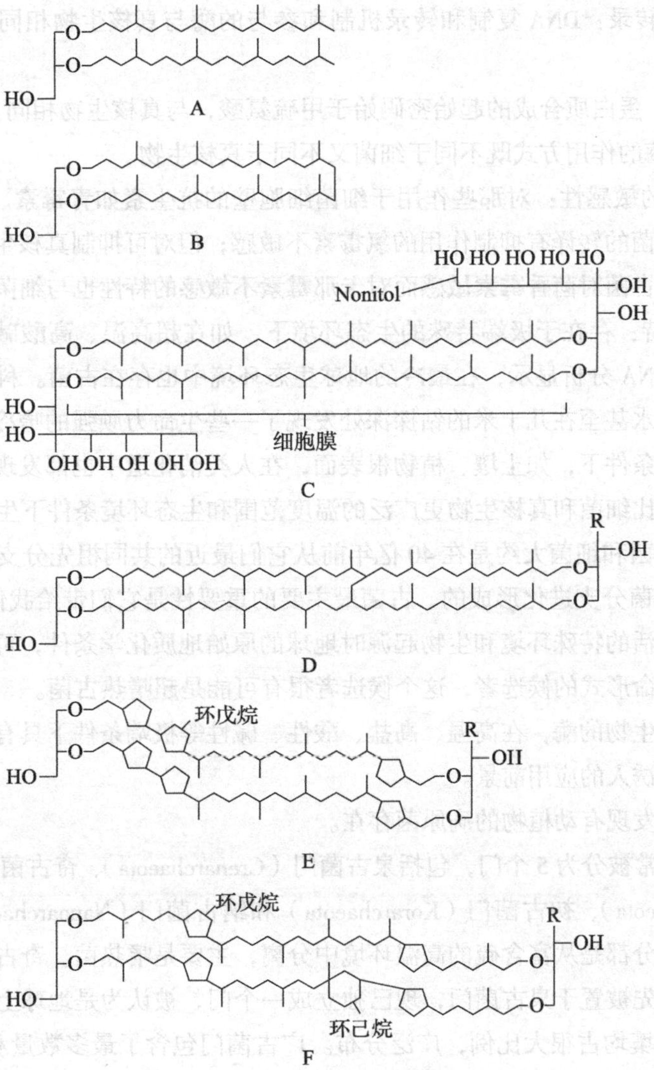

图 2–27　古菌的分支醚脂

A. 二植烷甘油二醚　B. 大环二醚　C. 四醚　D. 交联四醚　E. 双环戊植烷四醚　F. 奇古菌植烷四醚

植烷甘油二醚上的两个植烷醇侧链末端相互共价相连形成大环二醚（图 2-27B），或者双分子层膜的一侧植烷甘油二醚上的植烷醇侧链末端与膜上另一侧植烷甘油二醚上的植烷醇侧链末端相互共价相连，形成二联植烷二甘油四醚（图 2-27C）；有时二甘油四醚两个相邻植烷醇之间也会在中间形成横向共价交联（图 2-27D）。在质膜中二甘油四醚分子实际形成了一种单分子层（图 2-27C ~ F），古菌存在的这种独特的单分子层膜或双分子层混合膜，增加了其在极端条件下的稳定性。极端嗜热古菌（如热原体属和硫化叶菌属）的细胞膜几乎都是四醚单层膜。

③ RNA 成分：rRNA 含有特殊的序列（CACACACCG），tRNA 核苷酸顺序也很特殊，且不存在胸腺嘧啶，大多数 tRNA 中不含二氢尿嘧啶。

④ 核糖体：大小为 70S，但其三维空间结构类似于真核细胞 80S 型的核糖体，其 16S rRNA 核苷酸序列独特，既不同于细菌，也不同于真核生物。

⑤ DNA 复制和转录：DNA 复制和转录机制和参与的酶与真核生物相同或相似，而与细菌差异大。

⑥ 蛋白质合成：蛋白质合成的起始密码始于甲硫氨酸，与真核生物相同。

⑦ 一些代谢中酶的作用方式既不同于细菌又不同于真核生物。

⑧ 对抗生素等的敏感性：对那些作用于细菌细胞壁的抗生素如青霉素、头孢霉素和 D- 环丝氨酸等不敏感；对细菌的转译有抑制作用的氯霉素不敏感；但对可抑制真核生物转译作用的白喉毒素却十分敏感。此外古菌对茴香霉素敏感而对卡那霉素不敏感的特性也与细菌有别。

⑨ 生态条件独特：存在于极端特殊的生态环境下，如在超高温、高酸碱度、高盐、超低温及无氧状态下生活。rRNA 分析显示，在最冷的地球生态环境中也存在古菌。科学家们在常年冰雪覆盖的南极洲土壤、海水甚至在几十米的钻探深处发现了一些生命力顽强的嗜冷古菌。当然，也有许多古菌生活在非极端条件下，如土壤、植物根表面，在人类消化道中也都发现有古菌。因此，更严格地说，古菌可以在比细菌和真核生物更广泛的温度范围和生态环境条件下生长。

现在人们认为古菌和细菌大约是在 40 亿年前从它们最近的共同祖先分支进化产生的，而现代的真核生物又是从古菌分支进化形成的。古菌最主要的重要性是它们带给我们了解生命的统一性。比较一下这些古菌生活的特殊环境和生物起源时地球的原始地质化学条件，可以推测某种类型的古菌有可能作为早期生命形式的候选者，这个候选者很有可能是超嗜热古菌。

来自极端环境微生物的酶，在高温、高盐、酸性、碱性等极端条件下具有特殊的稳定性，在工业生物技术领域具有诱人的应用前景。

目前，古菌尚未发现有动植物的病原菌存在。

已发现的古菌通常被分为 5 个门，包括泉古菌门（Crenarchaeota）、奇古菌门（Thaumarchaeota）、广古菌门（Euryarchaeota）、初古菌门（Korarchaeota）和纳古菌门（Nanoarchaeota）。泉古菌门与古菌的祖先相似，大部分都是从富含硫的高温环境中分离，主要是嗜热菌。奇古菌门在系统发育树上与泉古菌门接近，原先被置于泉古菌门，现已独立成一个门，被认为是地球上数量最丰富的古菌之一，它们在深海和土壤均占很大比例，广泛分布。广古菌门包含了最多数量和多样性的培养菌株。除了产甲烷古菌外，还发现了嗜盐古菌、嗜酸古菌以及嗜热古菌，它们通常还参与硫、氮和铁的循环。初古菌门和纳古菌门目前只发现极少数物种。

随着基因组测序的快速发展，多个新的古菌类群正在被发现，其中许多新类群在全球分布广泛，增设新的古菌门的建议已有报道。

摘 要

细菌基本形态分为球状、杆状和螺旋状三大类型。多数细菌细胞直径为0.5～2.0 μm，长0.5～10 μm。

细菌细胞壁主要成分为肽聚糖。肽聚糖是由*N*–乙酰葡糖胺与*N*–乙酰胞壁酸以及许多氨基酸肽链所组成的多糖。革兰氏阳性细菌的细胞壁较厚，含90%肽聚糖和10%的磷壁酸。组成肽聚糖分子的单体是含有一个*N*–乙酰葡糖胺与一个*N*–乙酰胞壁酸分子组成的双糖，*N*–乙酰胞壁酸羧基上连接有4个氨基酸组成的短肽尾，肽“尾”中的第4氨基酸通过“肽桥”与另一个肽聚糖链上肽尾中的第3个氨基酸相连，参与糖链之间的交联。溶菌酶能水解*N*–乙酰胞壁酸和*N*–乙酰葡糖胺之间连接的β–1,4–糖苷键。磷壁酸是革兰氏阳性细菌细胞壁特有的一种酸性多糖成分。革兰氏阴性细菌肽聚糖层很薄，肽聚糖含量少，没有肽桥，糖链之间由肽尾直接连接，在肽聚糖层外有一层外膜，由类似脂质双分子层膜结构所组成，通过脂蛋白分子与肽聚糖层相连。外膜外侧脂质层由一层特殊的脂多糖所组成。革兰氏染色阳性细菌呈紫色，阴性细菌呈红色。原生质体是指在人工条件下用溶菌酶除尽原有细胞壁或用青霉素抑制细胞壁的合成后，所留下的仅由细胞膜包裹着的细胞；球状体是指还残留部分细胞壁的原生质体；L型细菌是指那些在实验室中通过自发突变而形成的遗传性稳定的细胞壁缺陷菌株。

细菌细胞膜不含甾醇（支原体例外），一些革兰氏阳性细菌细胞质膜内褶形成中间体。

细菌细胞质是不流动的，无细胞器，存在一些颗粒状内含物，如聚–β–羟基丁酸、多糖类贮藏物、异染颗粒、藻青素、磁小体、羧酶体及气泡。

细菌细胞核无核膜、无固定形态，含一个大型环状双链DNA分子。

某些细菌在其生长发育后期，在细胞内形成一个圆形或椭圆形、厚壁、含水量极低、抗逆性极强的休眠体，称为芽孢。芽孢一般由核心、皮层、芽孢衣和芽孢外壁所组成。芽孢的核心由芽孢壁、芽孢膜、芽孢质和芽核区四部分组成。少数芽孢杆菌在形成芽孢的同时，会在芽孢旁形成一颗菱形或双锥形的碱溶性蛋白晶体——δ内毒素，称为伴孢晶体。这类细菌在昆虫中肠内可被碱性消化液分解并释放出伴胞晶体蛋白，溶解的伴胞晶体蛋白与中肠上皮细胞的蛋白质受体特异性结合，使细胞膜产生穿孔，引起肠细胞膨胀和死亡。

某些细菌在一定营养条件下向胞外分泌出厚度不定的胶黏状物质包被于细胞壁的外表，称为糖被。糖被分为荚膜、微荚膜和黏液层三种类型。

生长在某些细菌体表的细长、丝状或波状弯曲的蛋白质附属物称为鞭毛，由基体、钩形鞘和鞭毛丝三部分组成。革兰氏阳性菌鞭毛基体由外至里层分别是L环、P环、S环和M环。鞭毛丝由鞭毛蛋白组成。鞭毛进行“旋转”式运动。鞭毛着生方式有端生、周生和侧生。

菌毛是一种长在细菌体表的纤细、中空、短直、数量较多的蛋白质类附属物，由菌毛蛋白组成。性毛长度比菌毛长，数量少，每个细胞仅1至少数几根，其构造和成分与菌毛相同。

细菌无性繁殖方式主要为裂殖和芽殖。在固体培养基上，由一个或若干个细菌生长、繁殖形成的肉眼可见的细胞堆被称作菌落。细菌菌落特征是：菌落较小、较湿润、较光滑、较透明、较黏稠、易挑起、质地均匀，菌落正反面及边缘与中央部位的颜色一致。

原核微生物分类方法主要包括表型分类法、核酸分子分类法和基于基因组分类法等。原核微生物被划分为细菌域和古菌域，细菌域包括23个门，古菌域包括5个门，新的古菌门正在增设中。原核微生物的起源目前有“前生物汤”假说、“RNA世界”假说和“脂球体”假说。

放线菌是一类有分枝状菌丝体和以孢子进行繁殖的丝状细菌，直径一般在0.2～1.2 μm。链霉菌菌丝体由基内菌丝、气生菌丝、孢子丝和分生孢子等几部分组成。放线菌主要通过无性分生孢子繁殖，有的通过孢子囊孢子或菌丝断片繁殖。放线菌菌落特征是：质地硬而且致密，菌落较小而不广泛延伸；菌落表面呈紧密的绒状或坚实、干燥、多皱。基内菌丝伸入基质，菌落紧贴培养基表面，接种针难以挑起。菌落表面呈絮状、粉末状或颗粒状，常具不同色素，菌落正反面呈不同色泽。

蓝细菌细胞直径或宽度为3～10 μm，单细胞，或团聚，分支或不分支的丝状聚集体，无叶绿体，含叶绿素a和光合系统Ⅱ，具有放氧性光合作用，光合部位为片层状膜系统——类囊体。有的丝状蓝细菌含有异形胞，具固氮功能。繁殖多为二分裂或多分裂，有的还通过段殖体方式或内孢子方式繁殖。

支原体细胞很小，一般直径250 nm左右，能穿过细菌滤器，是生物界中能独立生活的最小型生物；缺乏细胞壁，多形，易变，对抑制细胞壁合成的青霉素、环丝氨酸等抗生素不敏感；细胞膜含有甾醇，菌落小，呈“油煎蛋”状；在含血清、酵母膏或甾醇等营养丰富的培养基上生长；具有产能代谢系统。

立克次氏体是严格真核细胞类寄生的一类革兰氏阴性原核微生物。细胞大小为（0.3～0.6）μm×（0.8～2）μm，无滤过性。产能代谢途径不完整，不能氧化葡萄糖或有机酸，所以要寄生，不能独立生活。需要节肢动物作为媒介传播，不形成包涵体。立克次氏体细胞膜较疏松，“渗漏性”较大，不能人工培养基培养。

衣原体是一类在真核细胞内营专性寄生的小型革兰氏阴性原核微生物，体积微小，直径只有0.2～0.3 μm，能透过细菌滤器；细胞壁不含肽聚糖；缺乏产能代谢的酶系统，严格的细胞内寄生，故有“能量寄生物”之称；不能培养基培养。衣原体生活史中有两种细胞形态，原体和始体。原体具有感染性。

螺旋体是一类细长、高度卷曲螺旋状、借助轴丝运动、革兰氏染色阴性的原核微生物。螺旋体细胞主要结构有外鞘、原生质柱和轴丝。

古菌在细胞结构和形态特征方面与细菌相似，但在细胞结构的化学组成、生理生化特征、基因组和16S rRNA序列等方面与细菌明显不一致，与真核生物的关系要更为密切，被列为古菌域。古菌细胞壁不含肽聚糖，而是含有假肽聚糖，或酸性杂多糖，或蛋白质，或糖蛋白，或它们的混合物。古菌细胞膜脂成分含L－型甘油而不是D－型甘油，膜脂侧链成分是异戊烯化合物链而不是脂肪酸，甘油醇与异戊烯化合物（植烷醇或戊环植烷醇）通过醚键而不是酯键相连，它们在质膜中形成独特的单分子层膜或双分子层混合膜。古菌能在极端特殊的生态环境下，如在超高温、高酸碱度、高盐、超低温及无氧状态下生活。

思考题

1. 简述原核微生物的概念和主要类群。
2. 简述细菌细胞的主要结构和功能。
3. 试比较革兰氏阳性细菌和革兰氏阴性细菌的细胞壁结构异同。
4. 简述细菌革兰氏染色的机制。
5. 芽孢是怎样形成的？为何芽孢具有极强的抗热性？
6. 比较原生质体、球状体及L型细菌的异同。
7. 为什么细菌内含物不叫细胞器？两者之间有什么不同？
8. 简述细菌糖被的组成与功能。
9. 细菌鞭毛、菌毛和性毛有什么不同？试列表比较。
10. 什么叫“拴菌”试验？试分析这项研究在思维方式上的创新点。
11. 比较菌落、菌苔和菌膜的概念。
12. 简要叙述细菌的主要繁殖方式。
13. 概述原核微生物的主要鉴定方法和特点。
14. 简述生命的可能起源。
15. 以链霉菌为例，简述放线菌的主要形态特征及其经济价值。
16. 简述支原体、立克次氏体和衣原体的基本概念并比较三者之间的主要区别。
17. 梅毒病原体是什么？为什么说梅毒是可以用细菌敏感的药物治疗的？
18. 蓝细菌在地球发展史上起到什么作用？
19. 列表比较细菌与古菌的异同。
20. 假设保存的大肠杆菌菌种中污染了金黄色葡萄球菌，如何将两者分离开来，并快速确认纯化的大肠杆菌纯培养物中没有金黄色葡萄球菌的污染。提出你的研究方案，简要说明其根据。

数字课程学习

教学课件　　在线自测

第三章

真核微生物

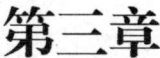

具有核膜包被的真正细胞核、能进行有丝分裂和细胞质中有线粒体的微小生物，被称为真核微生物。它包括真菌、微藻和原生动物等。

第一节 真核微生物的多样性、特征、起源与进化

一、真核微生物多样性与主要类群

真核微生物不是一个单系类群，而是包含了属于不同生物界的几个类群——真菌、微藻及原生动物等，它们相互之间缺乏共同的进化联系，是多系进化类群。它们的共同特点在于都是肉眼难以观察的真核生物，缺乏复杂的组织分化，并没有分类学的意义。

真菌（fungus，复数 fungi）是种类最多并被人们最广泛研究和应用的一类真核微生物。真菌界是一个自然的分类类群，其成员既有微小的单细胞酵母，也有较大型的蘑菇。由于微生物是指肉眼看不见或看不清楚结构的微小生物，因此只有部分真菌适合微生物的定义，如我们在研究和生产上经常涉及的酵母和霉菌，尤其是霉菌（丝状真菌）包括了真菌界多数种类。而具有肉眼可见子实体的蘑菇、灵芝、木耳、块菌、虫草等大型真菌则不应被包括在微生物的范畴之中，但由于其菌丝体营养生长阶段与霉菌在形态、培养和研究方法上一致，故常常又归在微生物学研究领域。随着生物的系统学研究的深入，一些曾被认为属于真菌界的微生物类群现在已被划入到其他的生物界中，包括以水霉、腐霉、疫霉、霜霉等为代表的卵菌以及丝壶菌等；还有一直存在分类学归属争议的黏菌、根肿菌等。微藻（microalga，复数 microalgae）是具有细胞壁的、能进行光合作用的真核生物，多数是肉眼难以辨别其形态的，但也有些类群中既有单细胞种类，也有多细胞种类。多细胞的藻类几乎没有组织分化，常被称作“简单的水生植物”，但不具有分类学的意义。原生动物（protozoa，复数 protozoan）包

括一大类形态差异很大的、化学异养的单细胞或单细胞群体的真核生物。

真核微生物的多样性首先体现在物种的多样性，不但包含了属于不同生物界的几个类群——真菌、微藻及原生动物，而且真菌、微藻和原生动物本身也不是由一个自然的类群所组成，目前已报道的真菌超过 10 万种，藻类超过 3 万种，原生动物大约 6.5 万种，还有大量的真核微生物没有被人们所认识。其次，真核微生物的形态结构要比原核微生物丰富得多，如真菌发展出形态结构各异的产生有性孢子和无性孢子的繁殖构造，如子囊、担子、分生孢子梗和孢子囊梗等，有的特别复杂，所以真核微生物的形态结构在分类鉴定中具有重要作用。

二、真核微生物细胞结构和化学组成

真核细胞与原核细胞在细胞结构与化学组成等许多方面有很大的不同，表 3–1 归纳总结了真核生物和细菌之间的差异。

表 3–1　真核生物和细菌细胞结构和组成的比较

特征	细菌	真核生物
细胞大小	较小，通常直径 < 5 μm	较大，通常直径 > 5 μm
细胞壁	有，含肽聚糖	真菌和藻类有，真菌含几丁质和其他一些不含氮的非纤维素多糖，藻类和卵菌含纤维素
细胞膜	膜脂成分为酯键脂，直链脂肪酸；除支原体外都不含有甾醇；膜上含有产能代谢的蛋白质	膜脂成分为酯键脂、直链脂肪酸；细胞质膜含有甾醇类脂；产能蛋白存在于线粒体或叶绿体膜上，而不是在质膜上
细胞质	无复杂内膜的细胞器；无细胞骨架系统	有复杂内膜的细胞器；含细胞骨架系统——微管、微丝和中间丝
核糖体	70S，由 50S 和 30S 两个小亚基组成	80S，由 60S 和 40S 两个小亚基组成；线粒体和叶绿体含 70S
细胞核	无核膜的核区，只有一条染色体	有核仁、核膜的细胞核；染色体通常大于 2
鞭毛	如有，为鞭毛蛋白组成，其运动方式为旋转式	如有，为微管蛋白组成，通常具有 9 + 2 的结构，其运动方式为外摆式

1. 细胞壁

真菌和藻类具有细胞壁，原生动物没有细胞壁，但某些种类在原生质膜外具有一个表膜（pellicle），起着可变细胞壁的功能。真核细胞壁在功能方面与原核细胞没有差别。

大多数藻类和卵菌的细胞壁含有纤维素。而一般真菌细胞壁含有几丁质、不含氮的非纤维素多糖，以及一些糖蛋白。几丁质是一种由重复的 β–1,4–*N*– 乙酰葡糖胺糖基聚合的线性含氮多糖，其化学结构与纤维素极其相似，可看成 2– 羟基被乙酰胺所取代的纤维素（图 3–1）。真菌细胞壁中不含氮的非纤维素多糖主要是 β–1,6– 分支 –β–1,3– 葡聚糖，有的还含有 β–1,6– 葡聚糖、β–1,3/

1,4- 葡聚糖、甘露聚糖等。通常几丁质还原端糖基以 β-1,4- 糖苷键和 β-1,6- 分支 -β-1,3- 葡聚糖的侧链或主链的非还原端糖基相交联形成真菌细胞壁骨架的核心结构。

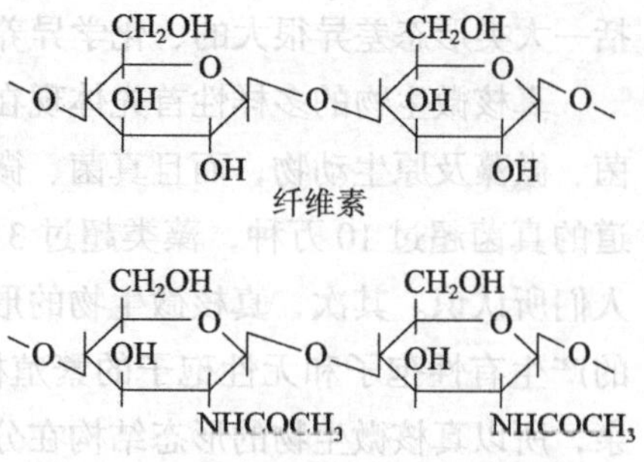

图 3–1 纤维素和几丁质的化学结构

2. 细胞质膜

真核细胞质膜与原核细胞质膜一样都是由磷脂双分子层所组成，都含有镶嵌在膜脂中的蛋白质，都具有控制物质进出的功能。但有两点不同：①原核细胞质膜含有产能代谢的蛋白质，而真核细胞中这些产能蛋白存在于线粒体或叶绿体膜上，而不是在质膜上。②真核细胞质膜含有甾醇，而原核细胞质膜中除支原体外都不含有甾醇。

3. 细胞质与细胞器

与原核细胞不同的是，真核细胞具有细胞骨架系统和细胞器。

真核细胞的细胞骨架系统有三种类型：微管（microtubule）、微丝（microfilament）和中间丝（intermediate filament）。微管是由微管蛋白组成的结构，微丝成分为肌动蛋白，中间丝的成分则由多种蛋白质组成。细胞骨架的主要功能是使细胞质在较大和较复杂的真核细胞中能够进行有序的运动。如微管参与细胞分裂过程中染色体的分离；微丝参与细胞质流动。

真核细胞含有各种细胞器，如线粒体、内质网、高尔基体和溶酶体等；真核藻类细胞还含有叶绿体。所有这些细胞器都被磷脂双分子层的生物膜所包裹，这是与原核细胞内含物最显著的区别。

虽然真核细胞与原核细胞都含有核糖体，但真核细胞核糖体为 80S，大、小两个亚基分别为 60S 和 40S；但真核细胞线粒体和叶绿体内却含有 70S 核糖体。

4. 细胞核

真核细胞最显著的特点是细胞核外包有核膜，细胞核内为核基质和核仁。核内 DNA 与组蛋白组成核小体，核小体再进一步组装成染色体，后者在细胞分裂时显微镜下可以观察到。

5. 鞭毛和纤毛

有些真核微生物具有鞭毛或纤毛。真核细胞的鞭毛是由微管所组成，通常具有“9 + 2”的结构（图 3–2），其运动方式为外摆式。真核细胞纤毛的结构组成、直径大小和外摆式的运动机制与鞭毛一样，但纤毛的长度较短和数量较多。

三、真核细胞的起源与进化

真核生物由原核生物发展和进化而来。自科学家发现细胞可以分为真核细胞和原核细胞以来，人们逐渐发现了以下一些实验数据：①线粒体和叶绿体的行为类似一个小的共生细胞，能独立分裂，且大小与细菌相近。②线粒体和叶绿体都含有细菌样的环状染色体 DNA 分子且序列相似。③线粒体和叶绿体都含有细菌样的 70S 核糖体。④线粒体和叶绿体都

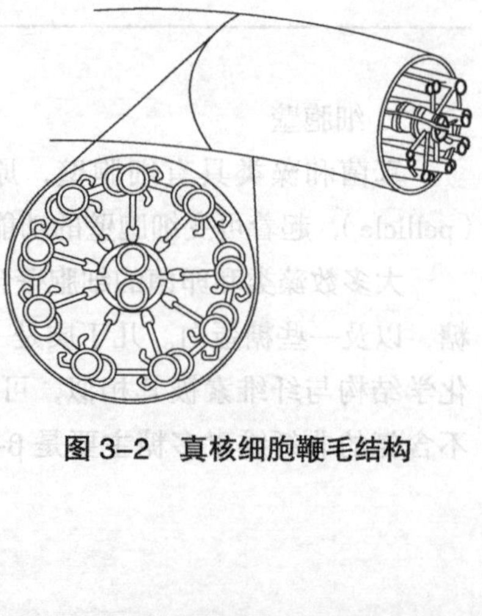

图 3–2 真核细胞鞭毛结构

能以自身携带的DNA分子为模板合成其特有的蛋白质成分。⑤线粒体膜和叶绿体膜与细菌质膜相同，能够被影响细菌细胞膜的药物所抑制。⑥好几百种现有原生动物细胞内带有微生物，如藻类和细菌。据此科学家们提出了内共生学说，认为真核细胞是由原核生物通过细胞内共生（symbiosis）过程进化而来。根据内共生学说，某种祖先的原核细胞（古菌）通过细胞膜内陷形成内质网、高尔基体等内膜系统，内质网膜系统可围绕着染色体DNA折叠发展出最初的细胞核膜，导致最初的真核细胞的产生。这种远祖的真核细胞可以吞食阿米巴样的细菌，后者因偶然的机遇得以幸免被消化降解，在宿主细胞内生长繁殖，与宿主建立共生关系，宿主细胞负责提供营养物质，内共生细胞负责氧化产能，以增强细胞对环境的适应性和生存能力，经历漫长的进化历程，最终进化成为线粒体。近些年来，科学家已找到了一些线粒体是由远在α-变形杆菌发生分歧之前就已分支开来的一种变形杆菌谱系进化而来的证据，和古菌宿主细胞起源于斯加德古菌的证据。同样，叶绿体也可由某种祖先的真核细胞通过吞食早期的光合放氧的蓝细菌而形成内共生的蓝细菌，并最终进化成为叶绿体。也有证据表明，真核细胞的鞭毛和纤毛是由早期的真核细胞膜与运动性的螺旋体之间的内共生作用逐渐进化而成。

第二节　真菌

一、真菌的特征与重要性

真菌（复数为fungi；单数为fungus）是指那些细胞中含有典型的细胞核和完善的细胞器，不含叶绿体，具有几丁质细胞壁，营养体通常是丝状且有分枝的结构，没有根、茎、叶分化，典型的繁殖方式是产生各种类型的孢子，进行吸收营养的一类有机体。真菌虽然也有生活在水体中的，但大多数是陆生的。

真菌对于工农业生产、医疗实践、环境保护和生物学基础理论研究等方面都具有重要意义。其有益方面有：①真菌是发酵工业的重要基础，可用于生产各种酶制剂（如淀粉酶、蛋白酶和纤维素酶等）、有机化合物（如甘油、乙醇和柠檬酸等）、药物（如青霉素、头孢霉素和甾体激素类药物等）及发酵食品（如酒、醋、酱、酱油、乳酪、酸奶和面包等）。②真菌在农业生产上有着重要应用，食（药）用菌生产已成为我国农业中种植业、养殖业和食用菌业三大产业之一，真菌还可用来生产植物生长调节素，如赤霉素等，也可用于进行农田病虫草害的生物防治，如白僵菌等。③在环境治理保护方面，真菌可应用于造纸、化工污水处理、农田秸秆降解和生物测定等。④真菌在科学研究上常常被作为重要的实验或模式材料而应用广泛，例如酵母在细胞周期研究中发挥的重要作用。⑤在自然生态系统中，真菌不仅是物质和能量转换的重要承担者，而且还与植物、昆虫和藻类等共生，促进了整个生物圈的繁荣。其有害方面主要有：①食品、纺织品、皮革、木器、纸张和光学仪器等工农业产品和日常用品都易经常地因真菌而霉变或腐败。②真菌是引起传染性植物病害的主要病原微生物，如稻瘟病、小麦锈病和棉花枯萎病等。③真菌感染也能引起严重的人类和动物真菌病（mycoses），如条件致病菌念珠菌、曲霉菌、隐球菌和肺孢子菌等可引起人体皮肤和黏膜等浅部组织感染，更为严重的是引起深层各内脏和器官的侵袭性感染，死亡率超过 50%，全世界每年因此死亡人数达 100 万人以上；许多霉菌产生毒素，污染食品，给人类生活和健康带来巨大危害，如黄曲霉毒素等。④一些丝状真菌也引起木材腐烂，从而给林业生产、日常生活以及其他经济活动造成较大损害。

二、真菌的形态与结构

真菌在形态上是一个差异非常大的类群，微生物学工作者常常从实用角度出发，根据其形态差异的不同，将真菌分为酵母菌、霉菌和蕈菌三大类群。

（一）酵母菌

酵母菌（yeast）一般泛指能发酵糖类的各种单细胞真菌。从分类学上看，多数酵母菌属于子囊菌，如酿酒酵母（*Saccharomyces cerevisiae*）；但也有一些酵母菌属于担子菌，如浅红酵母菌（*Rhodotorula pallida*）；还有一些酵母菌还没有发现有性生殖阶段，无法明确分类地位。因此，术语“酵母”没有分类学地位。

1. 酵母菌的形态和大小

酵母菌是单细胞真菌，细胞直径一般比细菌大 10 倍，例如，典型的酵母菌——酿酒酵母细胞大小为（4.5 ~ 21）μm ×（2.5 ~ 10）μm。酵母菌细胞的形态通常有球状、卵圆状、椭圆状、柱状或香肠状等多种；可因串生芽殖后，子细胞暂不脱离母细胞而形成假菌丝（图 3–3）。

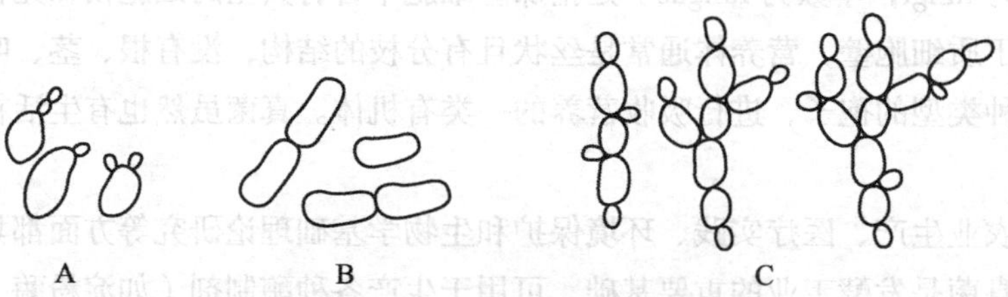

图 3–3 酵母菌的形态示意图

A. 酿酒酵母 B. 裂殖酵母 C. 假丝酵母

2. 酵母菌的培养特征

酵母菌在固体培养基表面形成的菌落与细菌相仿，一般湿润，较光滑，有一定透明度，容易挑起，质地均匀，颜色均一。但与细菌相比，菌落较大，较厚，外观较稠，一般会有芳香味，边缘圆整或粗糙。

在液体培养基中，酵母菌细胞生长使培养液变成浑浊。

（二）霉菌

霉菌（mould，mold）是指那些形成丝状菌丝体的真菌。霉菌不是一个系统学或者分类学上的概念，而是一个通俗名称，它是按照营养体类型的一致性而不是按照作为真菌分类依据的子实体特征来划定范畴的。丝状真菌通常会在固体生长基质表面呈现为发霉的特征故而得名霉菌。它们往往在潮湿的气候下大量生长繁殖，长出肉眼可见的丝状、绒状或蛛网状的菌丝体（霉状物），有较强的陆生性。真菌界中除子囊菌门和担子菌门中的大型真菌以及单细胞真菌（如酵母）外，大多数真菌都可被称为霉菌或丝状真菌。

1. 霉菌的形态和结构

单个丝状的霉菌营养体称作菌丝（hypha，复数 hyphae），很多的菌丝交织在一起组成菌丝体（mycelium，复数 mycelia）。菌丝是真菌营养体的基本单位，由分枝细长的细胞组成，其直径一般为 5 ~ 10 μm，比细菌或放线菌的细胞约粗 10 倍。

霉菌菌丝根据其有无横隔结构分为无隔菌丝（non-septate hyphae）和有隔菌丝（septate hyphae）：无隔菌丝是由一个连续无分隔的长细胞组成，细胞内含有很多细胞核，因而是多核单细胞菌丝（图 3–4A），如根霉菌；有隔菌丝被横跨菌丝的细胞壁——横隔（septa）分成许多片段，每个片段就是一个细胞，因而是单核多细胞菌丝（图 3–4B），如青霉菌。霉菌菌丝也可以根据其功能分为营养菌丝（vegetative hyphae）和繁殖菌丝（reproductive hyphae）。营养菌丝是生长在基质表面和插入基质内部、负责消化和吸收营养功能的菌丝体。在根霉菌中，基质表面菌丝常形成与表面平行、具有延伸功能的匍匐菌丝，其深入基质中的营养菌丝分化成假根状，具有固着和吸收营养等功能（图 3–6F）。营养菌丝体向基质表面之外分支伸展，形成气生菌丝，其上产生一些特殊的繁殖结构，被称为繁殖菌丝，繁殖菌丝负责形成产孢结构和产生孢子（spores），如青霉菌（图 3–4C）。

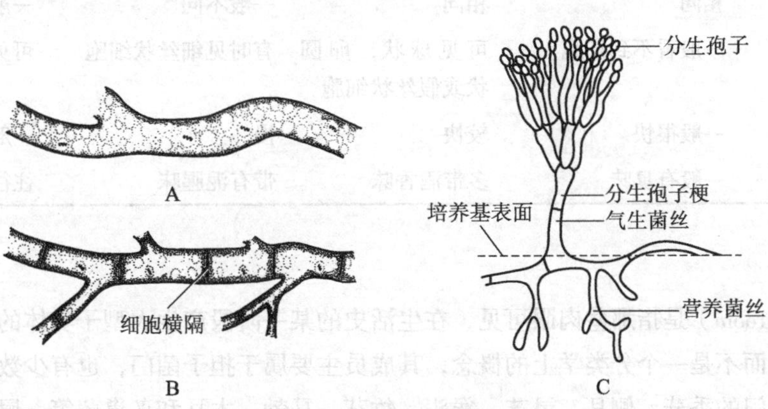

图 3–4 霉菌的形态示意图

A. 多核单细胞菌丝 B. 单核多细胞菌丝 C. 青霉菌

2. 霉菌的培养特征

霉菌的细胞呈丝状，在固体培养基上有营养菌丝和气生菌丝的分化，气生菌丝间没有毛细管水，故它们的菌落与细菌和酵母的不同，而与放线菌的接近。霉菌的菌落形态较大，质地一般比放线菌疏松，外观干燥，不透明，呈现或紧或松的蛛网状、绒毛状或棉絮状；菌落与培养基的连接紧密，不易挑取，菌落正反面的颜色和边缘与中心的颜色常不一致。菌落正反面颜色呈现明显差别的原因，是气生菌丝尤其是由它所分化出来的产孢结构的颜色往往比分散在固体基质内的营养菌丝的颜色深；而菌落中心与边缘颜色及结构不同的原因，则是越接近中心的气生菌丝其生理年龄越大，发育分化和成熟也越早，颜色一般也越深，这样，它与菌落边缘尚未分化的气生菌丝比起来，就会有明显的颜色和结构上的差异。

细菌、放线菌、酵母菌和霉菌的菌落和细胞的基本特征比较见表 3-2。

霉菌在液体培养基中振荡培养时，菌丝体往往缠绕形成絮状沉淀或菌丝球。

表 3-2 四大类微生物菌落特征的比较

菌落特征	单细胞微生物		分支丝状微生物	
	细菌	酵母菌	放线菌	霉菌
含水状	很湿或较湿	较湿	干燥或较干燥	干燥
外观形态	小而突起或大而平坦	大而突起	密绒或粉末状，干皱	蛛网状、绒毛状或棉絮状
菌落透明度	透明或稍透明	稍透明	不透明	不透明
菌落与培养基结合程度	不结合	不结合	牢固结合	较牢固结合
菌落颜色	多样	单调，一般呈乳脂或矿烛色，少数红或黑色	十分多样	十分多样
菌落正反颜色	相同	相同	一般不同	一般不同
菌落边缘	一般看不到细胞	可见球状，卵圆状或假丝状细胞	有时见细丝状细胞	可见粗丝状细胞
细胞生长速度	一般很快	较快	慢	一般较快
气味	一般有臭味	多带酒香味	带有泥腥味	往往有霉味

（三）蕈菌

蕈菌（mushroom）是指那些肉眼可见、在生活史的某一阶段产生大型子实体的真菌。蕈菌是一个通俗的名称，而不是一个分类学上的概念，其成员主要属于担子菌门，也有少数的子囊菌。如常见的属于担子菌门的香菇、侧耳、灵芝、猴头、竹荪、马勃、木耳和鸟巢菌等，属于子囊菌门的羊肚菌、鹿花菌和块菌等。有人认为从概念上讲微生物是指肉眼看不见或看不清楚结构的微小生物，因此大型的蕈菌应不被包括在微生物的范畴之中。但将大型蕈菌包含在微生物学研究范围，是基于以下考虑：①真菌是一个自然的分类类群，是微生物学研究的主要类群之一，而大型真菌是真菌的一个组成部分，且与酵母菌、霉菌等交叉地分布在子囊菌和担子菌门中。②大型真菌在营养生长阶段也只进行微观的菌丝生长，与丝状真菌没有明显区别，在固体平板培养基和液体培养基上的生长特征与丝状真菌基本相似。③大型真菌研究方法和技术与丝状真菌基本相似，也需要采用相应的无菌技术和接种技术，除了子实体培养采用特殊的人工栽培培养基外，菌丝体培养技术也与丝状真菌相同。

蕈菌的最大形态特征是形成形状、大小和颜色各异的大型子实体（图 3–5）。子实体的形态多种多样，大型担子菌的子实体称为担子果，伞菌类多数呈伞状和帽状；多孔菌类着生树木上的多呈扁平状，有的多年生的呈蹄形，着生地上的有的呈珊瑚状，有的呈片状而多分枝；马勃类多呈圆球形，梨形和陀螺形。大型子囊菌的子实体称为子囊果，呈盘状、杯状、马鞍状和棒状等。

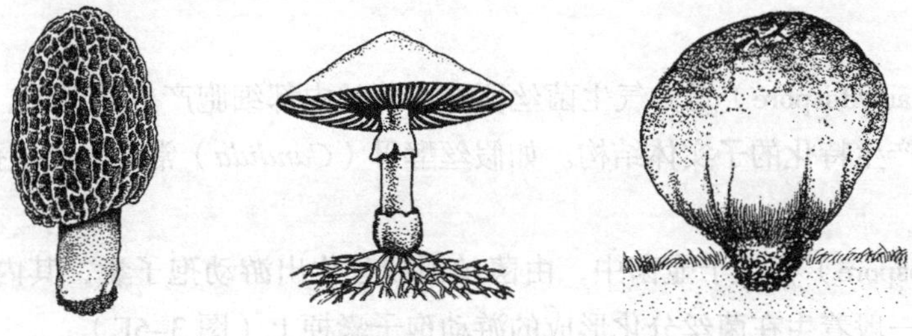

图 3–5 蕈菌子实体的形态示意图

A. 羊肚菌 B. 伞菌 C. 马勃菌

三、真菌的繁殖

真菌具有多种和复杂的繁殖机制。大多数真菌可以通过现有的菌丝或者是菌丝的片段向外部生长这种简单的方式进行繁殖，这种情况下一个独立的菌丝体片段就可以产生一个新的菌落，但是真菌重要的繁殖方式是产生各种类型的孢子。真菌孢子不仅仅可以进行繁殖，还可以帮助其度过不良环境而存活下来，产生遗传变异并进行传播。

真菌的孢子具有高度的多样性，很多情况下通过孢子以及产孢结构进行分类和鉴定。真菌以无性和有性方式进行繁殖，分别产生无性孢子和有性孢子。通常将真菌生殖过程中产生的含有孢子的特殊结构称为子实体（fruiting body），有无性的或有性的子实体之分。其构造繁简不一，大小差别很大，如常见的蘑菇、灵芝和木耳等属于大型子实体，肉眼能观察。小型的如青霉菌、曲霉菌和镰孢菌等的分生孢子梗要借助显微镜才能看到。

（一）无性繁殖方式

真菌无性繁殖方式见图 3–6。

1. 芽殖

芽殖（budding）是酵母菌最常见的繁殖方式。如酿酒酵母在母细胞形成芽体的部位，由于水解酶对细胞壁多糖的分解，使细胞壁变薄。大量新细胞物质——核物质（染色体）和细胞质等在芽体起始部位上堆积，使芽体逐步长大。当芽体达到最大体积，即与母细胞等大时，它与母细胞相连部位形成了一块隔壁。最后，母细胞与子细胞在隔壁处分离（图 3–6A）。

2. 裂殖

裂殖（fission）是裂殖酵母主要的无性繁殖方式。以粟酒裂殖酵母（*S. pombe*）为例，其过程是细胞伸长，核分裂为二，然后细胞中央出现隔膜，将细胞横分为两个相等大小的和各具有一个核的子细胞（图 3–6B）。

3. 产生无性孢子

（1）节孢子

节孢子（arthrospore），又称粉孢子（oidium），是由菌丝断裂成若干小的片段形成的孢子。菌丝体不产生特化的子实体结构。如地霉属（*Geotrichum*）就产生节孢子（图 3–6C）。

（2）厚垣孢子

厚垣孢子（chlamydospore）是由气生菌丝顶端或菌丝内部细胞产生的厚壁、圆形或椭圆形的静息孢子。菌丝体不产生特化的子实体结构。如假丝酵母（*Candida*）常产生厚垣孢子（图 3–6D）。

（3）游动孢子

游动孢子（zoospore）存在于壶菌中，由菌丝顶端分化出游动孢子囊，其内原生质割裂产生具鞭毛的游动孢子，一般着生在菌丝分化形成的游动孢子囊梗上（图 3–6E）。

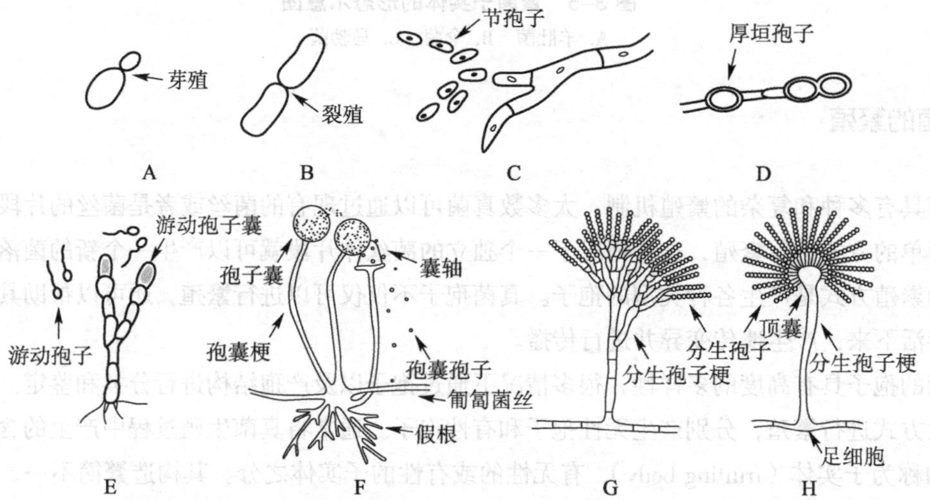

图 3–6 真菌的无性繁殖方式示意图

A. 酿酒酵母 B. 裂殖酵母 C. 地霉菌 D. 假丝酵母 E. 壶菌 F. 根霉菌 G. 青霉菌 H. 曲霉菌

（4）孢囊孢子

孢囊孢子（sporangiospore）存在于接合菌中，如根霉属（*Rhizopus*）（图 3–6F）。孢囊孢子被包裹于菌丝顶端分化形成的孢子囊内，故得其名。菌丝体具有特化的子实体结构，孢子囊存在于孢囊梗上，常有囊轴，孢囊孢子无鞭毛，有细胞壁。

（5）分生孢子

分生孢子（conidiospore）存在于子囊菌中，如青霉属（*Penicilliun*）和曲霉属（*Aspergillus*）等。分生孢子外生在分化程度不同的特化气生菌丝上，这些特化的菌丝称为分生孢子梗，分生孢子梗上的产孢细胞主要通过芽殖和断裂的方式产生分生孢子。分生孢子梗可以单生、簇生和束生，或者着生于各种形态结构的分生孢子器、分生孢子盘和分生孢子座中，在分类学上具有重要意义。如青霉分生孢子梗丛生呈扫帚状（图 3–6G），曲霉分生孢子梗丛生呈辐射状（图 3–6H）。

（二）有性繁殖方式

真菌有性繁殖方式产生有性孢子。真菌所具有的有性孢子主要有以下 5 种：休眠孢子囊、卵孢子、接合孢子、子囊孢子和担孢子。

1. 休眠孢子囊

大多数壶菌有性生殖产生休眠孢子囊（resting sporangium）。如图 3–7 所示，在有性生殖阶段，由两个单核、单倍体的游动配子配合形成二倍体的合子，后者可进一步发育成厚壁的结构，称为休眠孢子囊。休眠孢子囊代谢停止，可以存活很长时间。当环境条件合适时，休眠孢子囊萌发产生二倍体的菌丝体（mycelium）或孢子体（sporophyte），孢子体在休眠孢子囊内经减数分裂，产生并释放出单倍体的游动孢子；菌丝体则形成游动孢子囊，产生二倍体的游动孢子。

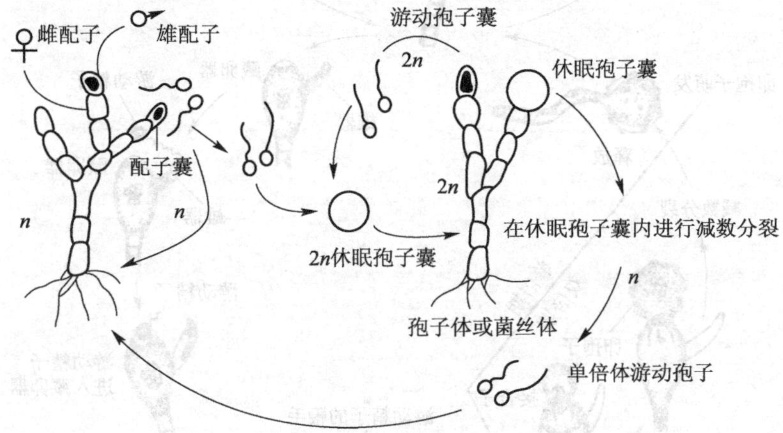

图 3–7 壶菌休眠孢子囊的产生及生活史

2. 卵孢子

卵孢子（oospore）主要由卵菌产生。不过，除了卵菌外，少数壶菌（如单毛菌目 Monoblepharidales）也可以产生卵孢子。如图 3–8 所示，多形单毛壶菌（*Monoblepharis polymorpha*）单倍体的菌丝体可以分化产生雄器和藏卵器，雄器中的游动精子被释放到水里，通过游动有些到达于藏卵器，于是一个游动精子进入一个藏卵器，与里面不动的卵细胞结合，通过核配，产生卵孢子，每个藏卵器内含一至多个卵孢子。卵孢子为二倍体，大多数球形，壁厚，包裹在藏卵器内，通常经过一定时期的休眠后才萌发。萌发前二倍体经过还不甚明确的减数分裂机制，萌发形成单倍体的菌丝体。

3. 接合孢子

接合孢子（zygospore）由接合菌产生，如根霉属（*Rhizopus*）（图 3–9）。当来自根霉两个不同交配型菌株（+ 或 – 菌株）的无性孢囊孢子萌发形成的菌丝接触后，发生接合作用，形成原配子囊的突出物，进而成熟为配子囊。配子囊融合后，配子核融合形成双倍体的接合子。接合子发育形成一层厚实坚硬的黑色外壳，成为休眠的接合孢子。当条件适宜时，接合孢子萌发，形成菌丝体，顶端产生孢子囊。孢子囊的双倍体细胞经过减数分裂，产生单倍体的核，后者发育成单倍体的孢囊孢

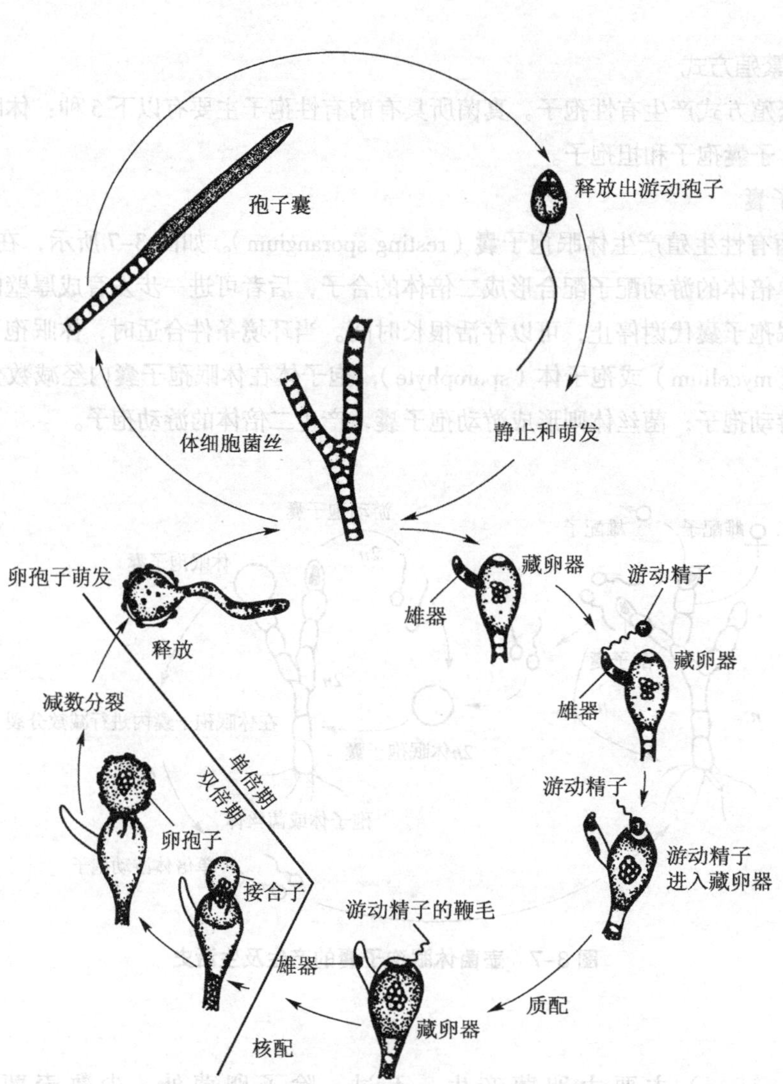

图 3-8 多形单毛壶菌卵孢子的产生及生活史

子。通过有性过程产生的接合孢子形成的孢子囊和孢囊孢子与无性生殖过程产生的孢子囊和孢囊孢子从外观上看虽然是一样，但由于其母细胞是杂合的接合子，因而在遗传上不相同，无性的孢囊孢子又进入下一轮循环。

4. 子囊孢子

子囊孢子（ascospore）由子囊菌产生，如森林盘菌（*Peziza silvestris*）（图 3-10）。子囊孢子是在一种称作子囊（ascus，复数 asci）的子实体的特殊囊状结构内产生。子囊菌在进行有性繁殖时，雌性菌株（-）形成一个较大的产囊体（ascogonium），雄性菌株（+）产生形成一个较小的雄器（antheridium），两者接触后发生细胞质融合，雄器中细胞核迁移到产囊体中，形成的双核菌丝生长发育为产囊丝（ascogenous hypha）；在产囊丝顶端，成对的双核最终融合形成 1 个双倍体的合子核，双倍体核进行减数分裂产生 4 个单倍体的核，接着再进行一次有丝分裂，结果在每一个子囊

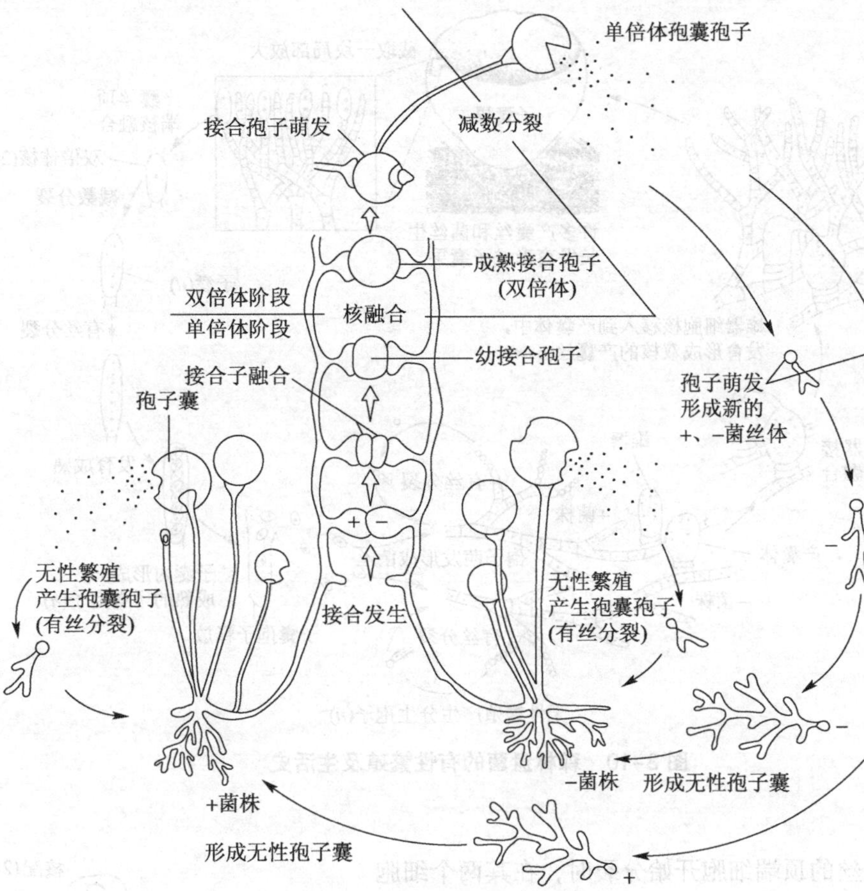

图 3–9 根霉菌的有性繁殖及生活史

内产生 8 个整齐排列成行的单倍体核，每个核之间有壁相隔，形成 8 个子囊孢子，产囊丝发育出子囊。产囊丝周围的菌丝特化出的疏丝组织和拟薄壁组织包被子囊形成一个杯状或烧瓶状的子囊果（ascocarp）。

酿酒酵母也通过有性繁殖方式产生子囊孢子。如图 3–11 所示，子囊孢子在合适的条件下发芽产生单倍体营养细胞；单倍体营养细胞不断进行出芽繁殖；两个性别不同的营养细胞彼此接合，在质配后即发生核配，形成二倍体营养细胞；二倍体营养细胞并不立即进行核分裂，而是不断进行出芽繁殖；在特定条件下（例如在含乙酸钠的 McClary 培养基、石膏块或胡萝卜条上），二倍体营养细胞转变成子囊，细胞核进行减数分裂，并形成 4 个子囊孢子；子囊破壁释放出单倍体子囊孢子。

5. 担孢子

担孢子（basidiospore）由担子菌产生。以伞菌为例，其生活史见图 3–12。担孢子在土壤或适宜培养基中萌发，产生一个单核菌丝体，单核菌丝体像丝状真菌一样进行生长蔓延，被称为初级菌丝体。当两个不同交配型的单核菌丝体相遇时，不同性别的初生菌丝发生接合，再通过质配，形成双核次生菌丝体。双核次生菌丝体通过隔分裂成两个细胞，每个细胞都含有两个细胞核，分别来自不同的交配型。次生菌丝具有特征性的锁状联合（一种桥接状的菌丝连接）生长。锁状联合生长过

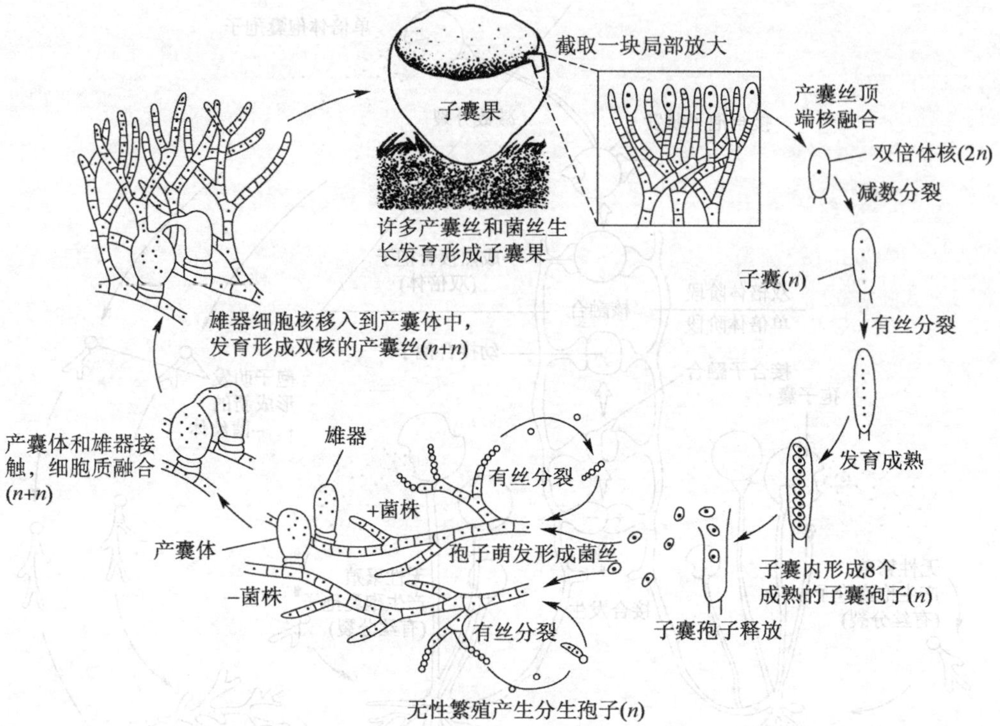

图 3-10 森林盘菌的有性繁殖及生活史

程是：①双核菌丝的顶端细胞开始分裂时，在其两个细胞核间的菌丝壁向外侧生一喙状突起，并逐步伸长和向下弯曲；②两核之一进入突起中；③两核同时进行一次有丝分裂，结果产生 4 个子核；④在 4 个子核中，来自突起中的两核，其一仍留在突起中，另一则进入菌丝尖端；⑤在喙状突起的后部与菌丝细胞交界处形成一个横隔，在第二、三核间也形成一横隔，于是形成了 3 个细胞——一个位于菌丝顶端的双核细胞、接着它的另一个单核细胞和由喙状突起形成的第三个单核细胞；⑥喙状突起细胞的前端与另一单核细胞接触，进而细胞发生融合，接着喙状突起细胞内的一个单核顺道进入，最终在菌丝上就增加了一个双核细胞（图 3-13）。双核次生菌丝体受到刺激，在条件合适时，分化为多种菌丝束，成为三生菌丝。成束团块状的菌丝体生长发育形成纽扣样结构，穿透土壤或培养基逐渐长大形成子实体。担子菌产生担子的大型子实体称为担子果（basidiocarp），在其表面或内部由担子和囊状体组成子实层，担子着生在子实层下具有高度组织化的结构上，如伞菌菌褶处。担子由双核菌丝的顶端细胞膨大产生，一般呈棒状。在子实体发育过程

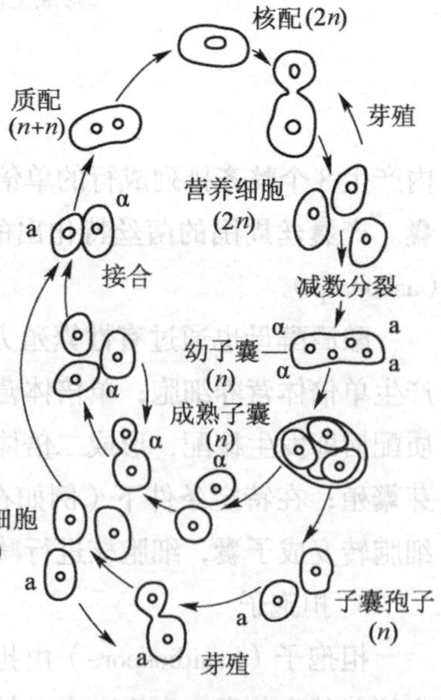

图 3-11 酿酒酵母的有性繁殖及生活史

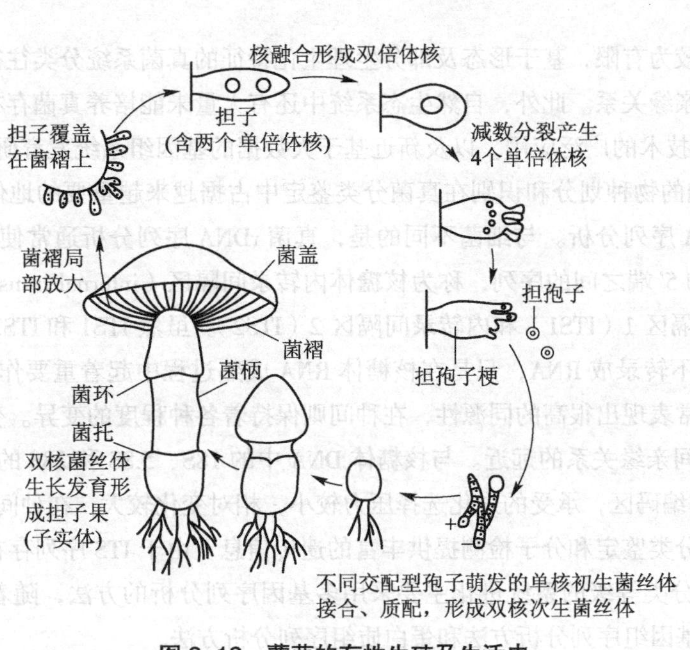

图 3-12 蕈菌的有性生殖及生活史

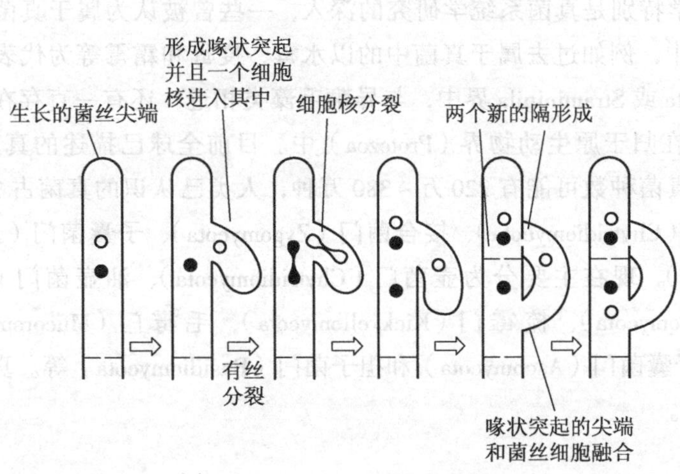

图 3-13 锁状联合示意图

中，位于顶端的两个担子核融合后形成双倍体合子，并迅速进行减数分裂形成 4 个单倍体核。而后担子顶端长出 4 个小梗，4 个单倍体子核分别进入小梗膨大部位，发育形成 4 个外生的单倍体担孢子。常见的伞菌的子实体大致由菌盖、菌柄、菌环和菌托等主要部分构成（图 3-12）。

四、真菌多样性与分类

真菌类群丰富而多样，构成一个独特的真菌界，专门以真菌为研究对象的学科叫真菌学，英文为 Mycology，又译作菌物学。与原核微生物相比，绝大多数真菌（除酵母菌等外）具有丰富的形态性状，因此传统的真菌分类鉴定方法主要以形态和生理生化特征为主要依据。但与动植物相比，真菌的形态特征相对较为有限，基于形态及部分生理生化特征的真菌系统分类往往难以反映真菌各大类群的进化历史和亲缘关系。此外，自然生态系统中还有大量未能培养真菌存在。随着分子生物学技术的发展和PCR技术的广泛应用，以及新近基于大数据的基因组系统发育研究方法的快速发展，以DNA序列为基础的物种划分和识别在真菌分类鉴定中占据越来越重要的地位。在真菌分子鉴定中，通常使用rDNA序列分析。与细菌不同的是，真菌rDNA序列分析通常使用位于28S rDNA的3′端与18S rDNA的5′端之间的序列，称为核糖体内转录间隔区（internal transcribed spacer，ITS），主要包括内转录间隔区1（ITS1）和内转录间隔区2（ITS2）。虽然ITS1和ITS2是核糖体转录单位中的一部分，但并不转录成RNA，只是在核糖体RNA成熟过程中起着重要作用。rDNA在种内由于基因的流动而经常表现出很高的同源性，在种间则保持着各种程度的变异。变异的多少能够反映生物进化上属内种间亲缘关系的远近。与核糖体DNA中的18S、5.8S和28S的基因组序列相比较，ITS1和ITS2作为非编码区，承受的进化选择压力较小，相对变化较大，在种间表现出较高的差异，可以为研究真菌的分类鉴定和分子检测提供丰富的遗传信息。由于ITS序列存在局限性，真菌的分类鉴定特别是更高分类等级的系统进化主要采用多基因序列分析的方法，随着高通量测序技术发展，现已发展出全基因组序列分析方法和蛋白质组序列分析方法。

随着生物系统学特别是真菌系统学研究的深入，一些曾被认为属于真菌的类群现在已被划入到其他的生物界中，例如过去属于真菌中的以水霉、疫霉和霜霉等为代表的卵菌以及丝壶菌等已被归于Chromista或Straminipila界中，与异鞭毛藻类相近；还有一直存在分类学归属争议的黏菌和根肿菌等现在归于原生动物界（Protozoa）中。目前全球已描述的真菌物种超过100 000种，据估计实际的真菌种数可能有220万～380万种，人类已认识的真菌占3%～5%。真菌界以往主要分为壶菌门（Chytridiomycota）、接合菌门（Zygomycota）、子囊菌门（Ascomycota）和担子菌门（Basidiomycota）。现在主要分为壶菌门（Chytridiomycota）、油壶菌门（Olpidiomycota）、芽枝霉门（Blastocladiomycota）、梳霉门（Kickxellomycota）、毛霉门（Mucoromycota）、球囊霉门（Glomeromycota）、子囊菌门（Ascomycota）和担子菌门（Basidiomycota）等。真菌主要类群的主要特征和比较见表3–3。

表3–3 真菌主要类群的主要特征和比较

类群和代表性种类	生境	细胞特征	无性繁殖	有性繁殖
壶菌门 蛙壶菌 （*Batrachochytrium dendrobatidis*）	水体或土壤	单细胞，或无横隔、多核的菌丝体	形成孢子囊梗，产生单鞭毛的游动孢子	单倍体细胞融合形成双倍体，经减数分裂产生单倍体游动孢子
接合菌门 匍枝黑根霉 （*Rhizopus stolonifer*） 总状毛霉 （*Mucor racemosus*）	陆生	菌丝体无横隔、多核；繁殖体为有隔多细胞，有囊轴、假根分化，无鞭毛	在气生菌丝顶端孢子囊梗内产生无鞭毛的孢囊孢子	通过接合作用产生接合孢子

续表

类群和代表性种类	生境	细胞特征	无性繁殖	有性繁殖
子囊菌门 粗糙脉孢霉 （*Neurospora crassa*） 酿酒酵母 （*Saccharomyces cerevisiae*） 产黄青霉 （*Penicillium chrysogenum*）	陆生，果实或其他有机物上	单细胞，或多细胞有隔菌丝体	通常通过芽殖、裂殖、节孢子、分生孢子进行无性繁殖	在特化菌丝上形成的囊状结构子囊内产生子囊孢子
担子菌门 蘑菇（*Agaricus campestris*） 黑粉菌 （*Filobasidiella neoformans*）	陆生	绝大多数为多细胞单核、有隔的菌丝体	多数不产生无性孢子，但也有少数产生无性粉孢子	在菌丝顶端袋状结构担子中产生担孢子

第三节　其他真核微生物

由于藻类和原生动物分别在植物学和动物学课程中有专门介绍，这里只介绍黏菌和卵菌。

一、黏菌

广义的黏菌（slime mold）是指营养生长阶段的结构为黏变形体、原质团或假原质团，繁殖阶段的结构为子实体的一群真核微生物，子实体含有具细胞壁的孢子，但是生活史中没有菌丝出现。包括有网黏菌、根肿菌、细胞型黏菌（网柄菌和集胞菌）以及原质团黏菌等异型异源的类群。它们仅在子实体形态结构和生活循环的某些方面类似于真菌，而在细胞组织和分子进化等方面又具有明显不同于真菌的整体特征，构成了生物系统发育上的独立分支，系统进化分析属于原生动物。从研究历史、资料编排和方法技术上，上述“黏菌”类群主要是与真菌在一起成为真菌工作者的研究对象。黏菌主要分为原质团黏菌（plasmodial slime mould）和细胞型黏菌（cellular slime mould）两大类群。

（一）原质团黏菌

实际上，狭义的黏菌（myxomycete）仅指原质团黏菌。营养体以可流动的原生质团块的形式存在，并以类似变形虫运动的方式在潮湿腐朽的圆木、叶片和有机物质上爬行，以吞噬方式摄食。因为这种流动的原生质团块缺乏细胞壁，故而称为原质团（plasmodium）。原质团含有许多细胞核。典型的原质团黏菌生活史见图 3–14。原质团是由单倍体的黏变形体或游动细胞各自融合形成二倍

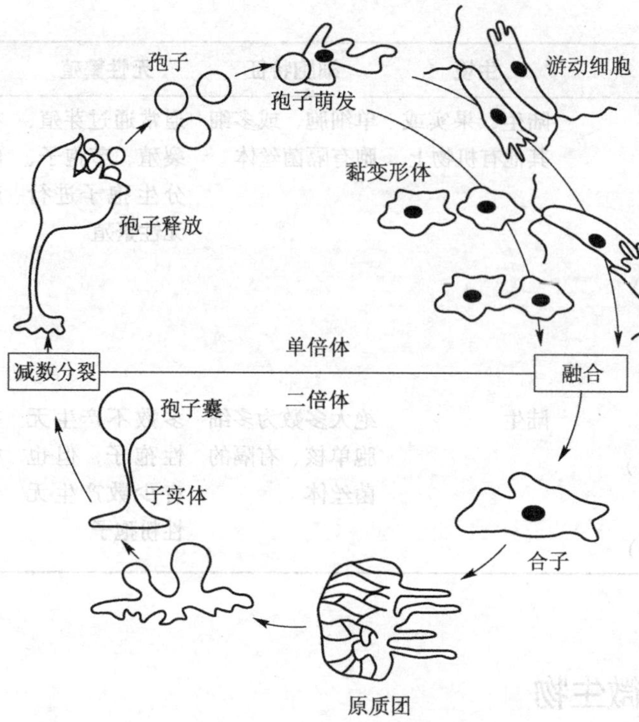

图 3–14 多头绒泡菌的生活史示意图

体合子，合子摄取营养、生长、通过同步有丝分裂扩增细胞核而形成。当原质团成熟或是当食物缺乏，环境干燥时，它们进入繁殖阶段，移动到明亮的区域，形成纤细的类网状子实体结构。子实体原生质内的许多核通过减数分裂形成单倍体孢子，子实体成熟时，孢子外被有纤维素壁。单倍体的孢子释放到环境中，在适宜条件下开始萌发，形成黏变形体进行变形虫运动，或形成带鞭毛的游动细胞，再进入下一循环。

原质团黏菌是世界性普遍分布的类群，多头绒泡菌（*Physarum polycephalum*）等是重要的模式生物。

（二）细胞型黏菌

细胞型黏菌主要是指集胞菌（acrasids）和网柄菌（dictyostelids）。其营养体由称为黏变形体的单个类变形虫状细胞构成。典型的集胞菌生活史见图 3–15，从子实体释放的孢子萌发，发育成独立生活的黏变形体细胞。当食物供给耗尽时，黏细胞就聚集在一起形成一个很大的聚合体。越来越多的细胞向该聚合体中央迁移，层层向上堆积形成蛞蝓状。蛞蝓状细胞团的每一个细胞维持独立性，但细胞团块作为一个整体单位——类蛞蝓体而行动，在周围爬行，能像真正的蛞蝓那样留下带黏液的轨迹。类蛞蝓体能消化细菌、酵母和基质上的孢子。蛞蝓状变形体最终将停止运动，分化形成子实体。子实体内细胞团块最终分化形成孢子。孢子释放到周围环境中，在适宜条件下萌发进入下一循环。

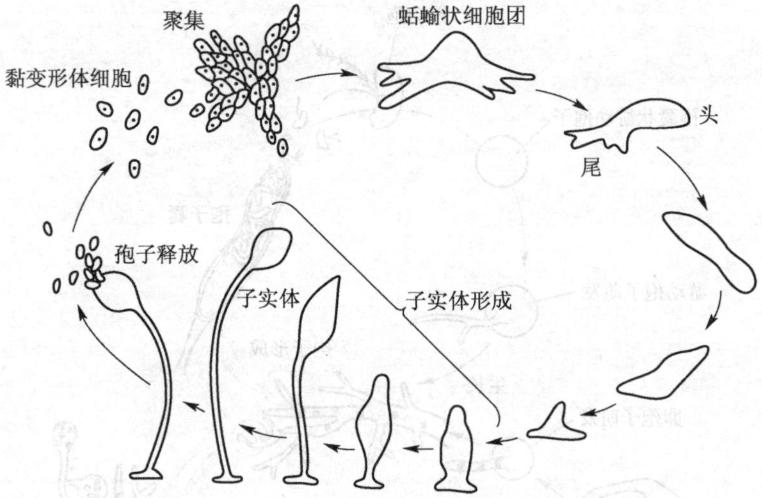

图 3–15 盘基网柄菌的生活史示意图

集胞菌是食草动物粪便、土壤、腐烂的蘑菇和腐烂的植物材料上非常普通的生物，但因为其子实体微小、不明显、短寿，其营养体阶段也是微观的，所以我们很少在大自然中见到它们。盘基网柄菌（*Dictyostelium discoideum*）是其重要的模式生物。

二、卵菌

卵菌（oomycetes）主要有水霉、腐霉、疫霉和霜霉等。营养体为单细胞或一般是无隔多核的菌丝体，能够产生有性和无性孢子，因此以往被归入丝状真菌的范畴。而事实上卵菌仅仅在外形上与真正的真菌相类似，由纤细分枝的丝状菌丝体组成，依靠孢子进行繁殖，以及进行吸收式营养。现代研究表明：卵菌与真菌没有相近的亲缘关系，在分子系统进化树上与异鞭毛藻类相近，属于Straminipila类。卵菌细胞壁含纤维素，而真菌细胞壁含几丁质。卵菌产生异鞭毛游动孢子，其鞭毛有两种类型，分别为茸鞭毛（tinsel flagellum）和尾鞭毛（whiplash flagellum）。通常，茸鞭毛较长，向前，尾鞭毛较短，向后。真菌中的壶菌也产生游动孢子，但其只含有一种向后的尾鞭毛。卵菌生活史中主要是二倍体或多倍体，包括卵孢子也是二倍体，而绝大多数真菌生活史中主要是单倍体或双核单倍体，双倍体核只短暂存在。卵菌有管状的线粒体嵴，真菌的线粒体嵴则是扁平片状。

卵菌之称谓，主要是因为其有性繁殖方式为卵配繁殖。在有性繁殖时，几乎总是由异型配子囊（藏卵器和雄器）配合。藏卵器和雄器可以由同一个菌体或两个不同菌体发育而成。每个藏卵器内产生一个或多个不动的卵球，每个成熟的卵球含有单个或多个细胞核。雄器中经减数分裂产生的单倍体核通过授精管引入卵球，并与卵球的核融合。核配后，卵球就发育成卵孢子。在无性繁殖方面，大多数卵菌主要产生异鞭毛的游动孢子，这些游动孢子或在孢子囊中发育而成，或少数在由孢子囊生出的迅速消失的泡囊内发育而成（图 3–16）。

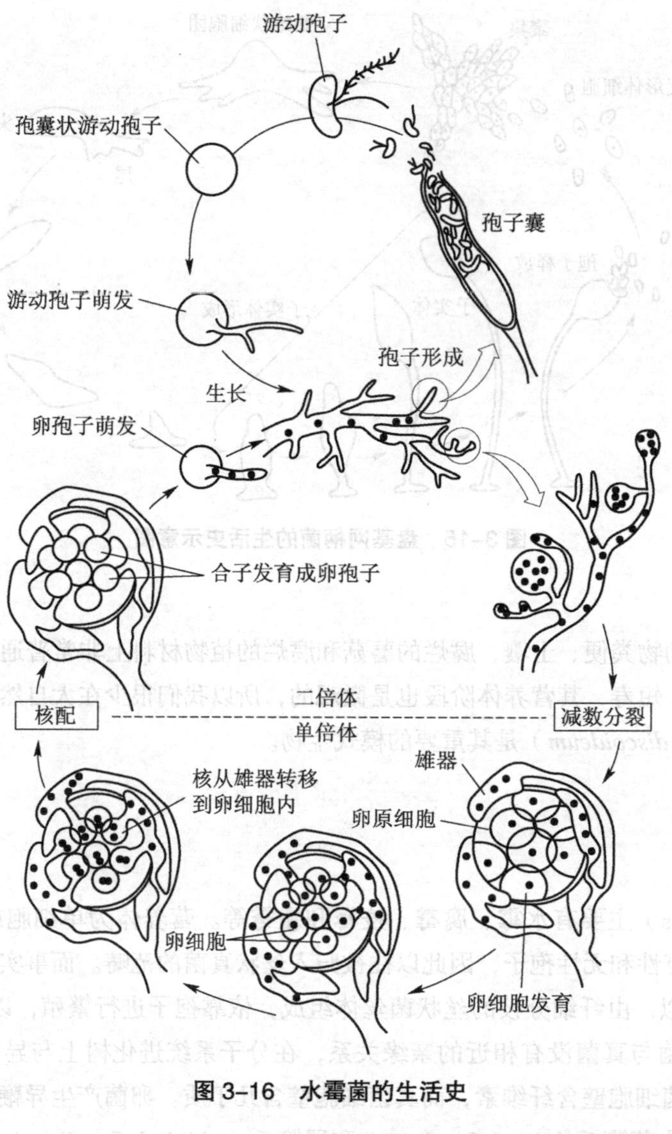

图 3–16 水霉菌的生活史

卵菌是淡水、海水和陆地上常见的一类生物。卵菌门仅有一个卵菌纲，大约 1 000 种。多数水生类型主要生长在靠近岸边或河边的浅水处，有时在污水中也有独特的卵菌群落，少数种是兼性厌氧菌。多数水生的种类都腐生于动植物残体上，作为水生生态系统中的一个类群，在物质降解和再循环上起着重要作用。但有些寄生的种类，可危害藻类或一些水生动物，少数种是鱼的重要寄生菌。多数陆生卵菌为维管束植物的兼性或高度专化的寄生菌，引起一些重要农作物的严重病害，如导致马铃薯晚疫病的致病疫霉（*Phytophthora infestans*）、导致葡萄霜霉病的葡萄生单轴霉（*Plasmopara viticola*）和导致十字花科植物白锈病的白锈菌（*Albugo candida*），等等。

摘 要

真核微生物细胞主要结构和组成特征是：藻类和卵菌的细胞壁含有纤维素，真菌细胞壁含有几丁质或不含氮的非纤维素多糖；细胞质膜含有甾醇，产能代谢的蛋白质存在于线粒体或叶绿体膜上，而不在质膜上；具有细胞骨架系统，有微管、微丝和中间丝三种类型；含有线粒体、内质网、高尔基体和溶酶体等细胞器，藻类细胞还含有叶绿体；核糖体为80S，大、小两个亚基分别为60S和40S，但线粒体和叶绿体核糖体为70S；细胞核有核膜，细胞核内为核基质和核仁，核内DNA与组蛋白组成核小体，核小体再进一步组装成染色体；真核微生物的鞭毛由微管所组成，通常具有9+2的结构，运动方式为外摆式。

真菌是指那些细胞中含有典型的细胞核和完善的细胞器，不含叶绿素，具有几丁质细胞壁，营养体通常是丝状且有分枝的结构，没有根、茎、叶分化，典型的繁殖方式是产生各种类型的孢子，主要进行吸收式营养的一类有机体。传统的真菌分类鉴定方法主要以形态和生理生化特征为主要依据，但以DNA序列为基础的物种划分和识别在真菌分类鉴定中现在具有重要地位。与细菌不同，真菌rDNA序列分析通常使用位于28S rDNA的3′端与18S rDNA的5′端之间的核糖体内转录间隔区（ITS）序列，应用于真菌种属鉴定。

随着生物系统学特别是真菌系统学研究的深入，一些曾被认为属于真菌的类群现在已被划入其他的生物界中，如卵菌以及丝壶菌等已被归于Chromista或Straminipila界中，与异鞭毛藻类相近，黏菌和根肿菌等现在归于原生动物界（Protozoa）中。真菌界以往主要分为壶菌门（Chytridiomycota）、接合菌门（Zygomycota）、子囊菌门（Ascomycota）和担子菌门（Basidiomycota）。现在进一步分为壶菌门（Chytridiomycota）、油壶菌门（Olpidiomycota）、芽枝霉门（Blastocladiomycota）、梳霉门（Kickxellomycota）、毛霉门（Mucoromycota）、球囊霉门（Glomeromycota）、子囊菌门（Ascomycota）和担子菌门（Basidiomycota）等。

酵母菌是单细胞真菌，细胞直径一般比细菌大10倍，单细胞或假菌丝状。酵母菌的菌落特征：与细菌相仿，一般湿润，较光滑，有一定透明度，容易挑起，质地均匀，颜色均一，但与细菌相比，菌落较大、较厚、外观较稠，一般会有芳香味，边缘圆整或粗糙。

霉菌是指那些形成丝状菌丝体的真菌。单个丝状的霉菌营养体称作菌丝，很多的菌丝交织在一起组成菌丝体。菌丝是真菌营养体的基本单位，由分枝细长的细胞组成，其直径一般为5～10 μm，比细菌或放线菌的细胞约粗10倍。霉菌菌丝根据其有无横隔结构分为无隔菌丝和有隔菌丝；根据其功能分为营养菌丝和繁殖菌丝。霉菌的菌落特征：菌落形态较大，质地一般比放线菌疏松，外观干燥，不透明，呈现或紧或松的蛛网状、绒毛状或棉絮状；菌落与培养基的连接紧密，不易挑取，菌落正反面的颜色和边缘与中心的颜色常不一致。

蕈菌是指那些肉眼可见，在生活史的某一阶段产生大型子实体的真菌。蕈菌的形态特征是形成形状、大小、颜色各异的大型子实体，如担子果或子囊果。

真菌可以菌丝或是菌丝的片段向外部生长的方式进行繁殖。真菌无性繁殖方式包括芽殖、裂殖和产生无性孢子。真菌无性孢子类型有：节孢子、厚垣孢子、游动孢子、孢囊孢子、分生孢子。真菌有性繁殖产生有性孢子：多数壶菌在有性生殖中产生休眠孢子囊；少数壶菌可通过受精作用产生卵孢子；接合菌通过接合作用产生接合孢子；子囊菌在子囊内产生子囊孢子；担子菌在担子上产生担孢子。

黏菌是指营养生长阶段的结构为黏变形体、原质团或假原质团，繁殖阶段的结构为孢子果的一群微生物，分为原质团黏菌和细胞型黏菌两大类群。

卵菌是一类有性生殖为卵配生殖和营养体为菌丝体状的真核微生物。细胞一般是无隔多核的分支丝状。细胞壁主要成分含纤维素。有性繁殖方式为卵配生殖，产生卵孢子；无性繁殖产生异鞭毛的游动孢子。

思考题

1. 真核生物与原核生物有哪些主要区别？
2. 真核微生物通常都包括哪些类群？蘑菇一般归于微生物的范畴吗？为什么？
3. 真菌的主要特征有哪些？
4. 简述真核细胞的起源与进化。
5. 酵母菌的主要特征有哪些？
6. 简述酿酒酵母生活史的特点和过程。
7. 酵母菌的菌落有什么主要特点？
8. 无性子实体和有性子实体各有哪些主要类型？
9. 真菌孢子的主要功能是什么？对生产实践有何意义？
10. 丝状真菌菌落的主要特征是什么？
11. 比较细菌、放线菌、酵母菌和霉菌的菌落和细胞的基本特征。
12. 试列表比较细菌、放线菌、酵母菌、卵菌及霉菌细胞壁中特殊成分，并设想它们原生质体的制备方法有什么不同。
13. 真菌分类鉴定中通常选用什么类型的 rRNA 序列进行分析比对？为什么？
14. 某些学者认为黏菌和卵菌应被定位在真菌界，而另一些学者则认为应分别归属于 Protozoa 和 Chromista。这是因为黏菌和卵菌的哪些特性而导致的这种争论？
15. 试述原质团黏菌和细胞型黏菌的生活史的差异。
16. 同学们在土壤中分离获得一株霉菌菌株，该菌菌落表面呈黄绿色，A 同学说这是曲霉菌，B 同学说这是青霉菌，谁也说服不了谁，你能当场通过实验快速确认该菌株是曲霉菌还是青霉菌，甚至两者都不是吗？请说明理由。

数字课程学习

教学课件　　在线自测

第四章

病　　毒

病毒（virus）是指形体微小，结构简单，仅含有1种核酸（DNA或RNA），具有超级寄生性的一类非细胞形态的微生物。

病毒的发现从烟草花叶病毒开始，1892年俄国学者伊万诺夫斯基报道，烟草花叶病的病原体能通过细菌滤器，称其为滤过性致病因子（filterable infective agent）。Lwoff（1957年）将病毒定义为一类具有严格细胞内寄生和潜在感染性的病原体（obligatory intracellular parasite）。20世纪60—70年代，病毒被进一步定义为在化学组成和繁殖方式上不同于其他微生物，只能在宿主细胞内复制的一类最小微生物。病毒虽然属于微生物，其不同于其他微生物的特性大体概括为5大特点：①形体微小，缺乏细胞结构；②只含有一种核酸，DNA或RNA；③依靠自身的核酸进行复制；④缺乏完整的酶和能量系统；⑤严格的活细胞内寄生。Diener（1971年）发现了只含小相对分子质量RNA不含蛋白质的类病毒（viroid）。Prusiner（1982年）发现羊瘙痒病是由相对分子质量为50 000的蛋白质引起，没有核酸，即朊病毒（prion）。因为类病毒和朊病毒不具有一般病毒“由核酸（RNA或DNA）与结构蛋白组成一定形态的病毒粒子”的模式，因此被称为亚病毒（subvirus）。病毒主要类群总结如下：

- 非细胞生物
  - 病毒：至少含有核酸和蛋白质两种组分
  - 亚病毒
    - 类病毒：只含具有独立侵染性的核酸组分
    - 卫星因子：结构有缺陷，单独不具有侵染性
    - 朊病毒：只含具有独立侵染性的蛋白质组分

研究病毒具有重要意义：一是为了控制和消灭有害病毒，致病病毒危害人类健康、畜牧业养殖和农作物栽培，发酵工业中的噬菌体污染会严重影响微生物发酵生产。目前还发现某些病因不明的人类疾病可能与病毒有关，如已证明有些癌症与某些病毒感染有关。二是病毒具有一定的研究和利用价值，致病病毒毒株可被用来改良培育成活病毒疫苗株或直接灭活制成灭活疫苗，某些昆虫病毒可被用作绿色昆虫杀虫剂，一些病毒还被用作基因工程的重要载体，甚至用于人体基因治疗的载体。

第一节 病毒研究的基本方法

一、病毒的培养

病毒不能在任何无生命的培养液内生长，只在对其敏感的相应宿主及其细胞内才能繁殖。微生物病毒培养需要在微生物菌体细胞内进行，如大肠杆菌病毒（噬菌体）需要接种在大肠杆菌培养物中培养；植物病毒培养需要在活体植株、植物组织培养物或植物培养细胞上进行；动物病毒培养需要在实验动物、鸡胚或动物培养细胞上进行。

二、病毒的纯化

病毒的纯化主要根据病毒的基本理化性质进行：第一，病毒颗粒的主要化学组成是蛋白质，故可利用蛋白质提纯方法来纯化病毒，如盐析、等电点沉淀、有机溶剂沉淀、凝胶层析、离子交换层析等；第二，病毒颗粒具有一定的大小、形状和密度，一般可 10 000 ~ 100 000 r/min 离心 1 ~ 2 h 沉降，特别是由于病毒颗粒是由许多大分子（蛋白质、核酸等）组成，离心时它们比细胞蛋白质沉降更快，而且许多病毒都有较高的浮力密度，所以超速离心技术广泛地用于病毒纯化，如差速离心、密度梯度离心等。

三、病毒的测定

病毒的测定就是病毒的定量分析。

（一）病毒的物理颗粒计数

可以在电镜下直接观察测定样品中的病毒颗粒数目。一些动物病毒的衣壳蛋白或包膜蛋白能够在一定条件下凝集一定种类的脊椎动物红细胞，所凝集血细胞数量与病毒浓度成正比，因此血细胞凝集试验能用于这些病毒的定量分析。此外，根据病毒的抗原性质，可以用免疫沉淀试验、酶联免疫吸附试验等方法对病毒进行定量，利用分光光度法也可对病毒定量。以上这些方法测定的是样品中病毒物理颗粒的数目，即有活力病毒与无活力病毒数量的总和，而且除电镜计数外，其他方法所测定的是样品中病毒颗粒的相对数量。

（二）病毒的感染性测定

病毒感染性测定（assay of infectivity）是测定能引起宿主或培养细胞发生某一特异性病理反应的病毒数量。待测样品中所含病毒的数量，通常以单位体积（mL）病毒悬液的感染单位数目来表示（IU/mL），称做病毒的效价。所谓病毒的感染单位（infectious unit，IU）是指能够引起宿主或宿主细胞一定特异性病理反应的病毒最小剂量。例如，鼠经鼻孔滴注流感病毒悬液会患肺炎，如果使鼠患肺炎的病毒最小剂量是 0.1×10^{-6} mL 病毒悬液，那么这种流感病毒悬液的感染效价为 10^7，即每毫升病毒悬液中有 10^7 个感染单位的病毒。

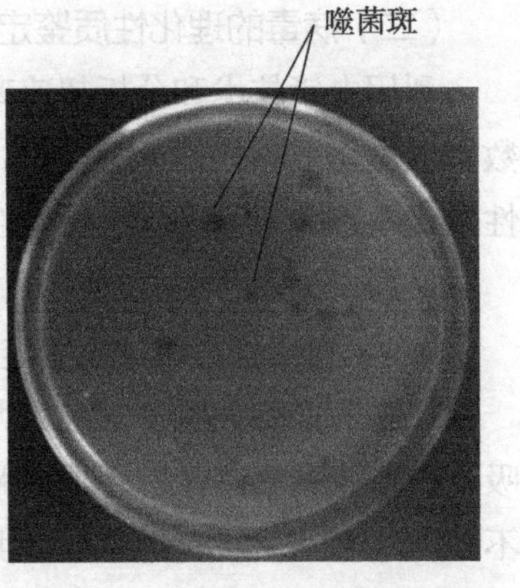

图 4–1 污水中大肠杆菌噬菌斑测定

（三）空斑测定

噬菌体的空斑测定又称噬菌斑测定，一般采用琼脂叠层法，一定量的经系列稀释的噬菌体悬液分别与高浓度的敏感细菌悬液以及半固体营养琼脂均匀混合后，涂布在已铺有较高浓度固体营养琼脂的平板上，经过孵育后，在延伸成片的细菌菌苔上出现分散的单个噬菌斑（图 4–1）。因噬菌斑数目与加入样品中的有感染性的噬菌体颗粒数量成正比，统计噬菌斑数后可计算出噬菌体效价，并以噬菌斑形成单位（plaque forming unit，PFU）/mL 表示。人工培养的单层动物细胞感染病毒后，也会形成类似噬菌斑的动物病毒群体，称做空斑。用金刚砂之类能破坏植物表皮与细胞壁的粉末状物质与一定量的植物病毒混合摩擦植物叶片进行接种，植物体表也会产生类似噬菌斑的植物病毒群体，称做坏死斑。

（四）病毒核酸检测技术

实时荧光定量聚合酶链反应（real–time fluorescence quantitative PCR，qPCR）可用于体外培养困难的病毒或者病毒含量极微的样品定量分析，以及流行病学调查。qPCR 是一种在 DNA 扩增反应中，以荧光化学物质实时检测每次聚合酶链反应（PCR）循环后的产物总量，通过内参或者外参法对待测样品中的特定病毒 DNA 序列进行定量分析的方法。qPCR 可以通过特异性引物在体外将病毒 DNA 序列的一段特定区域扩增 100 倍以上，检测敏感度很高。qPCR 还可用于 RNA 病毒鉴定，只需先将病毒 RNA 逆转录成 cDNA，然后再进行 qPCR 分析，因而被称之为定量逆转录 PCR（qRT–PCR），是一种快速简便的检测方法。新冠病毒感染的核酸检测就是该法的一个具体应用实例。

四、病毒的鉴定

病毒的鉴定是指病毒的性质和特征的分析。

（一）病毒感染的宿主范围及感染表现的鉴定

大多数病毒都有相当专一的宿主范围，因而病毒的宿主可以作为病毒初步鉴定的指标。病毒感染宿主机体所引起的疾病症状，在鸡胚绒毛尿囊膜上所形成的痘疱的形态，以及在动物单层细胞培养物上所产生的细胞病变表现都有一定特异性。

（二）病毒的理化性质鉴定

利用电镜技术和分析超速离心技术等检查病毒颗粒的大小和形态，测定病毒及其组分的沉降系数、浮力密度和相对分子质量。分析病毒对热、紫外线、化学药物、脂溶剂等不同理化因子的敏感性及这些理化因子对病毒感染性的影响。

（三）血细胞凝集性质鉴定

许多病毒能吸附于一定种类的哺乳动物或禽类的红细胞表面（与红细胞表面的受体糖蛋白相互吸附）产生凝集现象。不同的病毒所凝集的血细胞种类以及发生凝集所要求的温度、pH 条件可能不同，这些性质给病毒鉴定提供了重要依据。

（四）病毒的血清学鉴定

采用针对病毒表面特异性抗原或病毒特殊的抗原组分的免疫血清或抗体，通过免疫沉淀反应、凝集反应、酶联免疫吸附测定、血凝抑制试验、中和试验、免疫荧光、免疫电镜、放射免疫以及单克隆抗体等技术，进行病毒鉴定工作。

（五）病毒的分子生物学鉴定

病毒的核酸鉴定包括病毒基因组测序和病毒特异性基因分析。对于未知病毒，首先需要纯化病毒核酸，进行全基因组测序。通过与已知病毒的基因组序列进行比对，确定与其他病毒的亲缘关系和差异，进行鉴定。对于已经确定了的病毒，通常采用实时荧光定量 PCR 方法检测病毒特异性核酸序列。如用 qPCR 方法从临床样本中直接对已知病毒特定基因序列进行扩增、测序鉴定，可以快速检测和鉴定大多数已知人类病毒，在病毒性疾病的实验诊断中具有特殊的意义。

病毒衣壳蛋白、包膜蛋白等表面蛋白或病毒颗粒所包裹的蛋白质组分，可分别分离纯化鉴定。也可进行病毒颗粒的蛋白质组学质谱分析，结合生物信息学分析，为在分子水平上阐明病毒的性质，对其进行准确的分类鉴定提供证据。

第二节 病毒的形态结构与化学组成

病毒一般以病毒颗粒（viral particle）或病毒子（virion）的形式存在，具有一定的形态、结构和化学组成。

一、病毒的形态与大小

大多数病毒为球状，少数为杆状、丝状和子弹状。有的病毒呈现特殊形态，如痘病毒为砖形，某些噬菌体为蝌蚪状（图 4–2）。

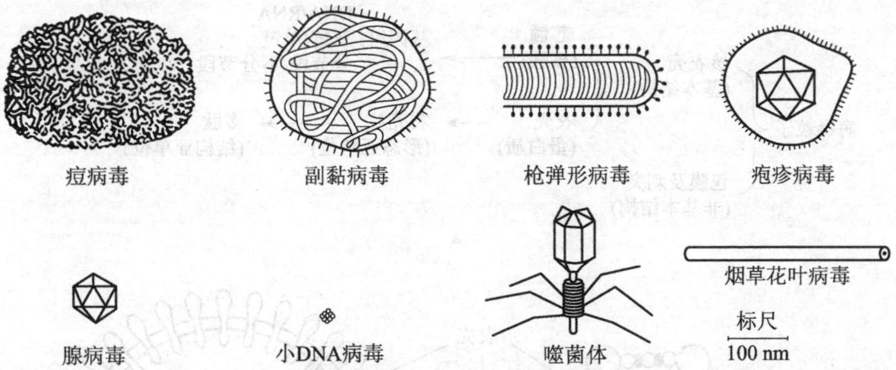

图 4-2　部分病毒的形态和大小

装配成熟的病毒颗粒大小恒定不再改变，不同病毒间差异很大，从十几纳米到几百纳米不等。最小的圆环病毒（circovirus）直径约 17 nm，比核糖体稍大。2014 年从封存 3 万多年俄罗斯西伯利亚地区的冻土层中发现的西伯利亚阔口罐病毒（*Pithovirus sibericum*），长 1.5 μm，宽 500 nm，厚 60 nm，与一些细菌体积相仿，可以在光学显微镜下看到。但绝大多数病毒不能在光学显微镜下看到，必须用电子显微镜观察。

二、病毒的结构

完整的病毒颗粒主要由核酸和蛋白质组成（图 4-3A）。核酸构成病毒的基因组（genome），是遗传信息的载体，为病毒的复制、遗传和变异等功能提供遗传信息。核酸构成的芯髓（core）被衣壳（capsid）包被，芯髓与衣壳一起构成病毒的核衣壳（nucleocapsid）。衣壳的主要成分是蛋白质，具有保护核酸、参与抗原性等作用。无包膜的病毒，其衣壳参与吸附宿主细胞过程。有血凝作用（hemagglutination）的裸露病毒，衣壳又参与凝集红细胞过程。衣壳由一定数量的衣壳粒（capsomere）组成。每个衣壳粒又由一个或多个多肽分子组成。不同种类的病毒衣壳所含衣壳粒的数目不同，是病毒鉴定和分类的依据之一。

有些病毒在核衣壳外面有包膜（envelope）。无包膜的病毒称为裸露病毒（naked virus）（图 4-3B），有包膜的病毒称为包膜病毒（enveloped virus）（图 4-3C）。包膜在病毒成熟过程中，从细胞膜或内膜获得；由脂质和蛋白质组成。包膜表面有突起，称为刺突（spike），多为糖蛋白，参与对宿主细胞的吸附和病毒的抗原性（antigenicity），有些病毒的刺突有血溶活性和细胞融合活性。因此，包膜与宿主细胞嗜性、致病性和免疫原性密切相关。

三、病毒形态与结构类型

病毒的形状同其衣壳的基本结构有着紧密的联系。病毒的衣壳有 3 种结构类型，与之相对应，病毒颗粒的形状也大致分为 3 种类型。

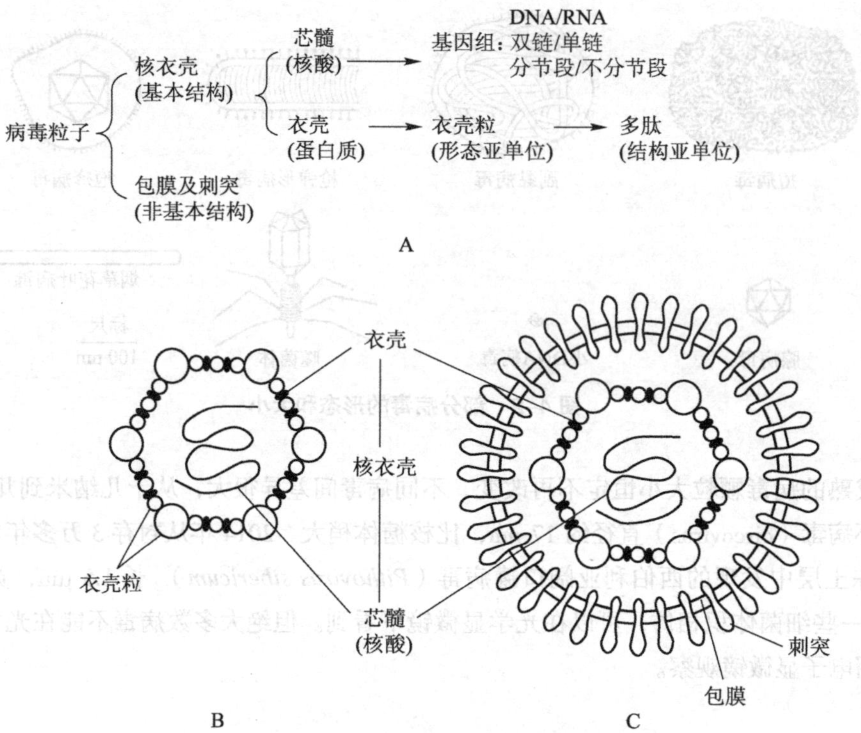

图 4–3 病毒的结构和化学组成

A. 病毒的化学组成 B. 裸露病毒结构 C. 包膜病毒结构

（一）螺旋对称结构（helical symmetry）

衣壳蛋白质亚基沿中心轴呈螺旋排列，形成高度有序、对称的稳定结构。在螺旋衣壳中，除螺旋两端外，每个亚基都是严格等价的，与相邻的亚基以最大数目的次级键结合，所以衣壳结构处于稳定状态。构成螺旋衣壳的一个蛋白质亚基视作一个衣壳粒。

无包膜螺旋衣壳的外观可能呈直杆状，也可能呈弯曲杆状或丝状。后者由于螺旋弯曲而螺距增大，亚基之间不再是严格等价结合，而是准等价结合。许多 RNA 病毒衣壳的结构是螺旋对称形式，所有螺旋对称衣壳的动物病毒都有包膜，在有包膜的病毒中，螺旋衣壳必须盘绕折叠封闭在包膜内，故呈一种柔韧的松弛结构。

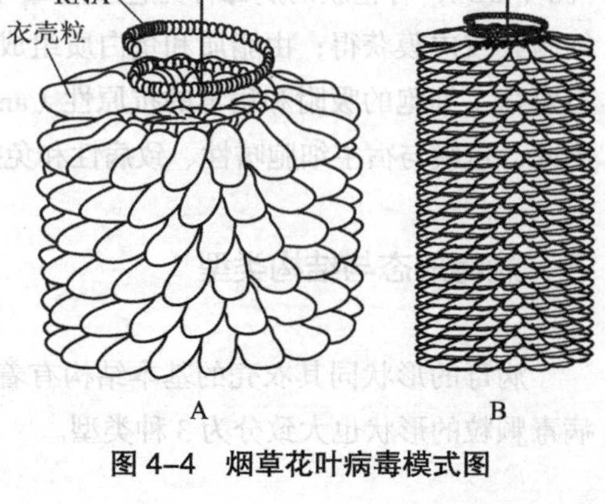

图 4–4 烟草花叶病毒模式图

病毒的螺旋对称衣壳以烟草花叶病毒（tobacco mosaic virus，TMV）的了解最为清楚。烟草花叶病毒无包膜（图 4–4），衣壳是由 2 130 个蛋白质亚基构成的螺旋对称结构，衣壳长 300 nm，直径 15 ~ 18 nm，外观呈狭窄的刚直杆状。螺旋衣壳中央有直径 4 nm 的轴孔，亚基呈右手螺旋排列，螺旋的螺距为 2.3 nm，每一螺旋上的亚基数目为 $16\frac{1}{3}$ 个。病毒的单链 RNA 呈螺旋状排列，通过多个弱键与蛋白质亚基结合。大约每三个核苷酸结合着一个蛋白质亚基，RNA 长约 6 395 或 6 398 个核苷酸，长度相当于 2 130 个亚基或 130 螺旋。

（二）二十面体对称结构（icosahedral symmetry）

构成对称结构衣壳的第二种方式是蛋白质亚基围绕具立方对称的正多面体的角或边排列，进而形成一个封闭的蛋白质的鞘。几何学中的立方对称结构实体以二十面体容积为最大，能包装更多的病毒核酸，所以病毒衣壳多取二十面体对称结构。病毒的二十面体衣壳结构中，含有 12 个角、20 个面和 30 条棱（图 4–5A）。衣壳中的衣壳粒排列在不同病毒中变化是很大的，有些病毒的衣壳由一种衣壳粒组成，而有些衣壳则含有好几种衣壳粒。衣壳中的衣壳粒数目在不同病毒中是不一样的，如脊髓灰质炎病毒（poliovirus）的衣壳只由 32 个衣壳粒组成，而腺病毒（adenovirus）衣壳则含有 252 个衣壳粒。在衣壳中，衣壳粒一般与 5 个或 6 个其他的衣壳粒相邻，称做五邻体（penton）或六邻体（hexon）。单个衣壳粒通常由 5 个或 6 个蛋白质亚基聚集形成，因而它们分别称做五聚体和六聚体。衣壳粒外观呈环状或穹顶状不等，随病毒种类不同而有所变化。在二十面体衣壳中，病毒核酸盘绕折叠在衣壳的有限空间内，整个病毒粒子外观呈球状或立方体状。在病毒二十面体衣壳制备物中，常发现不具有核酸的空衣壳存在，这表明核酸对于二十面体衣壳的形成并非必需，然而空衣壳较完整的病毒颗粒更容易被降解，所以核酸的结合有助于增加二十面衣壳的稳定性。

在目前所知的二十面体对称衣壳结构中，腺病毒的衣壳是较为复杂的（图 4–5B）。腺病毒的衣壳含有 252 个衣壳粒，其中 12 个顶角的衣壳粒与相邻的衣壳粒组成五邻体，240 个面上或棱上的

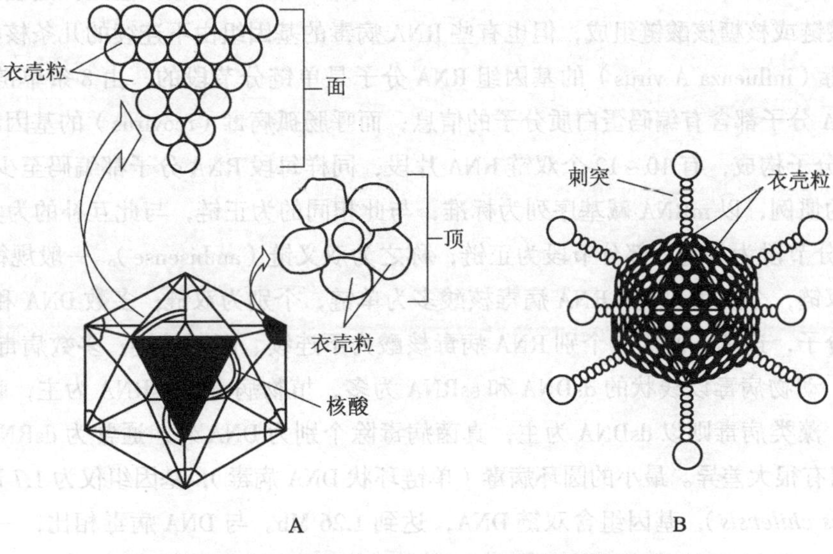

图 4–5　二十面体对称结构（A）和腺病毒模式图（B）

衣壳粒相互之间组成六邻体。每个五邻体中央的衣壳粒上伸出一根末端带有顶球的刺突。每个五邻体壳粒由一个五聚体（多肽Ⅲ）和一个三聚体纤维蛋白（多肽Ⅳ）组成，每个六邻体壳粒由一个三聚体蛋白（多肽Ⅱ）构成。双链 DNA 分子被包裹在二十面体衣壳内。

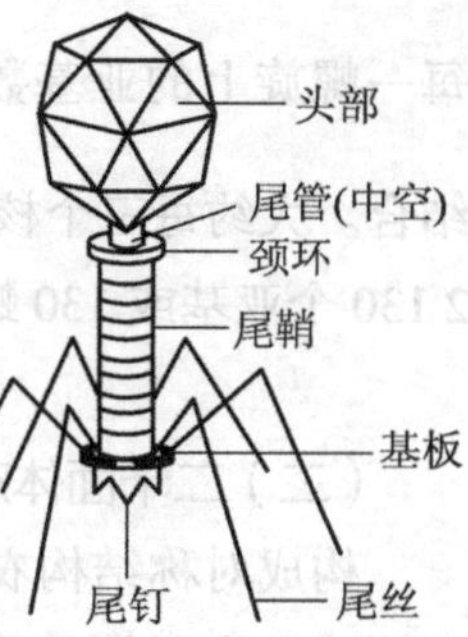

图 4–6 T4 噬菌体模式图

（三）复合对称结构（complex symmetry）

少数病毒的衣壳为复合对称结构，既含有螺旋对称结构，又含有二十面体对称结构。具有复合对称衣壳结构的典型是有尾噬菌体，其中 T4 噬菌体（phage T4）的了解最为清楚。T4 噬菌体的头部为二十面体对称结构，尾部为螺旋对称结构，另还含有颈部、基板、尾钉和尾丝等部件。头部二十面体衣壳内部含有基因组 DNA，头部与尾部由颈部连接起来，尾部螺旋对称结构的衣壳尾鞘包裹着一个中空的尾管（图 4–6）。

四、病毒的化学组成

病毒颗粒的基本化学组成是核酸和蛋白质。有包膜的病毒和某些无包膜的病毒除核酸和蛋白质外，还含有脂类和糖类。有的病毒还含有聚胺类化合物和无机阳离子等组分。

（一）病毒的核酸

一种病毒的病毒颗粒只含有一种核酸，或是 DNA 或是 RNA。除逆转录病毒基因组为二倍体外，其他病毒的基因组都是单倍体。病毒基因组通常带有编码病毒核酸复制酶基因。

病毒的核酸可以分为单链或双链、正链或负链、线状或环状、分节段或不分节段，分节段可称为多分子，不分节段可称为单分子。DNA 病毒和多数 RNA 病毒的基因组是由连续的不分节段的脱氧核糖核酸链或核糖核酸链组成，但也有些 RNA 病毒的基因组由不连续的几条核酸链组成。如甲型流感病毒（influenza A virus）的基因组 RNA 分子是单链分节段的，由 8 条单链 RNA 分子构成，每条 RNA 分子都含有编码蛋白质分子的信息；而呼肠孤病毒（reovirus）的基因组由双链的节段性的 RNA 分子构成，有 10 ~ 12 个双链 RNA 片段，同样每段 RNA 分子都编码至少一种蛋白质。按照病毒学的惯例，以 mRNA 碱基序列为标准，与此相同的为正链，与此互补的为负链。有些病毒的 RNA 部分节段为负链，部分节段为正链，称之为双义链（ambisense）。一般规律为，DNA 病毒核酸多为双链，个别为单链；RNA 病毒核酸多为单链，个别为双链；多数 DNA 和 RNA 病毒核酸为完整的分子，连续不间断，个别 RNA 病毒核酸为不连续、间断的链；多数病毒核酸呈线状，个别呈环状；动物病毒以线状的 dsDNA 和 ssRNA 为多，植物病毒以 ssRNA 为主，噬菌体以线状 dsDNA 居多，藻类病毒则以 dsDNA 为主，真菌病毒除个别为 DNA 外，通常为 dsRNA。不同的病毒，其基因组有很大差异。最小的圆环病毒（单链环状 DNA 病毒），基因组仅为 1.7 kb，而巨型病毒（*Megavirus chilensis*），基因组含双链 DNA，达到 1.26 Mb。与 DNA 病毒相比，一般 RNA 病毒的基因组较小，双链 RNA 病毒为 16 ~ 27 kb，单链 RNA 病毒中冠状病毒（coronavirus）最大，为

20 ~ 32 kb。

（二）病毒的蛋白质

大多数病毒含有大量的蛋白质，组成蛋白质的氨基酸及顺序决定着病毒株系的差异，表现为免疫决定簇决定其免疫特异性。病毒蛋白质根据其是否存在于病毒颗粒中分为结构蛋白（structural protein）和非结构蛋白（nonstructural protein）两类。

1. 结构蛋白

结构蛋白是指构成一个形态成熟的有感染性的病毒颗粒所必需的蛋白质，包括衣壳蛋白、包膜蛋白和存在于病毒颗粒中的酶等，约占病毒总量的 70%，少数低至 30% ~ 40%。

（1）衣壳蛋白是构成病毒衣壳结构的蛋白质，由一条或多条多肽链折叠形成的蛋白质亚基是构成衣壳蛋白的最小单位。一些简单的病毒衣壳蛋白仅由一种或少数几种蛋白质构成，而一些复杂病毒则可由多达 20 余种蛋白质组成。亚基的组成和数目的不同是区别不同的衣壳蛋白的标志。衣壳蛋白的功能是：构成病毒的衣壳，保护病毒的核酸；无包膜病毒的衣壳蛋白参与病毒的吸附、侵入、决定病毒的宿主嗜性，同时它们还是病毒的表面抗原。

（2）包膜蛋白由包膜糖蛋白和基质蛋白两类病毒蛋白质构成，位于包膜表面。包膜糖蛋白是病毒的主要表面抗原，有的从包膜表面向外突起，被称作刺突。包膜糖蛋白多为病毒吸附蛋白，它们与细胞受体相互作用启动病毒感染发生，有的还介导病毒进入细胞，有的具有凝集脊椎动物红细胞、细胞融合以及酶等活性。基质蛋白构成膜脂双层与核衣壳之间的亚膜结构，具有支撑包膜、维持病毒结构的作用，还介导核衣壳与包膜糖蛋白之间的识别，在病毒出芽成熟过程中发挥重要作用。

（3）毒粒酶是存在于病毒颗粒内的酶，根据其功能大致可分为两类：一类是参与病毒进入、释放等过程的酶，如 T4 噬菌体的溶菌酶、流感病毒的神经氨酸酶等；另一类是参与病毒的大分子合成的酶，如 RNA 病毒的病毒颗粒中存在的逆转录酶等。一些复杂的病毒，如在细胞质内复制的痘病毒还具有许多参与 RNA 转录物加工和 DNA 复制的酶。

2. 非结构蛋白

非结构蛋白指由病毒基因组编码，在病毒复制过程中产生并具有一定功能，但不结合于病毒颗粒中的蛋白质。病毒的非结构蛋白数量和功能依据病毒的种类、病毒基因组的复杂程度和病毒复制时期的不同而不同。许多非结构蛋白具有酶活性，参与和调控病毒的复制与转录。最近发现，部分非结构蛋白具有抗凋亡、抗细胞因子活性及干扰抗原递呈的功能，如口蹄疫病毒的 3ABC 蛋白已经用来区分野毒感染和弱毒苗免疫。

（三）病毒的脂类

病毒的脂类是病毒在成熟释放过程中从宿主细胞获得的，不具有病毒特异性，主要存在于病毒的包膜中。化学组成含有 50% ~ 60% 磷脂、20% ~ 30% 胆固醇以及少量的甘油三酯、脂肪酸等。对于大部分病毒而言，脂类占其结构成分的 20% ~ 35%。脂类的含量随病毒种类而有所不同，痘病毒脂类的含量约占 5%，而狂犬病毒（rabies virus）脂类的含量达 50%。

（四）病毒的糖类

某些病毒含有少量的糖类，例如正黏病毒、疱疹病毒和痘病毒，糖类主要是以寡糖侧链存在于病毒糖蛋白和糖脂中，或以黏多糖形式存在。除了有包膜病毒的糖蛋白刺突外，某些复杂病毒的病毒颗粒还含有内部糖蛋白或者糖基化的衣壳蛋白。由于这些糖类通常是由细胞合成的，所以它们的合成与宿主细胞相关。糖蛋白还是重要的免疫原，例如抗流感病毒血凝素的血清具有明显的病毒中和作用。

（五）其他成分

在一些动物病毒、植物病毒和噬菌体的病毒颗粒内，存在一些如丁二胺、亚精胺、精胺等阳离子化合物。在某些植物病毒中还发现有金属阳离子存在。这些含量极微的有机阳离子或无机阳离子与病毒核酸呈无规则的结合，并对核酸的构型产生一定的影响。它们的结合量仅与环境中相关离子浓度有关，是病毒装配时从环境中获得的不恒定成分。

第三节 病毒的多样性与繁殖方式

一、病毒的主要类群与分类系统

科学家预测病毒种类可能高达 100 万种，而目前所认知的只有 9 110 多个种。

国际病毒分类委员会（International committee on taxonomy of viruses，ICTV）作为国际公认的病毒分类与命名的权威机构。国际病毒分类系统采用域（realm）、界（kingdom）、门（phylum）、纲（class）、目（order）、科（family）、属（genus）、种（species）分类阶元。另外，还设有亚门、亚目、亚科以及亚属等。在同一亚科中不同属的分类依据是其免疫学特性与宿主特异性。病毒的种是一个不确定的分类单位。1990 年 ICTV 将其定义为具有一定世代关系并占据一定生境（niche）的病毒群。也就是在具有科和属的特征的前提下，把某些次要特征大致但又不完全相同的病毒归为同一种病毒。ICTV 不负责病毒种以下的分类和命名，病毒种以下的血清型、基因型、毒力株、变异株和分离株的名称由公认的国际专家小组确定。

病毒分类主要根据它们各自不同的特征，如病毒基因组分子组成；ssRNA 病毒中基因组为正链或负链；病毒衣壳的结构以及是否外被有包膜；基因表达产生病毒蛋白的程序；宿主范围；致病性；病毒核酸和蛋白质的序列相似性等。尽管所有上述特征对确定病毒分类关系都很重要，但病毒之间序列相似性与系统发育关系的差异比较已成为确定和区分病毒类群的最主要鉴定特征。

根据国际病毒分类委员会 2020 年最新病毒分类报告，目前 ICTV 所确认有 9 110 个病毒种。国际病毒分类委员会将病毒分为 6 个域、10 个界、17 个门、39 个纲、59 个目、189 个科、2 224 个属、9 110 个种。值得注意的是，目前并不是每个病毒在科以上都有明确的分类阶元。

病毒的命名采用英文或英文化拉丁文，但尚未统一使用双命名法，一般只用单名，也不用斜体书写。但是病毒属及属以上分类阶元在书写时应斜体，并且首字母需要大写。病毒的域、界、门、纲、目、科、属分别用拉丁文后缀“-viria”“-virae”“-viricota”“-viricetes”“-virales”“-viridae”“-virus”。例如，天花病毒（variola virus）属于 *Varidnaviria* 域、*Bamfordvirae* 界、*Nucleocytoviricota* 门、*Pokkesviricetes* 纲、*Chitovirales* 目、痘病毒科（*Poxviridae*）、正痘病毒属（*Orthopoxvirus*）。

二、细菌病毒（噬菌体）

噬菌体是感染细菌、放线菌和蓝细菌等各种原核微生物的病毒，分布广泛。根据其核酸类型可分为 dsDNA 病毒、ssDNA 病毒、dsRNA 病毒和 ssRNA 病毒，一般无包膜，主要有蝌蚪形、微球形和丝型（图 4–7）。噬菌体的发生在工业生产上会造成发酵液污染，影响发酵产量和质量，甚至引起倒罐，造成重大损失。噬菌体在分子生物学研究中也有着广泛的应用，如大肠杆菌的 λ 噬菌体作为基因工程的载体；大肠杆菌 M13 噬菌体展示技术用于多肽或蛋白质的表达并展示于噬菌体表面，研究蛋白质相互作用。

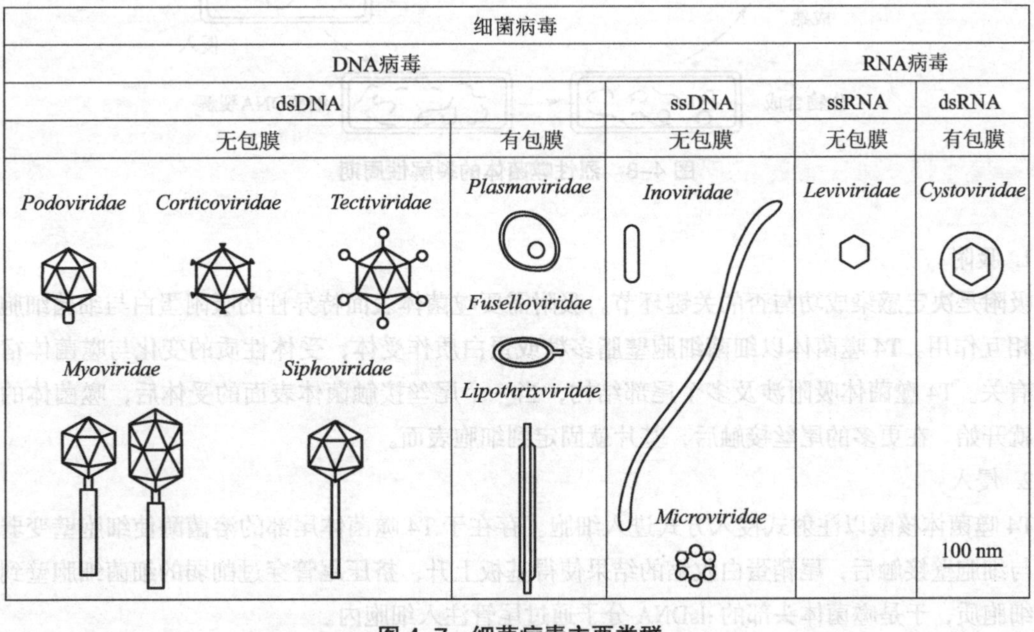

图 4–7　细菌病毒主要类群

（一）烈性噬菌体及其繁殖方式

病毒的繁殖就是病毒粒子的增殖。病毒缺乏自身增殖所需的完整的酶系统，增殖时必须依靠宿主细胞合成核酸和蛋白质，甚至直接利用宿主细胞的某些成分，这就决定了病毒在活细胞内专性寄生的特性。病毒增殖只在活细胞内进行，以病毒基因为模板，在酶的作用下，分别合成其基因与蛋白质，再组装成完整的病毒颗粒，这种繁殖方式又称为复制（replication）。

很多噬菌体侵入细菌细胞后，会通过裂解作用摧毁细胞使病毒粒子释放。这类能在宿主细菌细胞内增殖，产生大量子噬菌体，并通过裂解细菌细胞而释放出来的噬菌体称为烈性噬菌体（virulent phage）。T4 噬菌体是一个典型的烈性噬菌体。T4 噬菌体包含 43 个噬菌体编码的蛋白质，其中 16 个位于头部、27 个位于尾部。T4 噬菌体是裸露、复杂的 dsDNA 细菌噬菌体。烈性噬菌体的感染是迅速的、致死的和有繁殖力的，以至于没有任何一个细菌细胞能够存活（对噬菌体感染有抵抗力的突变细胞除外）。

烈性噬菌体的繁殖过程一般可分为吸附、侵入、生物合成、成熟与释放五步（图 4-8）。烈性噬菌体所经历的繁殖过程，又称作裂解性周期。

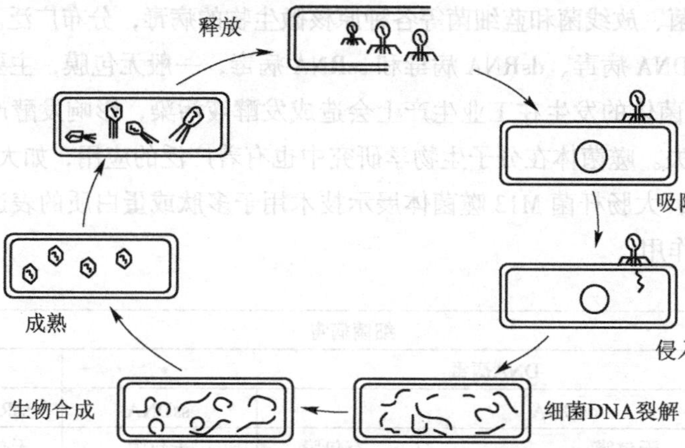

图 4-8 烈性噬菌体的裂解性周期

1. 吸附

吸附是决定感染成功与否的关键环节。吸附需要噬菌体表面特异性的吸附蛋白与细菌细胞表面受体相互作用。T4 噬菌体以细菌细胞壁脂多糖或蛋白质作受体，受体性质的变化与噬菌体宿主选择性有关。T4 噬菌体吸附涉及多个尾部结构，当一个尾丝接触菌体表面的受体后，噬菌体的吸附过程就开始。在更多的尾丝接触后，基片就固定到细胞表面。

2. 侵入

T4 噬菌体核酸以注射式侵入方式进入细胞。存在于 T4 噬菌体尾部的溶菌酶使细胞壁变弱，当尾鞘与细胞壁接触后，尾鞘蛋白收缩的结果使得基板上升，挤压尾管穿过削弱的细菌细胞壁到达质膜或细胞质，于是噬菌体头部的 dsDNA 分子通过尾管注入细胞内。

3. 生物合成

噬菌体的生物合成包括核酸的复制、转录和蛋白质的合成等。

DNA 噬菌体复制所需要的 DNA 聚合酶来源于菌体细胞或由噬菌体自身基因组编码合成，复制与转录各由不同的酶承担。而 RNA 噬菌体的复制与转录由噬菌体合成或携带的 RNA 聚合酶完成。噬菌体生物合成因其核酸类型不同，而在核酸的复制、转录和蛋白质翻译方式上有所不同。目前已了解清楚的有以大肠杆菌 T4 噬菌体为代表的双链 DNA 噬菌体复制（图 4-9A），以大肠杆菌 ϕX174 噬菌体（phage ϕX174）为代表的单链 DNA 噬菌体复制（图 4-9B），和以大肠杆菌 f2 噬菌

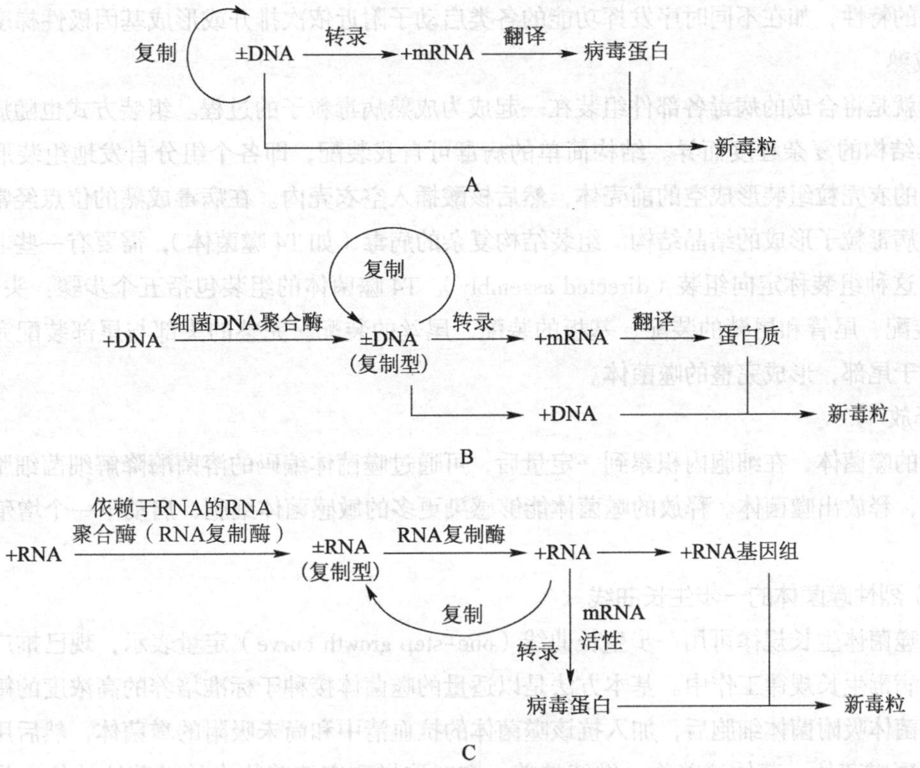

图 4–9 噬菌体的生物合成

A. 双链DNA噬菌体的复制（T4噬菌体）

B. 正链DNA噬菌体的复制（ϕX174噬菌体） C. 单链RNA噬菌体复制（f2噬菌体）

体（phage f2）为代表的单链 RNA 噬菌体复制（图 4–9C）。

噬菌体 mRNA 的转录是生物合成过程中最重要的步骤。为了保证合成的蛋白质在噬菌体的生命活动周期事件中准确地发挥功能，噬菌体的基因组转录和表达具有严格的时序性，通常分为早期转录过程、次早期转录过程和晚期转录过程。在早期转录过程，噬菌体侵入菌体细胞后利用宿主细胞原有的 RNA 聚合酶转录合成噬菌体特有的 mRNA，以便合成相应的噬菌体蛋白质，所转录的基因称为早期基因，转录产物为早期 mRNA，由早期 mRNA 翻译产生早期蛋白，往往是参与噬菌体次早期基因转录的次早期 mRNA 聚合酶或 RNA 聚合酶更改蛋白，后者可与菌体细胞 RNA 聚合酶结合使之转录噬菌体次早期基因。

在次早期转录过程中，利用早期转录过程翻译产生的噬菌体次早期 mRNA 聚合酶或宿主细胞更改后的 mRNA 聚合酶，从噬菌体基因中转录合成次早期 mRNA，并翻译成相应蛋白质，主要是一些负责分解宿主细胞 DNA 的 DNA 酶，复制噬菌体 DNA 的 DNA 聚合酶，晚期基因转录用的晚期 mRNA 聚合酶，以及其他一些相关的酶等。

在晚期转录过程中，核酸复制开始，并进行复制后的转录。所转录的基因称为晚期基团，转录产物为晚期 mRNA。由晚期 mRNA 翻译产生的晚期蛋白，主要构成噬菌体的结构蛋白；在早期和晚期蛋白中，还包含一些对噬菌体复制起调控作用的蛋白质，其相应的编码基因在组织形式上具有一些共同的特性，如在不同时序发挥功能的各类启动子附近依次排开或形成基因极性梯度等。

4. 成熟

成熟就是将合成的病毒各部件组装在一起成为成熟病毒粒子的过程。组装方式也随病毒种类尤其是病毒结构的复杂程度而异。结构简单的病毒可自我装配，即各个组分自发地组装形成病毒粒子。病毒的衣壳粒组装形成空的前壳体，然后核酸插入空衣壳内。在病毒成熟的位点经常可以看到空衣壳或病毒粒子形成的结晶结构。组装结构复杂的病毒（如 T4 噬菌体），需要有一些非结构蛋白作指导，这种组装称定向组装（directed assembly）。T4 噬菌体的组装包括五个步骤：头部的装配、DNA 的装配、尾管和尾鞘的装配、基板的装配、尾丝的装配。完整的头部与尾部装配完成后，尾丝自动装于尾部，形成完整的噬菌体。

5. 释放

成熟的噬菌体，在细胞内积累到一定量后，可通过噬菌体编码的溶菌酶降解细菌细胞壁，导致细胞裂解，释放出噬菌体。释放的噬菌体能够感染更多的敏感菌体细胞，启动下一个增殖过程。

（二）烈性噬菌体的一步生长曲线

烈性噬菌体生长规律可用一步生长曲线（one-step growth curve）定量表示，现已推广应用到研究动植物病毒生长规律工作中。基本方法是以适量的噬菌体接种于标准培养的高浓度的敏感菌体细胞，待噬菌体吸附菌体细胞后，加入抗该噬菌体的抗血清中和尚未吸附的噬菌体，然后用新鲜培养液高倍稀释噬菌体 – 菌体培养物，继续培养，定时取样测定培养物中的噬菌体效价，并以感染时间为横坐标，噬菌体的感染效价为纵坐标，绘制出病毒特征性的繁殖曲线，即噬菌体一步生长曲线（图 4–10）。一步生长曲线可分为 3 个时期：潜伏期（latent phase）、裂解期（burst phase）、平稳期（plateau）。潜伏期是指病毒侵入宿主细胞到病毒粒子释放出胞外前的一段时间。潜伏期又分潜伏前期和潜伏后期。潜伏前期又称隐晦期（eclipse phase），是指病毒的核酸侵入宿主细胞后至第一个病毒粒子装配前的一段时间，此时培养液中宿主细胞内不含有完整的、有侵染力的成熟病毒粒子，所测得的噬菌斑数（效价）不见增加，若人为裂解细胞（用氯仿等），裂解培养液不具侵染性。在潜伏后期，病毒粒子装配成熟，胞内具侵染性的成熟病毒粒子数目逐渐增加，但没有释放出胞外。虽然此时培养液所测得的噬菌斑数（效价）不见增加，但若人为裂解细胞，裂解培养液具侵染性，且效价随培养时间延长而增加。宿主细胞的裂解标志着潜伏期的结束。裂解期是指宿主细胞迅速裂解，溶液中噬菌体数量急剧上升的一段时间。病毒没有个体生长，其宿主细胞裂解也是突发的。平稳期是指感染噬菌体的宿主细胞全部裂解，溶液中噬菌体效价达到最高点以后的时期。

由一步生长曲线可以获得病毒繁殖的两个特征性数据：潜伏期和裂解量（burst size）。潜伏期是病毒颗粒吸附于细胞到受染细胞释放出子代病毒颗粒所需的最短时间，不同病毒的潜伏期长短不同，噬菌体以分钟计，动物病毒和植物病毒以小时或天计。裂解量是每个受染细胞所产生的子代病毒颗粒的平均数目，其值等于平稳期受染细胞所释放的全部子代病毒数目除以潜伏期受染细胞的数目，即等于平稳期病毒效价与潜伏期病毒效价之比。通过一步生长曲线测定表明，噬菌体的裂解量一般为几十到上百个，植物病毒和动物病毒可达数百乃至上万个。例如，11 000 病毒粒子数 /100 受染细胞 = 110 噬菌体粒子 / 细菌。

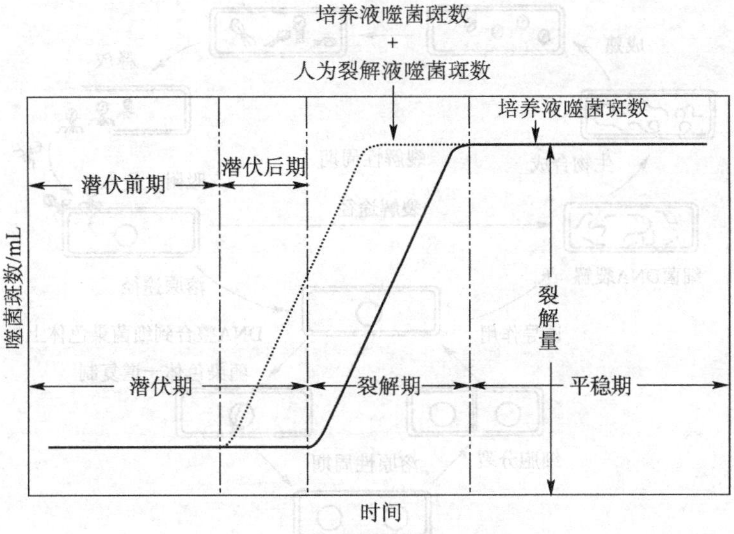

图 4-10 噬菌体一步生长曲线

(三)温和噬菌体及其繁殖方式

某些噬菌体侵染细菌后并不引起细菌裂解释放噬菌体，因而被称作温和噬菌体(temperate phage)。温和噬菌体侵染敏感细胞后不裂解宿主细胞，而是处于长时间的沉默状态，与宿主细胞分裂同步增殖，产生一个病毒感染的细胞克隆，这种噬菌体与细菌共存的特性称为溶原性(lysogeny)，被侵染的细胞被称作溶原性细胞(lysogen)。

90% 的噬菌体是温和噬菌体，通常是大的(>20 kb)dsDNA 病毒。它们常常使细菌溶原化。根据它们建立溶原性的模式不同可区分为 3 种表型：第一，以 λ 噬菌体(phage λ)为代表，把 DNA 整合进宿主基因组的一个或者多个偏爱的位点；第二，以 Mu-1 噬菌体(phage Mu-1)为代表，噬菌体转座酶把基因组插入宿主基因组的任何位点；第三，以 P1 噬菌体(phage P1)为代表，噬菌体 DNA 不插入宿主基因组而以一个质粒的状态存在。我们把插入细菌细胞染色体上的病毒 DNA 叫做前噬菌体(prophage)。还有某些其他的噬菌体，如 P4 卫星噬菌体(satellite phage P4)，既可以整合进宿主基因组成为前噬菌体也可以作为一个质粒存在。

以大肠杆菌 K12 为宿主的 λ 噬菌体是溶原性的一个例子(图 4-11)。λ 噬菌体是线性双链 DNA 噬菌体，有直径 55 nm 的二十面体头部，其 DNA 分子长度为 48.5 kb，5′ 端有 12 个碱基的互补黏性末端。λ 噬菌体和 T4 噬菌体感染的起始阶段很相似。λ 病毒粒子通过尾巴结合于细菌外膜的特定受体蛋白，然后把其线性的 dsDNA 注射进入宿主细胞，dsDNA 的黏性末端在宿主细胞内结合形成环状，然后在特定的位点整合到细菌环状 DNA 染色体上，进入溶原途径。前噬菌体的增殖与溶原性菌体细胞染色体同步，伴随着细菌细胞的每次分裂而被复制一次，作为染色体的一部分而存在于子细胞中。这种带有前噬菌体的细菌生长周期被称作溶原周期(lysogenic cycle)。温和噬菌体可以作为前噬菌体长期存在于溶原性菌体细胞中。

溶原性细菌具有 3 大特点。①溶原性转变(lysogenic conversion)：温和噬菌体在菌体细胞内以前噬菌体形式存在可导致宿主细胞的表型改变，这种改变与其生命周期是否完成没有直接关系，这

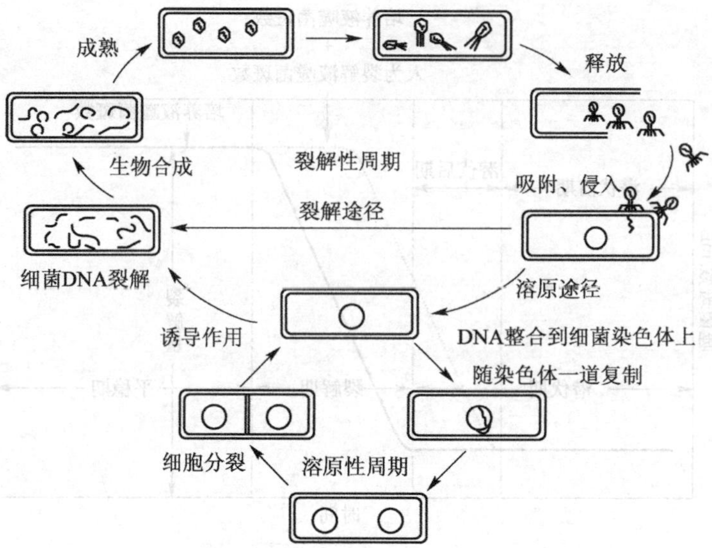

图 4-11 λ噬菌体的裂解和溶原途径示意图

种改变称为溶原性转变。某些溶原性菌体因所含前噬菌体的作用导致致病性改变就是一种溶原性转变。例如，白喉棒状杆菌（*Corynebecterium diphtheriae*）和肉毒梭菌（*Clostridium botulinum*），若不含有前噬菌体的话，是不会引起人类疾病的；一旦被相应的温和噬菌体侵染，含有了编码毒素基因的前噬菌体后，就从不产生毒素的菌株转变为产毒素的菌株，造成侵染组织的损伤，分别引发白喉和肉毒素中毒症状。②免疫作用：前噬菌体基因还导致溶原性细菌对同类型噬菌体的侵染具有免疫作用，阻止携带与溶原性菌体所含的前噬菌体 DNA 相同的噬菌体的吸附和生物合成，但这种免疫作用不能阻止溶原性菌体被别种类型的温和噬菌体或烈性噬菌体所侵染。这是因为前噬菌体基因的表达可以产生一种 λ 阻遏蛋白，抑制该病毒自身在菌体内的复制作用。③溶原性是可逆的：前噬菌体可以自发地或在外界刺激诱导下被激活，裂解宿主细胞，进入裂解途径。前噬菌体离开细菌基因组进入裂解途径的概率很低（1/10 000 ~ 1/100 000）。起诱导作用的刺激因素，可以是由于环境中细菌生长所需的营养物质缺乏，或者是环境有害化学物质或物理因子（如紫外线）的存在。在环境因素诱导下，溶原菌中 λ 阻遏蛋白水平下降，同时也会产生某种蛋白酶降解破坏阻遏蛋白的生成，合成某种剪切酶结合到整合酶上使整合作用逆转，释放出游离的前噬菌体，启动裂解周期。前噬菌体似乎能感受细胞内生存条件恶化，需要寻找新家，通过诱导作用，离开细菌染色体，以一种类似烈性噬菌体的方式指导病毒 DNA 和蛋白质合成，装配成新的病毒粒子，通过细胞裂解释放病毒粒子。

三、脊椎动物病毒

已知与人类健康有关的病毒超过 300 种，与其他脊椎动物有关的病毒超过 900 种。人类传染病有 70% ~ 80% 是由病毒所引起。脊椎动物病毒根据其核酸类型可分为 dsDNA 病毒、ssDNA 病

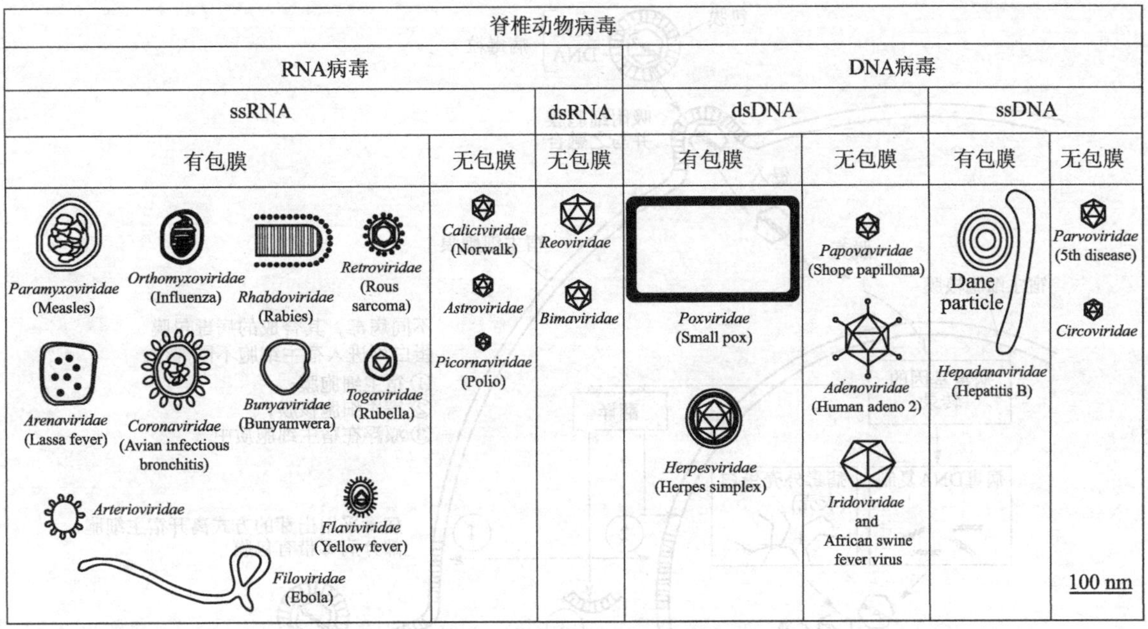

图 4–12　脊椎动物主要类群与分类

毒、dsRNA 病毒和 ssRNA 病毒；有的衣壳外含包膜，有的不含包膜；有的病毒包膜外还含有刺突（图 4–12）。

（一）动物病毒的繁殖

动物病毒的繁殖像噬菌体一样，一般也经历吸附、侵入、生物合成、成熟与释放 5 步过程（图 4–13），但在具体细节上存在一些不同之处（表 4–1）。

1. 吸附

动物细胞没有细胞壁。病毒遇到敏感动物细胞，就特异性地吸附到宿主细胞膜表面的相应受体上，启动病毒侵染。宿主细胞膜上的特异性病毒受体通常是细胞正常功能所需要的糖蛋白。例如，人类呼吸道黏膜上皮细胞上的 ACE2 蛋白就是新型冠状病毒包膜刺突糖蛋白 S 的受体，神经细胞膜上的乙酰胆碱受体是狂犬病毒包膜刺突蛋白 G 的受体，白细胞膜上的 CD4 蛋白是人类免疫缺陷病毒（HIV）包膜刺突糖蛋白 pg120 的受体。病毒表面的特异识别位点随不同病毒而有所变化。有包膜病毒如冠状病毒和 HIV 病毒，利用包膜上的刺突糖蛋白结合到细胞膜受体上；无包膜的裸露核衣壳病毒如鼻病毒（rhinoviruses）则利用衣壳表面衣壳粒上的凹陷处，与宿主细胞表面突起的特异膜受体蛋白结合。

2. 侵入

大多数无包膜裸露病毒通过内吞作用形成包膜小泡进入细胞质，通过宿主细胞或病毒自身来源的蛋白水解酶作用降解衣壳。有些无包膜裸露病毒如脊髓灰质炎病毒采用直接侵入方式，侵入尚未完成，即开始脱壳，直接将核酸释放到细胞质中。有包膜病毒既可通过包膜与宿主细胞质膜融合进入胞内，也可通过内吞作用进入细胞内（图 4–14）。一旦动物病毒进入宿主细胞质，病毒基因组就

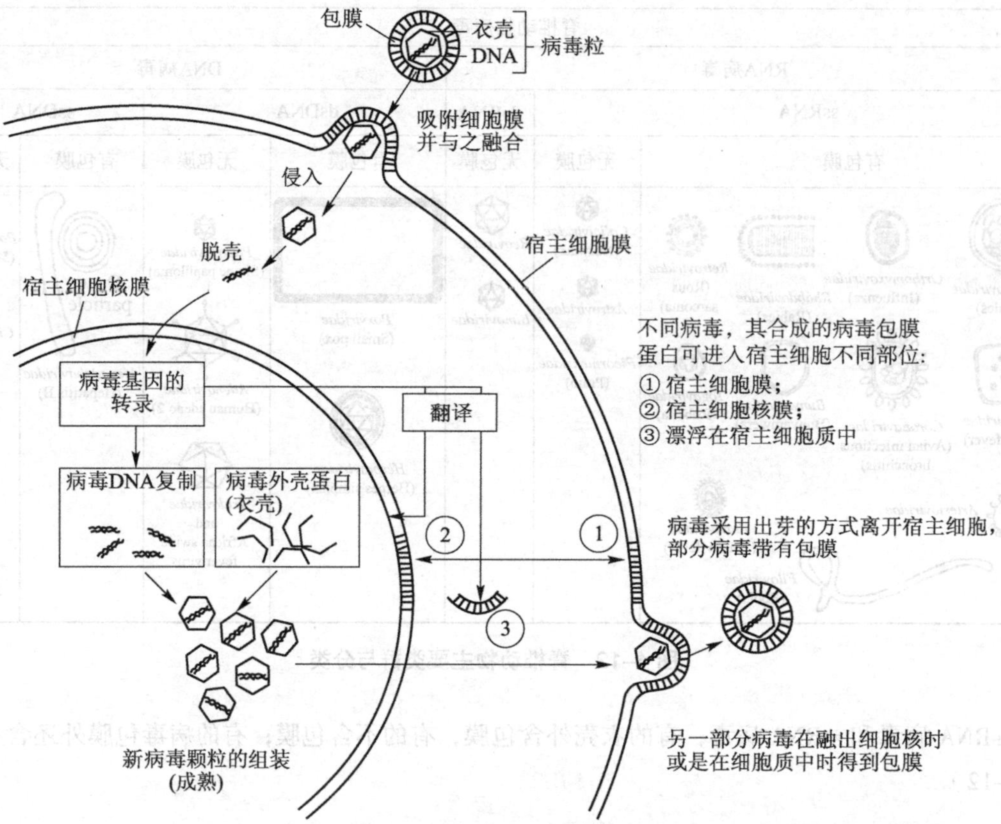

图 4-13 脊椎动物病毒的繁殖

表 4-1 噬菌体和脊椎动物病毒繁殖的比较

繁殖阶段	噬菌体	动物病毒
吸附	通过尾丝吸附到细胞壁蛋白上	通过刺突、衣壳或包膜吸附到细胞质膜受体上
侵入	核酸以注射方式进入细胞	病毒以内吞、膜融合或核酸直接穿入方式进入细胞内
	无脱壳需要	通过酶解脱壳释放核酸
生物合成	发生在细胞质	发生在细胞质和细胞核
	宿主细胞合成终止	宿主细胞合成终止
	病毒核酸复制、病毒 mRNA 形成	病毒核酸复制、病毒 mRNA 形成
	病毒成分合成	病毒成分合成
成熟	环、鞘、基盘、尾丝加到含核酸的头部	病毒核酸插入衣壳内
释放	宿主细胞裂解，病毒细胞酶降解胞壁	有包膜病毒出芽离开细胞，无包膜病毒裂解细胞
其他	溶原性	持续性、潜伏性感染、细胞转化

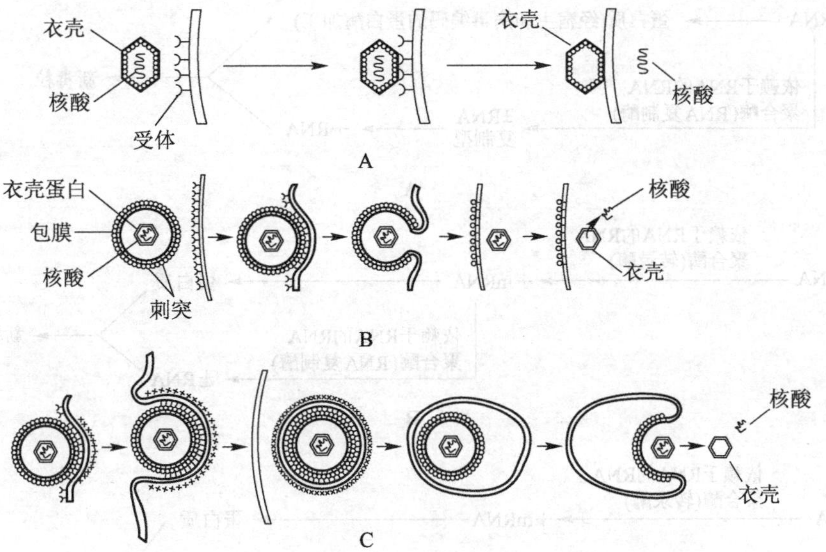

图 4–14　动物病毒的侵入方式

A. 裸露病毒核酸直接穿入　B. 有包膜病毒以膜融合方式进入

C. 有包膜病毒以内吞作用进入

通过脱壳过程与蛋白质衣壳分离。像痘病毒这样的有包膜病毒的解壳则是由病毒 DNA 编码、感染后很快就形成的特异性酶来完成的。

3. 生物合成

通常 dsDNA 病毒利用病毒来源的酶在宿主细胞核中复制病毒 DNA，利用宿主细胞来源的酶在细胞质中合成衣壳蛋白和其他病毒蛋白。新合成的病毒蛋白输送到细胞核，与新合成的 DNA 结合形成病毒粒子。但痘病毒是个例外，它们的 DNA 和蛋白质都在宿主细胞质中合成。ssDNA 病毒复制之前，病毒 DNA 先要合成互补链，形成 dsDNA。

RNA 病毒的复制场所在细胞质，RNA 复制要比 DNA 病毒复制复杂一些，有 RNA 的自我复制和逆转录，前者为负链、双链、大部分正链 RNA 病毒的复制方式，后者为逆转录病毒的复制方式，图 4–15 显示这四种 RNA 病毒的不同复制方式。病毒依赖于 RNA 的 RNA 聚合酶和逆转录酶校正修复活性很低或缺乏，因此 RNA 病毒基因组复制过程中有很高的碱基错配率，从而导致这类病毒容易发生突变，给临床诊断和疾病治疗带来许多困难。

4. 成熟

病毒核酸、酶和其他蛋白质合成到一定量之后，就会装配成完整的病毒粒子。病毒装配成熟的场所有的在细胞核，有的在细胞质，有的在细胞质膜的内表面。如果病毒具有包膜，病毒粒子成熟在出芽离开宿主细胞之前都没有完成。病毒通过宿主细胞核膜、内质网膜、高尔基体膜或质膜的包裹形成包膜的方式出芽。

5. 释放

新病毒粒子通过膜出芽方式释放到胞外，可以杀死也可以不杀死宿主细胞。例如人类腺病毒有控制地出芽离开宿主细胞，但不裂解细胞。而另外一些病毒则裂解细胞，使细胞死亡。当受感染

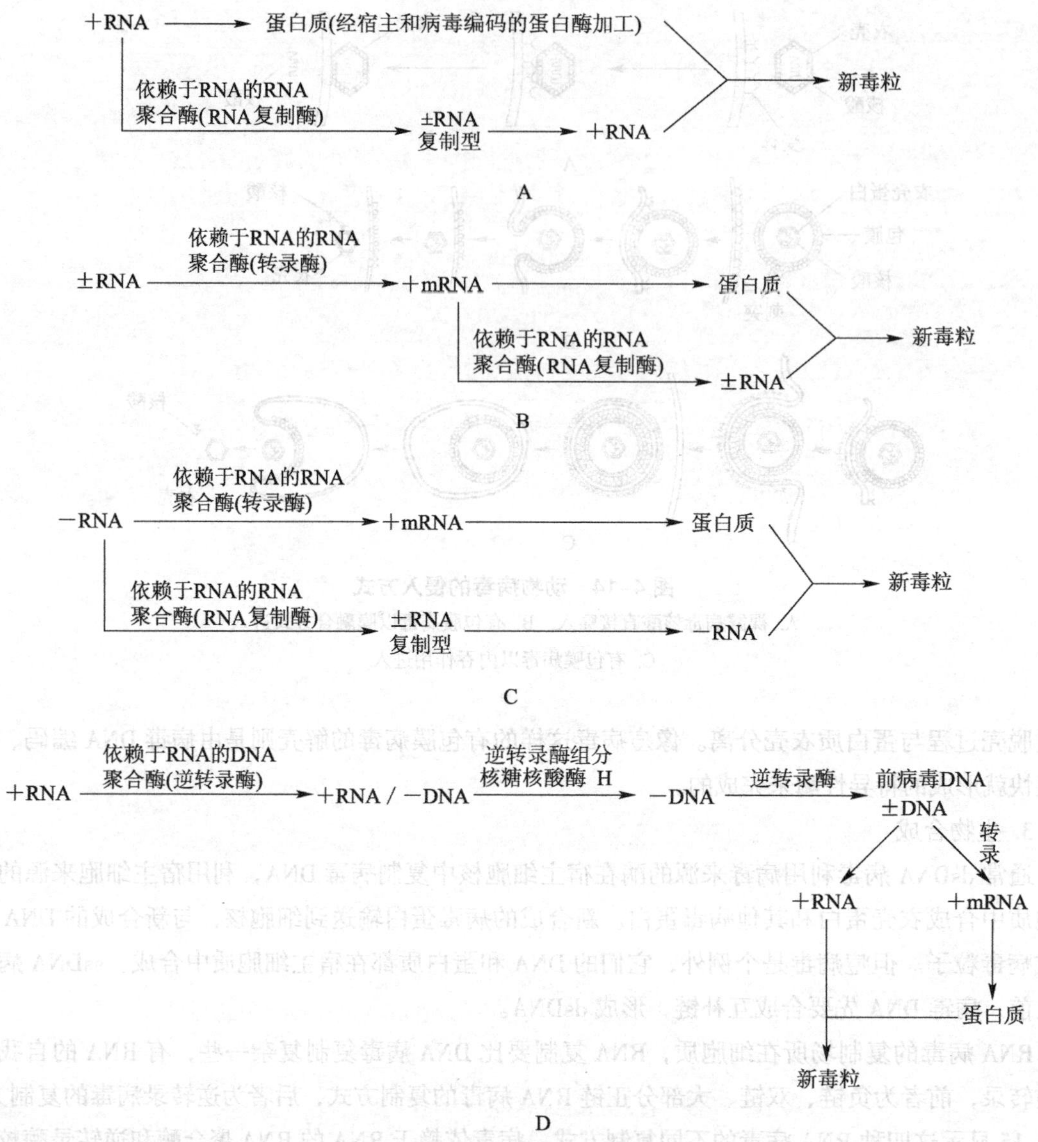

图 4–15 RNA 动物病毒的复制示意图

A. 正链RNA病毒（小RNA病毒） B. 双链RNA病毒（呼肠弧病毒）
C. 负链RNA病毒（流感病毒） D. 逆转录病毒（HIV）

动物细胞充满了子代病毒粒子后，质膜就破裂，释放子代病毒。细胞裂解常常造成感染或疾病的症状。如疱疹病毒（herpesviruses）引起唇疱疹、痘病毒摧毁皮肤细胞，都是病毒粒子释放的结果。脊髓灰质炎病毒释放过程则摧毁神经元细胞。

（二）动物病毒的持续性

某些动物病毒侵染宿主细胞后表现出持续性（persistence），是一种与温和噬菌体溶原性类似的特征。所谓动物病毒的持续性就是指某些病毒通过吸附、侵染进入动物宿主细胞后，并不进行增殖杀死宿主细胞，而是将自身病毒DNA整合到宿主细胞染色体DNA分子上或呈类质粒状态，长期存在于宿主细胞内。以整合形式存在的病毒核酸被称作原病毒。持续性感染的动物细胞功能维持正常，甚至很多年。持续性病毒感染中，病毒在重新活化前没有复制，处于持续状态。持续性感染除了宿主细胞不被杀死之外，被整合的原病毒基因的表达有时也会赋予宿主细胞新的特点。同样，原病毒也可以受环境因素如紫外线诱导活化，从整合的染色体上脱离下来，病毒核酸重新复制、成熟和释放。如某些疱疹病毒在显性感染或隐性感染后，病毒基因终身持续性地存在于机体细胞内不复制，一般不能用常规方法检出，当机体受冷、热、压力或免疫抑制等因素的刺激时，持续性的疱疹病毒被活化，重新增殖导致细胞裂解，引起疾病，然后又恢复到持续状态。疱疹病毒的这种持续性感染又被称作“潜伏性感染”。

（三）病毒与肿瘤发生

肿瘤是由失去调控而异常生长和繁殖的新生异常细胞或瘤形成的组织团块。美国科学家Rous 1911首先发现一种能引起鸟类结缔组织生瘤的病毒，命名劳氏肉瘤病毒（Rous sarcoma virus），因此而于1966年获得诺贝尔奖。德国科学家Hausen也因1976年开始的研究发现了人乳头状瘤病毒可引发人类宫颈癌而于2008年获得诺贝尔奖。人类和脊椎动物肿瘤的发生是由多种复杂的因素所引起，例如物理、化学和生物因素。有好几种动物病毒进入宿主细胞后进入持续性状态，可永久性地改变宿主遗传物质，导致宿主肿瘤发生。目前认为约12%的人类肿瘤是由病毒感染所引起，将来还会发现其他能导致癌症发生的病毒（表4–2）。可引发机体肿瘤发生的病毒被称作肿瘤病毒（oncoviruses），迄今发现的可引起细胞转化和肿瘤发生的病毒主要是一些dsDNA病毒和一些逆转录病毒。肿瘤病毒引起机体肿瘤发生的过程被称作转化（transformation）。肿瘤病毒最显著的特征是能够像溶原性噬菌体一样把病毒自身核酸整合到宿主细胞染色体DNA上。转化细胞生

表4–2 某些人类病毒所引起的肿瘤

肿瘤病毒	肿瘤类型
Epstein–Barr病毒（Epstein–Barr virus）	引起血液和淋巴细胞肿瘤，鼻咽癌
乙型肝炎病毒（hepatitis B virus）	肝癌
丙型肝炎病毒（hepatitis C virus）	肝癌
卡波西肉瘤相关疱疹病毒（Kaposi sarcoma–associated herpesvirus）	卡波西氏肉瘤
乳头多瘤空泡病毒（papovavirus）	各种动物肿瘤；人类宫颈癌（人乳头状瘤病毒）
梅克尔细胞多瘤病毒（Merkel cell polyomavirus）	一种梅克尔皮肤细胞癌
人类免疫缺陷病毒（human immunodeficiency virus）	与卡波西肉瘤、B细胞非霍奇金淋巴瘤和侵袭性子宫颈癌发生相关
人嗜T淋巴细胞病毒Ⅰ型（human T–cell lymphotropic virus type 1）	T淋巴细胞白血病、淋巴瘤

长速率增加，染色体发生改变，细胞表面分子产生变化，能够无限制分裂，丧失了正常细胞的生长接触抑制特性。因此，虽然肿瘤本身并不会直接传染，但肿瘤病毒具有传染性，是肿瘤的重要诱因之一。

肿瘤病毒引起细胞转化的机制是：①原病毒整合；②原病毒所含的与转化相关的特异性基因（病毒癌基因）的表达。病毒癌基因（viral oncogene）是人和脊椎动物正常的原癌基因（proto-oncogene）的同源基因，是正常细胞原癌基因的突变形式。正常宿主细胞中的原癌基因被认为是重要的调控基因，编码激活基因转录的蛋白质，对于正确调控细胞生长和繁殖至关重要。若原癌基因的突变导致编码产生突变蛋白，就有可能引起细胞非正常生长。若病毒整合插入染色体某些部位也有可能导致细胞不正常生长，肿瘤病毒的插入可以改变原癌基因的活性或异常表达而导致细胞转化和肿瘤发生。

（四）新发病毒

新发病毒（emerging virus）是指近年来鉴定发现的新病毒或新株系，能够感染人类，引起疾病与暴发流行，也指已知病毒在新的地区或不同人群引起疾病暴发流行或者再次暴发流行。如进入21世纪以来先后出现的SARS病毒、禽流感病毒、埃博拉病毒、新冠病毒等，它们引起的新发传染病对人类的健康与生命造成了严重威胁。

1. 新发病毒产生的原因

新发病毒产生的原因包括：①人类对环境的破坏。有些新发病毒原本可能以栖息在热带地区森林的猴、鼠类、蝙蝠等为自然宿主，由于森林深处的密闭作用而与人类隔离。但是，随着人口增加，人类为了扩大耕地与木材供应而大规模砍伐森林，便遭遇到了原来封闭在森林深处的病毒。②现代交通、旅游发展和人类大规模迁居，使本来在局部区域个别发生的病毒感染性疾病，扩散到其他广大地区，在人群中快速传播，引起大量人群感染死亡。③某些病毒基因发生突变改变了宿主范围或致病力。如禽流感（avian influenza）是由甲型流感病毒引起的一种禽类感染疾病综合征，禽流感病毒感染人类或其他哺乳动物宿主需获得一系列的遗传特征，包括血凝素结合受体特异性的改变、增强的病毒聚合酶能力等。④人类和动物的密切接触或食用野生动物，打破了原有动物病毒的生物圈，将那些原先在动物之间繁衍的病毒带入人类，而人类对这些病毒没有任何的免疫力，就会造成人类疾病大面积的流行。如2002年初始暴发的“严重急性呼吸综合征”（severe acute respiratory syndrome，SARS），是由一种新的冠状病毒——严重急性呼吸综合征冠状病毒（SARS coronavirus）引起，后研究发现农贸市场售卖的果子狸携带该类病毒，与人类SARS病毒存在99.8%的序列同源性，蝙蝠可能是SARS冠状病毒的源头宿主，推测果子狸可能是病毒从其他野生动物迁移到人类的一个中介。

2. 某些新发病毒介绍

（1）人类免疫缺陷病毒

人类免疫缺陷病毒（human immunodeficiency virus，HIV）是人类获得性免疫缺陷综合征（acquire immunodeficiency syndrome，AIDS，又称艾滋病）的病原体。HIV属于逆转录病毒，直径约100 nm，有包膜，基因组含两条相同的单链正RNA分子，包膜表面存在由gp120和gp41组成的糖蛋白刺突。gp120 是病毒和人体 T 细胞表面受体 CD4 蛋白的特异性结合位点，gp41 参与人体细胞膜表面的融合区域结合，促进病毒侵入宿主细胞。

HIV 病毒感染人体后，导致机体免疫功能逐渐削弱，免疫系统进行性损伤，进而发展到血液中 T 淋巴细胞浓度急剧下降，持续性全身淋巴结肿大，抗感染能力下降，最终发生机会性感染、恶性肿瘤及神经障碍等艾滋病相关综合征，导致死亡。至 2018 年末，全球范围内艾滋病病毒携带者和艾滋病患者（HIV/AIDS）人数达到 3 790 万人，我国 HIV/AIDS 患者人数达到 125 万人。其中，我国报告存活感染者 85.0 万，死亡 26.2 万例。艾滋病主要经血液、性接触、母婴传播。目前全球范围内仍缺乏有效的预防疫苗与治愈艾滋病的药物。临床上多采用多种抗病毒药物联合治疗的高效联合抗逆转录病毒治疗（HAART），即鸡尾酒疗法。该法每一种药物具有不同的作用机理或针对 HIV 病毒复制周期中的不同环节，从而避免单一用药产生的抗药性，可以使患者长期带毒生存，但无法根除，需要终身治疗。与 HIV 亲缘关系很近的猿类免疫缺陷病毒（simian immunodeficiency virus，SIV）广泛感染非洲灵长类动物，有报道认为 HIV 病毒可能是通过与感染黑猩猩的 SIV 密切接触人群传递给人类，在人群中传播，导致艾滋病的发生和流行。

（2）冠状病毒

冠状病毒属于冠状病毒科（*Coronaviridae*）冠状病毒属（*Coronavirus*）。病毒粒子呈球形，直径 60～220 nm，平均直径为 100 nm；有包膜，包膜表面存在刺突糖蛋白（S，是与人呼吸道黏膜上皮细胞上受体 ACE2 结合位点）、小包膜糖蛋白（E）和膜糖蛋白（M）。刺突糖蛋白在包膜外表面排列较宽，形如日冕，犹如中世纪欧洲帝王的皇冠，故称“冠状病毒”。不同冠状病毒的刺突有明显的差异。基因组为非分节段单链正 RNA 分子，与衣壳粒蛋白结合形成螺旋结构位于病毒包膜里面。RNA 长 27～31 kb，是 RNA 病毒中最长的 RNA 核酸链，RNA 链 5′ 端有甲基化“帽子”，3′ 端有 polyA“尾巴”结构，可以直接作为模板合成蛋白质。

冠状病毒被发现存在于许多脊椎动物中，如人、鼠、猪、猫、犬、狼、鸡、牛、禽类、蝙蝠、果子狸等。冠状病毒最先是 1937 年从鸡身上分离出来。冠状病毒的 RNA 和 RNA 之间重组率非常高，因而病毒容易发生变异，这可能是原本动物体内存在的、不能感染人类的冠状病毒，最终通过突变传染给与之接触的人群并在人群中暴发流行的原因。

2002 年冬到 2003 年春全球暴发的严重急性呼吸综合征（SARS，又称传染性非典型肺炎）就是由 SARS 冠状病毒（SRAS coronavirus，SARS-CoV）所引发。2019 年底全球暴发的新型冠状病毒疫情，也是由一种类 SARS 冠状病毒（SARS-CoV-2）所引起。目前已知有 7 种可以感染人的冠状病毒，除了 SARS-CoV 和 SARS-CoV-2 外，还有 MERS-CoV（引发中东呼吸综合征）、HCoV-229E、HCoV-OC43、HCoV-NL63 和 HCoV-HKU1。后 4 种冠状病毒在人群中较为常见，但致病性较低，引起一般呼吸道症状，类似普通感冒。

（3）流感病毒

流行性感冒病毒（influenza virus，简称流感病毒），属正黏病毒科（*Orthomyxoviridae*）。流感病毒根据其核蛋白的抗原性不同被分为甲（A）型、乙（B）型、丙（C）、丁（D）型流感病毒，其中甲型对人致病性最强，也最常见。甲型流感病毒颗粒呈球形，有包膜，直径 80～120 nm。核酸是单链负 RNA 分子，通常含 8 个节段。病毒粒中心为螺旋形核衣壳，由 RNA、核蛋白和 RNA 聚合酶构成；核衣壳外被包膜所包裹，其内表面为一层作为基质的蛋白质，外表面有两种糖蛋白刺突：血细胞凝集素（H）和神经氨酸酶（N）。甲型流感病毒包膜刺突 H 有 18 个型，N 有 11 个型，可组合成多种亚型病毒，如 H5N1、H1N1 等亚型。血细胞凝集素是病毒与宿主呼吸道黏膜上皮细胞膜上的唾液酸受体相结合的位点，神经氨酸酶的作用是促使被感染的宿主细胞释放出新产生的病毒颗粒。甲型流感病毒血细胞凝集素和神经氨酸酶的抗原性易发生变异，是造成流感季节性流行的主要原因。

根据流感病毒感染对象不同，可将其分为人流感病毒、猪流感病毒及禽流感病毒等类群。水鸟类（例如野鸭）是所有已知甲型流感亚型的天然“贮主”（natural reservoir），因为病毒感染了鸟类的内脏却不引起症状，但这些野生禽类体内存在的毒株可随时间突变或是和其他的流感毒株交换遗传物质，导致在哺乳动物和家禽中产生新病毒。长期以来，在人群中流行的流感病毒只有 H1、H2、H3 型。2009 年 4 月在美国和墨西哥暴发，随后迅速蔓延到全球的甲型 H1N1 流感就是由甲型 H1N1 亚型流感病毒所引起，全球共 214 个国家出现甲型 H1N1 流感病例，至少 18 449 人因此感染而死亡。分析表明该病毒实际上集合了禽流感病毒、人流感病毒、猪流感病毒的基因片段，是一种新型的、变异的甲型 H1N1 亚型流感病毒。

四、昆虫病毒

已描述的昆虫病毒有 1 671 种以上，分属至少 7 个病毒科，其中 80% 以上是农林业中常见的鳞翅目害虫的病原体，在害虫生物防治方面有重要的应用价值。

很多昆虫病毒会在所侵染的昆虫细胞内形成包涵体（inclusion body），在光镜下观察呈多角形，故又称多角体（polyhedron）。多角体一般直径为 0.5 ~ 10 μm，成分为碱溶性蛋白质，其内包裹着 1 个或多个病毒粒子，具有保护病毒粒子免受热、酸性 pH 和化学药物的损害作用，可使病毒在土壤中维持活力数年不死；当包涵体随昆虫摄食植物进入昆虫消化道后，在碱性环境中可被溶解释放出病毒粒子，侵染昆虫中肠上皮细胞，有的病毒可潜伏在昆虫体内，有的则可在昆虫全身侵染、扩散，引起昆虫死亡。包涵体侵染引起的昆虫死亡症状常常表现为幼虫虫体腹部肿胀出脓。根据包涵体在昆虫细胞内增殖和产生部位及形态分为 3 种类型：核型多角体病毒（nuclear polyhedrosis virus）、质型多角体病毒（cytoplasmic polyhedrosis virus）和颗粒体病毒（granulosis virus）。质型多角体病毒在感染细胞质中形成多角体包涵体，多属于呼肠弧病毒（reoviruses），具有二十面体的双层外壳，内含双链 RNA，例如棉铃虫、黏虫和桑毛虫等质型多角体病毒。核型多角体病毒在感染细胞核中形成多角体包涵体，是一类杆状病毒（baculovirus），有包膜、螺旋对称，内含双链 DNA，例如棉铃虫、黏虫和桑毛虫的核型多角体病毒。颗粒体病毒在感染细胞核中或细胞质中形成椭圆形颗粒状包涵体，同样属于杆状病毒（baculovirus），有包膜、螺旋对称，内含双链 DNA，例如菜青虫、小菜蛾、赤松松毛虫、稻纵卷叶螟等颗粒体病毒。

五、植物病毒

植物病毒大多数为ssRNA病毒，基本形态有杆状、丝状和球状，一般无包膜。某些病毒如TMV可以像噬菌体和某些动物病毒一样在植物原生质体内生长，而某些植物病毒则不能，需要接种于相应的植株或组织制备物中。

植物病毒不吸附于特定的宿主细胞受体，而是通过宿主细胞壁的伤口进入其内。植物细胞有很厚的细胞壁。某些植物组织，包括叶子和茎，表面还覆盖着多层蜡样物质。植物病毒必须要破坏这些屏障才能进入宿主细胞内。因而植物病毒常常通过机械损伤，如动物的啃咬、昆虫的吸汁和气候的伤害来实现自身的侵入。病毒一旦进入，就可以通过胞间连丝在细胞之间进行传播。

许多植物病毒有极强的抵抗力。如TMV可以存活多达50年而不失活。病毒粒子非常稳定对于病毒是很重要的，因为一般情况下它们的感染是无效的。

大多数植物病毒可导致植物长期退化性疾病，减慢植物的生长和减少植物的产量，造成经济危害。

某些病毒通过土壤传播。大约有10%已知植物病毒通过感染的种子或茎块传播，或者通过健康植物的花粉与感染病毒的植物之间进行传播，或者通过健康株与感染株之间嫁接而传播，或者通过寄生植物进行传播。其他感染机制涉及不同类型的载体，包括昆虫、蠕虫、真菌和人类。

六、真菌病毒

感染真菌的病毒称为真菌病毒（mycoviruses），它们的基因组主要是dsRNA，也有含正链或负链的ssRNA。近来，真菌DNA病毒也有报道。研究发现，某些真菌病毒能够降低其宿主植物病原真菌的致病力，显示出在真菌植物病害的生物防治方面的开发潜力。

七、巨大病毒

巨大病毒（giant virus）是一类感染真核生物的双链DNA病毒，其体积大于400 nm，光学显微镜下可见；基因组双链DNA通常大于500 kb，含有几百个（通常是500以上）蛋白质编码基因。而大多数病毒基因组仅含有几个或十几个蛋白质编码基因，巨大病毒在颗粒大小和基因组大小两方面都超过很多细菌和古菌。宿主为变形虫。

2003年法国科学家报道，一种1992年从变形虫多食棘阿米巴（*Acanthamoeba polyphaga*）中发现的、革兰氏染色被误认为是一种革兰氏阳性菌的“布拉德福德球菌（Bradfordcoccus）”，实则为一种病毒；其体积与细菌相近，病毒粒子直径大于400 nm，命名为mimivirus（mimi意即酷似细菌）；基因组DNA 1.2 Mb，有979个蛋白质编码基因，很多细菌基因数少于此数。随后，很多新的巨大病毒，智利巨型病毒（*Megavirus chilensis*）、潘多拉病毒（Pandoravirus）、西伯利亚阔口罐病毒（*Pithovirus sibericum*）、图盘病毒（Tupanvirus）等被陆续发现。其中图盘病毒粒子长度1.2 ~ 2.3 μm，宽约450 nm，基因组DNA 1.44 ~ 1.51 Mb，含有1 276 ~ 1 425个蛋白质编码基因。

病毒学家将上述发现的巨大病毒归入双链 DNA 病毒中的核质巨 DNA 病毒类群（nucleocytoplasmic large DNA virus，NCLDV）。NCLDV 在受感染细胞的细胞质中增殖。巨大病毒除了在颗粒大小和基因组大小两方面都超过很多细菌和古菌外，还编码多种细胞生物通用的蛋白质，特别是蛋白质翻译系统的一些蛋白质，图盘病毒甚至拥有将氨基酸合成蛋白质所必需的几乎完整全套基因，并且巨大病毒还有相当一部分基因从来没有在其他病毒中发现过。这些结果引发了一些科学家提出了巨大病毒的细胞起源假说，推测其可能由祖先细胞基因组通过逆行进化，丢失了部分基因形成了依赖宿主细胞的巨大病毒，因而建议这类病毒构成细胞生物的第四域。但其他一些科学家通过对 5 个几乎普遍保守的 NCLDV 蛋白多重序列比对分析，提出了巨大病毒多元起源假说，认为巨大病毒是从较小的 NCLDV 通过从真核宿主和细菌中获得多种基因并伴随着基因重复而多元起源进化形成。

八、噬病毒体

2008 年，巨大病毒被发现其自身也携带有另外一类病毒，这些病毒被称为噬病毒体（virophage），即感染病毒的病毒。噬病毒体可以挟持巨大病毒的转录和复制机器来表达和复制自己的基因组。例如，噬病毒体 Sputnik 病毒可感染巨大病毒 *Acanthamoeba castellanii* mamavirus，Sputnik 病毒基因组为 18 343 bp 长的双链 DNA，可以编码约 21 个基因。噬病毒体的发现拓展了我们对于病毒生物学、多样性以及复杂性的认识。

第四节 亚病毒

亚病毒（subvirus）是一类不具备完整的复杂结构的、类似病毒的感染性生物因子，是一类比病毒更小的致病因子，包括类病毒（viroid）、卫星因子（satellite）和朊病毒（prion）。

一、类病毒

类病毒是指无衣壳蛋白包被的环状、单链、相对分子质量较小的一类 RNA 侵染性分子，在宿主植物细胞中能自主复制。最先是 1971 年由植物病理学家 Diener 在染病马铃薯茎纺锤病植物细胞核中所发现。类病毒 RNA 分子内由碱基广泛配对形成双链与小环相间的二级结构。整个环由两个互补的半体所组成，两者间碱基以氢键相连形成棒状结构，其中有内环。

类病毒具有以下几个特点：①类病毒由一个单链、环状、相对分子质量较小的 RNA 分子所组成，核苷酸长度为 246 ~ 399 个碱基。②类病毒以 RNA 颗粒形式存在于宿主细胞核内，无衣壳和包膜包被。③类病毒复制依赖于宿主细胞的转录酶系统，而不需要辅助病毒的存在。④类病毒 RNA 不编码蛋白质。⑤与病毒 RNA 不同，类病毒 RNA 总是在宿主细胞核中复制。⑥类病毒颗粒的识别需要借助特殊技术鉴定其RNA序列。

类病毒主要使植物致病，引起马铃薯、柑橘、椰子、啤酒花等多种重要的经济植物的严重损害，但类病毒与人类疾病的关系尚未见报道。类病毒不产生蛋白质，引起植物致病的可能机制可用拼接干扰假说和竞争假说来解释。拼接干扰假说认为由于类病毒具有与细胞中某种RNA的同源序列，因此它可能通过干扰宿主细胞mRNA的拼接而致病。竞争假说认为RNA聚合酶Ⅱ是负责细胞内mRNA合成的，而类病毒复制与此酶有关。由于类病毒的竞争作用，使宿主mRNA无法合成，从而致病。

二、卫星因子

卫星因子是一类由核酸分子组成的亚病毒，缺乏复制所需基因，其增殖依赖于辅助病毒共感染宿主细胞提供复制所需的基因，因而不能独自在宿主细胞中增殖，单独没有侵染性，故被称作卫星因子。卫星因子的核酸序列与辅助病毒或宿主细胞基因组核酸序列没有同源性。卫星因子有两类：卫星病毒（satellite virus）与卫星核酸（satellite nucleic acid；又称拟病毒，virusoids）。如核酸分子含有编码衣壳蛋白和核蛋白（nucleoprotein）的遗传信息，核酸被所编码的衣壳蛋白包裹成形态学和血清学与辅助病毒不同的颗粒，就被称作卫星病毒；如核酸本身没有编码衣壳蛋白遗传信息或没有编码其他任何蛋白质的遗传信息，而是被包裹在辅助病毒编码的衣壳蛋白内，则被称作卫星核酸（表4-3）。

表4-3 某些卫星因子类型与种类举例

类型	核酸	实例	宿主
卫星病毒	单链RNA	慢性蜜蜂麻痹卫星病毒（Chronic bee-paralysis satellite virus）	无脊椎动物
		烟草坏死卫星病毒（Tobacco necrosis satellite virus）	植物
卫星核酸	单链DNA	番茄叶卷病毒卫星DNA（Tomato leaf curl virus satellite DNA）	植物
	双链RNA	酿酒酵母M病毒卫星（Satellite of *Saccaromyces cerevisiae* M virus）	真菌
	单链RNA		
	线性大卫星RNAs	番茄黑环病毒卫星RNA（Tomato black ring virus satellite RNA）	植物
	线性小卫星RNAs	黄瓜花叶病毒卫星RNA（Cucumber mosaic virus satellite RNA）	植物
	环状卫星RNAs	地三叶草斑驳病毒卫星RNA（Subterranean clover mottle virus satellite RNA）	植物

英国科学家Kassanis于1962年首先发现有些烟草坏死病毒（TNV）分离物中含有较小的病毒颗粒，由于其单独不能侵染植物，需要烟草坏死病毒的辅助作用才能侵染植物细胞并进行增殖，因此被称为烟草坏死病毒卫星病毒（STNV），烟草坏死病毒被称为辅助病毒（helper virus）。烟草坏死病毒是二十面体颗粒，直径30 nm，它能不依靠其他病毒独立复制，通常侵染植物根部。烟草坏死病毒卫星病毒也是二十面体，直径18 nm，含有60个蛋白亚基衣壳粒，衣壳粒蛋白亚基相对分子质量为21.6×10^3，由195个氨基酸组成。核酸是一个由1 239个核苷酸组成的RNA分子，只编码衣壳蛋白一种蛋白质。

卫星核酸也是要依赖于辅助病毒才能进行复制，但与卫星病毒不同的是，其本身没有编码衣壳蛋白的遗传信息，而是包裹于辅助病毒的衣壳蛋白之中。卫星核酸根据其核酸分子不同可分为卫星DNA和卫星RNA。含单链闭合环状RNA分子的卫星RNA，如地三叶草斑驳病毒卫星RNA，在RNA分子大小、环状结构、碱基高度配对、缺乏mRNA活性等方面与类病毒相似，甚至分子中也具有类病毒中特有的GAAAC序列，但它们复制依赖辅助病毒等特性又与类病毒不同，故有时又被称作类病毒样卫星RNA（viroid-like satellite RNA）。

人类丁型肝炎病毒（hepatitis delta virus，HDV）是1977年由意大利学者发现的。最初因为从未在没受乙型肝炎病毒感染的机体中发现而被认为是乙型肝炎病毒（hepatitis B virus，HBV）的一部分。然而，丁型肝炎病毒并不是在所有乙型肝炎病毒感染患者中存在，它仅存在于特别严重的病例中，其死亡率高于仅HBV感染的10倍。直到1980年才发现HDV是一个分开的侵染性病原体，然而需要HBV共感染才能增殖，是一个乙型肝炎病毒的卫星因子。该病毒含有一个1 679～1 683个核苷酸组成的单链闭合环状的负RNA分子，其复制依赖于宿主细胞的转录酶系统，与类病毒相似；但又与类病毒有明显不同，其核酸相对分子质量较大，编码一个功能蛋白（丁型肝炎病毒δ抗原），需要借助HBV辅助病毒增殖，特别是依赖辅助病毒增殖是各种卫星因子的一个共同特征。HDV病毒以颗粒形式存在于某些乙型肝炎患者的血清中，病毒装配过程中其RNA分子被包裹在乙型肝炎病毒外壳蛋白（又称乙肝病毒表面抗原，HBsAg）内；HDV的侵染需要外面包裹的HBsAg外壳蛋白的参与。

三、朊病毒

朊病毒是一类感染人与其他哺乳类动物，仅具有传染性蛋白质，而无核酸的病原体，如疯牛病和人的克雅氏病等的病原体。朊病毒对人类最大的威胁是可以导致人类和家畜患中枢神经系统退化性病变，最终不治而亡。1982年Prusiner首先提出了朊病毒概念，并于1997年为此获得了诺贝尔奖。后来，科学家们也在真菌中发现存在朊病毒。

朊病毒的主要特点有：①抗热，90℃加热能杀死病毒但不能使朊病毒失活；②抗辐射，辐射能使病毒基因组损伤但朊病毒不敏感；③抗DNA酶或RNA酶降解作用；④朊病毒对蛋白质变性剂如酚和尿素敏感；⑤朊病毒具有直接配对的氨基酸。

朊病毒蛋白（prion protein，PrP）有两种构象：正常型PrP^c和致病型PrP^{sc}。两者由同一基因编码，具有相同的氨基酸序列。两者的主要区别在于其空间构象上的差异，PrP^c仅存在α螺旋，

而 PrP^{sc} 有多个 β 折叠存在，后者溶解度低，且抗蛋白酶酶解。朊病毒可能是由机体正常的蛋白质朊病毒蛋白不正常的折叠所形成，这种不正常折叠可能由突变所引起，并导致机体疾病。致病型 PrP^{sc} 会促使正常型 PrP^{c} 型构象变化转变成致病型 PrP^{sc} 构象。无害正常的 PrP^{c} 存在于哺乳动物细胞特别是脑细胞质膜上，互相连接成小纤维或纤维。如果纤维不能在细胞膜上正常形成，就会聚集并最终杀死细胞（图 4–16）。

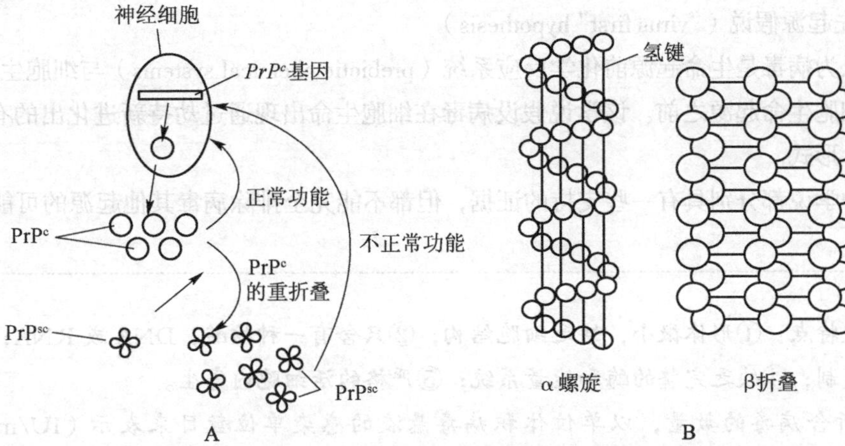

图 4–16　朊病毒的作用机制（A）和朊病毒蛋白两种构象（B）示意图

朊病毒所致疾病主要为人类朊病毒病：库鲁病、克雅病、新型克雅氏病等；动物朊病毒病：牛海绵状脑病、羊瘙痒症、水貂脑病等。牛海绵状脑病（bovine spongiform encephalopathy，BSE），俗称“疯牛病”，主要症状表现为突然发作、运动失调、性情暴躁等；病变仅见于脑，神经元变性、空泡化，无炎症反应和免疫反应，无宿主特异性。

第五节　病毒的起源与进化

不像真核生物和某些原核生物的起源和进化具有某些远古化石记录证据，病毒的起源和进化缺乏化石证据。目前的科学证据还不能完全确定病毒的起源及其进化地位，科学家为此提出了三种不同的假说。

1. 退化起源假说（“regression” hypothesis）

该学说认为病毒是一种退化的生命形式，它们可能起源于细胞内寄生物，在进化过程中丧失了很多细胞功能、仅保留其细胞内寄生生活所必需的基因。该假说根据在细胞内存在着像立克次氏体和衣原体这样非独立生活的细胞生物形式，推测寄生于细胞的低级细菌退化为立克次氏体一类的生物，再退化为衣原体一类的生物，进而退化成病毒。

2. 逃逸基因假说（“escaped genes” hypothesis）

该学说认为病毒起源于细胞内的遗传物质碎片和细胞内大分子的功能性装配，其通过在宿主细胞内的自主复制而从所发生的细胞中逃逸。病毒与质粒的某些相似性似乎支持这一假说。质粒本属于细胞的一部分，但它可以随时脱离细胞，并在细胞之间传递；有很多 DNA 病毒，如细菌病毒中的 λ 噬菌体，植物病毒中的花椰菜花叶病毒，动物病毒中的乙肝病毒等，其病毒 DNA 或全部或部分可以结合到它们的寄生细胞染色体上，变为细胞的一部分，正好是细胞核酸外逸的逆过程。

3. 病毒先起源假说（“virus first” hypothesis）

该学说认为病毒是生命起源前化学反应系统（prebiotic chemical systems）与细胞生命的中间体，病毒起源于细胞生命起源之前。该学说假设病毒在细胞生命出现通过劫持新进化出的有机体细胞机器转变成寄生形式。

上述每种学说都分别具有一些支持的证据，但都不能完全排除病毒其他起源的可能性。

摘 要

病毒 5 大特点：①形体微小，缺乏细胞结构；②只含有一种核酸，DNA 或 RNA；③依靠自身的核酸进行复制；④缺乏完整的酶和能量系统；⑤严格的活细胞内寄生。

样品中所含病毒的数量，以单位体积病毒悬液的感染单位数目来表示（IU/mL），称为病毒的效价。以单位体积噬菌体悬液在琼脂叠层平板上形成的噬菌斑数目表示噬菌斑形成单位（PFU/mL），称为噬菌体效价。

病毒颗粒由核酸构成芯髓，被蛋白质构成的衣壳包被，芯髓与衣壳一起构成病毒核衣壳。有些病毒在核衣壳外面有包膜。无包膜的病毒称为裸露病毒，有包膜的病毒称为包膜病毒。包膜表面有突起，称为刺突，多为糖蛋白。

病毒衣壳有三种结构类型：螺旋对称结构、二十面体对称结构和复合对称结构。烟草花叶病毒为螺旋对称结构，腺病毒为二十面体对称结构，T4 噬菌体为蝌蚪形复合对称结构。

一种病毒只含有一种核酸，或是 DNA 或是 RNA。病毒的核酸可以分为单链或双链、正链或负链、线状或环状、分节段或不分节段，分节段可称为多分子，不分节段可称为单分子。以 mRNA 碱基序列为标准，与此相同的为正链，与此互补的为负链。

病毒蛋白质分为结构蛋白和非结构蛋白两类。结构蛋白指构成一个形态成熟的有感染性的病毒颗粒所必需的蛋白质，包括衣壳蛋白、包膜蛋白和存在于病毒颗粒中的酶等。非结构蛋白指由病毒基因组编码，在病毒复制过程中产生并具有一定功能，但不结合于病毒颗粒中的蛋白质。

病毒的命名采用英文或英文化拉丁文，只用单名，不用斜体书写。

噬菌体是感染细菌、放线菌和蓝细菌等各种原核微生物的病毒，根据不同核酸类型可分为 dsDNA 病毒、ssDNA 病毒、dsRNA 病毒和 ssRNA 病毒，一般无包膜，主要有蝌蚪形、微球形和丝型。

烈性噬菌体侵入细菌细胞后，在宿主细菌细胞内增殖，产生大量子噬菌体，并通过裂解细菌细胞而释放新的噬菌体。烈性噬菌体的繁殖过程一般可分为吸附、侵入、生物合成、成熟与释放 5 步。烈性噬菌体一步生长曲线分为 3 个时期：潜伏期、裂解期和平稳期。潜伏期又分潜伏前期和潜伏后期。

温和噬菌体侵染敏感细胞后不裂解宿主细胞，而是处于长时间的沉默状态，与宿主细胞分裂同步增殖，产生一个病毒感染的细胞克隆，这种噬菌体与细菌共存的特性称为溶原性，被侵染的细胞称为溶原性细胞。温和噬菌体多数将其DNA整合进宿主染色体上，也有少数作为游离质粒存在。整合插入细菌细胞染色体上的病毒DNA称作前噬菌体。溶原性细菌具有3个特点：①溶原性转变；②免疫作用；③溶原性是可逆的。

动物病毒的增殖也经历吸附、侵入、生物合成、成熟与释放5步过程。动物病毒侵入方式有：直接侵入、包膜与质膜融合，以及内吞作用。新病毒粒子通过膜出芽方式释放胞外。动物病毒的持续性是指某些病毒通过吸附、侵染进入动物宿主细胞后，并不进行增殖杀死宿主细胞，而是将自身病毒DNA整合到宿主细胞染色体DNA分子上或呈类质粒状态，长期存在于宿主细胞内。以整合形式存在的病毒核酸被称作原病毒。原病毒可受环境因素如紫外线诱导活化，脱离染色体。疱疹病毒终身持续性存在机体细胞内，当机体受冷、热、压力或免疫抑制等因素的刺激时，持续性的疱疹病毒被活化，重新增殖导致细胞裂解，引起疾病，然后又恢复到持续状态，这种持续性又被称作“潜伏性”。

引发机体肿瘤发生的病毒被称为肿瘤病毒，肿瘤病毒引起机体肿瘤发生的过程被称为转化。肿瘤病毒最显著的特征是能够像溶原性噬菌体一样把病毒自身核酸整合到宿主细胞染色体DNA上。肿瘤病毒引起细胞转化的机制是：①原病毒整合；②原病毒所含的与转化相关的特异性基因（病毒癌基因）的表达。

新发病毒是指近年来鉴定发现的新病毒或新株系，能够感染人类，引起疾病与暴发流行，也指已知病毒在新的地区或不同人群引起暴发流行或者再次暴发流行。人类免疫缺陷病毒是人类获得性免疫缺陷综合征的病原体，属于逆转录病毒，基因组含两条相同的单链正RNA分子，包膜表面存在由gp120和gp41组成的糖蛋白刺突。冠状病毒粒子有包膜，包膜表面存在刺突糖蛋白（S）、小包膜糖蛋白（E）和膜糖蛋白（M），基因组为非节段单链正RNA。甲型流行性感冒病毒属正黏病毒科，有包膜，核酸是单链负RNA，通常含8个节段，有包膜，包膜外表面有两种糖蛋白刺突：血细胞凝集素（H）和神经氨酸酶（N）。包膜刺突H有18个型，N有11个型，可组合成多种亚型病毒。

很多昆虫病毒会在所侵染的昆虫细胞内形成包涵体，在光镜下观察呈多角形，称为多角体。多角体成分为碱溶性蛋白质，其内包裹着1个或多个病毒粒子。包涵体在昆虫消化道碱性环境中可被溶解释放出病毒粒子，侵染昆虫中肠上皮细胞，引起昆虫死亡。

植物病毒大多数为ssRNA病毒，基本形态有杆状、丝状和球状，一般无包膜。植物病毒通过机械损伤，如动物的啃咬和气候的伤害来实现自身的侵入。

巨大病毒是一类感染变形虫的dsDNA病毒，其体积大于400 nm，基因组双链DNA通常大于500 kb，通常含有500个以上蛋白质编码基因，在受感染细胞的细胞质中增殖，属于核质巨DNA病毒类群（NCLDV）。

类病毒是指无衣壳蛋白包被的环状、单链、相对分子质量较小的一类RNA侵染性分子，在宿主植物细胞中能自主复制。

卫星因子是一类由核酸分子组成的亚病毒，缺乏复制所需基因，其增殖依赖于一种辅助病毒共感染宿主细胞，因而不能独自在宿主细胞中增殖，单独没有侵染性。卫星因子有两类：卫星病毒与卫星核酸。如卫星因子核酸含有编码衣壳蛋白的遗传信息，核酸被所编码的衣壳蛋白包裹成形态学和血清学与辅助病毒不同的颗粒，就称为卫星病毒；如卫星因子核酸本身没有编码衣壳蛋白的遗传信息，而是装配于辅助病毒编码的衣壳蛋白中，则称为卫星核酸。

朊病毒是一类感染人与其他哺乳类动物，仅具有传染性蛋白质，而无核酸的病原体，如疯牛病朊病毒。朊病毒可能是由机体正常的蛋白质朊病毒蛋白经不正常的折叠所形成。

病毒的起源与进化包括三种不同的假说：退化起源假说，逃逸基因假说和病毒先起源假说。

思考题

1. 何谓病毒？病毒的特点有哪些？
2. 解释病毒感染单位、病毒效价和噬菌体效价。
3. 画出病毒的结构示意图，并说明各部分名称。
4. 简述病毒衣壳的三种对称形态结构，各举出一个代表。
5. 说明每一种病毒核酸类型及其各自的物理性质。什么是正链、负链及分节段基因组。
6. 什么是病毒包膜、刺突？病毒包膜、刺突在病毒生活周期中起什么作用？
7. 病毒由哪些化学成分组成？
8. 给出病毒分类的一些主要特征，其中最重要的是哪些特征？
9. 何为烈性噬菌体和温和噬菌体？典型代表各是什么？
10. 简述烈性噬菌体的繁殖过程。
11. 何谓病毒的一步生长曲线？各期有何特点？
12. 试述双链DNA病毒、单链正RNA病毒、单链负RNA病毒和逆转录病毒的复制过程。
13. 比较噬菌体和动物病毒繁殖过程的异同点。
14. 描述溶原性转变及其重要意义。
15. 什么叫溶原性？溶原性有哪些特点？
16. 什么叫动物病毒的持续性？持续性有哪些特点？
17. 简述肿瘤病毒及其引发肿瘤的机制。
18. 什么叫新发病毒？新发病毒出现的原因有哪些？
19. 人类免疫缺陷病毒、冠状病毒和流感病毒包膜外表面的糖蛋白刺突有什么不同？它们在病毒侵染过程中起什么作用？
20. 简述昆虫病毒多角体及其在害虫防治方面的应用。
21. 什么叫亚病毒、类病毒、卫星因子、朊病毒？简述其主要生物学特性。
22. 卫星病毒与卫星核酸有什么不同？
23. 为什么新冠病毒感染暴发期间，有的感染者早期荧光定量PCR核酸检测呈阴性，后期检测呈阳性？请说明原因。

24. 法国科学家在智利海底发现了一种巨大病毒，直径达 700 nm，甚至比某些细菌都大。你认为需要提供哪些证据证明该生物是病毒而不是细菌。

数字课程学习

教学课件　在线自测

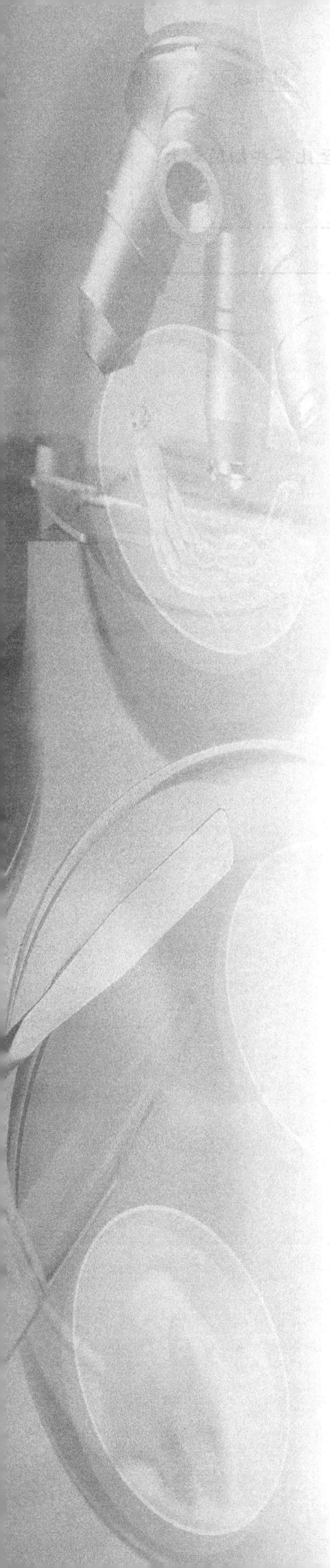

第五章

微生物营养与生长

微生物为了维持其生命活动正常进行，首先需要从外界吸收营养物质，供其生长发育需要。除了营养物质以外，其他环境因素也影响微生物的生长。研究微生物，需要发展微生物的培养方法，了解微生物的生长规律，以便更好地利用和控制微生物。同时，需要发展控制有害微生物生长的方法，防止有害微生物对人类健康和社会经济生活产生有害影响。

第一节　微生物的营养及其对微生物生长的影响

营养（nutrition）是微生物体从外部环境中摄取对其生命活动必需的能量和物质，以满足其正常生长和繁殖所需要的一种最基本的生理功能。

一、微生物的营养因子

能够满足微生物生长、提供构建细胞成分的原料或提供能量的物质称为营养物（nutrient）。所以，微生物所需要的营养因子是由微生物细胞的组成和代谢途径所决定的。表 5–1 显示的是大肠杆菌细胞成分分析的结果，从中可见微生物对不同营养物质的需要量是不一样的。通常将微生物需要量较高的营养物质称作大量营养元素，需要量较少的营养物质称作微量营养元素。研究表明，微生物生长所需的大量营养元素包括 C、H、O、N、P、S、K^+、Na^+、Ca^{2+}、Mg^{2+}、Fe^{2+}，环境中大量元素浓度通常要达到 10^{-4} ~ 10^{-3} mol/L 或更高；微生物生长所需的微量营养元素包括 Mn^{2+}、Co^{2+}、Zn^{2+}、Cu^{2+}、Mo^{2+}、Ni^{2+} 等，环境中微量元素所需浓度通常为 10^{-8} ~ 10^{-6} mol/L。表 5–2 显示微生物主要营养因子及其生物学功能。

由于提供给微生物的营养物质往往含有多种元素，下面主要根据营养物质的类型扼要介绍微生物的主要营养因子及其对微生物生长的影响。

表 5-1 大肠杆菌细胞的化学组成分析

化合物	占细胞总重 /%	占细胞干重 /%	元素	占细胞干重 /%
有机化合物			碳（C）	50
蛋白质	15	50	氧（O）	20
核酸			氮（N）	14
RNA	6	20	氢（H）	8
DNA	1	3	磷（P）	3
糖类	3	10	硫（S）	1
脂类	2	未测定	钾（K）	1
各种无机化合物	2	未测定	钠（Na）	1
水	70		钙（Ca）	0.5
其他	1	3	镁（Mg）	0.5
			氯（Cl）	0.5
			铁（Fe）	0.2
			锰（Mn）、锌（Zn）、铜（Cu）、钴（Co）、钼（Mo）	0.3

表 5-2 微生物主要营养元素及其生物学功能

元素	生物学功能举例
C	碳元素是细胞有机分子的骨架或主链
H	细胞绝大多数有机分子都含氢元素
O	细胞绝大多数有机分子都含氧元素
N	氮是合成氨基酸、嘌呤、嘧啶等含氮有机物的元素
P	磷在核酸、磷脂、一些生长因子、磷酸化蛋白和其他一些细胞成分中存在
S	硫被用于合成含硫氨基酸（半胱氨酸和甲硫氨酸）、生物素和硫胺素等
K^+	维持细胞渗透压和细胞膜透性
Na^+	调节细胞膨压、参与某些穿过细胞膜的物质运输
Ca^{2+}	细胞壁稳定剂，某些酶的辅酶
Mg^{2+}	很多酶的辅酶或激活剂，生物膜和核糖体的稳定剂
Fe^{2+}/Fe^{3+}	细胞色素、Fe-S 蛋白成分、固氮酶
Mn^{2+}	某些酶辅酶，超氧化物歧化酶的成分
Co^{2+}	维生素 B_{12} 的成分，某些菌的转羧基酶成分
Zn^{2+}	碱性磷酸酶和多种脱氢酶的成分，“锌指”结合因子的主要成分
Cu^{2+}	细胞色素 C 氧化酶的成分
Mo^{2+}	某些固氮酶、黄素蛋白的成分
Ni^{2+}	大多数氢酶、碳单氧脱氢酶成分

（一）碳源

碳源是指能被微生物吸收利用，为微生物生长提供碳元素的物质。微生物可以利用多种含碳物质作为碳源。用作碳源的物质分为无机碳源和有机碳源。无机碳源包括 $NaHCO_3$、$CaCO_3$、CO_2 等，有机碳源包括糖类、油脂、有机酸、醇类等。蛋白质、核酸也可提供碳元素，但蛋白质、核酸原料较贵，一般不直接用作碳源供给，而是作为氮源使用。微生物利用复杂碳源特性，在环境修复中被人类充分利用。各种结构复杂的农药或有机化合物在自然界中都可以找到能够利用它们进行生长的微生物。人们大量培养这类微生物释放到环境中，可以降解污染物，修复环境。石油污染常常用以上原理得以修复。由于不同微生物所含酶系统不同，因而对不同碳源的利用速率不同。根据微生物利用碳源快慢的不同，又可以分为速效碳源和迟效碳源。对于大多数微生物，葡萄糖可以被迅速分解利用，是速效碳源。而淀粉等多糖类物质，需要分泌胞外酶进行水解才能被吸收利用，因此是迟效碳源。

不同种类微生物利用碳源物质的能力有差异。有的微生物能广泛利用各种类型的碳源，而有的微生物仅仅能利用少数几种碳源。在微生物研究和发酵试验中，常常需要研究微生物培养的最佳碳源，以便提高培养液的生物量和特异性酶活力（表 5–3）。

表 5–3　碳源对恶臭假单胞菌 NA–1 菌株生长和酶形成的影响

碳源	生物量 /（$mg \cdot mL^{-1}$）	烟酸羟基化酶活性 /（$U \cdot mL^{-1}$）
柠檬酸	3.99	0.306
苹果酸	3.73	0.370
琥珀酸	4.43	0.041
葡萄糖	0.37	0.001
蔗糖	1.99	0.199
麦芽糖	2.16	0.221
果糖	4.31	0.313
淀粉	2.14	0.244
酒石酸	2.47	0.233

（二）氮源

凡是能够为微生物细胞提供氮元素的营养物质都是氮源。氮源的种类很多，包括有机氮源和无机氮源。有机氮源包括：牛肉浸膏、酵母浸膏、花生饼粉、黄豆饼粉、棉籽饼粉、玉米浆、玉米蛋白粉、蛋白胨、酵母粉、鱼粉、蚕蛹粉、麦麸、尿素、废弃菌丝体等。有机氮源是含氮丰富的一些天然物质，它们同时也含有糖类、脂类、无机盐、维生素和某些生长因子。一般来说，碳源和能源原料价格低于氮源，因此不将有机氮源用作能源或者碳源。对于有机氮源，以蛋白质降解产物形式存在更有利于微生物吸收，比如玉米浆中的氮源主要是氨基酸和肽，微生物可以迅速吸收利用，称为速效氮源；而花生饼粉、黄豆饼粉等氮源主要以蛋白质形式存在，微生物要加以分解后才能吸收利用，因此称为迟效氮源。根据微生物对氮源的利用能力不同，可将其分为氨基酸自养型和氨基酸异养型。

无机氮源包括铵盐、硝酸盐、氨水等。铵盐、氨水都可以被微生物迅速利用，属于速效氮源。硝酸盐被微生物吸收后要还原形成 NH_3 才能被进一步利用。值得提出的是速效氮源的利用可引起 pH 的变化。有一些氮源经微生物代谢后形成酸性物质，这类无机氮源叫生理酸性盐，如硫酸铵。有一些氮源经微生物代谢后产生碱性物质，这类氮源又叫生理碱性盐，如硝酸钠。生理酸碱性物质具有调节发酵过程 pH 的积极作用。还有一些微生物可以直接以 N_2 为氮源，称为固氮微生物。

不同种类微生物对不同氮源物质的利用能力不一样，在微生物培养和发酵研究中，需要研究微生物培养的最佳氮源，以便用尽可能低廉的氮源获得最多的微生物产品（表 5–4）。

表 5–4 氮源对恶臭假单胞菌 NA–1 菌株生长和酶形成的影响

氮源	生物量 / ($mg \cdot mL^{-1}$)	烟酸羟基化酶活性 / ($U \cdot mL^{-1}$)
硫酸铵	1.45	0.002
氯化铵	1.33	0.000
蛋白胨	3.88	0.301
酵母粉	4.07	0.288
尿素	2.53	0.111
谷氨酸	5.07	0.045
肉汁	3.74	0.371
硝酸钠	2.62	0.114

（三）无机盐

无机盐对于微生物生长是不可少的。除了 C、H、O、N 元素之外，微生物获得的其他元素主要从无机盐中获得。在配制培养基时常常用到的无机盐包括 $MgSO_4$、KH_2PO_4、NaCl、$CuSO_4$、$ZnSO_4$、$FeCl_2$ 等。一般说来，微量元素广泛分布于水、碳源、氮源、容器溶出成分中，可以满足微生物生长的需要，一般不需要额外添加。微量元素过多，往往有毒性。不同的微生物对不同的元素有喜好。研究金属离子对微生物生长的影响，通常要事先利用金属离了螯合剂 EDTA 将培养介质中的金属离子螯合，再通过回补金属离子实验确定哪些金属离子是微生物生长所特别需要的。

2011 年美国研究人员在加利福尼亚莫诺湖分离到一 GFAJ–1 菌株，属 γ 变形杆菌盐单胞菌科 Halomonadaceae 成员，在确定成分的合成培养基中将磷去掉，换成砷后，仍可以继续生长。检测发现砷实际上已经整合至该菌的生物分子中，如 DNA、蛋白质和细胞膜中。碳、氢、氮、氧、磷和硫是地球所有已知生命形式的六大基本构建元素。这种细菌可以利用有毒的化学元素砷生长、繁殖，在其细胞成分中以砷取代磷，从而改变了科学家对地球上所有已知生命构成的基本认识，使地球外寻找生命的范围得以拓展。

（四）生长因子

生长因子是指一些微生物自身不能合成、仅能依靠从环境中获取才能生长的那些细胞组分或前体。这是因为一些微生物缺乏一种或几种重要的酶，制造不出所有的必不可少的细胞组分，就必须从外界获得这些成分或前体。研究较多和较明确的生长因子有以下几类：氨基酸、嘌呤或嘧啶及维生素。氨基酸是合成蛋白质的原料；嘌呤或嘧啶碱基是合成核酸的前体物质；维生素是构成细胞酶的辅助因子。不同的微生物对生长因子的要求不一样，有的微生物如大肠杆菌就不需要生长因子，仅在含葡萄糖和6种不同的无机盐中就可生长。但也有微生物如淋病奈瑟氏球菌（*Neisseria gonorrhoeae*）至少需要环境中提供40种成分，包括7种维生素和全部的20种氨基酸才能生长。微生物合成生长因子的酶越少，需要外界提供的生长因子就越多。随着研究的深入，新的生长因子也不断被发现，如流感嗜血杆菌（*Haemophilus influenaze*）常需要血红素，一些菌需要胆固醇。从微生物学研究来看，我们已经认识的微生物仅仅占微生物总数的一小部分，大量微生物不能培养，这和我们还缺乏足够的生长因子知识有关。

（五）能源

能源是指微生物的能量来源，微生物利用的能源主要有光能和化学能。化学能一般是微生物氧化有机或者无机营养物产生的能量。用作能源的有机物质，同时也提供了碳源。一般来说，有机物质含有的化学键不同，即使消耗同样重量的能源，其获得细胞的最大干重也是不同的。能够被微生物用于氧化产能的无机化学物质包括：NH_4^+、NO_2^-、S、H_2S、H_2、Fe^{2+}等。这些微生物都属于原核微生物，例如硝酸细菌、亚硝酸细菌、硫化细菌、硫细菌、氢细菌和铁细菌等。微生物利用这些无机化合物的能量作为能源，同时也可利用它们作为氮源、硫源和铁源。

微生物学家通常根据微生物对碳源和能源的利用不同，将它们分为光能自养（photoautotroph）、光能异养（photohetertroph）、化能自养（chemoautotrophy）和化能异养（chemoheterotrophy）4种营养类型（表5–5）。光能自养型微生物，利用光作为能源，以CO_2作为基本碳源，以某些还原态的无机化合物（如H_2O、H_2S等）作为供氢体还原CO_2，如蓝细菌、光合细菌（如紫硫细菌和绿硫细菌）和微藻。光能异养型微生物，利用光作为能源，但不能以CO_2作为唯一碳源，还需以某些简单有机物（如甲酸、乙酸、甲醇、异丙醇等）作为供氢体，利用光能将CO_2还原成有机物，如红螺菌属中的一些紫色无硫细菌，光合作用时利用异丙醇使CO_2还原成细胞物质，同时积累丙酮。化能自养型微生物，以CO_2为碳源，利用某些还原态无机化合物（如NH_3、HNO_2、H_2S、H_2等）作为能源

表5–5 微生物的主要营养类型

营养类型	能量来源	碳源	供氢体	代表性微生物
光能自养型	光能	CO_2	H_2O、H_2S等	蓝细菌、紫硫细菌、绿硫细菌、藻类
光能异养型	光能	CO_2、简单有机物	简单有机物	红螺菌科的细菌（紫色无硫细菌）
化能自养型	化学能	CO_2	无机物	硝化细菌、硫化细菌、铁细菌、氢细菌等
化能异养型	化学能	有机物	有机物	绝大多细菌和全部真核微生物

及氢供体，进行生长，如硝化细菌、硫细菌、氢细菌等。化能异养型微生物，以有机碳化合物作为碳源、能源和供氢体，进行生长。大多数微生物属于这种营养类型。详见后续微生物代谢部分。

二、培养基

培养基（culture medium，medium）是人工配制的、适合微生物生长繁殖或者产生代谢产物的营养基质。培养基也为微生物等提供营养外的其他生长所必需的环境条件，如 pH。培养基的组成和配比对微生物生长、产物形成有很大影响。

不同的微生物对营养物质的需要是不同的，同一种微生物在不同生长发育阶段对营养物质的要求有时也是不同的，甚至同一种微生物的菌体生长和生产性状的表现对营养物质的要求也会表现出不同。因此要按照不同微生物的营养需要、不同培养阶段的微生物生理学特性及其培养目的要求提供适宜的营养物质配比，制备培养基。对于某个新分离微生物菌株，要通过研究不同碳源、氮源、金属离子、生长因子对其生长及生产特性的影响确定其培养基的组成与配比。总体上说，好的培养基应满足以下要求：①营养物质组成合理，浓度适当。培养基的营养成分常需要考虑碳源种类、氮源种类、碳源/氮源的比例（即碳氮比，碳氮原子数的摩尔比）、生长因子、无机盐等成分。对于发酵生产用的培养基要有利于主要产物的生物合成，可维持较长时间的最高生产速率，生产过程中不影响通气搅拌效果，不影响产物分离。②各原料之间不发生化学反应，理化性质相对稳定。③黏度适中，具有适当渗透压。对于液体发酵培养基，黏度太大，影响溶解氧，影响营养物质传递。渗透压大，则水活度小，影响微生物对水分的吸收。④工业发酵所用原料要尽量因地制宜，降低成本。⑤适宜的 pH 和氧化还原电动势。

培养基按其组成的化学成分是否清楚可以分为：合成培养基、天然培养基和半合成培养基。

合成培养基（synthetic medium，defined medium）：是一类用多种高纯化学试剂配制成的、各成分（包括微量元素）的量都确切知道的培养基。例如培养放线菌的高氏 1 号培养基，培养真菌的察氏培养基，培养细菌的葡萄糖铵盐培养基。合成培养基的优点是成分精确、重演性好，是研究营养、代谢、生理、生化、遗传、育种、菌种鉴定和生物测定等定量要求比较高的研究工作所必需的。

天然培养基（complex medium，undefined medium）：是指利用一些天然原料制作的培养基，含有各种有机化合物，包括各种氨基酸、嘌呤碱、嘧啶碱和维生素等，但其成分无法准确知道。天然培养基常见的有牛肉膏蛋白胨培养基、大麦粒培养基、麦芽汁培养基等。一些植物材料经过灭菌，可以直接作为培养病原菌的培养基使用，也属于天然培养基。天然培养基一般能满足不同类型的微生物生长，包括需要生长因子的微生物生长。

半合成培养基（semi-defined medium）：是指那些培养基原料的部分化学成分清楚，部分化学成分不清楚的培养基。例如培养真菌用的马铃薯葡萄糖琼脂培养基，马铃薯浸汁是其化学成分不清楚的组成部分。在设计培养基时，常常有很多微生物需要的少量物质的化学成分不清楚，因而常常要用到各种浸出液，比如土壤浸出液、植物叶片浸出液等。

培养基按其可否满足微生物生长因子需要分为：基本培养基、完全培养基和补充培养基。

基本培养基（minimal medium，MM，符号［-］）：其成分为由基本营养元素如S、N、P等所组成的矿物盐，在需要时添加某种有机物作为碳源和能源，但在培养光合细菌时则不需要添加有机物。基本培养基是限制性培养基，如需要生长因子的营养缺陷型菌株（详见第七章第三节）在基本培养基中就不能生长；并且只有那些拥有能够代谢某种特定碳源和能源有机添加物酶的微生物才能够在该基本培养基中生长。由于不同微生物对营养物质的要求不一样，因而不同微生物的基本培养基的组成成分和含量是不一样的。

完全培养基（complete medium，CM，符号［+］）：是指能够满足所有营养缺陷型菌株营养需要的天然或半合成培养基。一般通过向基本培养基中加入一些富含氨基酸、维生素、核苷酸和碱基等成分的天然物质配制而成，如蛋白胨或酵母膏等。

补充培养基（supplemental medium，SM，符号［A］或［B］）：是指仅能满足某种营养缺陷型菌株生长需要的合成或半合成培养基。一般是通过向基本培养基中加入特定的营养缺陷型菌株所不能合成的相应的生长因子配制而成。

培养基按其不同物理状态可以分为：固体培养基、半固体培养基和液体培养基。

固体培养基（solid medium）：指外观为固体的培养基。传统发酵产品培养基基本是固体培养基。制作传统腐乳、酒酿、酱油、醋时，培养微生物的培养基都是固体培养基，其主要组成是谷物或其下脚料等固形原料，外加水量少。现代微生物学发展出营养物溶液加上凝固剂的固体培养基，即在各种营养成分之外，又添加了琼脂或明胶等成分，使液体凝固。添加琼脂、明胶之后的固体培养基可以加热重新熔化，温度降低后可以重新凝固，因此可以制作出不同形状要求的培养基，应用十分广泛。由于琼脂熔点为96℃，而明胶为25℃，并且微生物一般不能利用琼脂，因此琼脂成为最广泛的凝固剂。

半固体培养基（semi-solid medium）：半固体培养基是一种含较少凝固剂的培养基，要求在倒放的时候不至于流下，但是在剧烈振荡的时候又会破碎。这类培养基一般琼脂添加量约为0.5%。在研究微生物运动时，经常需要使用半固体培养基，以便观察微生物的运动轨迹。半固体培养基还可以用作噬菌体效价的测定（双层平板法）、微生物趋化性的研究、各种厌氧菌的培养以及菌种保藏等。

液体培养基（liquid medium）：液体培养基是指通常条件下呈现液体状态的培养基。绝大多数现代发酵工业用的培养基都是液体培养基，实验室内也常用作各种微生物的培养及生理和代谢研究。

培养基按其用途不同可以分成不同类型，如：鉴别培养基、选择培养基、富集培养基及加富培养基。

鉴别培养基（differential medium）：微生物往往有特定的代谢过程，比如产酸与否、是否能分解含硫氨基酸产生硫化氢。在培养基中加上特定的指示剂就可以鉴别是否发生某步反应，故被称作鉴别培养基。常见的鉴别培养基有：鉴别大肠杆菌的远藤氏培养基、鉴别革兰氏阳性与阴性菌的伊红美蓝培养基。

选择培养基（selected medium）与富集培养基（enrichment medium）：在进行菌种筛选时，可以在培养基中加入特定的物质，抑制不需要的菌生长，而允许需要的菌生长，这种培养基就称为选择培养基。比如在筛选土壤中的酵母菌时，可以加入链霉素抑制细菌。在筛选特定类群的微生物经常遇到需要筛选的微生物含量很少，因此常用特定的培养基先将样品在其中培养一段时间，使需要的菌大量增殖，在样品中的含量增加，再进行筛选。这种适合某一类微生物生长的培养基称为富集培养基。如纤维素富集培养基，以纤维素作为唯一碳源，将样品（如土样）直接放入培养基中培养，纤维素分解菌的增殖速度大于非纤维素降解菌，经培养后的样品再分离纤维素降解菌，则得到的菌株远远多于未经富集培养的样品。

加富培养基（rich medium）：一些微生物在培养时，可能需要加入特定的营养物质，营养比一般培养基丰富，称为加富培养基。比如培养一些人体病原菌要加入血清，培养一些营养缺陷型菌株要加入特定营养成分。与富集培养基不同，加富培养基适合所有菌生长。

培养基还可按其培养对象不同分为：细菌培养基、放线菌培养基、酵母菌培养基和霉菌培养基等4类。常用的细菌培养基有牛肉膏蛋白胨培养基；常用的放线菌培养基有高氏1号培养基；常用的酵母菌培养基有麦芽汁培养基；常用的霉菌培养基有马铃薯葡萄糖培养基和察氏培养基等。

三、微生物的培养

（一）微生物的培养方法

微生物的生长在实验室或生产中是通过微生物培养来实现的。微生物的培养方法根据培养过程中对氧气的需要与否可分为好氧培养与厌氧培养；还可根据所用培养基的物理特性分为固体培养和液体培养。

1. 好氧培养方法

好氧培养方法在微生物培养过程中需要通气供氧。

（1）固体培养方法　实验室中是将菌种接种在含有凝固剂（如琼脂）的固体培养基的表面，使之暴露在空气中生长，因所用的器皿不同而分为试管斜面、培养皿平板及茄瓶斜面等固体培养方法（图5–1A）。工业生产中则用麸皮或米糠等为主要原料，加水搅拌成含水量适度的固体物料作为固体培养基，接种微生物进行固体培养发酵，在豆酱、醋、酱油等酿造食品工业中广泛应用。食用菌生产中通常将棉籽壳和麸皮等原料与适量的水混合成固体物料，装入塑料袋中或在隔架上铺成一定厚度的培养料，接种菌种进行固体培养。开始时利用培养料空隙中的氧气，后期打开塑料薄膜让菌丝直接从空气中获氧（图5–1B）。

（2）液体培养方法　实验室中主要采用摇瓶振荡培养法（图5–2A），将菌种接种到装有液体培养基的三角烧瓶中，在往复式或旋转式摇床上振荡培养，使空气中的氧不断溶解于液体培养基中。工业上主要采用深层液体通气法，向培养液中强制供应空气，并设法将气泡微小化，使它尽可能滞留于培养液中以促进氧的溶解，如常见的通用型搅拌发酵罐（图5–2C）。有时实验室也采用类似的小型台式磁力搅拌发酵罐（图5–2B），用于较大量的微生物液体培养或摸索工业发酵条件。

2. 厌氧培养方法

实验室厌氧培养方法目前主要采用以下方式：①使用GasPak厌氧罐，厌氧罐的GasPak外套产生氢气和二氧化碳，罐盖中的钯催化剂利用氢将氧转化成水以维持厌氧环境。②采用巯基乙酸、半

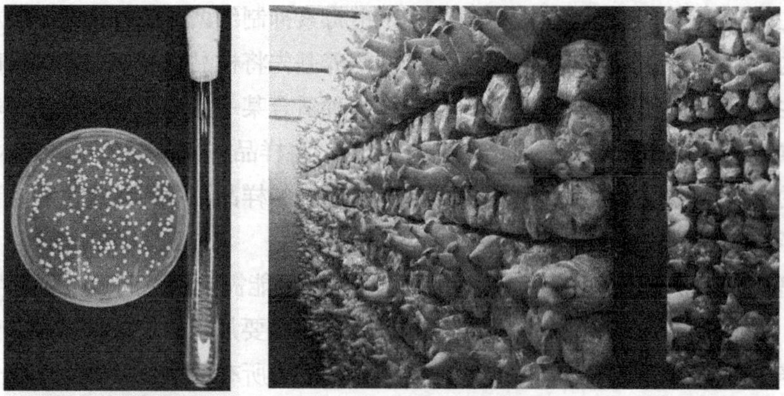

A B

图 5–1 固体培养方法

A. 实验室固体培养方法 B. 杏鲍菇（*Pleurotus eryngii*）固体袋料培养方法

A B C

图 5–2 液体培养方法

A. 摇瓶振荡培养 B. 台式磁力搅拌不锈钢发酵罐 C. 工业通用型搅拌发酵罐

胱氨酸等还原剂消除培养基中的氧。③使用厌氧工作培养箱，通过真空泵抽除空气、充氮驱除氧气的系统维持厌氧环境（图 5–3）。工业微生物厌氧培养主要采用液体静置培养方法，即将液体培养基盛于发酵罐中，在接种菌种后不通空气静置保温培养，常用于乙醇、啤酒、丙酮、丁醇及乳酸等的发酵生产。

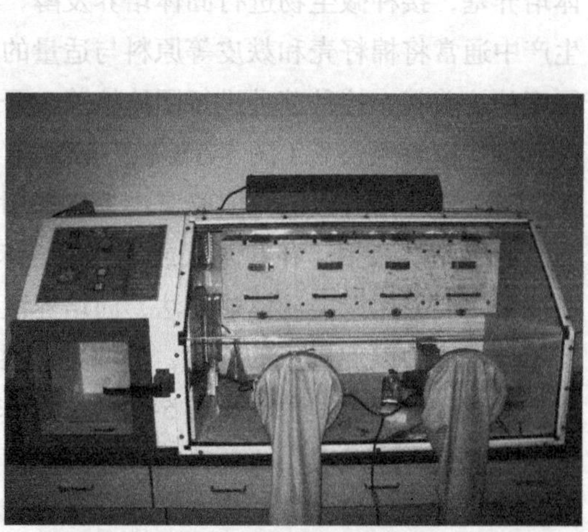

图 5–3 厌氧菌的培养装置

（二）微生物纯培养与混合培养

自然环境如土壤和水中，通常栖息着的是许多不同微生物混杂在一起的群体。哪怕是一粒砂或尘土，也常含有多种细菌及其他微生物。大多数感染材料如脓液、痰和尿等，也含有好多种细菌。这种含有一种以上微生物的培养称作混合培养（mixed culture）。但在微生物学研究和生产实践中，通常需要采用的是微生物纯培养。微生物学中将在实验条件下从一个单细胞繁殖得到的后代称为纯培养（pure culture）。为了获得纯培养，通常采用固体平板划线法（图 5–4）、稀释涂布平板法或稀释倾注平板法（图 5–5）分离、纯化微生物。固体平板划线法（plate streaking），又称稀释划线法（dilution streaking），在划线过程中微生物从蘸取在接种环上的菌液中脱落到琼脂表面，当将接种环

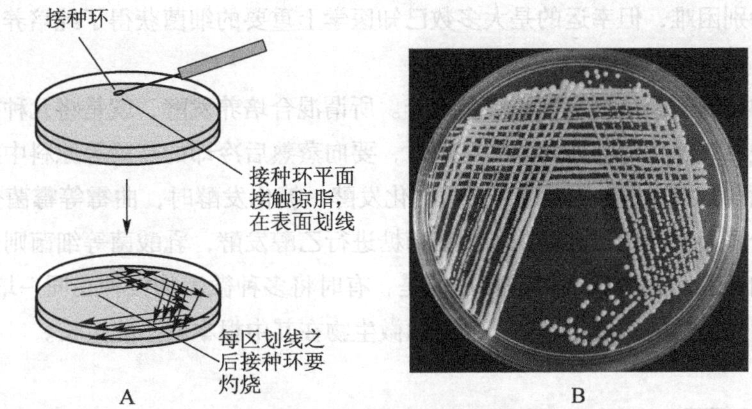
接种环
接种环平面
接触琼脂，
在表面划线
每区划线之
后接种环要
灼烧
A
B

图 5–4 固体平板划线法

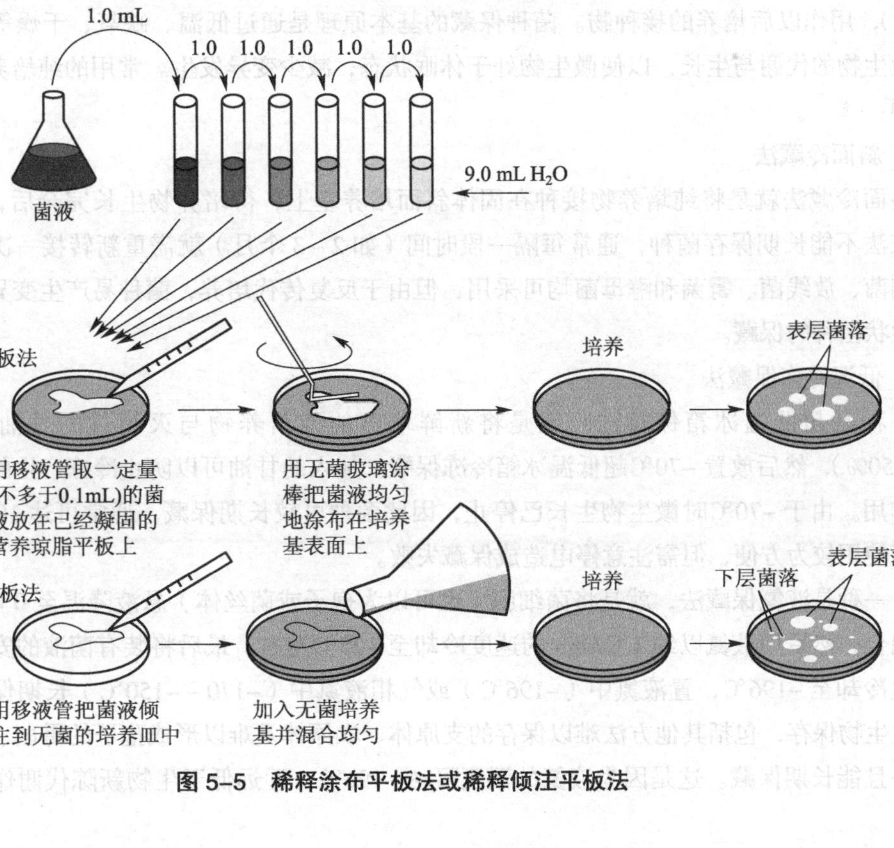
1.0 mL
1.0
1.0
1.0
1.0
1.0
菌液
9.0 mL H_2O
稀释涂布平板法
培养
表层菌落
用移液管取一定量
(不多于0.1mL)的菌
液放在已经凝固的
营养琼脂平板上
用无菌玻璃涂
棒把菌液均匀
地涂布在培养
基表面上
稀释倾注平板法
培养
下层菌落
表层菌落
用移液管把菌液倾
注到无菌的培养皿中
加入无菌培养
基并混合均匀

图 5–5 稀释涂布平板法或稀释倾注平板法

灼烧后以接种区为菌源再次划线，依次重复三次，随着划线的进行，所划之处留下的菌体细胞量就越来越少，相当于稀释过程，最终留下的会有单个分散的细胞，通过繁殖形成单克隆。稀释涂布平板法（spread plate）或稀释倾注平板法（pour plate）则是在样品分离之前，先将菌液进行一系列的10倍稀释，以至可以达到在某一稀释度的0.1 mL菌液中只存在几个至几十个分散的菌体细胞，当这样的0.1 mL菌液被涂布在琼脂固体平板表面或与倾注的融化琼脂培养基混合后冷却成固体平板后，就可产生由单个微生物细胞繁殖形成的纯培养菌落。微生物的分离、纯化和培养技术是微生物学最基本的实验技术之一。但目前人类分离并培养成功的原核微生物据估计仅有1%左右，这使得研究环境微生物特别困难，但幸运的是大多数已知医学上重要的细菌获得了纯培养并可在人工培养条件下生长。

在许多微生物发酵工艺中也常使用混合培养。所谓混合培养发酵，就是将几种微生物共同接种在一个培养基中进行培养发酵。如大曲酒酿造时，要向蒸熟后冷却的高粱等原料中接入酒曲（内含多种霉菌、酵母菌与细菌），然后下窖，使之糖化发酵。糖化发酵时，曲霉等霉菌分泌糖化酶使原料中的淀粉糖化分解为葡萄糖，酵母菌利用葡萄糖进行乙醇发酵，乳酸菌等细菌则通过产生乳酸和乳酸乙酯等赋予白酒特殊的香味。但需指出的是，有时将多种微生物接种在同一培养基混合培养，也会发生微生物相互之间的拮抗作用，甚至有的微生物在其中根本就不能生长。

（三）纯培养的保藏

一旦获得了纯培养，需要将其小心保藏，被保藏的培养物称作保藏菌种或保藏培养物（stock culture），用作以后培养的接种物。菌种保藏的基本原理是通过低温、缺氧、干燥等方式降低甚至停止微生物的代谢与生长，以使微生物处于休眠状态，减少变异发生。常用的纯培养保藏方式有以下几种：

1. 斜面冷藏法

斜面冷藏法就是将纯培养物接种在固体斜面培养基上，待培养物生长完全后，置4℃冰箱保藏。该法不能长期保存菌种，通常每隔一段时间（如2～3个月）就需重新转接一次。该法方便易行，细菌、放线菌、霉菌和酵母菌均可采用，但由于反复传代培养，菌种易产生变异，尤其不适宜生产性状菌种的保藏。

2. 低温冷冻保藏法

一种是超低温冰箱保藏法，就是将新鲜培养的纯培养物与灭菌过的甘油混合（终浓度15%～50%），然后放置–70℃超低温冰箱冷冻保藏。加入的甘油可以防止冷冻产生的冰晶对细胞的损伤作用。由于–70℃时微生物生长已停止，因此菌种可较长期保藏，通常可达10年左右。超低温冰箱使用较为方便，但需注意停电造成保藏失败。

另一种是液氮保藏法，就是将菌细胞（也可以为孢子或菌丝体）悬液降温至0℃，与灭菌过的甘油混合，然后用液氮以约1℃/min的速度冷却至–25℃左右，最后将装有菌液的安瓿瓶浸入液氮中快速冷却至–196℃，置液氮中（–196℃）或气相液氮中（–170～–150℃）长期保藏。该法适于各类微生物保存，包括其他方法难以保存的支原体、衣原体及难以形成孢子的霉菌、藻类和原生动物，并且能长期保藏。这是因为液氮的温度可达–196℃，远远低于生物新陈代谢作用停止的温度

（-130℃），该条件下不但菌种代谢活动停止，而且化学作用亦消失。

3. 冷冻干燥保藏法

将培养到稳定期的微生物细胞培养液或孢子液，加入脱脂牛乳或其他保护剂制成浓菌液，分装到灭菌好的安瓿瓶中，-70℃低温冰箱中冷冻后，使用真空冷冻干燥仪，减压真空干燥，利用升华去除水分，形成完全干燥的固体菌块，并在真空条件下立即熔封，造成无氧真空环境，最后置于低温下长期保藏。此法同时具备低温、干燥、缺氧的菌种保藏条件，因此保藏期长，一般达 5 ~ 15 年，存活率高，变异率低，是目前被广泛采用的一种较理想的保藏方法。除不产孢子的丝状真菌不宜用此法外，其他大多数微生物如病毒、细菌、放线菌、酵母菌、丝状真菌等均可采用这种保藏方法。

4. 沙土管保藏法

将培养好的微生物孢子或孢子囊液用无菌水制成悬浮液，注入灭菌的沙土管中混合均匀，或直接将成熟孢子刮下接种于灭菌的沙土管中，使微生物孢子吸附在沙土载体上，真空抽去沙土管中水分，用火焰熔封后存放于低温（4 ~ 6℃）干燥处保藏。每隔半年检查一次菌种存活性及纯度。或将沙土管直接用牛皮纸或塑料纸包好，置干燥器内保存。保藏时间达 2 ~ 10 年。该法主要用于能形成孢子或孢子囊的微生物保藏。

四、微生物对营养物质的吸收

微生物利用营养的第一步是营养的吸收。由于微生物细胞壁是大孔的网状结构，对小分子物质不构成障碍，只有对相对分子质量大于 600 的分子才会造成一些阻碍，因此微生物对营养物质的吸收主要是营养物质如何穿过细胞膜的问题。微生物对营养物质的吸收方式主要分为被动运输和主动运输两大类。

（一）被动运输

被动运输（passive transport）依赖物质的扩散作用，不消耗能量，只有当细胞外物质浓度高于细胞内浓度时才发生。被动运输有单纯扩散和促进扩散两种方式。

1. 单纯扩散

单纯扩散（simple diffusion）实际上是物质的自由扩散，是物质从高浓度穿过细胞膜扩散到低浓度的过程，其速率和细胞内外该物质的浓度梯度有关（图 5-6）。微生物要通过单纯扩散从外界吸收到足够浓度营养，就需要该营养物质在细胞内外有足够高的浓度梯度，随着一定营养物质的吸收，其浓度梯度减小，因此吸收速度下降。单纯扩散作用不能使扩散过程加速，对可扩散物质也没有选择性。任何可自由穿过细胞膜的物质都可通过单纯扩散作用进入细胞，但实际上只有极少数物质可自由穿过细胞，如

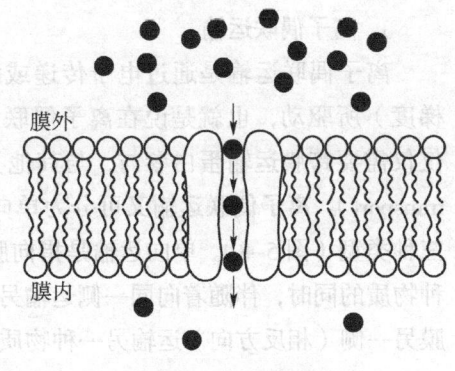

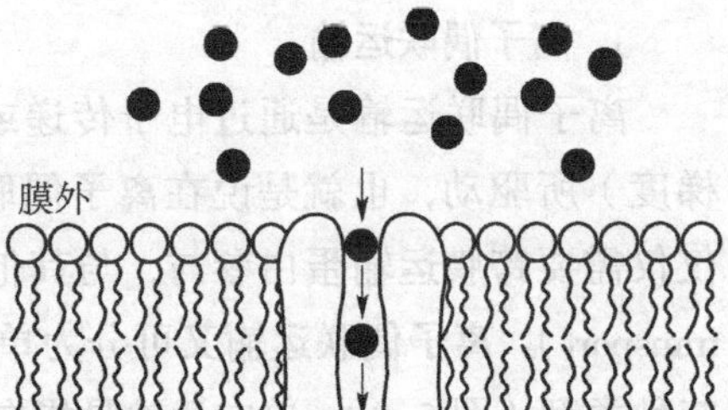

图 5-6　单纯扩散

H_2O、CO_2和O_2等小分子就是通过单纯扩散作用进入细胞的。

2. 促进扩散

促进扩散（facilitated diffusion）是在质膜载体蛋白（carrier protein）的帮助下，物质由高浓度穿过质膜扩散到低浓度的不消耗能量的过程。载体蛋白镶嵌在质膜中，可以在物质浓度高的细胞一侧结合该分了，然后穿过细胞膜在浓度低的一侧释放该分子。由于其不消耗能量，仅仅协助物质从高浓度向低浓度扩散，因此被称为促进扩散（图 5–7）。促进扩散作用有如下特点：①加快物质穿过膜的扩散速度。②扩散作用具有饱和效应，促进扩散随着物质浓度增加，其扩散速率增加速度远远大于单纯扩散。但是当被扩散物质最高浓度达到一定的程度，则扩散速率达到一个稳定速度后就不再增加，因为这时运载蛋白已经处于饱和状态，已经最大量地和溶质分子结合并进行运输。③载体蛋白对被运输物质具有选择性，每一种载体蛋白通常仅能运输一种分子。④促进扩散作用不消耗能量，虽然促进扩散需要载体蛋白，但促进扩散还是真正的物质扩散作用，膜两边的浓度梯度是物质运输的动力，如果物质浓度梯度消失，则物质运输的动力也将消失。

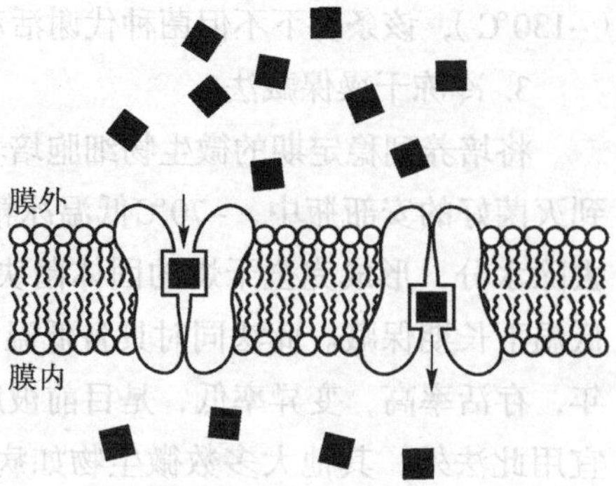

图 5–7 促进扩散

促进扩散在原核生物物质吸收中不多见，已知在大肠杆菌、鼠伤寒沙门氏菌（*Salmonella typhimurium*）、假单胞菌属、芽孢杆菌属和其他一些细菌中，甘油可以通过促进扩散进入细胞内。在真核生物中，很多营养物质是通过促进扩散来吸收的，它常用来运输不同的糖和氨基酸。

（二）主动运输

微生物常生活在营养物质极低的环境中。在这种环境中，它必须能够将营养物质逆浓度梯度运输到细胞内，这就需要通过主动运输（active transport）方式。主动运输就是细胞利用质膜上特异性运载蛋白和代谢能量，逆浓度梯度将物质从细胞外运输到细胞内的过程。

主动运输主要有三种类型：离子偶联运输（ion–coupled transport）、ABC 运输（ABC transport）和基团转位（group translocation）。

1. 离子偶联运输

离子偶联运输是通过电子传递或膜 ATP 酶质子泵所建立的跨膜电化学梯度（质子或钠离子梯度）所驱动，也就是说在离子偶联运输发生之前，先要建立跨膜电化学梯度。离子偶联运输仅仅需要跨膜运输蛋白参与，与其他类型的主动运输方式相比较简单，故又称简单运输（simple transport）。离子偶联运输又可分为单向运输（uniport）、同向运输（symport）、反向运输（antiport）三种类型（图 5–8）。单向运输是指向膜一侧单方向运输一种物质；同向运输是指向膜一侧运输一种物质的同时，伴随着向同一侧运输另一种物质；反向运输是指向膜一侧运输一种物质的同时，向膜另一侧（相反方向）运输另一种物质。

大肠杆菌运输 K^+ 采用的就是单向运输方式，通过一种 K^+ 单向运输蛋白进行。大肠杆菌乳糖透性酶对乳糖的运输即为同向运输。乳糖透性酶是一个单一的蛋白，相对分子质量为30 000。当一个质子从膜外进入质膜内部时，一个乳糖分子被同时运输进入膜内。这里，质子梯度作为能源驱动运输，而不再用作ATP合成。虽然运输机制没有完全了解，但是推测该运输蛋白结合一个质子后改变了形状和亲和力，为要运输的乳糖提供了条件。大肠杆菌将Na^+泵出膜外和质子进入膜内相偶联是一种反向运输的例子。

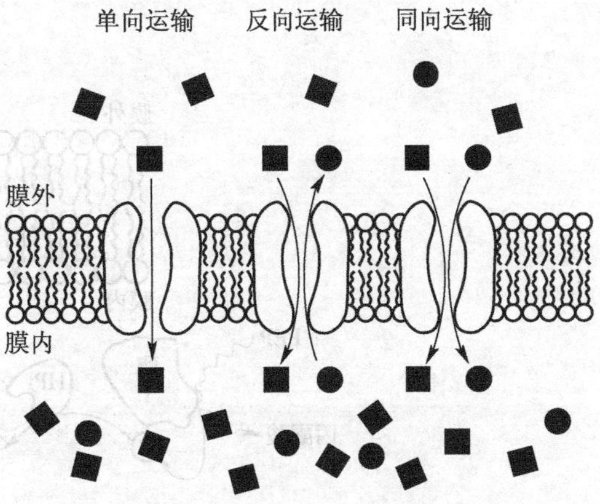

图5-8　离子偶联运输

2. ABC运输

ABC运输是指ATP结合盒（ATP-binding cassette）运输，该运输方式直接利用ATP能量将溶质泵入细胞内。ABC结合盒运输系统包含3个成分：溶质结合蛋白、跨膜运输蛋白和ATP水解酶。ATP结合盒运输系统在细菌、古菌和真核生物中均很活跃。溶质结合蛋白位于革兰氏阴性菌的外周膜空间，或革兰氏阳性菌膜脂的外侧，故又称周缘蛋白。这些蛋白质结合溶质分子以后被运输到膜上，与膜上的运输蛋白结合，启动ATP水解，释放的能量用作使运输蛋白形成的膜孔开放，允许溶质分子单向运输到细胞膜内（图5-9）。大肠杆菌用这种方式运输多种糖（阿拉伯糖、麦芽糖、半乳糖、核糖）和氨基酸（谷氨酸、组氨酸、亮氨酸）。

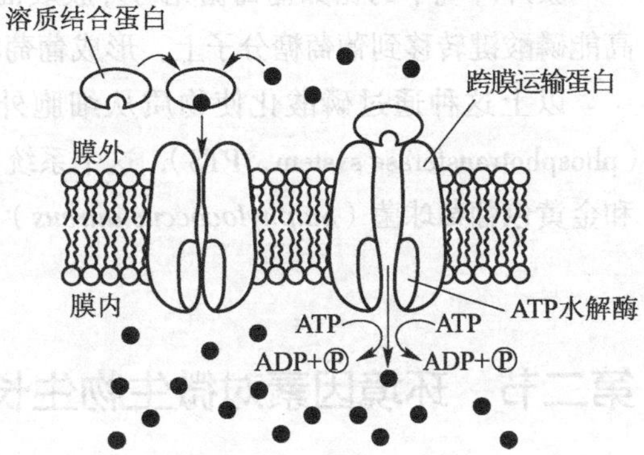

图5-9　ABC运输

3. 基团转位

基团转位是指利用高能磷酸键化合物，使溶质在跨膜运输前后发生分子结构的修饰，修饰后释放到细胞内的衍生物不能透过细胞膜，因而被俘获在细胞内。由于修饰前后的分子不是一样的分子，因而溶质分子的吸收并没有改变溶质的浓度梯度。基团转位主要用于运送葡萄糖、果糖、甘露糖、核苷酸、丁酸和腺嘌呤等物质。基团转位运输系统由复杂的磷酸转移酶系统组成，磷酸转移酶系统由一个蛋白质家族所组成，其运送步骤见图5-10。

酶Ⅰ是一种可溶性的细胞质蛋白，首先从高能化合物磷酸烯醇式丙酮酸（PEP）夺取磷酸基团，然后传递给热稳载体蛋白（heat-stable carrier protein，HPr），形成P-HPr。HPr是一种低相对分子质量的可溶性细胞质蛋白。酶Ⅰ和P-HPr是磷酸转移酶系统中非特异性的组分，可为各种糖运输蛋白酶Ⅱ提供高能磷酸键。

酶Ⅱ一般由3个功能域或亚基组成，酶Ⅱa是细胞质可溶性蛋白，酶Ⅱb和Ⅱc是膜插入蛋白。运送不同糖的酶Ⅱ是不同的。P-HPr将所携带的高能磷酸键传递给酶Ⅱa，后者再传给酶Ⅱb。

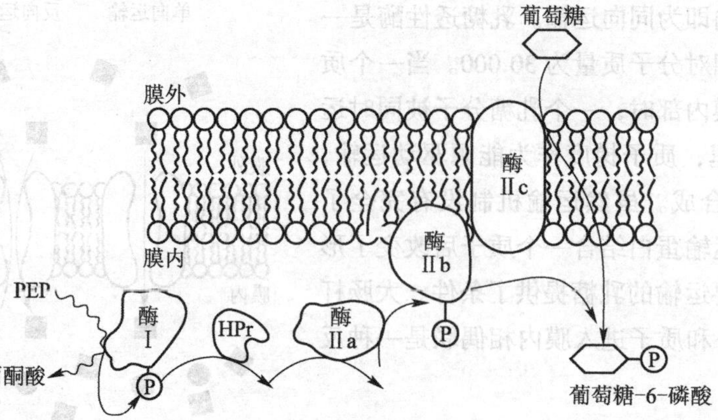

图 5-10 基团转位

膜外环境中的糖如葡萄糖先与外膜表面的酶Ⅱc 结合，再被转运到内膜表面，这时酶Ⅱb 就将高能磷酸键转移到葡萄糖分子上，形成葡萄糖磷酸，并释放到细胞内。

以上这种通过磷酸化使物质从细胞外运输到细胞内的一组蛋白质被称为磷酸转移酶系统（phosphotransferase system，PTS），这个系统只在很少的细菌中存在。基团转位在大肠杆菌（*E. coli*）和金黄色葡萄球菌（*Staphylococcus aureus*）中研究得比较多。

第二节 环境因素对微生物生长的影响

一、温度

环境温度对微生物生长的影响非常大。温度太低，代谢不能正常进行，原生质膜处于凝固状态，营养物质运输停止，因而生长不能进行；温度太高，蛋白质、核酸和细胞其他成分会发生不可逆的变性作用，导致代谢和生长终止。每种微生物都有一种最适生长温度，在此温度时生长速度最快。环境温度高于或低于最适生长温度，微生物生长就要下降直到最终停止，微生物能够生长的最低温度称作最低生长温度，微生物能够生长的最高温度称作最高生长温度。不同微生物从最低到最高的生长温度范围是不一样的，因而对环境温度变化的反应也就不一样。根据微生物的生长温度范围，可将微生物分为嗜冷微生物、耐冷微生物、嗜温微生物、嗜热微生物和超嗜热微生物 5 种（图 5-11）。

（一）嗜冷微生物

嗜冷微生物（psychrophile）最适生长温度为 –5 ~ 15℃，最高生长温度低于 20℃。嗜冷微生物只能生长在常年低温的环境中，如北极地区或海洋深处。室温能够杀死嗜冷微生物。嗜冷微生物在低温条件下能够生长的原因主要是：①嗜冷微生所含的酶在低温下具有催化活性，而较高温度如

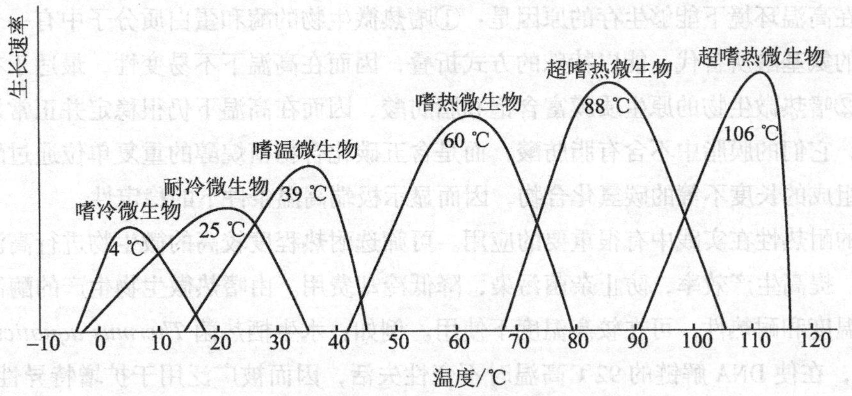

图 5–11　微生物的生长温度范围与类型

30～40℃时则容易失活。②嗜冷微生物原生质膜中含有较多的不饱和脂肪酸，在低温条件下仍可维持膜的半流动性和主动转运过程，有效地吸收生长所需的营养物质。

（二）耐冷微生物

耐冷微生物（psychrotroph）能够在 0～7℃生长，但最适生长温度为 20～30℃，最高生长温度约 35℃。尽管耐冷微生物在 0℃时能够生长，但生长很慢。0℃时在培养基中需要几周才能观察到肉眼可见的生长。耐冷微生物大多数生长在冷水或土壤中。冰箱物品中常存在耐冷微生物，它们是引起冰箱食物腐败的主要微生物类群。

（三）嗜温微生物

嗜温微生物（mesophile）最适生长温度为 25～45℃，大多数微生物属于这一类群。人类病原菌最适宜的生长温度为 37℃左右，而栖息土壤中的嗜温菌最适生长温度接近 30℃。

（四）嗜热微生物

嗜热微生物（thermophile）最适生长温度为 45～70℃。多存在于温泉、堆肥或发酵堆料中，以及一些热电厂、家用或工业用热水器等环境中。嗜热脂肪芽孢杆菌（*Bacillus stearothermophilus*）通常被认为是嗜热微生物，在 65～75℃时生长速率最大，但在 30℃ 时生长速率较小。

（五）超嗜热微生物

超嗜热微生物（hyperthermophile）最适生长温度在 75℃以上，低于 55℃就不能生长。超嗜热微生物主要属于古菌，也有一些细菌（包括蓝细菌），一般最适生长温度为 88℃左右，但也发现一些超嗜热古菌最适生长温度为 106℃左右。超嗜热微生物通常生长在热泉、火山喷气口或海底火山喷气口附近环境中。曾经认为所有生物的温度耐受极限都在 110℃左右，但 2003 年美国马萨诸塞大学的 Lovley 和 Kashefi 从太平洋深海热泉中分离到一种能还原氧化铁的超嗜热古菌，最适生长温度是 121℃，最大生长温度是 130℃，是目前已知的最高记录，该菌也因此被称为“121 菌株”。

微生物在高温环境下能够生存的原因是：①嗜热微生物的酶和蛋白质分子中有一个或多个部位被某些特殊的氨基酸所替代，能以特殊的方式折叠，因而在高温下不易变性，最适于在高温条件下发挥作用。②嗜热微生物的原生质膜富含饱和脂肪酸，因而在高温下仍很稳定并正常发挥功能。而超嗜热古菌，它们的膜脂中不含有脂肪酸，而是含五碳化合物植烷醇的重复单位通过醚键结合到甘油磷酸上所组成的长度不等的碳氢化合物，因而显示极端高温条件下的稳定性。

微生物的耐热性在实践中有很重要的应用。可筛选耐热程度较高的微生物进行高温发酵，以缩短发酵周期，提高生产效率，防止杂菌污染，降低冷却费用。由嗜热微生物生产的酶制剂，具有较高的酶反应温度和耐热性，可在较高温度下使用。例如：水生栖热菌 *Thermus aquaticus* 产生的 *Taq* DNA 聚合酶，在使 DNA 解链的 92℃高温时不变性失活，因而被广泛用于扩增特异性 DNA 序列的 PCR 反应。

二、pH

pH 影响微生物生长，其原因是：①介质 pH 影响生活环境中营养物质的可给态和有毒物质的毒性；②介质 pH 影响菌体细胞膜的带电荷性质、膜的稳定性及膜对物质的吸收能力；③某些介质 pH 条件还可造成菌体表面蛋白变性或水解。不同的微生物对环境介质中的 pH 要求是不一样的，它们都有一个可生长的 pH 范围，以及最适生长 pH。大多数自然环境 pH 为 5 ~ 9，适合于多数微生物的生长。只有少数微生物能够在低于 pH 2 或大于 pH 10 的环境中生长。

（一）嗜中性微生物

嗜中性微生物（neutralophile）生长的 pH 范围是 pH 5.0 ~ 8.0，最适生长 pH 近中性（pH 7.0）。大多数细菌属于嗜中性微生物。

（二）嗜酸性微生物

嗜酸性微生物（acidophile）最适生长 pH 在 5.5 以下。真菌比细菌更耐酸，很多真菌最适 pH 为 5.0 或更低，有些种类在 pH 2.0 这样低的条件下也生长很好。但也有些细菌是专性嗜酸的，在中性 pH 根本不生长，如硫杆菌属（*Thiobacillus*）。硫化叶菌属（*Sulfolobus*）和热原体属（*Thermoplasma*）等一些古菌生长在酸性 pH 条件下。一种 *Picrophilus osbimae* 古菌的最适生长 pH 甚至低于 1。中性 pH 对专性嗜酸微生物有毒害作用，其作用机制可能是高浓度的氢离子为膜稳定性所必需，当 pH 升高到中性时，这类微生物的原生质膜发生裂解，细胞破碎。

（三）嗜碱性微生物

嗜碱性微生物（alkaliphile）生长的 pH 范围是 pH 7.0 ~ 11.5，最适生长 pH 在 8.0 以上。它们通常存在于碱湖、含高碳酸盐的土壤等碱性环境中。大多数嗜碱原核微生物是好气性的非海洋细菌，很多是杆菌。如嗜碱芽孢杆菌（*Bacillus alcalophilus*）的最适生长 pH 在 10.5。有些极端嗜碱菌也是嗜盐菌，其中大多数是古菌。

嗜酸或嗜碱微生物能够耐酸和耐碱，主要是由于细胞本身具有维持胞内 pH 接近中性的能力。嗜酸微生物在酸性环境中，细胞可以阻止 H^+ 进入胞内，不断将胞内 H^+ 排出胞外。而嗜碱或耐碱微生物，则可以阻止 Na^+ 进入胞内并将其排出胞外，以维持胞内接近中性 pH。有些微生物具有不易渗透的细胞壁，可以防止细胞膜暴露于极端 pH 中受到损伤。

三、氧

氧气明显影响微生物的生长。将微生物接种在液体培养基中静置培养一段时间后，观察微生物的生长，会发现如图 5-12 中所示的生长现象，这是由于静置培养液体中氧气分布不同造成的。根据微生物生长对氧的需求不同可将微生物分为以下几种类群。

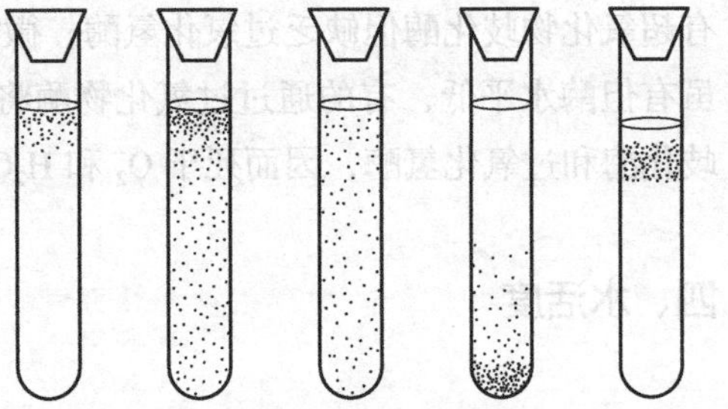

图 5-12　不同微生物生长对氧的需要和耐受能力

（一）专性好氧微生物

专性好氧微生物（obligate aerobe）的生长必需氧，快速分裂的细胞比缓慢分裂的细胞需要的氧更多，通常生长在培养基表面附近。

（二）微好氧微生物

微好氧微生物（microaerophile）在有少量自由氧存在条件下（2%～10%）生长最好，因而生长在培养基表面之下的某一区域，该区域氧浓度正好符合它们的需要。

（三）兼性厌氧微生物

兼性厌氧微生物（facultative anaerobe）在有氧存在下通常进行好氧代谢，但氧缺乏时可以转变为厌氧代谢，有氧条件下的生长比无氧条件下的生长更旺盛，因而可以看到菌体在整个培养基中都有分布。兼性厌氧微生物有两套酶系统，一套能利用氧为电子受体，另一套可在氧缺乏时能利用其他物质作为电子受体，因而在无氧或有氧条件下都可以生长，如大肠杆菌。

（四）专性厌氧微生物

专性厌氧微生物（obligate anaerobe）缺乏呼吸系统而不能利用氧作为末端电子受体，它们对氧敏感，在有氧时即被杀死。所以专性厌氧微生物只能生长在氧气几乎不能到达的培养基底部附近。

（五）耐氧厌氧微生物

耐氧厌氧微生物（aerotolerant anaerobe）是指那些尽管不需要氧，但可耐受氧，并在氧存在条件下仍能生长的微生物。耐氧厌氧微生物不利用有氧呼吸或厌氧呼吸产能，而是通过发酵产能，因而被称作专性发酵菌。如用作酸奶发酵菌的 *Lactobacillus delbruechii* sub. *bulgaricus* 就是一种耐氧厌氧菌。

专性厌氧微生物并不是被气态的氧所杀死，而是由于不能解除某些氧代谢产物的毒性而死亡。在氧还原成水的过程中，可形成某些有毒的中间产物，例如，过氧化氢（H_2O_2）、超氧阴离子（O_2^-）和羟自由基（OH·）等。超氧阴离子（O_2^-）由某些氧化酶催化产生，好氧微生物具有降解这些产物的酶，如过氧化氢酶、过氧化物酶、超氧化物歧化酶（SOD）等，超氧化物歧化酶可将 O_2^- 转化为 O_2 和 H_2O_2，H_2O_2 进一步被过氧化氢酶、过氧化物酶转化为水和氧。专性好氧微生物和大多数兼性厌氧微生物都含有超氧化物歧化酶和过氧化氢酶；耐氧厌氧微生物以及某些兼性好氧微生物只含有超氧化物歧化酶但缺乏过氧化氢酶；微需氧微生物含有超氧化物歧化酶，但缺乏过氧化氢酶，或虽有但酶水平低，有的通过过氧化物酶将 H_2O_2 转化为水和氧；专性厌氧微生物同时缺乏超氧化物歧化酶和过氧化氢酶，因而死于 O_2^- 和 H_2O_2 的毒害作用。

四、水活度

所有微生物生长都离不开水，但不同微生物对水的需要是不同的。由于选择性半透膜原生质膜将微生物细胞与周围环境隔离，环境渗透浓度极大地影响微生物的生长。有时某种环境即使有水存在，但却不能为微生物所利用。例如，溶液中氯化钠和糖与水作用，使得水溶液的渗透压等于或高于细胞，就不能为细胞所吸收。天然盐沼中的微生物就是处于类似的生境。因而常使用水活度（water activity，a_w）来定量表示水的可利用度，其定义为溶液蒸汽压（P_s）与纯水蒸汽压（P_w）之比：

$$a_w = P_s/P_w$$

假定纯水渗透压为 1.0，盐或糖的加入将降低水活度。例如，海水含约 3.5% 氯化钠，其水活度为 0.98，而 18% 蔗糖溶液具有同样的水活度。大多数细菌生长所需的水活度在 0.98 以上（海水的水活度），但真菌生长所需的水活度稍低一些，可忍耐低至 0.86 水活度。有些微生物可以在较低水活度的高盐或高糖溶液中生存。如从含糖量达 40%～60% 的蜂蜜、花蜜和果汁中可分离到生长的细菌和酵母菌。那些只能在高渗溶液中生长的微生物被称作嗜高渗微生物。但大多数在高渗环境中生长的微生物，离开了高渗环境仍然能够生长，它们不过是能够耐受高渗环境而已，因而被称作耐高渗微生物。如金黄色葡萄酒菌就是一种耐高渗微生物。

有些微生物需要高浓度氯化钠盐存在条件下才能生长，被称作嗜盐微生物（halophile）。很多海洋细菌是温和嗜盐菌，仅需要大约 3% 氯化钠。某些古菌是极端嗜盐菌，需要在 9% 甚至饱和氯化钠溶液中生长，通常可在饱和盐池中发现它们的踪影。

在高渗环境中生长的微生物，通过将外部离子（如 K^+）泵入细胞内或自身合成像脯氨酸、糖醇小分子物质等方式，提高细胞内的溶质浓度（提高胞内渗透压），以便在高渗环境中维持水活度，满足生长需要。

五、压力

地球表面（海平面）生物是暴露在 1 个大气压（atm）下；在几千米深的海洋底部，静水压力平均达到 400 atm，在海沟处甚至可以达到 1 000 atm。适应如此特别高压力生长的微生物称嗜压微生物（barophile）。嗜压微生物实际上需要在高压条件下才能生长，在较低的压力下不能生长。而另外一种叫耐压微生物（barotolerant microbe）的，在较低（10 atm）至较高（500 atm）压力之间都生长很好，当超过 500 atm 压力时生长下降。很多嗜压微生物同时又是嗜冷微生物，因为海底平均温度是 2℃，但也有嗜压超嗜热菌存在于海底火山口热液处，构成热火山口微生物群落的基础。细菌在高压环境下生存的机制尚不清楚，已知增加静水压力和降低温度作用相似，都降低膜流动性。由于膜流动性对于生存是至关重要的，深海细菌磷脂通常具有高水平的多不饱和脂肪酸以增加膜的流动性。此外，嗜压菌细胞内部结构也必须适应高压生活需要。例如，压力敏感型的大肠杆菌在 600 atm 之上时，核糖体就解偶联了。而嗜压菌大概含有特殊的核糖体结构，能够忍受该压力甚至更高的压力。

六、营养物

微生物生长受环境介质中的营养物质的重要影响。营养物对微生物生长影响主要反映在营养物的组成和营养物的浓度。由于不同微生物营养类型不一样，所能够利用的营养物也不一样，因而环境营养物的组成决定了该环境条件下能够生长的微生物类群。例如，在仅含有睾酮作为唯一碳源的基础培养基中，只有可利用睾酮的睾酮丛毛单胞菌（*Comamonas testosteroni*）能够生长，而其他不能利用该种碳源的微生物则不能生长。因此，在微生物发酵培养研究工作中，探讨选择合适的培养基组成（即合适的氮源、碳源）往往是必不可少的环节。培养基中营养物的浓度对微生物生长也有很大的影响。在一定浓度范围内，随着营养物浓度的增加微生物生长速率增加。当某种基本营养物质被消耗殆尽时，尽管此时培养基中没有任何毒性物质存在，而且其他营养物质仍很丰富，但微生物的生长即停止；当添加少量该种基本营养物时则微生物的生长可以重新开始。在微生物培养中，首先被消耗完毕的营养物被称作限制性底物。

虽然大多数微生物在营养丰富的培养基中生长很好（$2\ g \cdot L^{-1}$ 以上的碳源），在非常低浓度营养物质的培养基中很难生长（$1 \sim 5\ mg \cdot L^{-1}$ 的碳源）。然而，在自然生态环境下，大多数存在的微生物却是寡养微生物（oligotroph），即在特别低的有机营养物浓度下具有很高的生长速率。某些寡养微生物实际上可被高浓度的营养物所毒害，甚至在富营养培养基中过量产生过氧化氢而“自杀”。如在土壤中，存在各种未鉴定的寡养细菌，它们对 NaCl 和各种 L– 型氨基酸非常敏感，至今仍未能培养。某些湖泊或溪流本身也是天然的寡养环境。

第三节 微生物生长

微生物的生长表现在微生物的个体生长与群体生长两个水平上。作为单细胞来讲，单个微生物个体的生长表现为细胞基本成分的协调合成和细胞体积的增加，细胞生长到一定时期，就分裂成为两个了细胞。而多细胞微生物的个体生长则反映在个体的细胞数日和每个细胞内物质含量两个方面的增加。然而在工作中，由于绝大多数微生物个体微小，个体质量和体积的变化不易观察，所以常是以微生物的群体作为研究对象，以微生物细胞的数量或微生物群体细胞物质量的增加作为生长的指标。因而要了解微生物的生长规律，就要了解微生物的个体生长和群体生长两个方面。

一、微生物生长的测定方法

细菌个体细胞一般太小，通常采用电子显微镜观测，但无法观测到个体生长的整个动态过程。真菌细胞相对体积较大，可采用光学显微镜观测和记录活细胞的整个生长过程。

由于微生物生长常以微生物群体作为研究对象，所以一般是测定微生物群体生长。微生物群体生长的测定方法有多种，可根据研究对象或要解决的问题加以选择。

（一）总细胞计数法

就是直接测定样品中总的微生物细胞数，而不管所测定的细胞是死细胞还是活细胞。通常采用直接显微镜计数法，该法所用血细胞计数板中央有一个容积一定的计数室（0.1 mm^3），将经过适当稀释的菌悬液或孢子液放在血细胞计数板与盖玻片之间的计数室中，在显微镜下进行计数，然后将所观察到的微生物的数目换算成单位体积内的微生物总数。该法是一种快速的检测方法，然而也有一定的局限性，如只适于单细胞状态的微生物或丝状微生物所产生的孢子；较小细胞计数易受液体中悬浮小颗粒干扰；在样品不染色时，需要使用相差显微镜；不适于细胞密度低的样品，如细胞密度低于每毫升 10^6 个便不能保证在视野中能见到所有的细胞。

（二）活细胞计数法

是通过测定样品在固体培养基上形成的菌落数来间接确定其活菌数的方法，其根据是在稀释情况下固体平板培养上的一个菌落是由一个活细胞繁殖形成的。

1. 平板计数法

就是采用分离纯培养时采用的稀释涂布平板法（spread plate）或稀释倾注平板法（pour plate）（图 5–5），同样需要先将样品进行一系列的稀释，因样品中若活菌细胞数目太多，加到平板中培养后会造成菌落重叠在一起或由多个菌形成一个菌落的现象，影响计数。其原理就是根据 0.1 mL 稀释样品中所产生的菌落数目，换算成每毫升试样中的活细胞数量。该法的优点是技术简单，灵敏度高，因而被广泛应用于生物、医药制品的检定及食品、水质的卫生检定。但该法也存在着手续繁、需时长、影响因素多等缺点。

2. 膜过滤法

膜过滤法主要用于样品中微生物细胞数目较低的情况，如含微生物数较少的天然水样。该法首先将一定体积的水样穿过已灭菌的适当大小孔径的滤膜，微生物因不能穿过而被截留在滤膜上，使含菌水样被浓缩。然后将含菌滤膜放置在灭菌琼脂固体培养基表面，保温培养直到菌落形成，计数。

膜过滤法也可直接用于细胞总数计数法。将上述含菌滤膜用荧光染料吖啶橙或DAPI染色后，膜上菌体可直接在荧光显微镜下观察计数。现在市场上已有可区分死细胞和活细胞荧光染料试剂盒提供，可用来染色含菌滤膜，直接计数样品中的活细胞数和死细胞数。

（三）微生物生物量的测定方法

微生物生长的测定也可以不测定细胞的数量，而代之以测定微生物生物量，常用以下方法：

1. 干重法

将微生物菌体或离心得到的细胞沉淀物置100～105℃的烘箱中干燥过夜至水分去除，然后称重。该法虽然耗时较长，但对于丝状微生物却特别常用。

2. 化学成分测定法

如果细胞中某一物质量是恒定的，那么该细胞成分的总量与微生物细胞生物量的多少成正比。例如，一定体积液体中微生物群体细胞数量的增加，可以用该液体中微生物细胞中的总蛋白质量的增加来表示；光合色素含量的增加可以用来反映光合微生物群体数目的增加；ATP 含量可以用来估计微生物活细胞量的大小。

（四）比浊法

含菌液体由于菌体细胞对光的消散作用而呈浑浊，细胞数目越多，对光的消散作用越强，浑浊度就越高。浊度可以用比色计或分光光度计测量，以吸光度来表示。单细胞生物在一定的范围内的吸光度的大小与液体中的细胞数目及细胞生物量成正比，因而可通过直接显微镜计数法或平板活菌计数法制作标准曲线进行换算间接用作溶液中微生物细胞数的测量，也可通过生物量测定制作标准曲线进行换算间接用作溶液中生物量的测定。该法灵敏度较差，然而却具有简便、快速、不干扰或不破坏样品的优点。

二、微生物的个体生长

（一）细菌细胞的生长

细菌细胞的生长是指新生的细胞长大以及最后分裂为两个子细胞的过程，这样一个过程被称为二分裂，又称细菌细胞周期。以大肠杆菌为例，以恒定速率生长的细胞长度在不断增加，但直径不变，当细胞生长达到其起始长度一倍时，通过均等分裂分为体积相等的两个细胞。细菌细胞周期包括 DNA 复制和细胞分裂两个主要步骤，根据细胞是否在分裂发生之前就启动新一轮 DNA 复制而将细菌细胞生长分为快生长和慢生长两种类型。在慢生长细菌中，DNA 复制和细胞分裂密切关联，细胞分裂常常在 DNA 复制完成之后大约 20 min 时候发生（图 5–13A）；在快生长细菌中，DNA 复制完成之后，细胞分裂还未发生，新一轮 DNA 复制就已经开始（图 5–13B）。大肠杆菌细胞必须达到某一阈值体积或起始物质量才能启动 DNA 复制，也只有当细胞达到某一阈值长度后才能进行染色体分离，分裂成为两个细胞。

细菌细胞在体积增加和分裂过程中，还进行着活跃的细胞壁合成。细胞壁在维持细胞形状和完整度同时，通过细胞产生的自溶酶有限降解细胞壁肽聚糖的多糖链或肽键，释放出受体末端，整合加入的新肽聚糖单位，使细胞壁扩张，满足细胞体积增加和分裂的需要。细胞壁合成方式通常分为两种：一种是大肠杆菌等杆状细菌为代表的“分散合成”方式，不但在细胞分裂之前的隔板形成处进行活跃的肽聚糖合成，而且细胞壁生长区还沿着杆状细胞周缘散布着，其结果使杆状细胞伸长及细胞分裂（图 5–13A，B）；另一种是以链球菌和某些 G^+ 球菌为代表的所谓“背靠背”合成方式，细胞壁主要生长区域常常位于细胞壁横隔形成的位置，因而两个子细胞相邻的两个半部分壁是新合成的（图 5–13C）。

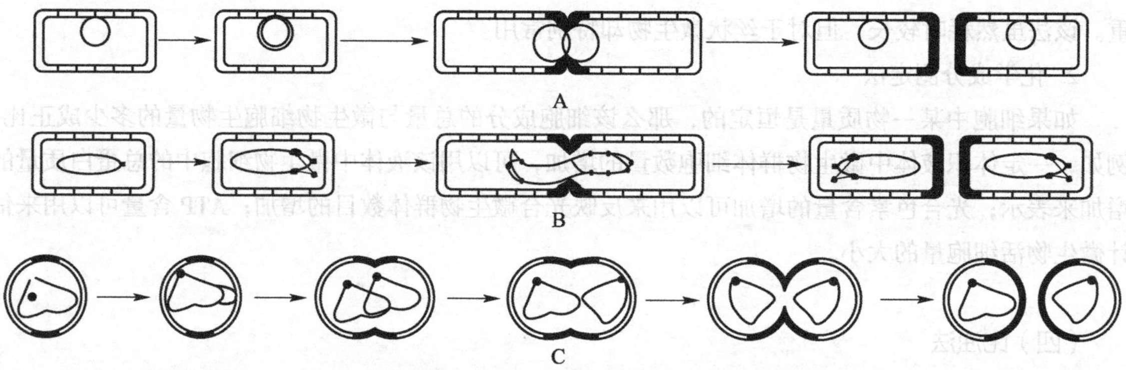

图 5–13　细菌细胞分裂及细胞壁的合成（细胞壁加深处为新合成的细胞壁）

A. 慢生长的 G^- 杆菌　B. 快生长的 G^- 杆菌　C. G^+ 球菌的生长

（二）酵母细胞的生长

酵母菌细胞的生长表现为细胞体积的连续增加并在一定的间隔时间发生核和细胞的分裂，这样一个完整的生长过程就是酵母菌的细胞周期。酵母菌细胞的分裂分为两类，一种是不等分裂，如酿酒酵母（*Saccharomyces cerevisiae*），母细胞体积增大到一定程度时出芽，最后芽和母细胞分离，形成大小不等的两个细胞；另一种是均等分裂，如粟酒裂殖酵母（*Schizosaccharomyces pombe*），当菌体体积增加到一定大小后，便形成分隔，产生两个大小相等的细胞。以酿酒酵母为例（图 5–14），酵母菌的细胞可分为 4 个时期：G_1、S、G_2 和 M 期。S 和 M 期分别是指 DNA 合成期和有丝分裂期，G_1 和 G_2 期分别是指 S 和 M 期之间的间隙期。

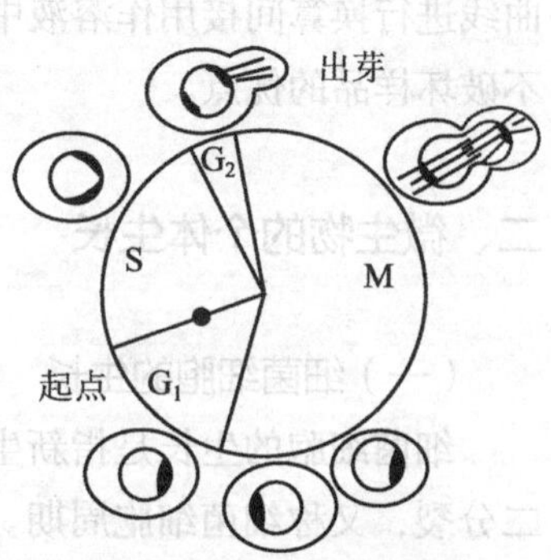

图 5–14　酿酒酵母细胞周期及其主要事件

由于在 G_2 期细胞分裂还没开始，但 DNA 的复制已经完成，因而 G_2 期的 DNA 量是 G_1 期的 2 倍。在 G_1 期的后期，有一个“起点”，当细胞经过“起点”后，就可以顺利通过随后的几个时期，完成细胞周期。几丁质酶对细胞壁几丁质成分的水解作用在酿酒酵母芽细胞体积增大和芽细胞与母细胞的分离过程中发挥作用。

（三）丝状真菌菌丝的生长

丝状真菌的营养菌丝生长主要以极性的顶端生长方式进行（图 5–15）。菌丝顶端呈半椭圆形，其短轴半径就是菌丝的最大半径。原生质在菌丝细胞内部呈区域化的极性分布。最初的几个微米区域为最顶端区域，该区域菌丝细胞内充满丰富的微泡囊，新生的微泡囊由内质网（或高尔基体）分泌产生，内含有细胞壁合成所需的前体物质，分泌的微泡囊从亚顶端移向最顶端，当与细胞膜融合时，泡囊膜被补充为新生的细胞膜，微泡囊内含的细胞壁前体物质释放出来添加至松弛的细胞壁间隙处聚合，导致菌丝顶端向前延伸，原先最顶端的细胞壁和细胞膜被推向后部，原先的细胞壁在被推向后部的过程中因其多糖分子之间发生交联而硬化，停止生长。菌丝顶端细胞壁含有适量的细胞壁水解酶，如几丁质酶和葡聚糖酶，通过部分降解细胞壁中几丁质和葡聚糖组成的骨架结构，维持细胞壁的松弛和刚性之间的平衡，便于新生细胞壁前体物质的加入和交联，细胞壁面积扩大。

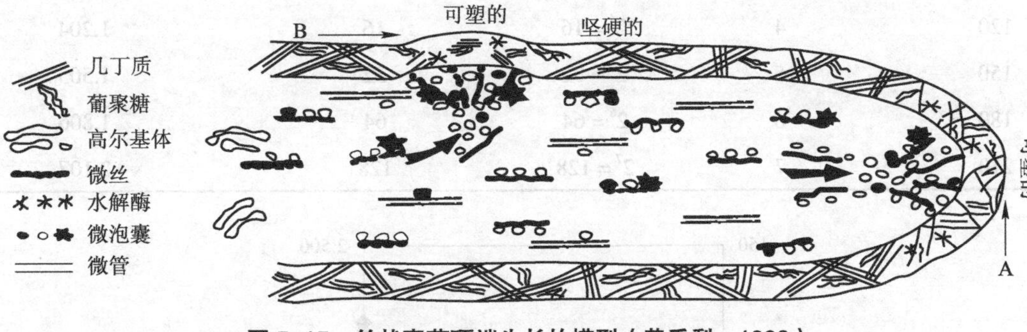

图 5–15 丝状真菌顶端生长的模型（黄秀梨，1998）

A. 菌丝顶端部位 B. 分支形成部位

三、微生物的群体生长

（一）无分支单细胞微生物的群体生长

1. 无分支单细胞微生物群体生长的特征

无分支单细胞微生物主要包括原核生物的细菌和真核生物的酵母菌，它们的群体生长是以群体中微生物细胞数量的增加来表示的，因而其生长速率就是指单位时间内细胞数目或细胞生物量的增加。通过一个细胞分裂周期，细胞的所有结构成分都被扩大 1 倍。由 1 个细胞分裂成为 2 个细胞的间隔被称为世代。一个世代所需的时间就是代时，因而代时也就是群体细胞数目扩大 1 倍所需的时间，有时也被称为倍增时间。表 5–6 和图 5–16 表示的是一个倍增时间为 30 min 的细胞经历若干代分裂后的情况。图中可见，每经历一个代时，细胞的数目就增加 1 倍，呈指数增加，因而被称为指数生长，这就是无分支单细胞微生物的群体生长特征。如果以细胞数目对时间作图，随着时间增加，曲线越来越陡，很快就超出曲线范围，所以一般用细胞数目的对数对时间作图，该曲线呈直线关系。指数生长可以用下式来表示：

$$B_t = B_0 \times 2^n$$

式中，B_0 为起始细胞数目，B_t 为指数生长某个时刻 t 时的细胞数目，n 为世代数。B_0、B_t 和 t 可由实验获得，n 可通过上式计算得出，将等式两侧取对数重排后得：

$$\lg B_t = \lg B_0 + n\lg 2$$

$$n = \frac{\lg B_t - \lg B_0}{\lg 2} = \frac{\lg B_t - \lg B_0}{0.301}$$

表 5-6 微生物的对数生长

时间 /min	分裂次数（n）	2^n	细胞数目（$B_0 \times 2^n$）	细胞数目对数
0	0	$2^0 = 1$	1	0
30	1	$2^1 = 2$	2	0.301
60	2	$2^2 = 4$	4	0.602
90	3	$2^3 = 8$	8	0.903
120	4	$2^4 = 16$	16	1.204
150	5	$2^5 = 32$	32	1.505
180	6	$2^6 = 64$	64	1.806
210	7	$2^7 = 128$	128	2.107

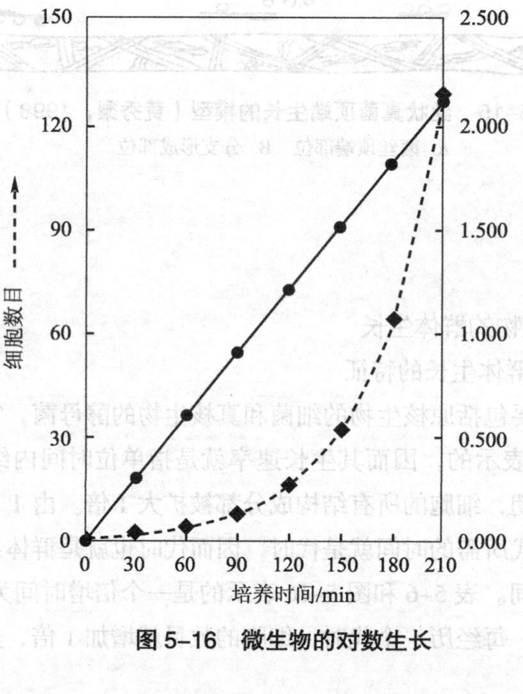

图 5-16 微生物的对数生长

例如：一培养液中微生物数目由开始时的 12 000（B_0），经 4 h（t）后增加到 49 000 000（B_t），这样 n =（lg4.9 × 10^7 - lg1.2 × 10^4）/0.301 =（7.690 - 4.079）/0.301 = 12，说明 4 h 后微生物已经经历了 12 个世代。借助于 n 和 t，我们还可以计算出该微生物每 20 min 分裂一次。代时在不同微生物中变化很大，很多微生物代时为 1 ~ 3 h，然而有些快速生长的微生物代时还不到 10 min，而另外一些微生物的代时却可长达几小时甚至几天。

2. 无分支单细胞微生物的群体生长曲线

以细菌为例，将少量细菌纯培养接种到一恒定容积的新鲜液体培养基中，在适宜条件下培养，每隔一定时间测定培养液中细菌细胞数目，可以看到以下现象：开始有一短暂时间，细菌细胞数量并不增加，随后细胞数目增加很快，继而又趋稳定，最后逐渐下降。如果以培养时间为横坐标，以细菌细胞数目的对数或生长速率为纵坐标作图，可以得到如图 5-17 所示的曲线，被称为微生物生长曲线。生长曲线代表了细菌在新的适宜环境中生长、分裂直至衰老、死亡全过程的动态变化规律。通常根据单细胞微生物生长速率的不同，将生长曲线分为迟缓期、对数期、稳定期与死亡期 4 个主要时期。

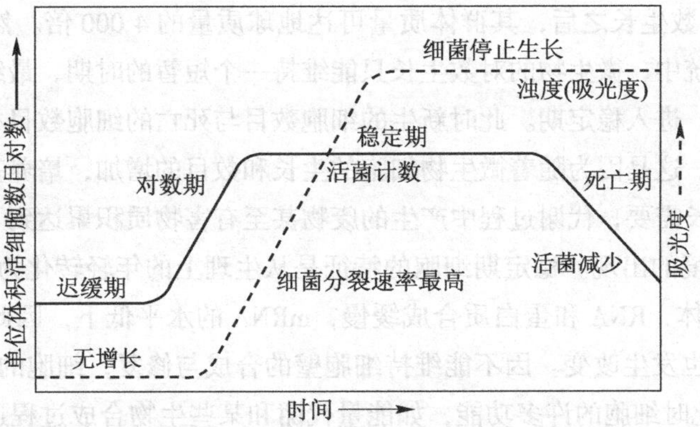

图 5-17 典型单细胞微生物生长曲线

（1）迟缓期（lag phase）

当微生物群体被接种到新鲜培养基中，开始一段时间内，通常不立即进行细胞分裂、增殖，生长速率近于零，细胞数目几乎保持不变，甚至稍有减少，这段时间被称为迟缓期。迟缓期是细胞分裂启动之前的恢复或调整期，而不是生长的休眠或停留期。迟缓期细胞的主要特征是代谢活跃，体积增大，从介质中快速吸收各种营养物质，大量合成细胞分裂所需的酶类、ATP 和其他细胞成分，为细胞分裂做准备。

迟缓期可以很长，也可以很短甚至不明显。迟缓期的形成有多种原因。处于生长对数期的培养物被接种到与原先同样的生长条件和同样培养基中后，几乎能够以同样速率进行对数生长，迟缓期不明显；然而如果被接种的是处于生长稳定期的培养物，即使此时培养物中所有细胞都是活的，迟缓期也会发生。这是因为稳定期细胞生理上已经衰老，其合成机制处于损伤状态，基本耗尽了各种辅酶或其他细胞成分，因此需要一定时间进行生理修复和物质的再合成。当微生物被从营养丰富的培养基转移到营养贫乏培养基后，为了合成新培养基中所缺乏的某种营养物质以满足自身生长，也会导致迟缓期的出现。此外，菌种的遗传特性和接种体积的大小也会影响迟缓期的长短。在实际工作中，可以通过增加接种量、采用最适种龄（处于对数期的菌种）、选用繁殖速率快的菌种以及尽量保持接种前后所处的培养介质和条件一致等方法来缩短或消除迟缓期。

（2）对数期（log phase）

一旦微生物细胞的生理修复或调整完成，迟缓期即告结束，细胞开始进入快速分裂阶段。由于这一时期细胞数目的增加以几何级数进行，故称对数期。对数期的细胞分裂速率最快、代时最短、代谢活动旺盛、对环境变化敏感，并且细胞内的核糖体等组分也像细胞数目一样以同样的对数生长速率增加，细胞合成核糖体以及蛋白质越多，其生长速率也越快。但不同微生物的生长速率却变化很大，这与菌种本身的遗传特性有关，还受环境条件（如温度、培养基成分等）的影响。如大肠杆菌在20℃时其代时是35℃条件下的2倍；伤寒沙门氏菌在含0.125%蛋白胨水培养基中的代时为800 min，而在含1.0%蛋白胨水培养基中的代时仅为40 min。

（3）稳定期（stationary phase）

如果对数期的细胞分裂不受节制地连续进行，理论上一个代时为20 min、重10~12 g的细菌群体，经过48 h的对数生长之后，其群体质量可达地球质量的4 000倍。然而这种情况并没有发生。在一个封闭的系统中，微生物的对数生长只能维持一个短暂的时期，最终生长将会降低，代时延长，细胞活力减退，进入稳定期。此时新生的细胞数目与死亡的细胞数目相等，总菌数达到最大值，活菌数保持恒定。这是因为随着微生物细胞的生长和数目的增加，培养基中的营养物质会被逐渐消耗而不能满足生长需要，代谢过程中产生的废物甚至有害物质积累达到了抑制生长的水平，氧气消耗导致了厌氧环境的出现。稳定期细胞的特征是从生理上的年轻转化为衰老，代谢活力钝化，细胞含有较少的核糖体，RNA和蛋白质合成缓慢，mRNA的水平低下，因此细胞的生长变得不平衡，细胞的形状有的也发生改变。因不能维持细胞壁的合成与修复，细胞的染色特点也发生变化，如G^+转变为G^-，但此时细胞的许多功能，如能量代谢和某些生物合成过程还在继续进行，某些代谢产物特别是次生代谢产物主要就是在稳定期，特别是在对数期与稳定期转换阶段所产生的，这些产物包括抗生素和某些酶，某些细菌的芽孢产生也发生在稳定期。

（4）死亡期（death phase）

如果处于稳定期的细菌继续培养，细胞的死亡率将逐渐增加，最终群体中活的细胞数目将以对数速率急剧下降，此阶段称为死亡期。死亡期细胞的总数虽然镜检直接计数可以保持不变，但间接菌落计数检测到的活细胞数目却在减少，伴随着细胞的裂解或自溶可释放出一些代谢产物，如氨基酸、转化酶、外肽酶或抗生素等。菌体细胞呈现多种形态，有时产生畸形，细胞大小悬殊，有的细胞内含很多的空泡，G^+染色反应转变成G^-染色反应。

死亡期的长短与对数生长期一样在不同微生物中变化是很大的，主要与菌种的遗传特性有关。有些细菌培养经历所有的各个生长时期，几天以后死亡；另一些细菌培养在几个月甚至几年以后仍然含有一些活的细胞。产芽孢的细菌其芽孢比代谢活跃的营养细胞更易于幸存下来。通过补充营养和能源，以及中和环境毒性，可以减缓死亡期的细胞死亡速率，延长细菌培养物的存活时间。

需要指出的是，细菌生长曲线的不同时期反映的是群体而不是单个细胞的生长规律。认识和掌握微生物的生长曲线，有重要的实践意义。例如，乙醇产生过程中就要设法缩短迟缓期，延长对数期，以便在最短时间内获得最大产量。医学上要采用G^+染色鉴定病原菌，就要采用对数生长期的菌体，因这时G^+反应最典型。工业上生产酵母单细胞蛋白，就要在稳定期收集菌体，因这时菌体数目最大。

（二）丝状微生物的群体生长

1. 丝状微生物群体生长的特征

丝状微生物包括具分支的原核微生物放线菌和真核微生物丝状真菌。丝状微生物生长通常以单位体积内微生物细胞的物质量（主要是干重）的变化来表示。这类微生物在液体培养基中虽然也可以几乎均匀分布的菌丝悬浮液的方式生长（丝状生长）。但大多数情况下是以分散的沉淀物方式在发酵液中出现（沉淀生长），沉淀物形态从松散的絮状沉淀到堆集紧密的菌丝球不等。接种体积的大小、接种物是否凝集，以及菌丝体是否易于断裂等因素的综合作用决定着丝状微生物是丝状生长还是沉淀生长。丝状微生物在液体培养中的生长方式在工业生产中很重要，因为它影响发酵过程的通气性、生长速率、搅拌能耗及菌丝体与发酵液的分离难易等。

2. 丝状微生物群体生长曲线

丝状微生物的群体生长有着与单细胞微生物类似的规律，在液体培养基中的生长曲线也显示具有迟缓期、对数期、稳定期和死亡期。

四、微生物的连续培养

（一）分批培养和连续培养

前面所讨论的微生物群体生长都是以一种密闭或称分批培养的方式进行的。所谓分批培养（batch culture）就是指将微生物置于一定容积的培养基中，经过培养生长，最后一次收获的培养方式。通过对微生物生长曲线分析可知，在分批培养中，培养基一次加入，不予补充、不再更换，随着微生物活跃生长，培养基中营养物质被逐渐消耗，代谢废物逐渐积累产生毒害作用，必然会使生长速率下降并最终停止生长，导致死亡期的到来。为了防止上述情况发生，人们发明了连续培养的方法。所谓连续培养（continuous culture），基本上说来就是在一个恒定容积的流动系统中培养微生物，一方面以一定速率不断地加入新的培养基，另一方面又以相同的速率流出培养物（含菌体和代谢产物），以使培养系统中的细胞数量和营养状态保持恒定，即处于稳态。连续培养方法的出现，不仅可随时为微生物的研究工作提供一定生理状态的实验材料，而且可提高发酵工业的生产效益和自动化水平。但还有些问题尚待克服，如长时间培养如何防止染菌和菌种退化等问题。

（二）连续培养类型

连续培养系统主要有两类：恒化器和恒浊器，其区别是控制培养基流入培养容器中的方式不同。

1. 恒化器（chemostats）

恒化器装置见图 5-18A。其特点是维持培养基总体积不变，通过控制培养基中某一生长限制性底物的浓度（其余组分过量）来调节微生物的生长速率及其细胞密度。当以恒定的速度输入培养基时，经瞬时混合后，便以同一速率流出培养液，故总体积保持不变。因此恒化器中微生物生长依赖于单位时间内流过单位培养容器的培养基的量（即稀释率）和生长限制性底物的浓度。在恒化器中，微生物群体数目的净变化就是微生物生长所引起的细胞数目增加与连续流入的新培养基稀释引起的细胞数目减少之间的差异。当稀释率很高时，菌体数目增加的速率低于因稀释作用而使菌体数目减少的速率，则最终导致培养容器中的微生物被流加的新培养基逐渐带走；当稀释率非常低时，微生物细胞的生长速率大于稀释速率而使微生物细胞数目增加，其结果是培养基成分的补充低于微生物的消耗量，生长限制性底物供给不足，细胞代谢不能维持，最终导致细胞因饥饿而大量死亡；如果设法使稀释率等于或小于微生物的最大生长速率，生长速率将会增加直到和稀释率相等，培养容器中微生物细胞数目将维持恒定，微生物因生长而增加的数目就是因稀释作用而被取走的数目，因此生长速率与稀释率成反比。然而当加入培养基的稀释率不变，而使生长限制性底物的浓度升高时，细胞数目增加的速率超过了被稀释的速率，培养容器中的细胞密度升高，直到其细胞数目又与被稀释而降低的数目相等，又达到新的平衡，这时的细胞密度已与原来的不一样。可见，恒化器中微生物群体的细胞密度不是由稀释率决定的，而是由进入到培养容器中的限制性营养物质的浓度所决定的。

2. 恒浊器（turbidostats）

恒浊器装置见图 5-18B。与恒化器相同之处也是维持培养基总体积不变，但不同之处在于通过测定培养液的浊度或细胞密度，来不断调节培养基流入或排出的速率以使培养液中微生物细胞密度保持恒定（即恒浊）。因而恒浊器通常需要一套光学检测装置（如浊度计）和与之相偶联的电动控制装置（如流速控制阀）。

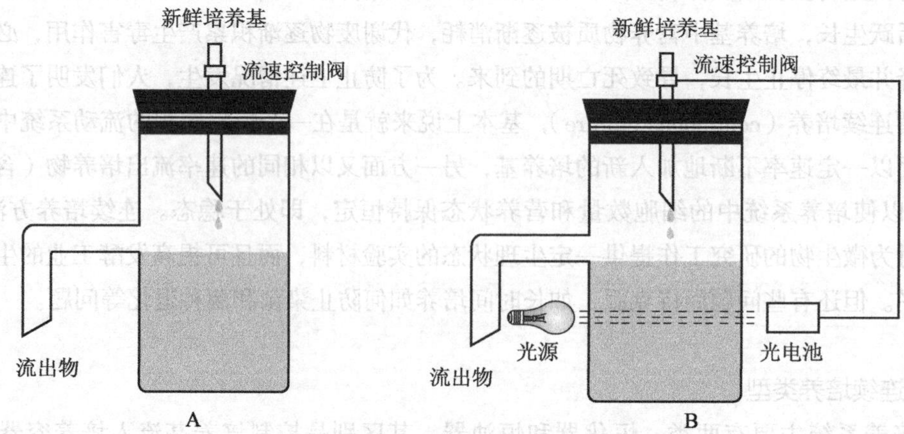

图 5-18 恒化培养装置（A）和恒浊培养装置（B）

五、天然环境中的微生物生长

虽然实验室液体培养的细菌通常是以悬浮的单细胞形式存在，但在天然环境中，大多数细菌黏附于有机或无机固体接触表面，分泌多糖基质、纤维蛋白、脂质蛋白等将其自身包绕其中而形成大量细菌聚集的膜样物，称作生物被膜（biofilm）。生物被膜可以由一种微生物组成，也可以由多种相互协作的微生物所构成。生物被膜发育阶段包括：启动、成熟、维持和分解。当遇到营养丰富的固体表面的时候，细菌就待在那里，通过生长增加群体细胞数目，形成生物被膜；当营养耗竭时，单个细菌就离开群体去寻找新的营养源。

生物被膜在水体自净和环境质量方面起着十分重要的作用。天然水环境中的绝大多数微生物细胞被发现是以群体方式附着在固体表面，细胞间通过表面相连聚集在一起形成生物被膜。生物被膜中的微生物以一种复杂的、合作的方式共同作用，分解复杂的营养物，产生相互有利的环境。

生物被膜在防治微生物致病性方面也起着十分重要的作用。每年在设备损伤、产品污染、医疗感染方面要花费大量财力物力。例如，假单胞菌或葡萄球菌生物被膜能够损坏帮助呼吸的输氧管，并且还是直接的感染源。一种假单胞菌 *Pseudomonas aeroginosa* 在患者囊性纤维化肺表面或医学植入物表面可以形成单一种群的生物被膜。人类牙齿的蚀斑也是一种生物被膜。

第四节　微生物生长的控制

在微生物研究或应用实践中，我们常常需要控制所不期望的微生物生长。控制微生物生长的方法，因其对微生物作用的效果不同而分为灭菌、消毒和防腐等 3 种类型，分别有其不同的适应范围。人们把能够杀死或消除材料或物体上全部微生物的方法称为灭菌（sterilization）；能够杀死、消除或降低材料或物体上的病原微生物，使之不致引起疾病的方法称为消毒（disinfection）；能够防止或抑制微生物生长，但不杀死微生物群体的方法称为防腐（antisepsis）。控制微生物生长的方法，又可根据其作用原理、方式和方法不同分为物理控制方法、化学控制方法和生物控制方法。

一、物理控制方法

许多物理方法可以抑制或杀灭微生物，在控制微生物生长方面有着广泛的应用（表 5–7）。

（一）高温灭菌

可通过使用超过微生物最高生长温度的高温，使微生物细胞成分发生不可逆的失活而死亡，达到控制和杀灭微生物目的。加热灭菌是最重要和应用最广泛的一种方法，具有快速、可靠、成本低、不会引入新的化学物质、能够快速穿透化学试剂所不易渗入的物质等优点。

1. 干热灭菌

干热灭菌是通过烧灼或烘烤等方法，使蛋白质变性杀死微生物。

（1）烘箱烘烤法

烘箱烘烤法就是将灭菌物体置于烘箱内，160～170℃加热 2～3 h，以达到灭菌目的。灭菌时间可根据被灭菌物体体积做适当调整。有循环鼓风系统的烘箱比无循环鼓风系统烘箱灭菌所需时间大约要缩短一半。该法适用于金属和玻璃器皿的灭菌，以及粉料和怕湿物品的灭菌。

（2）火焰焚烧法

该法采用明火将微生物材料彻底燃烧成灰烬。微生物实验室操作时，需要连续重复使用的接种环、接种针和涂布玻棒等通常在煤气或酒精灯火焰上进行焚烧灭菌。该法适用于经焚烧不会损坏的物品。医院病源污染物物品及感染动物尸体等也可用火焰焚烧法彻底清除。

表 5–7 常用控制微生物生长的物理方法

物理方法	作用机理	应用
干热		
烘箱烘烤法	细胞脱水，蛋白质变性	玻璃器皿、金属物品、粉料和怕湿物品的灭菌
火焰焚烧法	将有机体燃烧成灰烬	接种器材灼烧灭菌；污染衣物、动物尸体焚烧
湿热		
水煮沸法	细胞结构被破坏，蛋白质凝固、变性	家庭饮用水和餐具的消毒
高压蒸汽灭菌		培养基、罐头食品、液体及不易被湿热破坏的物品
巴斯德消毒法		杀灭牛奶、果汁和啤酒中的病原菌和大多数微生物
低温		
冷藏法	降低酶反应速率	可保藏新鲜食品数日；也可用于菌种短期保藏
冷冻法	极大地降低酶反应速率，生长停止	可保藏新鲜食品数月；用于菌种较长期保藏
干燥和高渗作用		
干燥	抑制酶活性	某些粮食、食品、水果和蔬菜的保藏
高渗作用	细胞脱水	盐腌制咸肉或咸鱼，糖浸果脯或蜜饯等
辐射作用		
紫外线	蛋白质和核酸变性	用于室内空气消毒，降低微生物数量
电离辐射	蛋白质和核酸变性	用于塑料制品、医疗设备、药物、食品的灭菌
强可见光	光敏感物质的氧化	与染料合用可杀灭细菌和病毒，帮助衣物消毒
微波	使物体产热杀菌	
过滤	机械性地移除微生物	含有热敏的酶或维生素的溶液、血清制品、疫苗、药物和特殊培养基等液体除菌；医院或无菌室内的无菌空气供给
超高压	蛋白质和核酸变性	用于熟肉制品和果汁等保鲜杀菌

2. 湿热灭菌

湿热灭菌是利用热蒸汽使蛋白质变性杀死微生物。研究表明在相同温度下，湿热的效力比干热灭菌好（表 5–8）。这是因为：①热蒸汽对细胞成分的破坏作用更强。水分子的存在有助于破坏维持蛋白质三维结构的氢键和其他相互作用弱键，更易使蛋白质变性（表 5–9 显示蛋白质含水量与其凝固温度成反比），还可以使细胞膜脂溶解。高压蒸汽还可以破坏核酸结构，杀灭那些蛋白质包膜变性后仍具有侵染性的病毒。②热蒸汽比干热空气穿透力强，能更加有效地杀灭微生物（表 5–10）。③蒸汽存在潜热，当气体转变为液体时可放出大量热量，故可迅速提高灭菌物体的温度。

（1）水煮沸法

将物品置水中，加热至沸点 100℃，维持 30 min，可杀死物品上存在的大部分微生物和病毒，但不能杀死全部细菌芽孢、真菌孢子和耐热病毒。食品腐败菌产气荚膜梭菌（*Clostridium perfringens*）和肉毒梭菌（*C. botulinum*）在水中煮沸几个小时以后仍可存活。该法较适合于家庭饮用水和餐具的消毒。

（2）高压蒸汽灭菌法

在密闭的容器（锅）内给水加热，使锅内蒸汽压力大于外界正常大气压，导致锅内水的沸点升高，可以提高水蒸汽的温度（表 5–11），更有效地杀灭微生物。这种密闭容器就称作高压蒸汽灭菌锅。市售高压蒸汽灭菌锅的压力指示器指示的是锅内蒸汽压力大于外界正常大气压的数值，通常选用压力指示器为 15 Psi（磅 / 英寸 ^{2}，约 1 个大气压）压力，此时锅内水蒸汽压力为 30 Psi（约 2 个大气压），水蒸汽温度为 121℃，处理物品 15 ~ 30 min。高压蒸汽灭菌法可杀死抗热性很强的细菌芽孢和其他微生物孢子，破坏病毒核酸结构；可用于各种耐热耐湿物品的灭菌，如一般培养基、生理盐水等各种溶液、工作服及实验器材等。

表 5–8　干热与湿热空气对不同微生物细胞的致死温度和时间

微生物	致死温度 /℃ 湿热空气 / 干热空气	杀死孢子所需时间 /min 湿热空气 / 干热空气
枯草芽孢杆菌（*Bacillus subtilis*）	121/121	1/120
嗜热脂肪芽孢杆菌（*B. stearothermophilus*）	121/140	12/5
肉毒梭菌（*Clostridium botulinum*）	120/120	10/120
破伤风梭菌（*C. tetani*）	105/100	10/60

表 5–9　蛋白质含水量与其凝固温度的关系

蛋白质含水量 /%	蛋白质凝固温度 /℃
50	56
25	74 ~ 80
15	80 ~ 90
6	145

（黄秀梨，1998）

（3）巴斯德消毒法

巴斯德消毒法就是对液体进行温和加热处理，杀死其中存在的病原菌和腐败菌，降低微生物群体数量，同时保持液体的营养价值和风味，以其发明者巴斯德命名。该法主要用于新鲜牛奶、果汁、啤酒、红酒等对热敏感的液态食品的消毒。巴斯德消毒法可采用容器分批消毒法，将装有液态食品的容器 63～66℃处理 30 min；或采用快闪消毒法，将液态食品快速流过 71.6℃管道处理 15 s。虽然巴斯德消毒法能杀死液体中大多数病毒和 97%～99% 的微生物营养细胞，但却不能杀死微生物芽孢或耐热微生物，因而只能消毒不能灭菌。例如经巴斯德消毒的牛奶每毫升可能含有 20 000 个以上微生物，即使牛奶包装不打开，最终也会腐败。近年来发展出一种 134℃超高温技术（ultrahigh temperature，UHT）对牛奶灭菌 1～2 s，可使牛奶贮藏期达 3 个月。

表 5-10 干热和湿热空气穿透力的比较

加热方式	温度 /℃	加热时间 /h	穿透布的层数及其温度 /℃		
			20 层	40 层	100 层
干热	130～140	4	86	72	<70
湿热	105	3	101	101	101

（黄秀梨，1998）

表 5-11 水蒸汽压力与水沸点的关系

水蒸汽压力	水沸点 /℃
15 Psi（正常大气压，1 个大气压）	100
20 Psi（大于正常大气压 5 Psi）	109
25 Psi（大于正常大气压 10 Psi）	115
30 Psi（大于正常大气压 15 Psi，为 2 个大气压）	121

1 Psi = 0.068 大气压

（二）低温抑菌

可以通过低温降低酶反应速度使微生物生长受到抑制，但不能杀死微生物。

1. 冷藏法

冷藏法是将物品放置在冰箱冷藏室 4℃左右低温下保存，防止腐败。如实验室将溶液存放在冰箱冷藏室中防止长霉；家庭中将新鲜食物放置冰箱冷藏室中保存防止食品腐败。因为低温条件下有些耐冷微生物仍能够缓慢生长，最终造成食品腐败，因而食品在冰箱冷藏室只能维持几天。

2. 冷冻法

冷冻法是将物品放置在 0℃以下低温中冷冻保存，防止腐败。虽然冷冻条件并不能杀死微生物，但绝大多数微生物基本不再生长，因而具有比冷藏法更好的抑菌作用和保藏功能。家庭或食品工业中一般采用 -20～-10℃的冷冻温度，使食品冷冻成固态以便保存较长的时间。

（三）干燥和高渗抑菌

可以通过干燥或高渗条件降低微生物可利用水的数量或活度而控制微生物的生长。

1. 干燥

干燥是使物品或培养物脱水的方法。干燥不一定杀死微生物，但会引起细胞代谢停止，从而抑制微生物生长，有时也可引起某些微生物细胞的死亡。像干果、稻谷、奶粉等食品通常采用干燥法保存，防止腐败。不同微生物种类对干燥的敏感性不同，革兰氏阴性细菌，如淋病奈瑟氏球菌对干燥特别敏感，几小时便死去；结核分枝杆菌又特别耐干燥，在此环境中，100℃ 20 min 仍能生存；链球菌用干燥法保存几年而不丧失致病性。休眠孢子抗干燥能力很强，在干燥条件下可长期不死。

2. 高渗抑菌

通过加入盐或糖提高环境渗透压，使水从细胞中流出，细胞脱水，从而抑制微生物生长。像盐腌制咸肉或咸鱼，糖浸果脯或蜜饯等均是这一方法在食品加工与保存中的经典应用。

（四）辐射杀菌

有 4 种类型的辐射作用：紫外线、电离辐射、某种条件下的强可见光、微波等（图 5-19），可用作控制微生物的生长。

1. 紫外线

紫外线由 100 ~ 400 nm 波长范围的光组成，但 200 ~ 300 nm 范围的紫外线杀菌作用最好。紫外线杀菌作用是因为它可以被蛋白质（约 280 nm）和核酸（约 260 nm）吸收造成这些分子的变性失活。例如，核酸中的胸腺嘧啶吸收紫外线后，可以形成二聚体，导致 DNA 合成和转录过程中遗传密码阅读错误，引起致死突变。此外，紫外线也可产生有毒的光化学产物——自由基，结合到 DNA、RNA 和蛋白质分子上，干扰细胞的代谢过程。紫外线穿透能力很差，不能穿过玻璃、衣物、

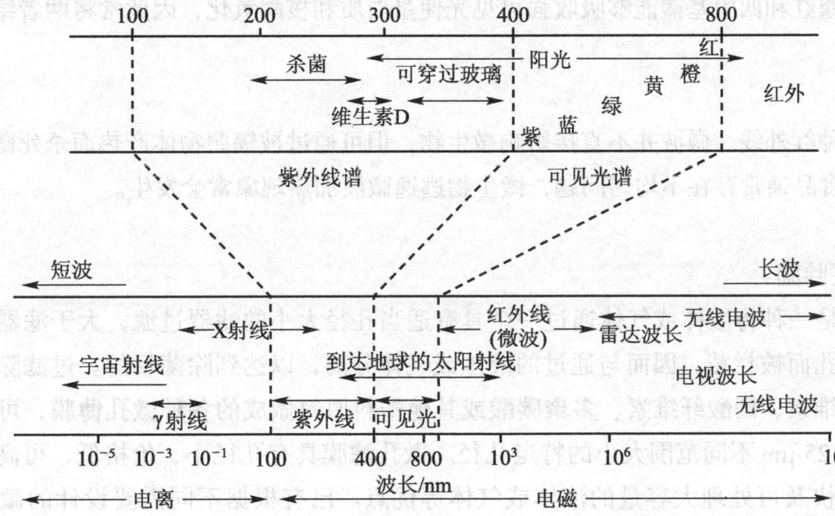

图 5-19 电离和电磁能谱（黄秀梨，1998）

纸张或大多数其他物体，但能够在空气中传播，因而主要用作物体表面或室内空气的消毒。紫外线消毒可以使空气中微生物浓度降低 99% 以上，广泛用于病房、手术室、学校、食品操作间和口腔科诊室。

紫外线灭活病毒特别有效，但对微生物细胞的灭活作用则因 DNA 修复机制的存在而受影响。紫外线的杀菌效果也与微生物的生理状态有关。干细胞比活细胞抗紫外线辐射能力强，孢子比营养细胞抗性强，带色细胞的色素若可吸收紫外线也可起到保护作用。

2. 电离辐射

电离辐射中的 X 射线和 γ 射线可以杀死微生物。当 X 射线或 γ 射线撞击分子时，能逐出分子中的电子和质子，形成离子和自由基分子，故又称电离辐射。电离辐射最重要的影响是对细胞中水分子的作用，使水分子在电离辐射作用下产生如下离子和游离基：

$$H_2O \rightarrow H_2O^+ + e$$

$$e + H_2O \rightarrow OH^- + H$$

$$H_2O^+ + H_2O \rightarrow H_3O^+ + OH\cdot$$

$$H_2O \rightarrow H^+ + OH^-$$

电离辐射产生的离子和游离基化学反应性活泼，能够和细胞中任何分子相互作用，特别是当和 DNA 分子作用时，如和 DNA 分子中磷酯键反应，可使 DNA 基本骨架结构断裂从而使细胞损伤死亡。由于电离辐射不需要加热，故又被称作冷灭菌。

电离辐射现已广泛用于其他方法所不能解决的塑料制品、医疗设备、药品和食品的灭菌。γ 射线是由某些放射性同位素（如 ^{65}Co）发射出的高能辐射，具较强的穿透力，能致死所有微生物，现已有专门用于不耐热的大体积物品消毒用的 γ 射线装置。

3. 强可见光

400 ~ 700 nm 波长范围的强可见光也具有直接的杀菌效应，它们能够氧化细菌细胞内的光敏感分子，如核黄素和卟啉环（构成氧化酶的成分）。因此，实验室应注意避免将细菌培养物暴露于强光下。此外，曙红和四甲基蓝能够吸收强可见光使蛋白质和核酸氧化，因此常将两者结合用作灭活病毒和细菌。

4. 微波

微波是一种红外线。微波并不直接影响微生物，但可通过被辐照物体产热而杀死微生物。然而由于微波加热食品通常存在不均匀问题，微生物逃逸微波加热现象常会发生。

（五）过滤除菌

过滤除菌是一种将液体或气体通过一个具有适当孔径大小的滤器过滤，大于滤器孔径的微生物不能穿过滤孔而被拦截，因而与通过的液体或气体分离，以达到除菌目的。过滤除菌现时主要采用由乙酸纤维素、硝酸纤维素、多聚碳酸或其他塑料原料做成的各种微孔薄膜，可根据需要使之具有 0.025 ~ 25 μm 不同范围大小的特定孔径。微孔滤膜具有孔径小、价格低、可高压灭菌、不易阻塞、滤速快及可处理大容量的液体或气体等优点。已有根据不同需要设计的微孔滤膜滤器（图 5–20）。注射式微孔滤器主要用于实验室少量液体的除菌，不锈钢微孔滤膜单层过滤器则可用

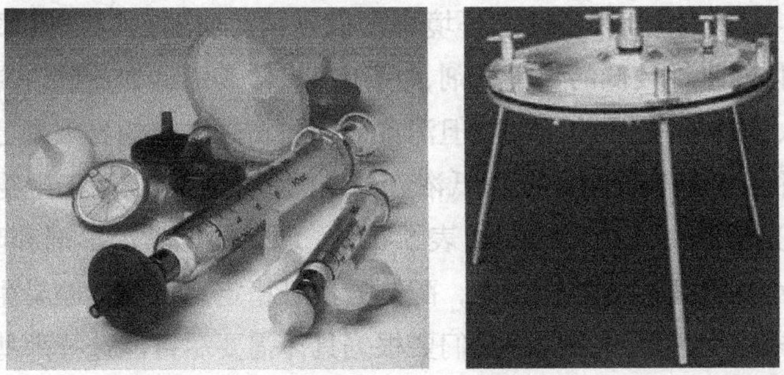

A　　　　B

图 5-20　常用滤膜滤器

A. 注射式微孔滤器　B. 不锈钢微孔滤膜单层过滤器

于实验室处理大量液体培养基或溶液的除菌。药厂、食品饮料厂、医院的液体澄清和除菌终端过滤的设备原理与上一致，只是按照工业生产需要做些改进而已。

过滤除菌可用于对热敏感液体的灭菌，如含有酶或维生素的溶液、血清制品、疫苗、药物或某些特殊的培养基等。过滤除菌还可用于啤酒生产代替巴斯德消毒。但使用小于 0.22 μm 孔径滤膜时存在滤孔易遭阻塞的缺点，而当使用 0.22 μm 孔径滤膜时，虽然可以基本滤除溶液中存在的细菌，但病毒或支原体等则可通过。还有一种专门的高效特殊空气过滤器可用于医院或无菌室内的无菌空气供给。

（六）超高压灭菌

超高压灭菌技术就是将被处理样品密封于弹性容器或置于无菌压力设备中，用 100 MPa（兆帕，约 987 个大气压）以上超高压处理一段时间，从而达到杀菌目的。当压力达到一定数值以上的超高压时，能破坏生物大分子的氢键、离子键和疏水键等非共价键，导致蛋白质和酶凝固变性失活，使细菌、真菌、寄生虫、病毒等生物被杀死。

超高压灭菌主要用于食品保鲜杀菌，如熟肉制品、果汁等的保鲜杀菌。食品杀菌时所用的超高压力一般在 200 ~ 600 MPa 之间。该法温度升高值很小，能很好地保留食品原有的风味、营养和保健成分；杀菌快速、高效、均匀，能耗比热力杀菌法更低，可提高食品卫生安全性，有利环保。

二、化学控制方法

化学控制方法主要是指利用各种化学药剂控制微生物生长的方法。抗微生物的化学试剂根据其物理状态可以分为液态的、气态的和固态的。根据化学药剂的杀菌效果和对人体或动物体的影响不同，一般将抗微生物的化学试剂分为 3 类：消毒剂、防腐剂、化学治疗剂。

（一）消毒剂和防腐剂

消毒剂是指那些可抑制或杀灭微生物，但对人体也可能产生有害作用的化学试剂，主要用于抑制或杀灭物体表面、器械、排泄物和周围环境中的微生物。防腐剂则是指那些可以抑制微生物生长，但对人体或动物体的毒性较低的化学试剂，可用于机体表面，如皮肤、黏膜、伤口等处防止感染，也有的用于食品、饮料、药品的防腐。但消毒剂和防腐剂之间的界限现已不很严格，如高浓度的苯酚（3%～5%）用于器皿表面消毒，而低浓度的苯酚（0.5%）则用于生物制品的防腐剂，所以本节将消毒剂和防腐剂放在一起加以讨论（表 5-12）。理想的化学消毒剂和防腐剂应当是作用快、效力高但对组织损伤小，穿透性强但腐蚀小，配制方便且稳定，价格低廉易生产，并且无怪味。但真正完全符合上述要求的化学药剂很少，我们要根据具体需要尽可能选择那些具有较多优良性状的化学药剂。

表 5-12 常用消毒剂和防腐剂

杀菌剂	作用机理	应用
表面活性剂		
肥皂	阴离子表面活性剂，降低表面张力，有助于水冲洗移走微生物	洗手，洗衣物，厨具和日用具的清洁卫生
新洁尔灭	季铵盐类阳离子表面活性剂，降低表面张力，高浓度时溶解脂类，破坏细胞膜，使蛋白质变性失活	有时用于皮肤消毒，可杀死许多无芽孢细菌和有包膜病毒，但对芽孢菌和裸露病毒无效
酸碱类		
苯甲酸、山梨酸和丙酸	有机酸根或有机酸分子可抑制酶或代谢活动	饮料及食品保藏
生石灰	升高 pH，使蛋白质变性	排泄物及地面消毒
重金属	和蛋白质巯基结合使蛋白质变性	
升汞		组织表面和器皿的消毒
红汞（红药水）		皮肤、黏膜及小创伤的消毒
硝酸银		可防治眼疾和淋病感染
硫酸铜		农业杀菌剂
卤素		
氯气	在水中形成次氯酸，遇酸性放出新生态氧，因强烈氧化作用杀菌	饮用水和游泳池水消毒
漂白粉	在水中分解成次氯酸	餐具和器皿的消毒
碘酒	氧化作用杀菌	常用于皮肤消毒
氧化剂	破坏二硫键，使蛋白质和酶失活，细胞膜受损	
过氧化氢		皮肤和伤口消毒
过氧乙酸		非金属器皿、物体表面和室内空气消毒
醇类	使蛋白质变性，溶解膜脂	用于皮肤和器械表面消毒

续表

杀菌剂	作用机理	应用
酚类	破坏细胞膜、使蛋白质变性、酶失活，且不受有机质的影响	
苯酚（石炭酸）		表面和空气消毒，痰、粪便与器皿消毒
来苏水		消毒皮肤、桌面及用具
烷化剂	破坏蛋白质和核酸结构	
甲醛		浸泡器械，熏蒸房间
戊二醛		杀死所有微生物包括孢子，用于不能加热灭菌的医疗设备消毒
β- 丙酸内酯		疫苗病毒的失活
氧化乙烯气体		用于热敏感的橡胶、塑料和其他材质制品的灭菌
染料		
结晶紫（紫药水）	干扰细菌胞壁肽聚糖的合成	用于皮肤和伤口感染的消毒

1. 表面活性剂

表面活性剂作用一是降低液体表面张力，有助于水从物体表面机械性地冲洗、移去灰尘、有机物质和微生物；二是破坏菌体细胞膜的结构，造成胞内物质泄漏，蛋白质变性，菌体死亡。肥皂为脂肪酸的钠盐，是一种阴离子表面活性剂，杀菌活力较弱，对肺炎球菌或链球菌有效，0.25% 肥皂溶液对链球菌的作用比 0.7% 来苏水或 0.1% 升汞还要强，但对葡萄球菌、结核分枝杆菌无效，用于日常生活中洗手、洗衣物、清洁厨具和日用具等。新洁尔灭是季铵盐阳离子表面活性剂，可杀死许多无芽孢细菌和有包膜病毒，但对芽孢菌和裸露病毒无效，临床上用于皮肤和黏膜消毒。

2. 酸碱类

酸碱类物质通过极端酸碱条件使蛋白质变性而起到抑菌或杀菌作用。如生石灰常以 1∶4 或 1∶8 配成糊状，消毒排泄物及地面。苯甲酸、山梨酸和丙酸是广泛使用于食品、饮料等中的防腐剂，但通常在偏酸性的条件下有抑菌作用。有机酸解离度比无机酸小，但有些有机酸的杀菌力反而大，其作用机制可能是有机酸根或有机酸分子抑制酶或代谢活动，而并非是酸度的作用。

3. 重金属类

重金属可以和酶、蛋白质的巯基结合使蛋白质变性，导致微生物死亡。常用的有汞及其衍生物。氯化汞又称升汞，1∶2 000～1∶500 稀释液对大多数细菌有杀灭作用，但能腐蚀金属，对动物有剧毒，常用于食用菌或植物组织分离时的外表消毒和使用器皿的消毒。汞溴红又称红汞，2% 水溶液即是医院常用的红药水，可抑菌又无刺激作用，常用于皮肤、黏膜及小创伤的消毒，应注意不可与碘酒共用。银离子是临床上使用的重金属杀菌剂，1% 硝酸银常用于外用眼药水治疗新生儿的眼睛感染。硫酸铜农业上用作杀菌剂，常用硫酸铜与石灰以适当比例配制成波尔多液，用于苹果、梨树等的喷施，杀灭真菌、螨以至防治植物病害。但重金属使用存在着毒性和环境污染问题，基于健康和环保方面的考虑，重金属类杀菌剂的应用现已大大减少。

4. 卤素

氯溶解于水中即形成盐酸和次氯酸，次氯酸在酸性环境中可解离放出新生态氧，具有强烈的氧化作用而杀菌，因而常用于饮用水和游泳池水的消毒，但氯对金属有腐蚀作用，不适合手术器皿的消毒。漂白粉是将氯气通过热石灰而生成的，主要含氯化钙和次氯酸钙，次氯酸钙很不稳定，在水中分解成次氯酸，最终也产生新生态氧。0.5%～1%的漂白粉溶液能在1～5 min内杀死大部分的细菌，可用于餐具和器皿的消毒。一种商品名称叫做“84消毒液”的含氯消毒剂，是由次氯酸钠、表面活性剂和增效、稳定助溶剂等配制而成，有效氯大于5.0%。其杀菌作用主要依靠有效氯，能杀死多种病毒和细菌芽孢；为外用洗消液，用于餐具、非金属医疗器械、家具、衣服、室内环境等的消毒，使用浓度0.5%左右，是烈性传染性疾病流行期间常用的一种消毒剂。据研究报道，2.5%浓度的“84消毒液”室内空气喷雾，其效果与紫外线空气消毒效果相似。95%乙醇与2%碘及10%碘化钾等化合物配制而成的溶液称为碘酒，是最早用于皮肤消毒的防腐剂，用于皮肤消毒比任何其他药品强。

5. 氧化剂类

氧化剂可破坏蛋白质的二硫键，使蛋白质和酶失活，细胞膜受损。强氧化剂还可破坏蛋白质的氨基和酚羟基。常用的氧化剂有过氧化氢、过氧乙酸、高锰酸钾等。3%过氧化氢可用于皮肤和伤口消毒，35%过氧化氢可用于医疗器械的消毒。过氧乙酸是一种强氧化剂，遇有机物或酶即释放出初生态氧，使蛋白质变性，可杀死一切微生物包括抗性很强的细菌芽孢，可用于器皿、物体表面和室内空气消毒，是烈性传染性疾病流行期间常用的一种消毒剂。但原液有腐蚀性，不可直接用手接触；稀溶液对金属仍有腐蚀性，故不用于金属器械的消毒。

6. 醇类

醇类是脂溶剂，可使膜损伤，同时能使蛋白质变性，低级醇还是脱水剂，因而具有杀菌能力。但醇类对细菌芽孢无效，主要用于皮肤及器械消毒。醇类杀菌作用的能力是丁醇 > 丙醇 > 乙醇 > 甲醇，丁醇以上不溶于水，甲醇毒性很大，通常使用乙醇，也有使用异丙醇。无水乙醇与菌体接触后使细胞迅速脱水，表面蛋白凝固，在菌体表面形成保护膜，阻止乙醇分子进一步渗入，影响杀菌能力。实验表明70%浓度的乙醇杀菌效果最好，实际工作中常使用75%的乙醇，主要用于皮肤表面和器械消毒。

7. 酚类

低浓度的酚可破坏细胞膜组分，高浓度酚凝固菌体蛋白。酚还能破坏结合在膜上的氧化酶与脱氢酶，引起细胞的迅速死亡。常用的苯酚又称石炭酸，0.5%可用于皮肤消毒。2%～5%可用于痰、粪便与器皿的消毒，5%可用于空气喷雾消毒。甲酚是酚的衍生物，杀菌效果比苯酚强几倍，但在水中的溶解度较低，可在皂液或碱性溶液中形成乳浊液。市售的消毒剂来苏水就是甲酚与肥皂的混合液，常用3%～5%的溶液来消毒皮肤、桌面及用具，应用于医院和家庭。

8. 烷化剂

烷化剂作用是通过将烷基连接到大分子上而破坏蛋白质和核酸的结构，使菌的生长受到抑制或死亡。由于烷化剂能够破坏核酸结构，因而现在被认为具有致癌风险，应避免人员吸入，影响健康。常用的烷化剂有液态的甲醛、戊二醛和β-丙酸内酯，气态的氧化乙烯。甲醛是一种较强的杀菌剂，37%的甲醛水溶液称福尔马林，有刺激性和腐蚀性，具有一定的致癌作用，不宜在人体使用，常以2%浸泡器械或10%熏蒸房间。戊二醛可以杀死所有微生物包括孢子，用于不能加热灭菌的呼吸治疗仪、光纤内窥镜、肾透析仪等医疗设备的消毒。气态的氧化乙烯可以杀死微生物细胞和芽孢，具有特别强的穿透能力，因而可用于高温不能灭菌的橡胶、塑料和其他热敏感材质制品，但灭菌完后，需要用无菌空气彻底将残留的氧化乙烯赶净，以免受到有毒的氧化乙烯气体对皮肤、眼和黏膜的伤害，特别是致癌的风险。

9. 染料

一些碱性染料的阳离子可与菌体的羧基或磷酸基作用，形成弱电离的化合物，妨碍菌体的正常代谢，因而具有抑菌作用。例如结晶紫可干扰细菌胞壁肽聚糖的合成，阻断UDP-*N*-乙酰胞壁酸转变为UDP-*N*-乙酰胞壁酸五肽，有效地抑制G^+细菌的生长。另外，对原生动物和酵母菌也有抑制作用，临床上常配成2%~4%的水溶液即紫药水，用于皮肤和伤口的消毒。

（二）化学治疗剂

化学治疗剂是指那些仅对某些微生物有选择性毒杀作用、但对人体几乎没有毒性或毒性很小的化学药剂，可用作治疗微生物引起的疾病。化学治疗剂既可以涂抹到机体表面，也可以通过口服或注射进入到体内。

1. 化学治疗剂类型

化学治疗剂根据来源分为两类，一类是人工合成的化合物，被称为合成药；另一类是微生物产生的天然化合物，被称为抗生素。20世纪初，德国医生Ehrlich发现砷化物606（胂凡纳明）可治疗苍白密螺旋体引起的梅毒病，是第一个人工合成药物成功地用于微生物疾病的治疗。随后德国科学家Domagk等1935年报道发现磺胺类药物可特异性抑制某些微生物的生长以治疗感染疾病。抗生素最初是由英国科学家弗来明（Fleming）在20世纪20年代末期偶然发现的。他观察到污染平板上生长的青霉菌能抑制周围生长的葡萄球菌，经研究发现是青霉菌产生的青霉素作用所致。40年代初由于第二次世界大战需要，青霉素终于作为化学治疗剂生产问世。链霉素发现者Waksman曾把抗生素定义为“一类由微生物所产生的化学物质，在很低的浓度下就能够抑制其他微生物的生长甚至杀死它们”。但由于合成化学治疗剂和抗生素可交替使用治疗感染性疾病，抗生素一词现在也常常用于人工合成的化学治疗剂。事实上，有些所谓“半合成”抗生素也是合成修饰的天然产物。

抗生素通常以其生物效能表示它的效价，其最小效价单元叫做“单位”（U），后经由国际协商规定出来的标准单位，称为“国际单位”（IU）。抗生素多以其有效活性部分的一定质量（多为1 μg）作为一个单位，如链霉素、土霉素、红霉素等均以纯游离碱1 μg作为一个单位。少数抗生素则以其某一特定的盐的1 μg或一定质量作为一个单位，例如金霉素和四环素均以其盐酸盐纯品1 μg为1单位，青霉素则以国际标准品青霉素G钠盐0.6 μg为1单位。

抗生素的效价常采用微生物学方法测定，如利用管碟法（cylinder plate method）测定抗生素对特定的微生物的抗菌活性来测定抗生素效价。其基本原理是在含有高度敏感性试验菌的琼脂平板上放置小钢管（内径 6.0，外径 8.0，高 10），管内分别放入抗生素标准品和检品的溶液，经 16 ~ 18 h 恒温培养，抗生素扩散的有效范围内则产生透明的无菌生长的区域（抑菌圈）。抑菌圈直径大小与抗生素浓度相关，比较抗生素标准品与检品的抑菌圈大小，可计算出抗生素的效价。

2. 化学治疗剂作用原理

化学治疗剂的种类很多，按其作用机制大致分为 5 类（图 5–21）。

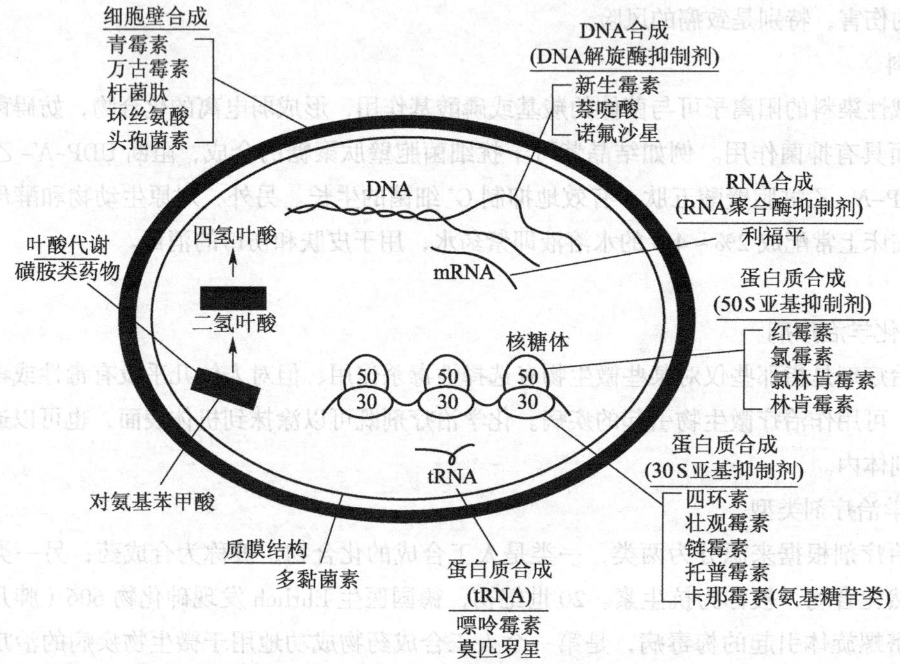

图 5–21 主要抗生素和合成药物的作用模型

（1）细胞壁合成抑制剂

细菌细胞壁含有特有的肽聚糖成分，因而提供了一个特异的药物作用靶标。好几种抗生素就是通过干扰细胞壁肽聚糖生物合成，使细菌细胞壁受损，对环境渗透压敏感而不能生长。如青霉素含有 β- 内酰胺环，可特异地结合在细菌细胞壁肽聚糖上，通过抑制肽聚糖链间的肽桥交联而抑制细胞壁的合成，因而只作用于细菌特别是肽聚糖成分丰富的 G^+ 菌。其他还有杆菌肽与细胞质膜上脂质载体反应阻止“NAM- 五肽”亚单位运输到细胞壁，万古霉素干扰“NAG–NAM- 五肽”运输到质膜外肽聚糖生长点上。

（2）蛋白质合成抑制剂

由于原核微生物蛋白质合成所需的核糖体为 30S 和 50S 亚基，与真核细胞明显不同，是很多抗生素的特异性作用靶点。氯霉素是 50S 亚基的抑制剂，链霉素、四环素、卡那霉素等是 30S 亚基的抑制剂，因而它们都可特异地抑制原核微生物的生长。

（3）核酸合成抑制剂

抗生素利福平可特异地结合到与真核细胞明显不同的细菌 RNA 聚合酶上，抑制 mRNA 合成。新生霉素则作用于细菌 DNA 酶上，因而抑制细菌的生长。目前广泛使用的一类合成的奎诺酮类药物如诺氟沙星，可结合细菌 DNA 促旋酶复合物上，抑制细菌 DNA 促旋酶或 DNA 拓扑异构酶Ⅱ发挥作用。

（4）细胞膜裂解剂

如多黏菌素可作用于膜磷脂使膜溶解，而 G^- 菌细胞膜磷脂特别丰富，所以可特异性地抑制 G^- 菌的生长。两性霉素 B 和制霉菌素能和真菌细胞膜上麦角甾醇和胆固醇等作用，改变真菌细胞膜的穿透性，因而成为两种重要的抗真菌抗生素。

（5）代谢拮抗剂

代谢拮抗剂是一类与代谢中间产物的分子结构相似的化合物，这些结构类似物由于与代谢物的相似性而竞争其代谢过程，但不能在细胞代谢中正常发挥功能，因而可以抑制微生物的生长。第一个成功用作化学治疗剂的代谢拮抗剂就是磺胺，它是对－氨基苯甲酸的类似物。很多细菌不能利用外界提供的叶酸，需要利用对－氨基苯甲酸合成生长所需要的叶酸。对－氨基苯甲酸可由细菌自身合成，也可从生长介质中获得。而磺胺的存在则可与对－氨基苯甲酸竞争性地与二氢叶酸合成酶结合，阻止叶酸的合成，因而可抑制细菌的生长（图 5–22）。人类因为没有二氢叶酸合成酶等，不能利用外界提供的对－氨基苯甲酸合成叶酸，只能从饮食中获得叶酸，因而对磺胺类药物不敏感。今天，人们已经知道了很多维生素、氨基酸、嘌呤和嘧啶等化合物的类似物。如 5–氟尿嘧啶和 5–溴胸腺嘧啶等碱基类似物，在 DNA 复制时，可竞争性地插入 DNA 链中，但却不能使 DNA 正常地复制和转录。虽然这些碱基类似物对动物和微生物一样都有毒性，但可用于治疗病毒感染，因为病毒对碱基类似物的利用比细胞要快，因而受到的损伤更严重。

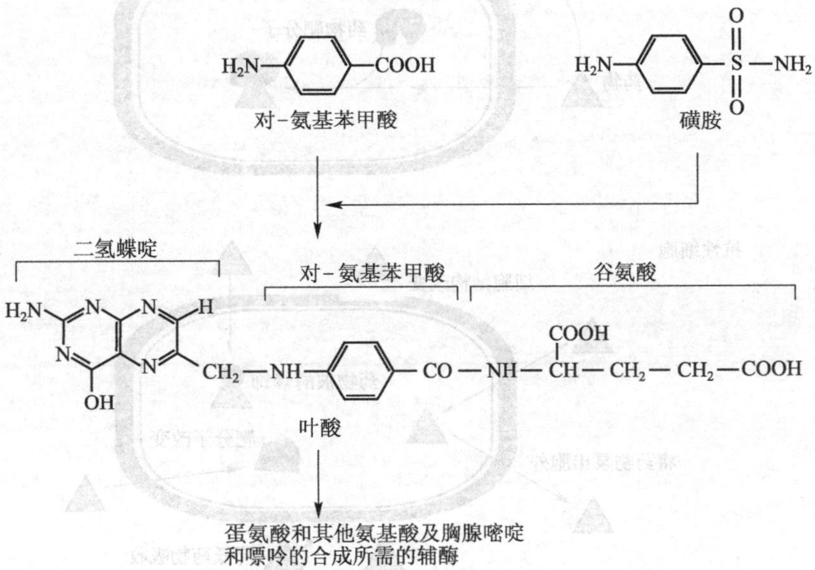

图 5–22　磺胺类作用机制

（三）微生物的抗药性

微生物的抗药性就是微生物能够抵抗化学药物作用而正常生长的能力。当化学治疗剂刚使用不久，人们就发现了某些病原微生物的抗药性菌株的出现。随着时间推移，人们需要使用越来越高剂量的化学治疗剂来控制特殊的病原微生物。例如，20 世纪 50 年代，治疗淋病的疗程仅需要几十万个单位的青霉素，而今日因淋病奈瑟氏球菌对青霉素抗性的增加则需要使用几亿个单位。有时，针对某种病原菌特别有效的化学治疗剂，很快就变得无效或几乎没有什么用处，这给传染病的临床治疗带来了极大的困难。如 2010 年前后世界上一些国家爆发的一种可抗绝大多数抗生素的耐药性超级细菌 NDM-1。所谓超级细菌就是指一类具有超级抗药性的细菌，它对普通抗生素具有极强的抗药性，抗生素药物对它不起作用，患者会因为感染超级细菌而引起严重的炎症，高烧、痉挛、昏迷直到最后死亡。

微生物产生抗药性的机制主要有 5 种（图 5-23）：①结构发生改变导致某类药物作用的结构缺失，如某些细菌在青霉素存在时转变成细胞壁缺失的 L 型，使青霉素无法发挥作用。②细胞膜对药物的通透性和吸收能力降低，如委内瑞拉链霉菌细胞通过膜透性发生改变，阻止四环素进入细胞。③激活膜上抗药泵蛋白将进入胞内的药物泵出胞外，如大肠杆菌和金黄色葡萄球菌等抗性菌株就可通过膜上含有的质子 / 药物交换蛋白，将质子泵入，药物泵出。④合成某种酶将化学治疗剂变为无活性的形式，如某些金黄色葡萄球菌耐药菌株产生 β- 内酰胺酶，使青霉素分子中的 β- 内酰胺环开裂而失去抑菌作用。⑤药物靶分子发生改变使药物不再发挥作用，如大肠杆菌耐药菌株的 30S 核糖体亚基发生改变，不再与链霉素结合，从而使链霉素失活；再如有的抗磺酸药物的菌株，改变了

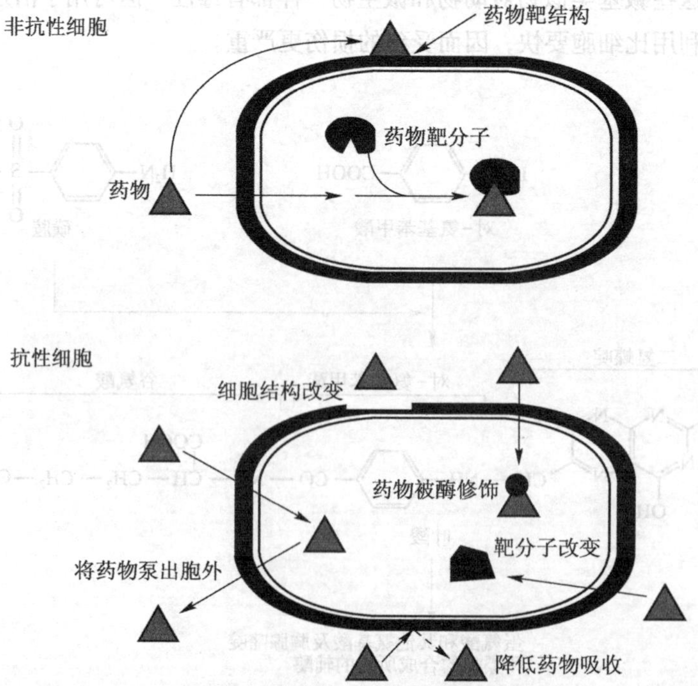

图 5-23 微生物产生抗药性的机制

二氢叶酸合成酶的性质，合成了一种对磺酸药物不敏感的酶，该菌种即使在有磺胺存在的条件下，仍能大量合成叶酸正常生长。

微生物的抗药性是由染色体或质粒 DNA 所编码的。由染色体所编码的药物抗性是通过自发突变的积累和自然选择作用产生的，常常需要一个很长时间才在一个微生物群体中变得非常明显。由非染色体所编码的药物抗性是由于细菌整合了带有药物抗性基因的质粒所引起的，这类质粒被称为 R 质粒（详见第七章）。R 质粒可带有一个或多个药物抗性基因，是一种接合质粒，可由药物抗性供给菌转移到敏感性的受体菌细胞内。

为降低和克服微生物抗药性产生对人类疾病治疗影响，需要重视防止滥用抗生素的问题，同时要不断发现新的抗生素。

三、生物控制方法

已知自然界存在着一种微生物捕食另一种微生物、病毒裂解微生物细胞或微生物产生毒素杀死其他微生物等过程。生物控制方法（biological control）就是利用这些原理进行微生物控制。微生物产生的抗生素用作化学治疗剂实际上就是一种生物控制方法。随着环保和抗药性问题的出现，生物控制法正成为人们关注的热点。

蛭弧菌（*Bdellovibrio* spp.）是寄生于其他细菌（也可无宿主而生存）并能导致其裂解的一类细菌。这些蛭弧菌的溶菌作用，可以用于控制农业及人畜病原微生物生长。例如，养猪场可以通过喷洒蛭弧菌剂降低病原菌污染。

利用噬菌体杀死病原体用于疾病治疗始于 20 世纪初。当时，法国科学家 Felix d'Herelle 从康复的细菌性痢疾患者体内分离到一株噬菌体，发现其可以摧毁细菌性痢疾的病原菌。尽管在广泛使用抗生素治疗细菌性感染的当下，俄国、波兰等国仍有使用噬菌体制剂治疗细菌性痢疾感染。美国 FDA 还批准使用噬菌体喷雾剂消除食品中李斯特菌（*Listeria*）、沙门氏菌（*Salmonella*）和大肠杆菌（*E. coli*）等。

将对病原菌具有拮抗作用的微生物菌剂施用于农田，可防止土传农作物病害的发生，不少已应用于我国农业生产实际。

摘要

微生物需要量较高的营养物质称作大量营养元素，需要量较少的营养物质称作微量营养元素。碳源可分为无机碳源和有机碳源，也可分为速效碳源和迟效碳源。氮源包括有机氮源和无机氮源，也可分作速效氮源和迟效氮源。微生物对氮源的利用能力不同，可分为氨基酸自养型和氨基酸异养型。生长因子是指一些微生物自身不能合成、仅能依靠从环境中获取才能生长的那些细胞组分或前体，如氨基酸、嘌呤或嘧啶、维生素。微生物利用的能源有光能和化学能。根据微生物对碳源和能源利用不同，可将其分为：光能自养型、光能异养型、化能自养型、化能异养型。

培养基是人工配制的，适合微生物生长繁殖或者产生代谢产物的营养基质。按化学成分是否清楚分为合成培养基、天然培养基、半天然培养基；按可否满足微生物生长因子需要分为：基本培养基、完全培养基和补充培养基；按物理状态分为固体培养基、半固体培养基、液体培养基；按培养对象类型分为细菌培养基、放线菌培养基、酵母菌培养基和霉菌培养基；按用途分为鉴别培养基、选择培养基、富集培养基、加富培养基。常用细菌培养的有牛肉膏蛋白胨培养基，常用放线菌培养的有高氏1号培养基，常用酵母菌培养的有麦芽汁培养基，常用霉菌培养的有马铃薯葡萄糖培养基和察氏培养基。

微生物的培养方法根据对氧气的需要分为好氧培养与厌氧培养；根据所用培养基的物理特性分为固体培养和液体培养。自然界中许多不同微生物混杂在一起，这种含有一种以上微生物的培养称作混合培养。在实验条件下从一个单细胞繁殖得到的后代称为纯培养。固体平板划线法、稀释涂布法或稀释倾注平板法可分离、纯化微生物。纯培养的保藏方式有斜面冷藏法、低温冷冻保藏法、冷冻干燥保藏法、沙土管保藏法等。

微生物对营养物质的吸收方式主要分为被动运输和主动运输两大类。被动运输依赖物质的扩散作用，不消耗能量，只有当细胞外物质浓度高于细胞内浓度时才发生。被动运输有单纯扩散和促进扩散两种方式。主动运输就是细胞利用质膜上特异性载体蛋白和代谢能量，逆浓度梯度将物质从细胞外运输到细胞内的过程。主动运输有离子偶联运输、ABC运输、基团转位3种方式。

根据微生物的生长温度范围，可将其分为嗜冷微生物、耐冷微生物、嗜温微生物、嗜热微生物和超嗜热微生物5种。根据微生物生长的pH范围将其分为嗜中性微生物、嗜酸性微生物、嗜碱性微生物。根据微生物生长对氧的需求将其分为专性好氧微生物、微好氧微生物、兼性厌氧微生物、专性厌氧微生物和耐氧厌氧微生物。使用水活度来定量表示水的可利用度。只能在高渗溶液中生长的微生物被称作嗜高渗微生物。在高渗环境中生长的微生物，离开了高渗环境仍然能够生长，被称作耐高渗微生物。那些需要在高浓度氯化钠条件下才能生长的微生物被称作嗜盐微生物。在几千米深的海洋底部、静水压力达到400 atm以上环境中生长的微生物叫嗜压微生物。营养物质对微生物生长影响主要反映在营养物质的组成和营养物质的浓度。

微生物群体生长的测定方法有直接显微镜计数法、平板计数法、膜过滤法、干重法、化学成分测定法和比浊法。细菌的个体生长多数为二分裂；酵母菌个体生长为裂殖或芽殖；丝状真菌的个体生长为顶端生长。微生物群体生长曲线分为迟缓期、对数期、稳定期与死亡期。分批培养是指将微生物置于一定容积的培养基中，经过培养生长，最后一次收获的培养方式。连续培养是在一个恒定容积的流动系统中培养微生物，一方面以一定速率不断地加入新的培养基，另一方面又以相同的速率流出培养物，使培养系统中的细胞数量和营养状态保持恒定，即处于稳态。连续培养系统有恒化器和恒浊器。天然环境中，大多数细菌黏附于有机或无机固体接触表面，分泌多糖基质、纤维蛋白、脂质蛋白等将其自身包绕其中而形成大量细菌聚集的生物被膜

能够杀死或消除材料或物体上全部微生物的方法称为灭菌；能够杀死、消除或降低材料或物体上的病原微生物，使之不致引起疾病的方法称为消毒；能够防止或抑制微生物生长，但不杀死微生物群体的方法称为防腐。高压蒸汽灭菌可杀死抗热性很强的细菌芽孢和其他微生物孢子及病毒，适宜液体和不怕湿物品的灭菌。巴斯德消毒法温和加热处理杀死病原菌和腐败菌，用于对热敏感的液态食品的消毒。冷藏法是将物品放置在4℃左右低温下保存；冷冻法是将物品放置在0℃以下低温中冷冻保存。干燥是使物品或培养物脱水，抑制微生物生长。高浓度盐或糖提高环境渗透压，使细

胞脱水，抑制微生物生长。紫外线、电离辐射、某种条件下的强可见光、微波等可控制微生物的生长。过滤除菌是一种将液体或气体通过一个具有适当孔径大小的滤器过滤，大于滤器孔径的微生物不能穿过滤孔而被拦截。超高压可使生物大分子变性失活，用于熟肉制品及果汁杀菌保鲜。

消毒剂是指那些可抑制或杀灭微生物，但对人体也可能产生有害作用的化学试剂，主要用于抑制或杀灭物体表面、器械、排泄物和周围环境中的微生物。防腐剂是指那些可以抑制微生物生长，但对人体或动物体的毒性较低的化学试剂，可用于机体表面，如皮肤、黏膜、伤口等处防止感染，也可用于食品、饮料、药品的防腐作用。常用消毒剂和防腐剂包括表面活性剂、酸碱类、重金属类、卤素、氧化剂类、醇类、烷化剂和染料。

化学治疗剂是指那些仅对某些微生物有选择性毒杀作用、但对人体几乎没有毒性或毒性很小的化学药剂，用作治疗微生物引起的疾病。化学治疗剂包括合成药和抗生素。抗生素是一类由微生物所产生的化学物质，在很低的浓度下就能够抑制其他微生物的生长甚至杀死它们。化学治疗剂作用机制包括细胞壁合成抑制剂、蛋白质合成抑制剂、核酸合成抑制剂、细胞膜裂解剂和代谢拮抗剂。微生物的抗药性是微生物能够抵抗化学药物作用而正常生长的能力。微生物产生抗药性的机制包括：结构发生改变导致某类药物作用的结构缺失；细胞膜对药物的通透性和吸收能力降低；激活膜上抗药泵蛋白将进入胞内的药物泵出胞外；合成某种酶将化学治疗剂被变为无活性的形式；药物靶分子发生改变使药物不再能发挥作用。

利用一种微生物捕食另一种微生物、病毒裂解微生物细胞或微生物产生毒素杀死其他微生物等过程控制微生物生长的方法是微生物的生物控制方法。

思考题

1. 什么是大量元素、什么是微量元素？
2. 什么叫微生物生长因子？与动、植物生长因子有什么不同，为什么？
3. 什么叫碳源？列出微生物常用的碳源。
4. 什么叫氮源？列出微生物常用的氮源。
5. 什么叫氨基酸自养型、什么叫氨基酸异养型？
6. 光合作用微生物都是自养微生物吗，为什么？
7. 举出几个常用培养基的例子，分析其属于哪类培养基。
8. 为什么实验室和工业发酵常采用纯培养？如何获得纯培养？
9. 试比较常见几种菌种保藏方法的优缺点。
10. 试比较简单扩散、促进扩散、离子偶联运输、ABC运输和基团转位物质运输方式的异同。
11. 归纳总结极端环境微生物能够在极端高温、极端酸碱、极端高渗、极端高压条件下生长的分子机制。
12. 为什么使用水活度概念？
13. 试比较不同微生物群体生长测定方法的优缺点。

14. 试说明微生物生长曲线在工业发酵中的指导意义。
15. 什么叫连续培养？连续培养方式提出的动因是什么？
16. 试比较灭菌、消毒、防腐有什么区别并举例说明。
17. 培养基、玻璃器皿、传染病患者废弃的衣服、手术器具、血清、室内空气、牛奶、饮用水、接种环各选用何种方法灭菌（消毒）？请给出理由。
18. 湿热灭菌与干热灭菌相比有何优点，为什么？
19“红药水”“紫药水”及“碘酒”的主要杀菌成分是什么？
20. 试说明常用抗生素青霉素、链霉素、利福平、四环素、氯霉素的作用机制。
21. 为什么病毒引起的感冒要慎用抗生素？
22. 微生物产生抗药性的原因和机制是什么？
23. 什么是抗生素的效价，如何表示？
24. 如何根据抗细菌抗生素的作用原理，选择真菌和病毒特殊作用靶标筛选新的抗真菌或抗病毒的化学治疗剂？
25. 简述微生物生物控制方法的原理及优缺点。

数字课程学习

教学课件　　在线自测

第六章

微生物代谢

微生物为了进行生长，必须要完成两个最基本的任务，一是必须要不断地合成新的细胞成分，包括细胞壁、细胞膜、核糖体、核酸和表面附属物如鞭毛等，使细胞能够长大并最终分裂；二是要不断捕获能量并将其转化为可利用的形式，供生物合成反应、营养物质运输和细胞运动等生命过程需要。围绕微生物生物合成和能量捕获过程所进行的各种生化反应的总和就是我们要研究的微生物代谢的内容。

第一节 微生物代谢概论

微生物代谢是指微生物细胞所进行的一切化学反应和物理作用。虽然代谢作用包括上千种不同的反应，但微生物代谢基本可归结于两类：即分解代谢和合成代谢。分解代谢又称降解反应，是将大分子降解成小分子，并通常伴随着能量释放的过程。合成代谢又称生物合成，是指导致细胞分子和结构合成的任何反应，它是分子构建和成键过程，需要消耗能量，是将小分子物质合成较大和较复杂分子的过程。

如图 6–1 所示，组成微生物主要细胞结构的化学成分是大分子物质：蛋白质、核酸、糖类、脂类或它们的杂合分子，如脂多糖、脂蛋白、肽聚糖等。这些生物大分子都是由微生物体内自身合成的，而不是从环境中获得的。生物大分子的合成是利用已有的单体生物构件分子，通过聚合反应或类似的反应而实现。生物大分子合成反应需要消耗大量 ATP 形式的能量，将一个氨基酸整合到正在延伸的多肽链上需要 4 个高能磷酸键；将一个核苷酸加入到正在延伸的核酸链上需要消耗 2 个高能磷酸键。生物构件分子是指用作合成生物大分子所需的单体物质，如氨基酸、核苷酸、脂肪酸、单糖及其他一些供细胞合成大分子的单体。生物构件分子可以由微生物细胞直接从环境中吸收获得，如果环境中存在的是生物大分子，微生物可以通过分泌各种水解酶，如蛋白水解酶、多糖水解酶、核酸水解酶、脂

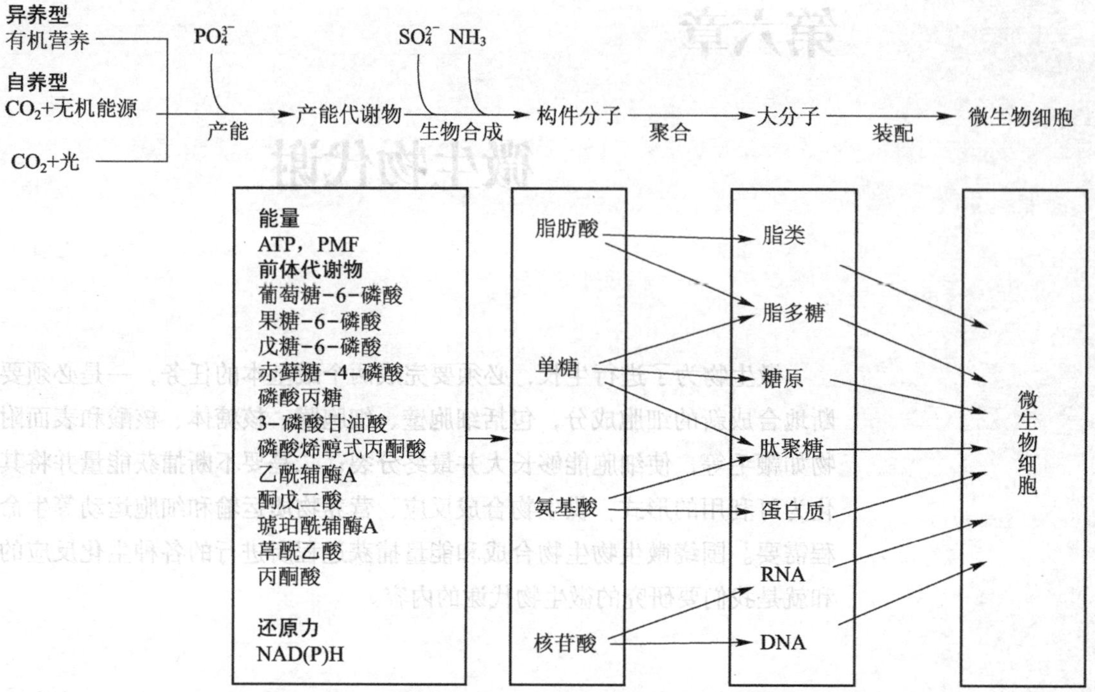

图 6-1 微生物分解代谢（上）与合成代谢（下）相互关系

酶等，使环境中大分子物质降解为可吸收利用的单体生物构件分子形式；如果环境中缺乏可利用的构件分子，微生物就需要通过生物合成途径在细胞内自身合成。所有生物构件分子合成途径都以前体代谢物作为起始合成原料。生物构件分子通常比前体代谢物处于更还原状态，相对分子质量更大，结构更复杂，因而在合成过程中需要消耗大量的还原力和能量（主要是 ATP）。而合成过程所需的前体代谢物、能量和还原力又是通过能量代谢过程所产生。前体代谢物是指那些由分解代谢途径所产生并被用作各种合成代谢途径的通用起始合成原料的那些中间代谢物，通常有 12 种，它们是：葡萄糖 -6- 磷酸、果糖 -6- 磷酸、戊糖 -6- 磷酸、赤藓糖 -4- 磷酸、磷酸丙糖、3- 磷酸甘油酸、磷酸烯醇式丙酮酸、乙酰辅酶 A、酮戊二酸、琥珀酰辅酶 A、草酰乙酸、丙酮酸。

蛋白质、核酸、糖类和脂类等生物大分子的合成途径，以及各种氨基酸、核苷酸、脂肪酸、单糖等生物构件分子的合成途径在先行生物化学课程中已作详细介绍，本章主要介绍微生物丰富的分解与产能代谢途径和特殊的生物合成途径。

第二节 微生物的产能代谢

微生物获得生物合成所需的前体代谢物、能量和还原力，并提供微生物细胞生命活动所需要能量的代谢过程，称作微生物产能代谢（fueling reaction）。微生物产能代谢的一个显著特点是其多样性，微生物作为一个类群能够通过氧化有机化合物或氧化无机化合物、或通过俘获光能获得能量和还原力，据此可将微生物的产能代谢分为化能异养作用、化能自养作用和光合作用。

一、化能异养作用

化能异养作用（chemoheterotrophy）就是异养微生物利用有机物通过分解代谢途径（即生物氧化）进行产能代谢的过程。在化能异养微生物的分解代谢途径中，能源有机物可以在有氧或厌氧条件下经脱氢（或电子）、递氢（或电子）和受氢 3 个阶段合成 ATP、产生还原力和小分子中间代谢物。根据最终电子受体的性质不同，以及是否需要经过呼吸电子传递链，可把生物氧化分为有氧呼吸、无氧呼吸和发酵作用 3 种类型。

（一）有氧呼吸

有氧呼吸是将葡萄糖转化为 CO_2 并放出能量的一系列反应，它依赖自由氧作为电子和氢的最终受体并产生大量的 ATP。有氧呼吸是许多细菌、真菌、原生动物和动植物的特征，有着共同的代谢途径，如糖酵解途径、磷酸戊糖途径、柠檬酸循环和呼吸电子传递链途径，这些共同的代谢途径构成了所谓的中心产能代谢（central fueling metabolism）。但微生物种类繁多，反映在产能代谢上就是存在着一些替代产能途径（alternate fueling metabolism）。

1. 中心产能代谢

中心产能代谢由糖酵解途径、磷酸戊糖途径、柠檬酸循环和呼吸电子传递链途径组成，前体代谢物、还原力和能量的产生及其这些途径之间的相互关系和联系概括于图 6–2。

（1）糖酵解途径

糖酵解途径是指细胞质中分解葡萄糖生成丙酮酸的过程，通常以其 3 位发现者名字首字母命名为 EMP（embden–meyerhof–parnas）途径。这是大多数微生物共有的一条基本代谢途径。整个 EMP 途径大致可分为两个阶段：第一阶段，葡萄糖两次被磷酸化生成果糖 –1,6– 二磷酸，其他糖通常通过转变为葡萄糖 –6– 磷酸或果糖 –6– 磷酸进入这个途径，此阶段两次磷酸化作用消耗了 2 分子 ATP，但没有涉及氧化还原反应及能量释放；第二阶段，果糖 –1,6– 二磷酸由醛缩酶催化生成磷酸二羟丙酮和甘油醛 –3– 磷酸，反应进入三碳阶段，甘油醛 –3– 磷酸通过 5 步反应直接转变为丙酮酸，并产生 1 个 $NADH + H^+$ 和 2 个 ATP，因为一个葡萄糖产生 2 个甘油醛 –3– 磷酸（另一个来自磷酸二羟丙酮），这样每个葡萄糖到丙酮酸就产生 2 个 $NADH+H^+$、4 个 ATP，扣除第一阶段消耗的 2 分子 ATP，净得 2 分子 ATP。

（2）磷酸戊糖途径

磷酸戊糖途径，又称己糖单磷酸途径（hexose monophosphate pathway，HMP），是从葡萄糖 –6– 磷酸开始降解的，此途径特点是不经 EMP 途径和柠檬酸循环而得到彻底氧化，无 ATP 生成，但能产生大量 $NADPH + H^+$ 以及多种重要的中间物。磷酸戊糖途径可以分为两个阶段，第一阶段是氧化阶段，葡萄糖 –6– 磷酸脱氢生成 6– 磷酸葡萄糖内酯和还原型 $NADPH + H^+$，6– 磷酸葡萄糖内酯再水解生成 6– 磷酸葡萄糖酸，6– 磷酸葡萄糖酸脱氢脱羧，生成核酮糖 –5– 磷酸、CO_2 和 NADPH

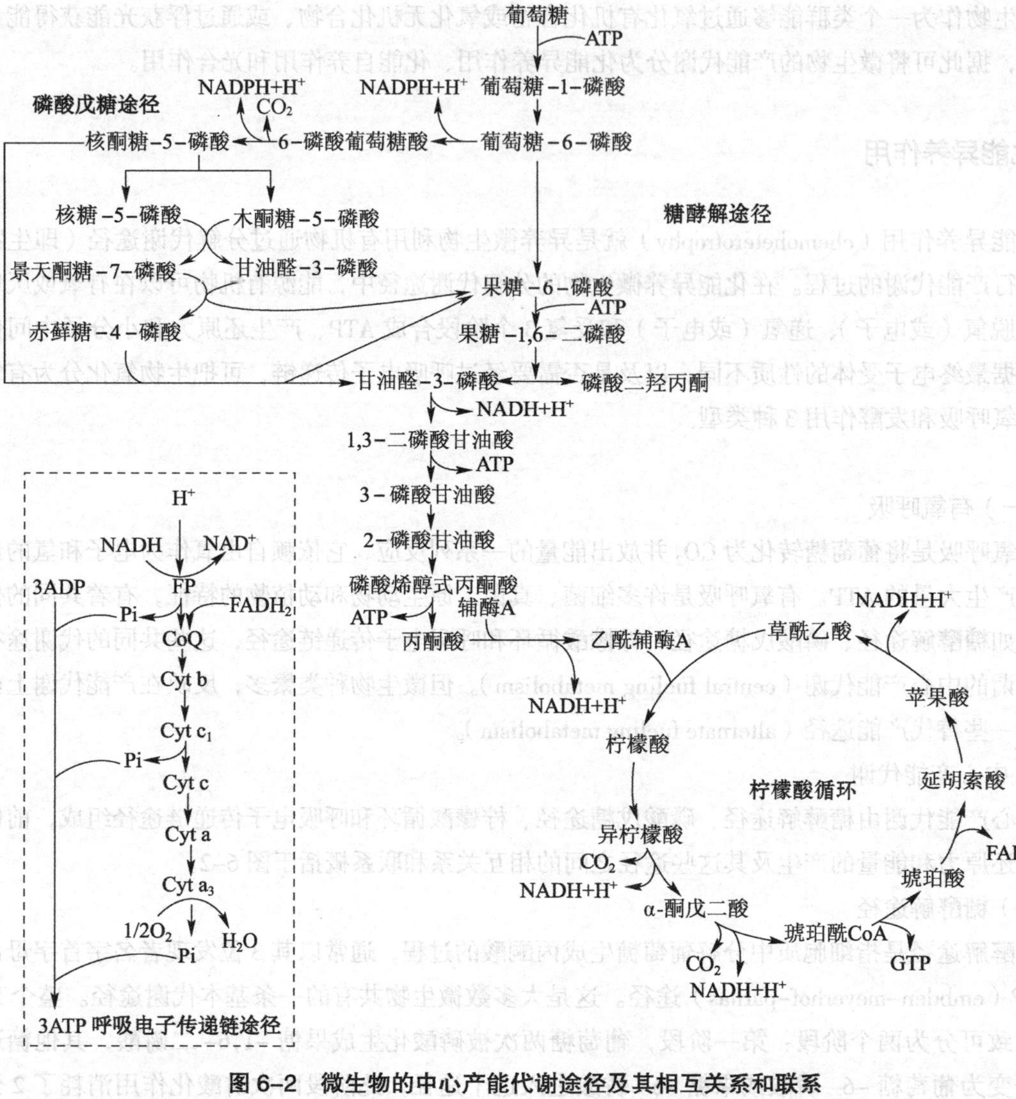

图 6-2 微生物的中心产能代谢途径及其相互关系和联系

$+ H^+$；第二阶段是磷酸戊糖分子重排阶段，通过一系列的分子重排反应，由第一阶段 6 分子葡萄糖 -6- 磷酸产生的 6 分子磷酸戊糖，可重新变为 5 分子葡萄糖 -6- 磷酸，结果净消耗 1 分子葡萄糖，产生 12 分子 $NADPH + H^+$ 和 6 分子 CO_2。

大多数好氧和兼性厌氧微生物中都存在 HMP 途径，而且常与 EMP 途径并存于同一微生物中。只有很少微生物仅存有磷酸戊糖途径，例如弱氧化醋杆菌（*Acetobacter suboxydans*）和氧化醋单胞菌（*Acetomonas oxydans*）。

（3）柠檬酸循环

柠檬酸循环（citric acid cycle），也称三羧酸循环（TCA cycle）或 Krebs 循环，其底物是乙酰 CoA。

乙酰 CoA 由丙酮酸在丙酮酸脱氢酶复合物催化下，氧化脱羧、脱氢并与 CoA 结合而生成，并产生 1 个 $NADH+H^+$。

柠檬酸循环第一步反应是乙酰 CoA 和一个四碳酸草酰乙酸缩合成柠檬酸进入六碳阶段。柠檬酸重排生成异柠檬酸，其被氧化脱羧两次（释放出 CO_2），先后产生 α- 酮戊二酸和琥珀酰 CoA，并产生 2 个 $NADH+H^+$，进入四碳阶段，四碳阶段产生 1 个 $FADH_2$ 和 1 个 $NADH + H^+$，并通过底物水平磷酸化反应从琥珀酰 CoA 产生 1 分子的 GTP，最后再生为草酰乙酸，进入下一轮循环。总计每个乙酰 CoA 氧化产生 2 个 CO_2、3 个 $NADH + H^+$，1 个 $FADH_2$ 和 1 个 GTP。

（4）电子传递和氧化磷酸化

由上可见，一个葡萄糖分子通过糖酵解和柠檬酸循环氧化仅净合成 4 个 ATP 分子；但这些过程伴随产生 10 个 NAD（P）H 和 $2FADH_2$。这些还原力 NAD（P）H 和 $FADH_2$ 可以经由电子呼吸链和氧化磷酸化途径转化为能量的通用形式 ATP，满足代谢所需的能量。

呼吸链（respiratory chain）又称呼吸电子传递链，是由一系列电子传递体按照标准氧化还原电势由低到高顺序排列组成的一种能量转换体系，位于真核细胞线粒体内膜或细菌细胞质膜上。它们共同作用将电子从电子供体 NADH 和 FADH 传递到电子受体如氧分子，使氧还原，并与质子结合生成水。大多数需氧生物呼吸链电子载体的排列顺序为：① NADH 脱氢酶（NADH）；②黄素蛋白 FP（FMN，FAD）；③辅酶 Q（CoQ）；④细胞色素 b（Cyt b）；⑤细胞色素 c_1（Cyt c_1）；⑥细胞色素 c（Cyt c）；⑦细胞色素 a 和 a_3（组成一个复合物，Cyt aa_3）。它们以 4 个载体复合物的形式从低氧化还原势的化合物到高氧化还原势的化合物（如分子氧或其他无机、有机氧化物）逐级排列。每个复合物都能将电子传递到 O_2，并通过辅酶 Q 和细胞色素 c 相互连接。呼吸链有 3 个部位自由能变化较大，部位Ⅰ在 NADH 和 CoQ 之间，部位Ⅱ在 Cyt b 和 Cyt c 之间，部位Ⅲ在 Cyt aa_3 到分子氧之间。3 个部位所产生的自由能都足够驱动磷酸化偶联反应合成 ATP。所以，1 mol 电子对经 NAD 呼吸链传递可合成 3 mol ATP。对于进入到呼吸链的 $FADH_2$ 分子，因为缺少了 NADH 到 CoQ 的偶联部位，所以每传递一对电子，只能生成 2 分子 ATP。细菌呼吸链的组分变化很大，不同类群间或同一种细菌间的不同生长条件下，呼吸链的组分可能不同。

氧化磷酸化（oxidative phosphorylation）是指将来自呼吸链的能量用于合成 ATP 的过程，又称电子传递链磷酸化。目前学术界普遍认同的关于氧化磷酸化形成 ATP 机制的解释是化学渗透学说（chemiosmotic hypothesis），它是英国生物化学家 Mitchell 于 1961 年提出的。该假说认为线粒体内膜（或细菌细胞膜）相当于质子泵，利用电子传递过程中产生的能量将 $2H^+$ 从内膜内侧泵到外侧。结果造成膜内外的 pH 梯度，外侧 pH 低，内侧 pH 高，形成跨膜电位，所产生的跨膜的电化学梯度（即质子动势，proton motive force，PMF）是 ATP 合成的原动力（外侧的高浓度 H^+ 有跨膜进入内侧的趋势）。在线粒体内膜（或细菌细胞膜）上的特异的质子通道与膜上 ATP 合酶复合体相联，当质子在浓度梯度推动下，从质子通道返回线粒体（或细菌细胞）基质中时，所释放的能量推动 ADP 磷酸化生成 ATP。

2. 替代产能途径

（1）脱氧酮糖酸途径

脱氧酮糖酸途径是 1952 年 Entner 和 Doudoroff 两人在研究嗜糖假单胞菌（*Pseudomonas saccharophila*）的代谢时发现的一条糖代谢途径，故称为 ED 途径（entner-doudoroff pathway，ED pathway)。它是某些不能利用EMP途径氧化葡萄糖的微生物所特有的代谢途径，又称2–酮–3脱氧–6–磷酸葡萄糖酸裂解途径（图6–3）。ED途径通过与戊糖磷酸途径同样的反应形成葡萄糖–6–磷酸和6–磷酸葡萄糖酸，但后者经脱水生成2–酮–3脱氧–6–磷酸葡萄糖酸（KDPG），然后经醛缩酶裂解成丙酮酸和甘油醛–3–磷酸。只经过4步反应就可达到EMP途径10步反应产生的丙酮酸。甘油醛–3–磷酸又可进入糖酵解产生丙酮酸进而参与柠檬酸循环。分子葡萄糖经ED途径转变为2分子丙酮酸，产生1个ATP、1个NADPH + H^+和1个NADH + H^+。ED途径用反应方程式表示：

$$葡萄糖 + ADP + Pi + NADP^+ + NAD^+ \rightarrow 2丙酮酸 + ATP + NADPH + NADH + 2H^+$$

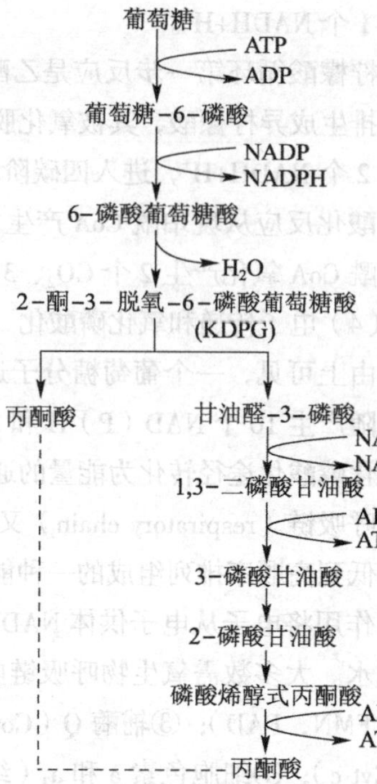

图6–3 脱氧酮糖酸途径

大多数细菌有糖酵解和磷酸戊糖途径，只有少数细菌利用ED途径代替糖酵解途径产能。这些细菌能够利用ED途径生成的部分甘油醛–3–磷酸逆HMP途径与果糖–6–磷酸反应，生成核糖–5–磷酸、赤藓糖–4–磷酸及其他中间产物，为生物合成核苷酸、氨基酸提供前体物质以合成核酸、蛋白质等生物大分子。ED途径存在于假单胞菌、根瘤菌、固氮菌、农杆菌和运动发酵单胞菌中。

（2）磷酸酮解酶途径

磷酸酮解酶途径（phosphoketolase pathway），简称PK途径（PK pathway），因有特殊的磷酸酮解酶（phosphoketolase）参与而得名。该途径缺乏糖酵解途径中关键的醛缩酶（aldolase），因而不能将果糖–1,6–二磷酸裂解成两个单磷酸三糖。其替代途径是，PK途径氧化葡萄糖–6–磷酸至6–磷酸葡萄糖酸，然后再脱羧形成单磷酸戊糖。后者再被关键的磷酸酮解酶裂解形成甘油醛–3–磷酸和乙酰磷酸。甘油醛–3–磷酸再通过与糖酵解相同的三碳糖代谢途径转变为丙酮酸（图6–4）。这样，一分子葡萄糖经PK途径可净产生1个ATP、3个NADH + H^+。PK途径用反应方程式表示：

$$葡萄糖 + ADP + Pi + 3NAD^+ \rightarrow 丙酮酸 + 乙酸磷酸 + CO_2 + ATP + 3\ NADH + 3H^+$$

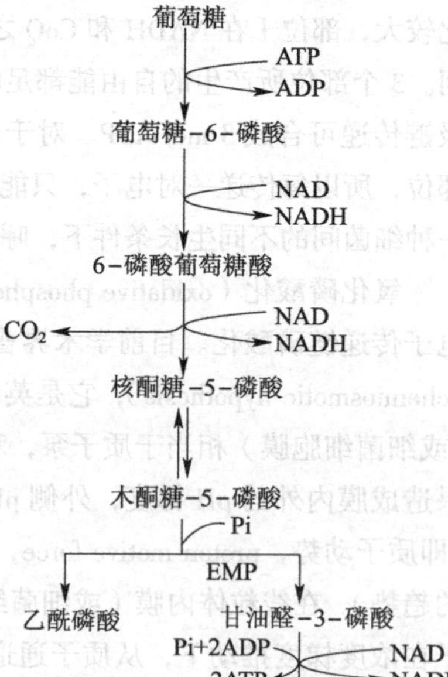

图6–4 葡萄糖磷酸酮解酶途径

PK途径主要存在于明串珠菌科（Leuconostocaceae）一些菌中，如肠膜状明串珠菌（*Leuconostoc mesenteroides*）。没有EMP、HMP、ED途径的细菌通过PK途径分解葡萄糖。在有O_2条件下形成的丙酮酸进入柠檬酸循环，无氧条件下进行异型乳酸发酵（见后）。

（二）无氧呼吸

无氧呼吸（anearair respiration）又称厌氧呼吸，是指某些细菌在厌氧条件下，以含氧化合物替代自由氧作为最终电子受体，仍使用呼吸链细胞色素系统传递电子（氢）的呼吸作用。这是无氧条件下，厌氧或兼性厌氧微生物进行的特殊呼吸作用。无氧呼吸具有与好氧呼吸同样的中心代谢途径（EMP、HMP、柠檬循环和呼吸链），但它不以分子氧作最终电子受体，而是以 NO_3^-、SO_4^{2-}、CO_3^{2-} 及延胡索酸等含氧化合物作为最终电子受体。根据呼吸链最终电子受体的不同，可把无氧呼吸分为以下多种类型。

1. 硝酸盐呼吸

硝酸盐呼吸（nitrate respiration）又称反硝化作用（denitrification），是指在无氧条件下，某些兼性厌氧菌以硝酸盐作为呼吸链最终氢受体，先由硝酸盐还原酶催化产生亚硝酸盐 NO_2^-，然后再逐步被还原成 NO、N_2O 和 N_2 的过程。反硝化作用可以由一种细菌完成一系列的反应过程，也可以由多种细菌像接力赛似的分别参与不同的反应过程。能进行硝酸盐呼吸的细菌被称为硝酸盐还原细菌，也称反硝化细菌，主要有铜绿假单胞菌（*Pseudomonas aeruginosa*）、地衣芽孢杆菌（*Bacillus licheniformis*）、脱氮副球菌（*Paracoccus denitrificans*）等，这些菌为兼性厌氧菌，在有氧条件下，位于细胞膜上的硝酸盐还原酶被抑制而通过有氧呼吸生长，在氧被消耗所造成的局部厌氧环境中，则利用硝酸盐呼吸生长。大肠杆菌是一种反硝化细菌，但是它只能利用硝酸盐还原酶催化电子转移至氢受体硝酸根使之还原产生亚硝酸根，这样在电子从 NADH 传递至硝酸盐还原酶的过程中偶联 2 个 ATP 产生。而斯氏假单胞菌（*Pseudomonas stutzeri*）能进一步将亚硝酸盐还原成 NO、N_2O 和 N_2，这样在电子传递过程中会产生额外的 1ATP（图 6–5）。

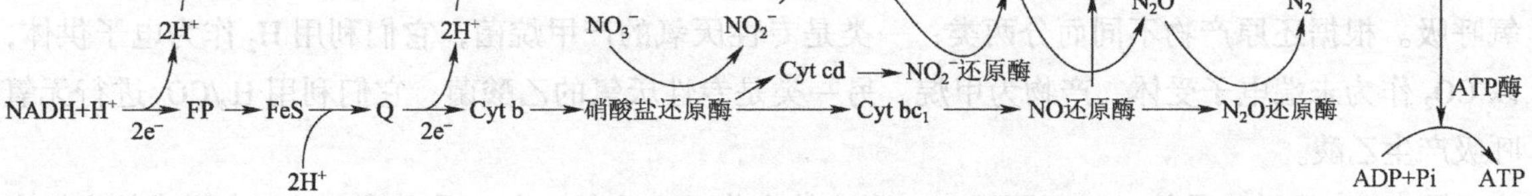

图 6–5 斯氏假单胞菌硝酸盐呼吸作用电子传递和能量产生

FP：黄素蛋白 FeS：铁硫蛋白 Q：辅酶Q

反硝化作用是生物圈氮循环中的重要组成部分，对农业生产及地球物质循环有很大影响。反硝化作用可使土壤中用于植物生长的氮（硝酸盐 NO_3^-）还原成氮气而丢失，从而降低了土壤的肥力，故农田常需松土通气以防止反硝化作用发生。但反硝化作用可避免土壤中的硝酸盐在水域中积累所导致的水质下降和氮素循环中断。

2. 硫酸盐呼吸

硫酸盐呼吸（sulfate respiration）又称硫酸盐还原（sulfate reduction），是指微生物在严格厌氧条件下以硫酸盐（SO_4^{2-}）作为末端电子受体的一类特殊呼吸作用。在这个过程中从底物脱下的氢，经

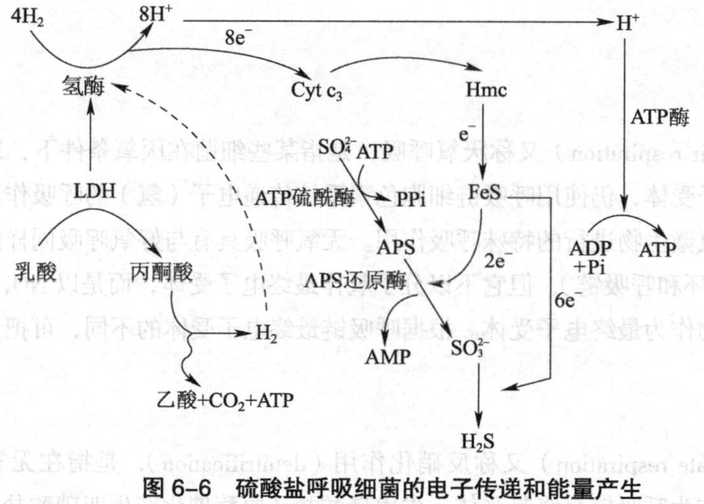

图 6-6 硫酸盐呼吸细菌的电子传递和能量产生

LDH：乳酸脱氢酶 Hmc：一种细胞色素复合物 APS：磷酸腺苷硫酸

呼吸链传递至硫酸盐形成最终产物 H_2S，在电子传递过程中只有 1 个部位偶联产生 ATP（图 6-6）。除了硫酸盐（SO_4^{2-}）外，作为电子受体的还有亚硫酸盐（SO_3^{2-}）、硫代硫酸盐（$S_2O_3^{2-}$）或其他氧化态硫化合物。进行硫酸盐呼吸的细菌称硫酸盐还原细菌（sulfate reducing bacteria）或反硫化细菌，它们是严格厌氧的古菌，包括脱硫弧菌属（*Desulfovibrio*）、脱硫单胞菌属（*Desulfomonas*）、脱硫球菌属（*Desulfococcus*）、脱硫杆菌属（*Desulfobacter*）、脱硫叶菌属（*Desulfobulbus*）、脱硫肠状菌属（*Desulfotomacullum*）等。通常在通气不良的土壤或水田中发生的植物秧苗烂根现象是硫酸盐呼吸及其产生的有害产物引起的。另外，硫酸盐呼吸在自然界的硫素循环以及促进厌氧环境有机物循环中具有重要作用。

3. 碳酸盐呼吸

碳酸盐呼吸又称碳酸盐还原。这是一类以 CO_2 或碳酸盐（HCO_3^-）作为呼吸链最终氢受体的无氧呼吸。根据还原产物不同而分两类：一类是专性厌氧的产甲烷菌，它们利用 H_2 作为电子供体，以 CO_2 作为末端电子受体，产物为甲烷。另一类是专性厌氧的乙酸菌，它们利用 H_2/CO_2 进行无氧呼吸产生乙酸。

图 6-7A 显示的是从 CO_2 还原至 CH_4 形成的生化反应途径，在一系列反应过程中形成的中间产物不断地接受电子（或 H$^+$）被还原。甲烷形成过程的总反应式是：

$$CO_2 + 4H_2 \longrightarrow CH_4 + 2H_2O + \sim 1ATP$$

反应过程中，ATP 形成发生在最后的甲基还原这一步。CoB 和 CH_3—CoM 作用形成 CH_4 和异二硫化物 CoM—S—S—CoB，后者然后被来自 F_{420} 的电子还原再生为 CoB—SH 和 CoM—SH。还原作用由异二硫化物还原酶催化，该反应是产能的，电子传递过程中耦联着一个部位形成 ATP 合成的质子梯度（图 6-7B）。

图 6-7 中参与甲烷形成的独特辅酶介绍如下：

① 甲烷呋喃（methanofuran，MF）：又称 CO_2 还原因子（CO_2 reduction factor，CDR），是由 Romesser 于 1982 年发现的。是一种低相对分子质量的辅酶，由酚、谷氨酸、二羟基脂肪酸和呋喃

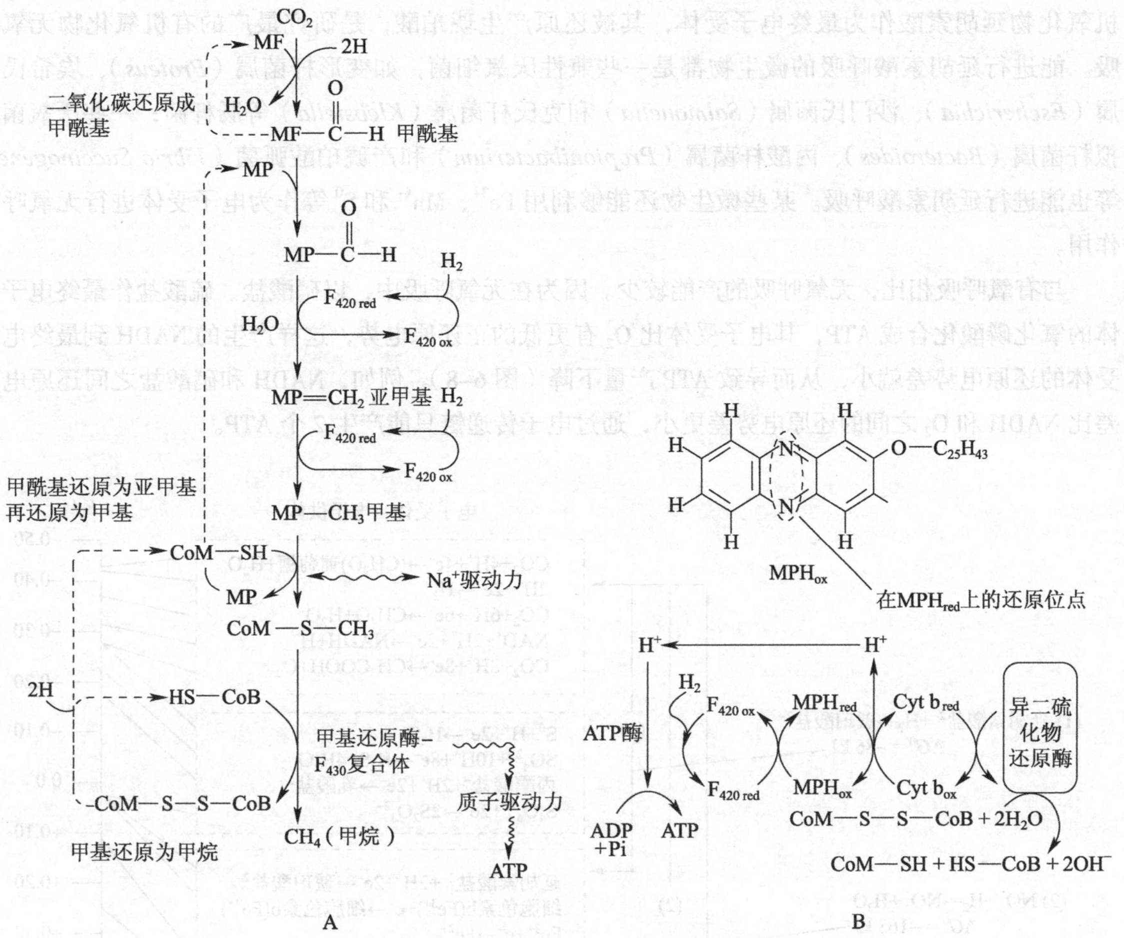

图 6-7 甲烷菌的产甲烷作用与碳酸盐呼吸

环 4 种分子结构组成。在甲烷反应的第一步把 CO_2 还原为甲酰基，并于呋喃的氨基侧链结合，再转移到第二个辅酶上。

② 甲烷蝶呤（methanopterin，MP）：又称 F_{342} 因子，是一种含蝶呤环的产甲烷辅酶，其主要成分是叶酸，功能为 C_1 载体，可使甲酰基（—CHO）还原为甲基（$—CH_3$），在菌体内以还原态的活性蝶呤（tetrahydromethanopterin，THMP）的形式存在。

③ 辅酶 M（coenzymeM，CoM）：即 2- 巯基乙烷磺酸（2-mercaptoethanesulfonic acid），是已知辅酶中相对分子质量最小者，在甲烷形成的最终反应中充当甲烷的载体，能使甲基还原酶 $-F_{430}$ 复合体将甲基转化为甲烷。其结构为：$HS—CH_2—CH_2—SO_3^-$。

④ 辅酶 B（coenzymeB，CoB）：即 7- 巯基庚酰基丝氨酸磷酸，与维生素泛酸结构相似，在甲烷形成的最后步骤中作为甲基还原酶的电子供体。

⑤ 辅酶 F_{430}（coenzyme F_{430}）：黄色、可溶性、含四氢吡咯结构的化合物，作用与 CoM 相似。

⑥ 辅酶 F_{420}（coenzyme F_{420}）：黄素单核苷酸（FMN）衍生物，提供低电位的双电子。

此外，一些微生物也能够利用某些有机氧化物作为最终电子受体参与无氧呼吸。如利用有机氧化物延胡索酸作为最终电子受体，其被还原产生琥珀酸，是研究最广的有机氧化物无氧呼吸。能进行延胡索酸呼吸的微生物都是一些兼性厌氧细菌，如变形杆菌属（*Proteus*）、埃希氏菌属（*Escherichia*）、沙门氏菌属（*Salmonella*）和克氏杆菌属（*Klebsiella*）等肠杆菌；一些厌氧菌如拟杆菌属（*Bacteroides*）、丙酸杆菌属（*Propionibacterium*）和产琥珀酸弧菌（*Vibrio Succinogenes*）等也能进行延胡索酸呼吸。某些微生物还能够利用 Fe^{3+}、Mn^{4+} 和 S^0 等作为电子受体进行无氧呼吸作用。

与有氧呼吸相比，无氧呼吸的产能较少。因为在无氧呼吸中，以硝酸盐、硫酸盐作最终电子受体的氧化磷酸化合成 ATP，其电子受体比 O_2 有更低的正还原电势，这样产生的 NADH 到最终电子受体的还原电势差就小，从而导致 ATP 产量下降（图 6–8）。例如，NADH 和硝酸盐之间还原电势差比 NADH 和 O_2 之间的还原电势差更小，通过电子传递链只能产生 2 个 ATP。

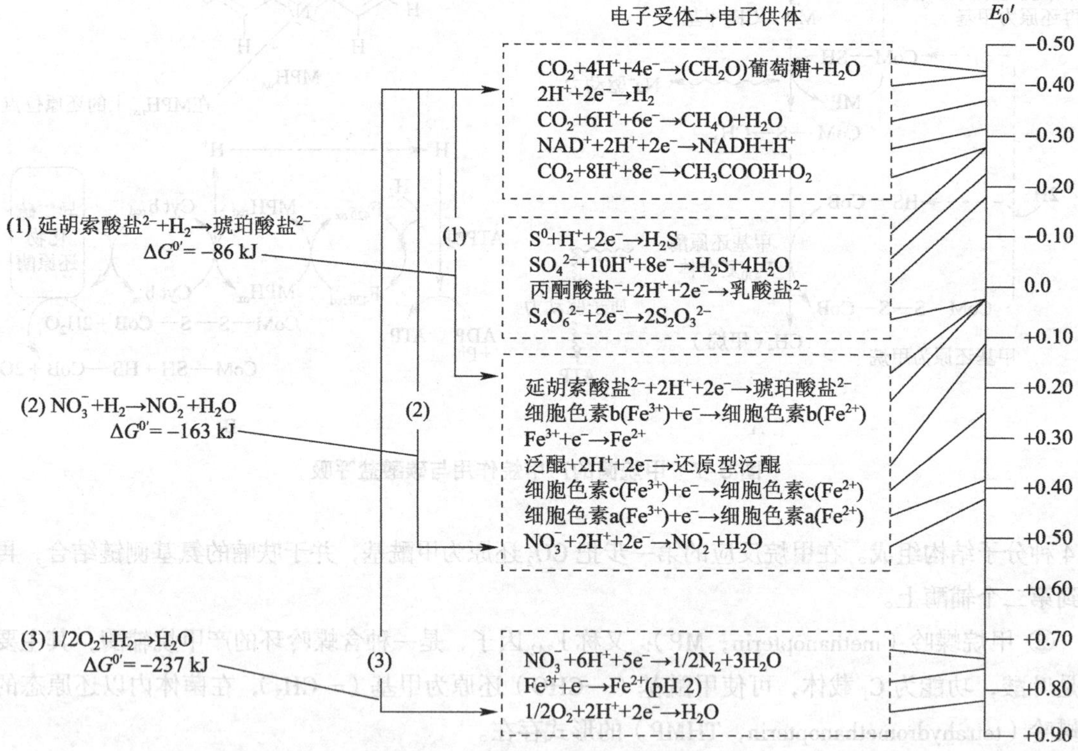

图 6–8 一些氧化还原反应的电势

（三）发酵作用

发酵作用（fermentation）是指在缺氧的条件下，葡萄糖或其他糖类的不完全氧化作用，并以其不完全分解产物作为电子（氢）的最终受体，不经过呼吸电子传递链直接接受电子，还原生成发酵产物，在此过程仅通过底物水平磷酸化产生少量的 ATP。关于发酵的概念，最初是由巴斯德根据酵母作用葡萄糖产生酒类而提出的；而现在，发酵概念既包括酵母利用葡萄糖和其他糖类生产乙醇的过程，也包括各种细菌通过对丙酮酸的作用形成酸、代谢气体和其他产物的过程。由于微生物可以通过改变所提供的原料合成一系列其他物质，所以从广义上说，利用微生物的作用来大规模生产各种产品的工业过程也被称为发酵，尽管工业发酵甚至发生在有氧条件下，如抗生素、激素、维生素和氨基酸的生产。

发酵过程中，由于没有外来电子受体，NADH 和 NADPH 不能通过电子传递链氧化成 NAD 和 NADP 而再生，葡萄糖的分解产能途径被中断，这样微生物就以葡萄糖分解过程中产生的各种中间产物作为 NADH 和 NADPH 的电子（氢）受体，因而产生各种各样的发酵产物。这里主要介绍常见的发酵，如：乙醇发酵、乳酸发酵、丁酸发酵、丙酮 – 丁醇发酵、混合酸发酵等，这类发酵产品的产生机理与 EMP、HMP、ED、PK 途径有关。

1. 乙醇发酵

乙醇发酵根据代谢途径的不同分为酵母型乙醇发酵和细菌型乙醇发酵（图 6–9）。酵母型乙醇发酵除了酵母菌外，少数细菌如解淀粉欧文氏菌（*Erwinia amylovora*）也存在。在酵母型乙醇发酵中，葡萄糖经 EMP 途径降解为两分子丙酮酸，然后丙酮酸脱羧生成乙醛，乙醛作为氢受体使 NAD^+ 再生，发酵终产物为乙醇，并产生 CO_2 气体。细菌型乙醇发酵是指少数兼性厌氧菌如运动发酵单胞菌（*Zymomonas mobilis*）和嗜糖假单胞菌（*Pseudomonas saccharophila*）等，它们不利用 EMP 途径，而是通过 ED 途径分解葡萄糖为丙酮酸，然后所产生的丙酮酸脱羧生成乙醛，乙醛再还原为乙

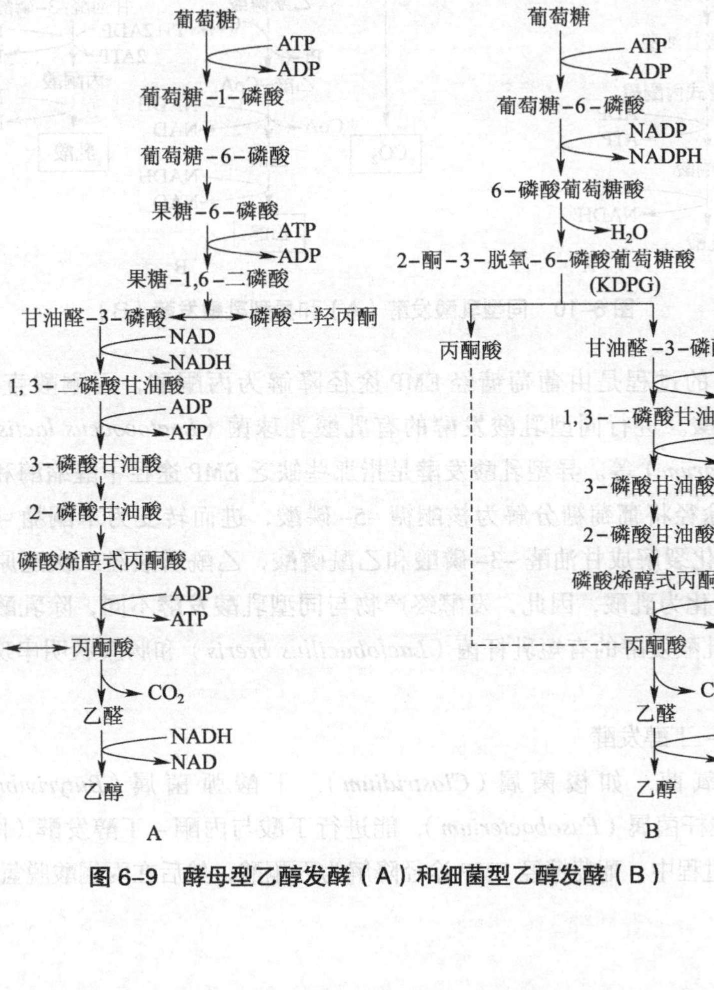

图 6–9　酵母型乙醇发酵（A）和细菌型乙醇发酵（B）

醇。与酵母乙醇发酵相比，细菌乙醇发酵净产生的 ATP 只有 1 个（比较图 6–9A 和 B）

2. 乳酸发酵

进行乳酸发酵的微生物主要是乳杆菌。乳酸发酵根据产物的不同，可分为同型乳酸发酵（homolactic fermentation）和异型乳酸发酵（heterolactic fermentation）（图 6–10）。

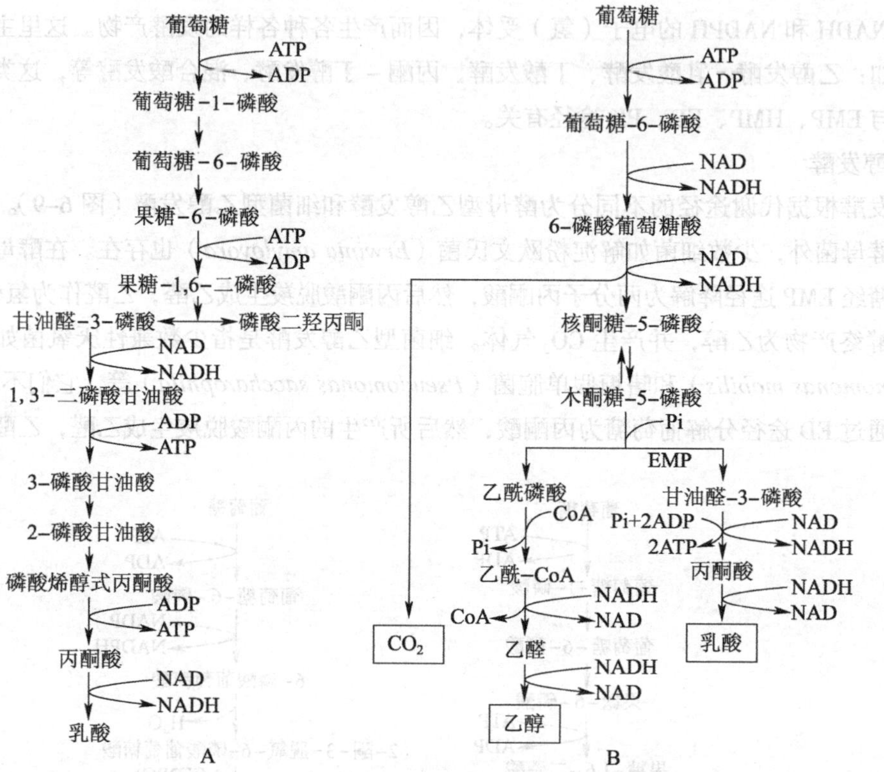

图 6–10 同型乳酸发酵（A）和异型乳酸发酵（B）

同型乳酸发酵的过程是由葡萄糖经 EMP 途径降解为丙酮酸，丙酮酸直接作为氢受体被 NADH 还原成为乳酸。进行同型乳酸发酵的有乳酸乳球菌（*Lactococcus lactis*）和植物乳杆菌（*Lactobacillus plantarum*）等。异型乳酸发酵是指那些缺乏 EMP 途径中醛缩酶和异构酶等重要酶的细菌，依靠 PK 途径将葡萄糖分解为核酮糖 –5– 磷酸，进而转变为木酮糖 –5– 磷酸，然后由磷酸酮糖裂解酶催化裂解成甘油醛 –3– 磷酸和乙酰磷酸，乙酰磷酸经二次还原为乙醇；甘油醛 3– 磷酸经丙酮酸转化为乳酸，因此，发酵终产物与同型乳酸发酵不同，除乳酸之外，还有乙醇和 CO_2。进行异型乳酸发酵的有短乳杆菌（*Lactobacillus breris*）和肠膜状明串珠菌（*Leuconostoc mesenteroides*）等。

3. 丁酸与丙酮 – 丁醇发酵

某些专性厌氧菌，如梭菌属（*Clostridium*）、丁酸弧菌属（*Butyrivibrio*）、真杆菌属（*Eubacterium*）和梭杆菌属（*Fusobacterium*），能进行丁酸与丙酮 – 丁醇发酵（图 6–11）。在丁酸与丙酮 – 丁醇发酵过程中，葡萄糖经 EMP 途径降解为丙酮酸，然后在丙酮酸脱氢酶的作用下脱氢、

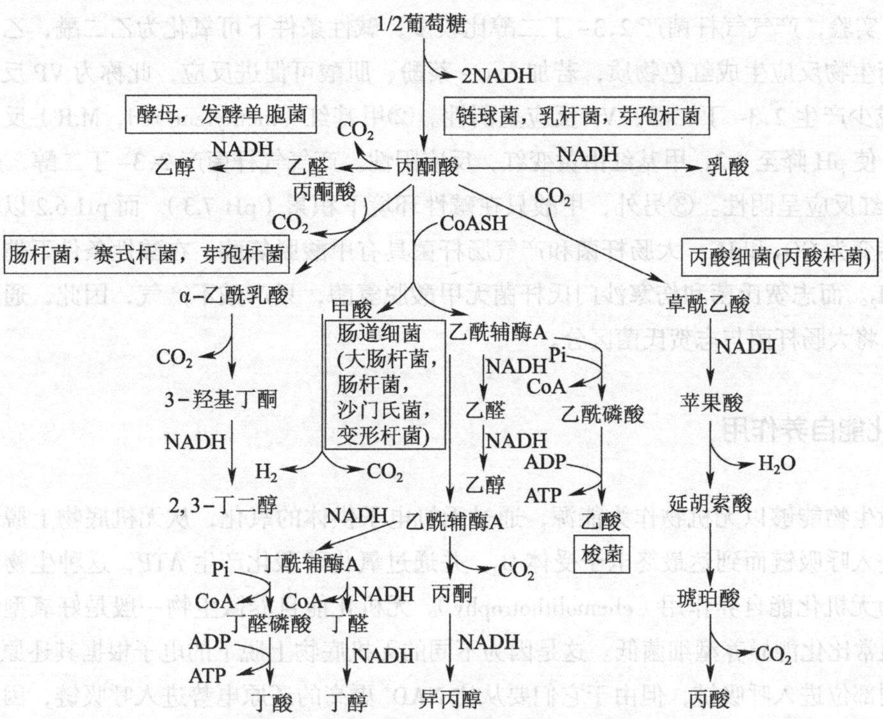

图 6-11 葡萄糖经由丙酮酸进行的发酵

脱羧生成乙酰 CoA，乙酰 CoA 再经一系列反应生成丁酸或丁醇和丙酮。丁酸梭菌（*C. butyricum*）发酵首先由乙酰 CoA 酰基转移酶催化 2 分子乙酰 CoA 缩合，生成乙酰乙酰 CoA，后者再由 β-羟丁酰 CoA 脱氢酶催化，还原为 β-羟丁酰 CoA，β-羟丁酰 CoA 经脱水，还原，生成丁酰 CoA，丁酰 CoA 经脂酰 CoA 转酰基酶催化，生成丁酸。而丙酮丁醇梭菌（*C. acetobutylicum*）将糖发酵生成丁酸的同时，也能产生丙酮、丁醇、乙醇、异丙醇等。当 pH 低于 4.0 时，主要产生丙酮和丁醇，已积累的丁酸也转化为丁醇。丙酮和丁醇是重要的有机溶剂，丙酮还可用于制造人造橡胶，丁醇则可以作为生产无烟火药的原料。丙酮－丁醇发酵法的建立，有力推动了第一次世界大战时火药的生产。

4. 混合酸发酵

混合酸发酵是指某些肠杆菌利用葡萄糖的同时产生多种有机酸的过程，产物有甲酸、乙酸、乳酸、琥珀酸等有机酸，并伴生少量 2,3-丁二醇、乙酰甲基甲醇、甘油等（图 6-11）。由于不同微生物发酵的产物不同，可以作为细菌分类鉴定的重要依据。例如埃希氏菌属（*Escherichia*）、沙门氏菌属（*Salmonella*）和志贺氏菌属（*Shigella*）中的一些菌，它们首先通过 EMP 途径将葡萄糖分解为丙酮酸，然后由不同的酶系将丙酮酸转化成不同的产物，如乳酸、乙酸、甲酸、乙醇、CO_2 和氢气，还有一部分磷酸烯醇式丙酮酸用于生成琥珀酸；而肠杆菌属（*Enterobacter*）、沙雷氏菌属（*Serratia*）和欧文氏菌属（*Erwinia*）中的一些细菌，能将丙酮酸转变成乙酰乳酸，乙酰乳酸经一系列反应生成丁二醇，称为丁二醇发酵。由于这类肠道菌还具有丙酮酸－甲酸裂解酶、乳酸脱氢酶等，所以其终产物还有甲酸、乳酸、乙醇等。肠杆菌特征鉴定的两个重要反应为：① V.P.（Vagex-

Proskauer）实验，产气气杆菌产 2,3- 丁二醇比较多，碱性条件下可氧化为乙二酰，乙二酰再与肌酸或胍类衍生物反应生成红色物质，若加入 α- 萘酚、肌酸可促进反应，此称为 VP 反应。大肠杆菌不产生或少产生 2,3- 丁二醇，VP 反应呈阴性。②甲基红（methylene red，M.R）反应，大肠杆菌产酸多，使 pH 降至 4.2，甲基红由黄变红，反应阳性。产气气杆菌产 2,3- 丁二醇，产酸少（pH 5.3），甲基红反应呈阴性。③另外，甲酸只在碱性环境下积累（pH 7.3），而 pH 6.2 以下，不产甲酸，甲酸转变为 CO_2 和 H_2。大肠杆菌和产气肠杆菌具有甲酸脱氢酶，在酸性条件下催化甲酸裂解成 CO_2 和 H_2。而志贺氏菌和伤寒沙门氏杆菌无甲酸脱氢酶，只产酸不产气，因此，通过葡萄糖发酵试验可以将大肠杆菌与志贺氏菌区分。

二、无机化能自养作用

一些微生物能够以无机物作为能源，通过无机电子供体的氧化，从无机底物上脱下的氢（电子）直接进入呼吸链而到达最终电子受体 O_2，并通过氧化磷酸化产生 ATP，这种生物氧化与产能方式被称为无机化能自养作用（chemolithotrophy）。无机化能自养微生物一般是好氧型细菌，但其产能效率通常比化能异养型细菌低。这是因为不同的无机底物上脱下的电子根据其还原电势的大小不同从不同部位进入呼吸链，但由于它们要从比 NAD^+ 更高的还原电势进入呼吸链，因此其与氧分子间产生的还原电势差比 NADH 和 O_2 间的更小，因而产生的能量也就少（见图 6-6）。化能自养型细菌通常利用卡尔文循环固定 CO_2 作为它们的碳源，这样电子需要消耗无机化能反应产生的 ATP 逆热力学梯度还原 NAD^+ 为 $NADH+H^+$，用作固定 CO_2 的卡尔文循环所需还原力。根据化能自养菌所氧化的无机化合物不同，将它们分为以下几类：硝化细菌、氢细菌、硫细菌和铁细菌。

（一）硝化细菌

土壤中的氨被氧化成硝酸盐的过程称为硝化作用（nitrification）。能氧化氨、亚硝酸盐一类还原性含氮物的化能无机营养型细菌称为硝化细菌（nitrifying bacteria），这包括亚硝化单胞菌属（*Nitrosomonas*）、亚硝化球菌属（*Nitrosococcus*）和亚硝化螺菌属（*Nitrosospira*），它们将氨氧化成亚硝酸盐，故称氨氧化细菌（ammonia-oxidizing bacteria）；然后硝化杆菌属（*Nitrobacter*）、硝化刺菌属（*Nitrospina*）和硝化球菌属（*Nitrococcus*）进一步氧化亚硝酸盐生成硝酸盐，故也称亚硝酸氧化细菌。

氨和亚硝酸盐氧化放出的能量以氧化磷酸化方式产生 ATP。氨氧化细菌通过两步反应氧化氨成为亚硝酸：

$NH_3 + O_2 + NADH{+}H^+ \rightarrow NH_2OH + H_2O + NAD^+$（此步反应无能量产生），

$NH_2OH + O_2 \rightarrow NO_2^- + H_2O + H^+$（此步反应产生 1 分子 ATP）。

亚硝酸氧化细菌通过一步反应氧化亚硝酸成为硝酸：

$2NO_2^- + O_2 \rightarrow 2NO_3^-$（此步反应产生 1 分子 ATP）。

这是由于上述过程脱下的电子是从高还原电势的 NO_3^-/NO_2^- 处（E_0' 约 +0.43 V）进入呼吸链并最终传递至 O_2 的（图 6-12），因此产能效率很低，只产生 1 个 ATP。

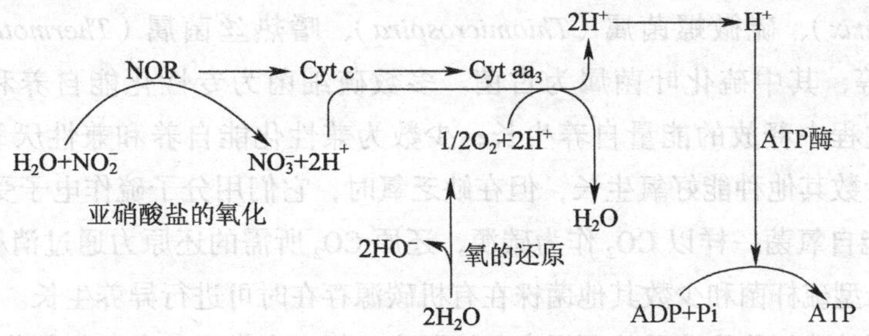

图 6-12 硝化细菌对亚硝酸的氧化作用和电子传递链

NOR：亚硝酸氧化还原酶

（二）氢细菌

氢细菌（hydrogen bacteria）又称氢氧化菌（hydrogen oxidizing bacteria），是一类利用氢作为电子供体并提供能源的细菌类群，主要有假单胞菌属（*Pseudomonas*）、产碱杆菌属（*Alcaligenes*）、副球菌属（*Paracoccus*）、芽孢杆菌属（*Bacillus*）、黄杆菌属（*Flavobacterium*）、水螺菌属（*Aquaspirillum*）、分枝杆菌属（*Mycobacterium*）和诺卡氏菌属（*Nocardia*）等。

大多数氢细菌好氧，少数厌氧（如产甲烷菌）或兼性厌氧（如脱氮副球菌）。但真正氢细菌应是好氧的，这些细菌具有催化氢氧化的氢酶，它们通过氧化 H_2 产生 ATP，然后用所产生的 ATP 还原 CO_2 构成细胞物质而生长。例如，在 *Ralstonia eutropha* 中存在两种氢酶，一种是膜结合氢酶，将从 H_2 释放的电子提供给电子传递链，以 O_2 作为最终电子受体，并在传递过程中造成质子动势，驱动电子传递链和氧化磷酸化偶联 2 个部位合成 ATP。另一种为存在细胞质中的氢酶，将电子提供给 NAD^+ 为卡尔文循环提供还原力 $NADH + H^+$。氢细菌都是兼性化能自养菌，在有氢的条件下利用氢氧化时放出的能量同化 CO_2 而生长，在无氢的有氧条件下就利用有机物为能源生长（图 6-13）。

（三）硫细菌

硫细菌（sulfur bacteria）能够将元素硫（S^0）、硫化氢（H_2S）、硫代亚硫酸盐（$S_2O_3^{2-}$）和其他还原硫化合物氧化成硫酸，为与含光合作用菌绿素的绿硫细菌和紫硫细菌相区别，又称其为无色硫细菌（colorless sulfur bacteria），主要为硫杆菌属（*Thiobacillus*）、贝日阿托菌属（*Beggiatoa*）、

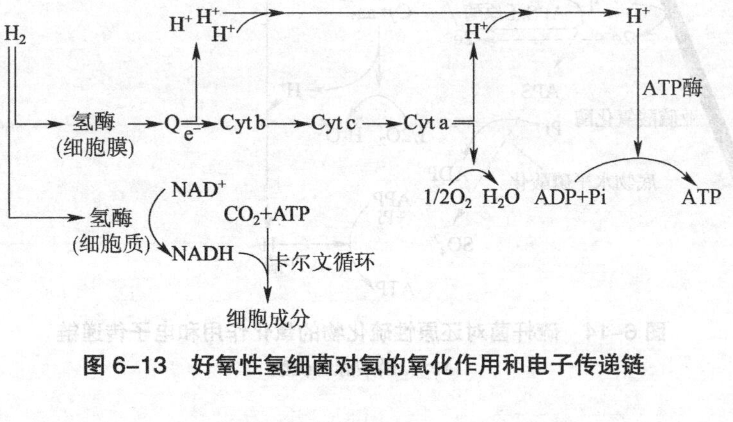

图 6-13 好氧性氢细菌对氢的氧化作用和电子传递链

发硫菌属（*Thiothrix*）、硫微螺菌属（*Thiomicrospira*）、嗜热丝菌属（*Thermothrix*）和硫化叶菌属（*Sulfolobus*）等，其中硫化叶菌属为古菌。多数硫细菌为专性化能自养和专性好氧，利用 H_2S、$S_2O_3^{2-}$ 氧化过程中释放的能量自养生长；少数为兼性化能自养和兼性厌氧。布氏硫化叶菌（*S. brierleyi*）和少数其他种能好氧生长，但在缺乏氧时，它们用分子硫作电子受体进行厌氧呼吸。硫杆菌和其他化能自氧菌一样以 CO_2 作为碳源，还原 CO_2 所需的还原力通过消耗 ATP 的逆呼吸链传递产生，但是新型硫杆菌和少数其他菌株在有机碳源存在时可进行异养生长。硫氧化细菌通过将上壤中不能被利用的硫氧化为硫酸盐而提高上壤肥力；但也会带来危害，如氧化亚铁硫杆菌利用氧化亚铁产生大量的铁离子和硫酸腐蚀混凝土管道结构。

硫杆菌氧化各种硫化物产能的途径分为两个阶段（图 6–14）。第一阶段，H_2S、S^0 和 $S_2O_3^{2-}$ 等硫化物被氧化为 SO_3^{2-}。H_2S 和 S^0 被氧化时，首先与细胞中谷胱甘肽这样的含硫复合物中的巯基反应形成硫化物——巯基复合物，再由硫化物氧化酶将硫化物氧化为 SO_3^{2-}。H_2S 和 S^0 氧化释放出的电子分别从不同部位进入细胞电子传递链，偶联产生 ATP 不同。氧化 $S_2O_3^{2-}$ 时，$S_2O_3^{2-}$ 先裂解为 SO_3^{2-} 和 S^0。第二阶段，形成的 SO_3^{2-} 进一步氧化为 SO_4^{2-} 和产能。这可通过两条不同的途径，一条是由细胞色素 – 亚硫酸氧化酶将 SO_3^{2-} 直接氧化成为 SO_4^{2-}，并通过电子传递磷酸化产能，普遍存在于硫杆菌中；另一条途径称为磷酸腺苷硫酸（adenosine phosphosulfate，APS）途径，亚硫酸与腺苷单磷酸反应放出 2 个电子生成一种高能分子 APS，放出的电子经细胞电子传递链的氧化磷酸化产生 ATP，APS 则通过底物水平磷酸化方式产生能量，将结合的腺苷单磷酸分子以 ADP 形式释放。在腺苷酸激酶的催化下，2 分子 ADP 可转变为 1 分子 ATP 和 1 分子 AMP，所以 2 分子 SO_3^{2-} 经 APS 途径氧化产生 3 分子 ATP，其中 2 分子 ATP 经电子传递磷酸化产生，1 分子 ATP 通过底物水平磷酸化形成，每氧

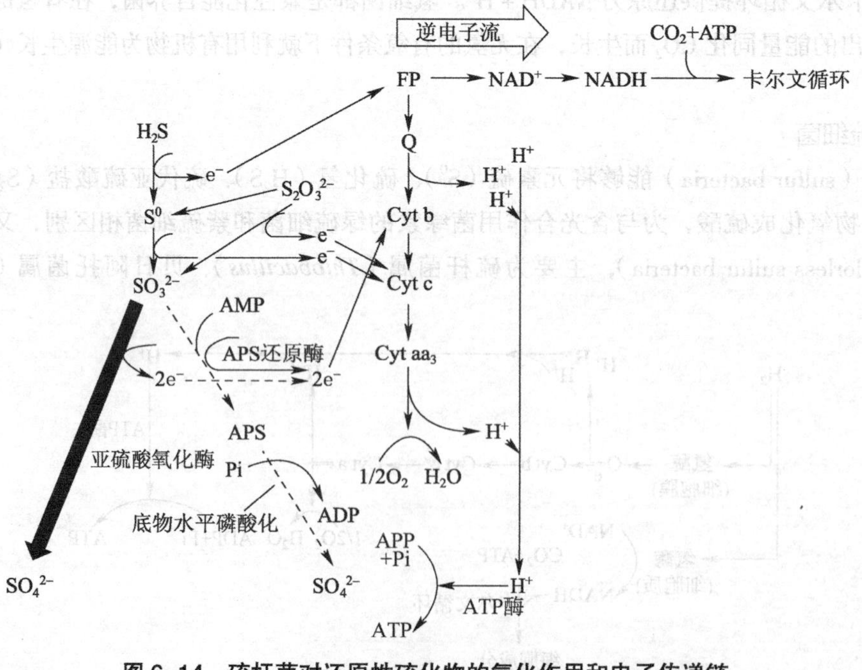

图 6–14 硫杆菌对还原性硫化物的氧化作用和电子传递链

APS：磷酸腺苷硫酸

化 1 分子 SO_3^{2-} 产生 1.5 分子 ATP，因此硫杆菌的产能效率很低。

（四）铁细菌

能氧化亚铁离子（Fe^{2+}）成为铁离子（Fe^{3+}）并产能的细菌被称为铁细菌（iron bacteria）或铁氧化细菌（iron oxidizing bacteria）。它们包括亚铁杆菌属（*Ferrobacillus*）、嘉利翁氏菌属（*Gallionella*）、纤发菌属（*Leptothrix*）、泉发菌属（*Crenothrix*）和球衣菌属（*Sphaerotilus*）。氧化亚铁硫杆菌（*Thiobacillus ferrooxidans*）和硫化叶菌，除了能氧化元素硫和还原性硫化物外，还能将 Fe^{2+} 氧化成 Fe^{3+}，所以它们既是硫细菌也是铁细菌。Fe^{2+} 在中性条件下会迅速氧化成 Fe^{3+}，只有在无氧条件下才长期稳定。但在酸性 pH 条件下，Fe^{2+} 在有氧条件下也是稳定的，因而大多数铁细菌为嗜酸性的。铁细菌大多数为专性化能自养，但也有兼性化能自养的，如在缺乏 Fe^{2+} 时，氧化亚铁硫杆菌也能利用如葡萄糖这样的有机化合物进行异养生长。亚铁的氧化仅在嗜酸氧化亚铁硫杆菌（*Thiobacillus ferrooxidans*）中进行了较为详细的研究。在低 pH 环境中该菌能利用亚铁氧化时放出的能量生长。氧化亚铁硫杆菌在氧化铁的产能过程中，电子是从高还原电势的 Fe^{3+}/Fe^{2+} 位置进入呼吸链，所以电子传递到氧的途径很短，产能效率很低，只产生 1ATP。在该菌的呼吸链中发现了一种含铜蛋白质（铜蓝蛋白，rusticyanin），它与几种细胞色素 c 和一种细胞色素 a_1 氧化酶构成电子传递链。在电子传递到氧的过程中细胞质内有质子消耗，从而驱动 ATP 的合成（图 6–15）。

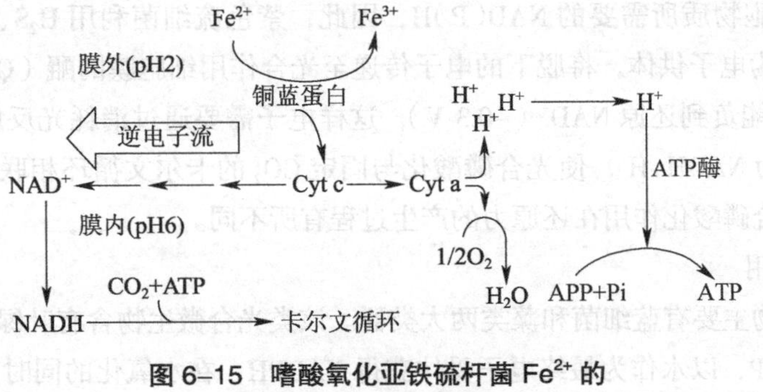

图 6–15 嗜酸氧化亚铁硫杆菌 Fe^{2+} 的氧化作用和电子传递链

三、光合作用

微生物捕捉光能并将光能转化为化学能的过程称为光合作用（photosynthesis）。光合作用是光能营养微生物产能的方式，微生物进行的光合作用占地球上光合作用的 50% 以上。微生物光合作用呈现多样性，根据其光合作用过程是否产生 O_2 分为两大类：不产氧光合作用（anoxygenicphotosynthesis）和产氧光合作用（oxygenicphotosynthesis）；另外微生物还存在一种特殊的无叶绿素参与的嗜盐菌紫膜的光合作用。

1. 不产氧光合作用

不产氧光合微生物主要包括绿细菌（含绿色硫细菌和绿色非硫细菌）和紫细菌（含紫色硫

细菌和紫色非硫细菌）两个类群。绿细菌和紫细菌含有细菌特有的叶绿素——菌绿素（bacteriochlorophyll），缺少光系统Ⅱ，光合作用过程中不以水为电子供体通过裂解产生 O_2，故称不产氧光合作用。光合细菌依靠菌绿素的光合作用系统，在光能驱动下通过电子的循环传递与ADP磷酸化偶联产生ATP，称为循环光合磷酸化（cyclic photophosphorylation）。这里仅以紫色硫细菌的循环光合磷酸化过程为例加以说明。如图6-16所示，菌绿素将捕获的光能传输给其反应中心菌绿素 P_{870}，P_{870} 吸收光能并被激发，使它的还原电势变得很负，被逐出的电子经过由脱镁菌绿素（bacteriopheophytin，Bph）、醌（quinone，Q）、细胞色素b和c组成的电子传递链传递又返回菌绿素 P_{870}，同时造成质子梯度差，质子跨膜移动提供能量用于合成ATP。该过程只有光系统Ⅰ参与，产生ATP但不产生还原力，也不放出氧气。由于紫色硫细菌自养生长仅产生ATP是不够的，还需要还原 CO_2 合成细胞物质所需要的NAD(P)H，因此，紫色硫细菌利用 H_2S、$S_2O_3^{2-}$、S^0，甚至 Fe^{2+} 等还原性无机物作为电子供体，将脱下的电子传递至光合作用细胞膜的醌（Q）受体上，而醌的还原电势（0.0 V）不能负到还原 NAD^+（−0.3 V），这样电子需要通过消耗光反应产生的ATP逆热力学梯度还原 NAD^+ 为 $NADH+H^+$，使光合磷酸化与固定 CO_2 的卡尔文循环相联接。绿色硫细菌和紫色硫细菌的循环光合磷酸化作用在还原力的产生过程有所不同。

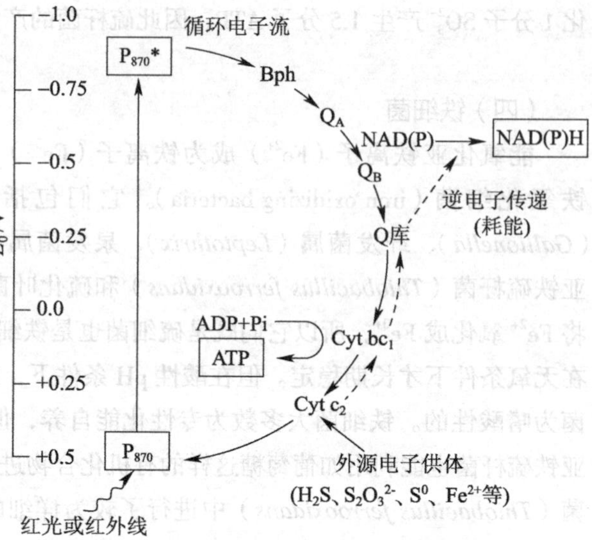

图6-16 紫色硫细菌的循环光合磷酸化过程

2. 产氧光合作用

产氧光合微生物主要有蓝细菌和藻类两大类群。该类光合微生物含有叶绿素，利用非循环光合磷酸化反应产生ATP，以水作为最终电子受体获得NADPH，在水氧化的同时产生 O_2，因而这种光合作用被称为产氧光合作用。

蓝细菌依靠叶绿素a和两个光系统（Ⅰ和Ⅱ），通过如图6-17所示的非循环光合磷酸化产生ATP。蓝细菌光反应中心含有叶绿素a，有两个分别吸收680 nm和700 nm处光的光反应中心 P_{680} 和 P_{700}。光反应中心Ⅰ的叶绿素 P_{700} 吸收光量子能量后释放的电子，经过铁氧还蛋白（FeS）和黄素蛋白（Fd）传递给 NAD^+（$NADP^+$）生成NADH（NADPH）和 H^+（还原力），而不是返回氧化态 P_{700}，因而需要光系统Ⅱ提供电子用以还原氧化态 P_{700}；光系统Ⅱ天线色素吸收光能并激发 P_{680} 释放电子，然后还原脱镁叶绿素a（Ph），经电子传递链到氧化态 P_{700}，吸收了光能的电子在由质体醌（PQ）经Cyt b传递给Cyt f时与ADP磷酸化偶联产生ATP。而氧化态的 P_{680} 则从水的光解作用中获得电子。由此可见，在蓝细菌中，由光驱动的光系统Ⅰ和Ⅱ所释放的电子都不流入各自的原系统，而两个光系统的还原是通过其他途径获得电子来完成的，这种吸收了光能的电子在非循环传递过程中与ADP磷酸化偶联产生ATP的过程称为非循环光合磷酸化（noncyclic photophosphorylation）。

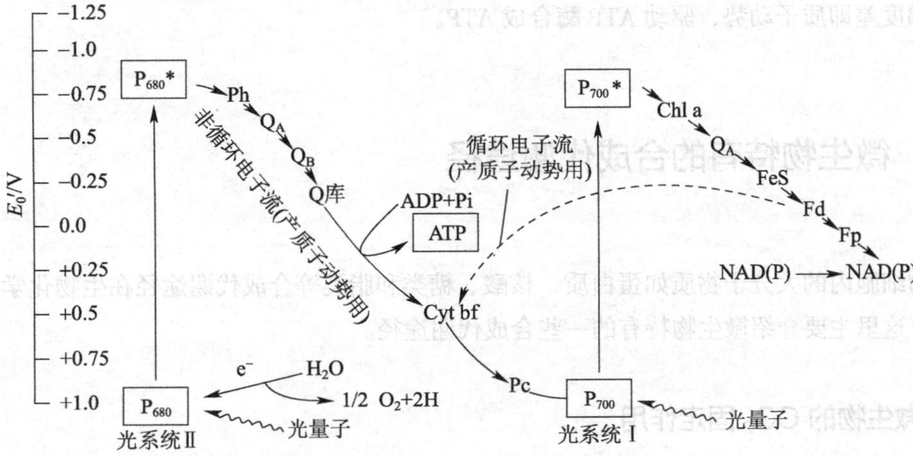

图 6–17　蓝细菌的非循环光合磷酸化过程

3. 嗜盐菌紫膜的光合作用

某些极端嗜盐古菌如盐生盐杆菌（*Halobacterium halobium*）和红皮盐杆菌（*H. cutirubrum*）并不含叶绿素或菌绿素，但可依靠其特有的菌视紫红质在光驱动下合成 ATP，这种无叶绿素或菌绿素参与的特殊光合磷酸化反应，是迄今为止最简单的光合作用，但也有学者认为嗜盐菌不含有叶绿素或菌绿素，因而不能算作是一种光合作用，而将之称作光介导 ATP 合成作用（light-mediated ATP synthesis）。以盐生盐杆菌为例（图 6-18），它在低氧和光照的条件下能合成一种称为菌视紫红质的蛋白质，其与人眼视网膜上柱状细胞中所含的一种蛋白质——视紫红质非常相似，都以紫色的视黄醛（retinal）作为辅基故呈紫色；这种蛋白质在红色细胞膜（含类胡萝卜素）内与膜脂一起形成一个个紫色斑块，称紫膜。菌视紫红质强烈吸收 560 ~ 600 nm 处的光，在光的驱动下视黄醛由全反式构型转变为顺式构型，导致质子被抽到膜外，随着膜外的质子不断积累，并形成膜内外的质子梯度

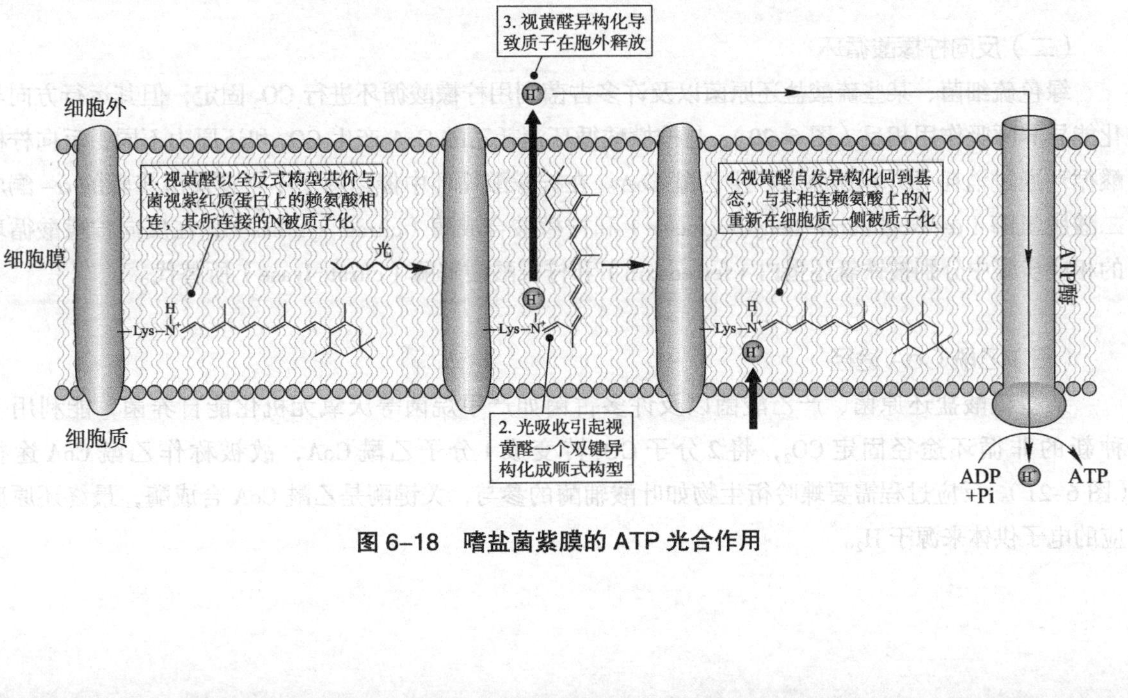

图 6–18　嗜盐菌紫膜的 ATP 光合作用

差和电位梯度差即质子动势，驱动 ATP 酶合成 ATP。

第三节 微生物特有的合成代谢途径

微生物细胞内的大分子物质如蛋白质、核酸、糖类和脂类等合成代谢途径在生物化学课程已有详细介绍，这里主要介绍微生物特有的一些合成代谢途径。

一、自养微生物的 CO_2 固定作用

自养微生物不需要有机碳源，它们能够通过不同代谢途径将 CO_2 或碳酸盐固定并转变为前体代谢物，然后再进一步合成为各种细胞成分，如糖、脂、蛋白质和核酸等。CO_2 固定作用所消耗的能量和还原力来自无机化能作用或光合作用。

（一）卡尔文循环

卡尔文循环（Calvin cycle），又称核酮糖二磷酸循环（ribulose-bisphosphate cycle），是自养微生物 CO_2 固定作用中最为广泛的一种方式，存在于所有好氧化能自养细菌、紫细菌和蓝细菌中，也是含叶绿体真核细胞所采用的 CO_2 固定作用方式，其代谢途径见图 6-19。卡尔文循环中的大多数酶在中心代谢途径中都存在，只不过参与了逆向反应过程。卡尔文循环需要两个特有的关键酶：磷酸核酮糖激酶（phosphoribulokinase）和核酮糖二磷酸羧化酶（ribulose-bisphosphate carboxylase，RubiscO）；前者负责磷酸化核酮糖 -5- 磷酸，后者负责将 CO_2 加入到核酮糖二磷酸上并同时将产生的六碳糖中间体裂解为 2 个三碳糖。卡尔文循环每固定 3 分子 CO_2，产生 1 分子甘油醛 -3- 磷酸。

（二）反向柠檬酸循环

绿色硫细菌、某些硫酸盐还原菌以及许多古菌利用柠檬酸循环进行 CO_2 固定，但其运行方向与化能异养呼吸作用相反（图 6-20）。与柠檬酸循环消耗乙酰 CoA 产生 CO_2 和还原力不同，反向柠檬酸循环通过消耗 CO_2 和还原力产生乙酰 CoA。在柠檬酸循环中催化两个不可逆反应步骤的 α- 酮戊二酸脱氢酶（α-oxoglutarate dehydrogenase）和柠檬酸合成酶（citrate synthase），在反向柠檬酸循环的相应步骤中分别被铁氧还蛋白（ferredoxin）和柠檬酸裂解酶（citrate lyase）所替代。

（三）乙酰 CoA 途径

某些硫酸盐还原菌、产乙酸菌以及许多古菌如产甲烷菌等厌氧无机化能自养菌，能利用一种新的非循环途径固定 CO_2，将 2 分子 CO_2 转变成 1 分子乙酰 CoA，故被称作乙酰 CoA 途径（图 6-21）。反应过程需要蝶呤衍生物如叶酸辅酶的参与，关键酶是乙酰 CoA 合成酶，最终还原反应的电子供体来源于 H_2。

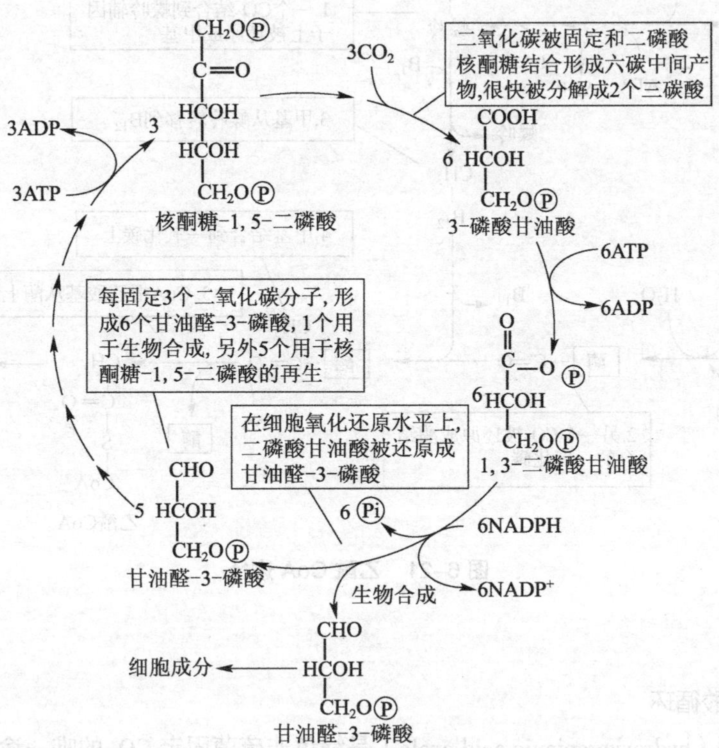

图 6–19　卡尔文循环

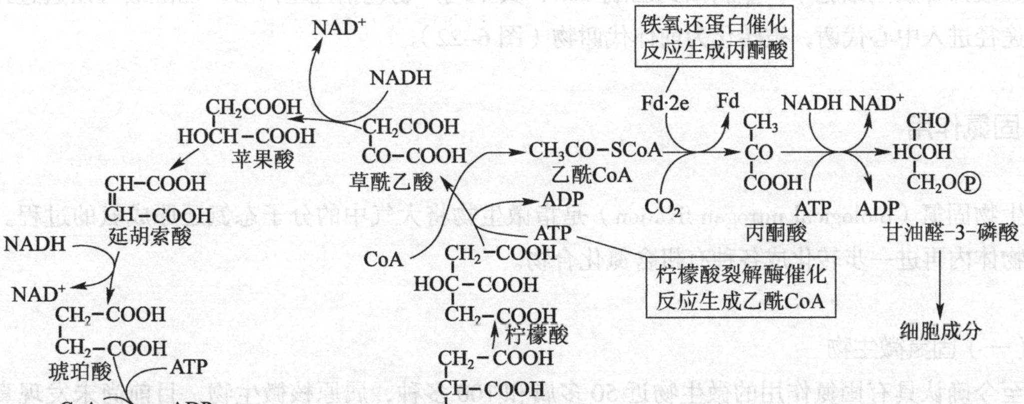

图 6–20　反向柠檬酸循环

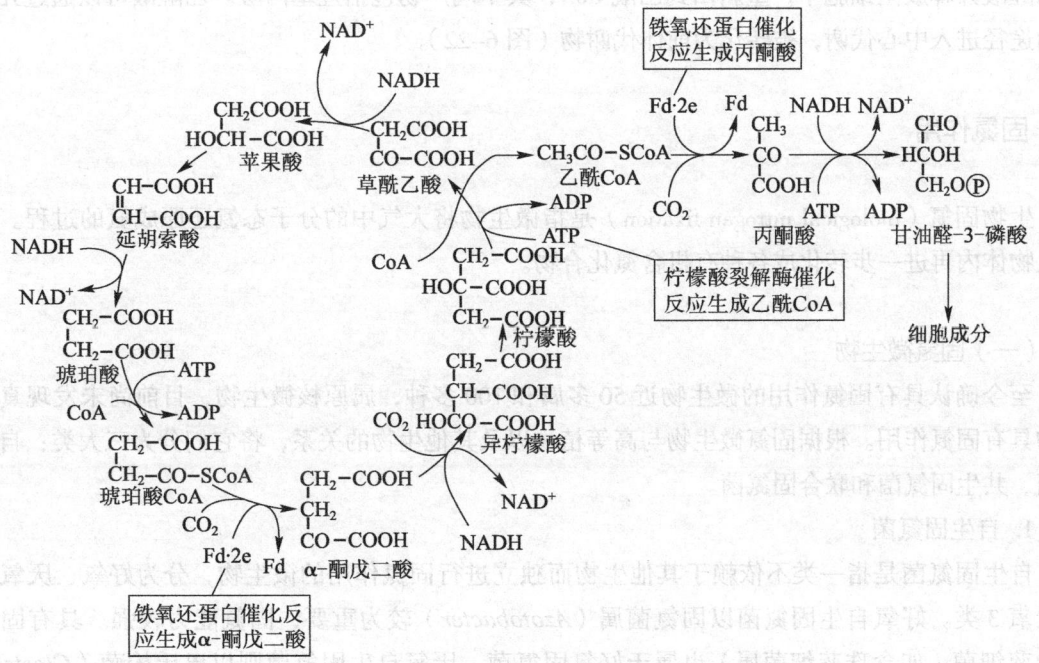

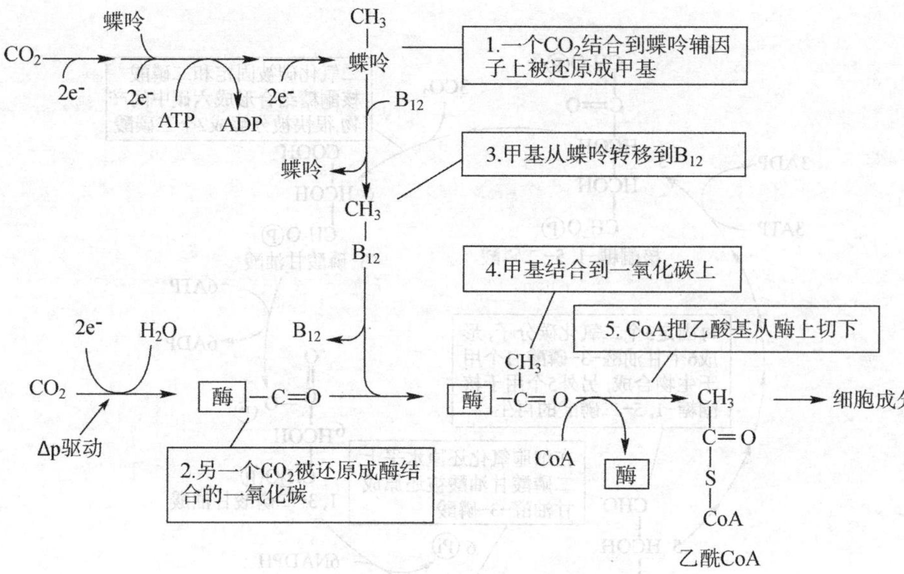

图 6-21 乙酰 CoA 途径

（四）羟基丙酸循环

羟基丙酸循环（hydroxypropionic acid cycle）是绿色非硫菌固定 CO_2 的唯一途径，该途径起始物是乙酰 CoA，先后两次固定 CO_2 形成甲基丙二酸单酰 CoA，经一系列反应将 2 分子 CO_2 转变成 1 分子乙醛酸并释放至细胞中，重新回到乙酰 CoA，其中间产物包括羟基丙酸。乙醛酸可以通过几种不同的途径进入中心代谢，被转化为前体代谢物（图 6-22）。

二、固氮作用

生物固氮（biological nitrogen fixation）是指微生物将大气中的分子态氮还原成氨的过程。氨在微生物体内再进一步转化成各种有机含氮化合物。

（一）固氮微生物

至今确认具有固氮作用的微生物近 50 多属和 100 多种，属原核微生物，目前尚未发现真核微生物具有固氮作用。根据固氮微生物与高等植物以及其他生物的关系，将它们分为三大类：自生固氮菌、共生固氮菌和联合固氮菌。

1. 自生固氮菌

自生固氮菌是指一类不依赖于其他生物而独立进行固氮作用的微生物，分为好氧、厌氧和兼性厌氧 3 类。好氧自生固氮菌以固氮菌属（*Azotobacter*）较为重要，固氮能力较强。具有固氮作用的蓝细菌（如念珠蓝细菌属）也属于好氧固氮菌。厌氧自生固氮菌则以巴氏梭菌（*Clostridium pasteurianum*）为典型代表。

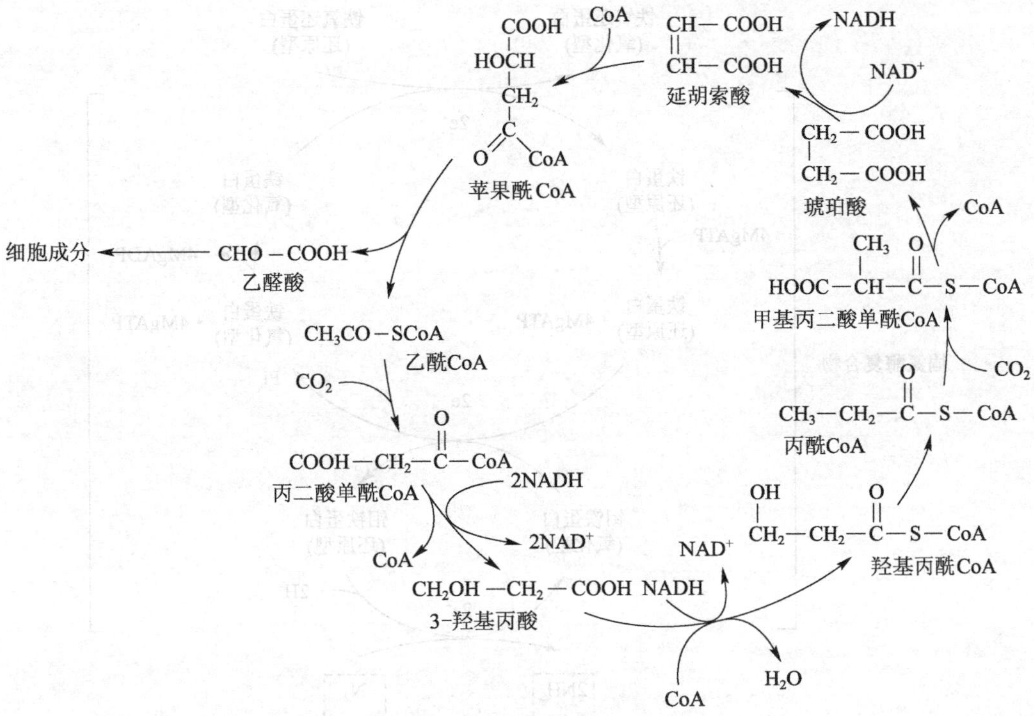

图 6-22 羟基丙酸循环

2. 共生固氮菌

共生固氮菌是指一类只有与其他生物共生在一起时，才能够进行固氮作用的微生物。最著名的共生固氮菌就是与植物共生形成的一种特殊固氮结构根瘤，如与豆科植物共生形成根瘤的根瘤菌属，与非豆科植物共生形成根瘤的弗兰氏菌属。也有的共生固氮菌与植物共生但不形成根瘤，如鱼腥蓝细菌属与满江红（一种水稻栽培中重要的水生蕨类植物）共生固氮。

3. 联合固氮菌

联合固氮菌是指一类必须生活在植物根际、叶面或动物肠道等处才能进行固氮作用的微生物。如植物根际存在的一些芽孢杆菌属、植物叶面存在的一些拜叶林克氏菌属。

(二) 固氮作用机制

微生物能够在常温常压条件下固氮的关键是靠固氮酶催化分子氮还原成氨。固氮酶是由铁蛋白和钼铁蛋白两种蛋白质组分组成的复合体。两种蛋白质组分都含有铁离子，但钼铁蛋白还含有钼离子。钼铁蛋白中的钼、铁离子存在于一种称作“MoFeCo”的辅因子结构中，实际上固氮作用过程中的 N_2 还原反应就发生在这个钼铁中心。固氮酶活性需要有 Mg^{2+} 的存在。固氮酶对氧极为敏感，固氮作用必须在严格厌氧条件下进行。固氮作用需要消耗 ATP 和 NAD(P)H+H^+。

固氮反应过程详见图 6-23。电子从电子供体传递到铁氧还蛋白，然后传到铁蛋白使其还原，铁蛋白通过结合 ATP 改变其自身构象降低它的还原电势，以便能够去还原钼铁蛋白，即形成完整的固氮酶复合物。氧化态的铁氧还蛋白需要重新被还原力还原以维持反应正常进行，固定一个 N_2

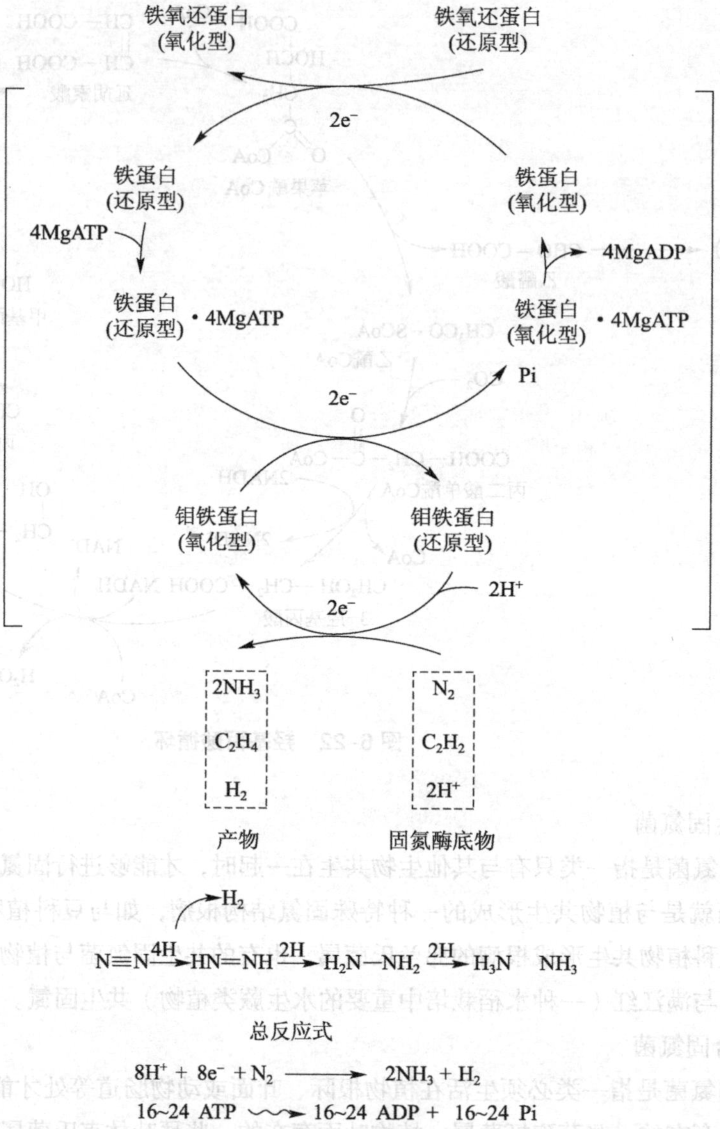

图 6-23 固氮反应过程

需要消耗 8［H］，以 NAD(P)H + H^+ 的形式提供。铁蛋白每传递一个电子给钼铁蛋白还原，就要引起 2～3 个 ATP 水解，以便铁蛋白重新变成氧化态。最后被还原的钼铁蛋白将电子提供给氮原子。通过 6 次这样的电子转移，将 1 分子氮还原成 2 分子 NH_3。尽管还原 N_2 到 NH_3 理论上只需要 6 个电子，但实际反应过程需要消耗 8 个电子，有 2 个电子以 H_2 形式释放。每传递一个电子需要消耗 2～3 个 ATP，总计需要消耗 16～24 个 ATP。

固氮反应的总反应式为：

$$N_2 + 8[H] + (16\text{–}24)ATP \rightarrow 2NH_3 + H_2 + (16\text{–}24)ADP + (16\text{–}24)Pi$$

固氮酶除了催化 $N_2 \rightarrow NH_3$ 的反应外，还可催化还原其他含三价键的分子，如乙炔、氰化物和叠氮化合物。

乙炔还原的反应式为：

$$HC \equiv CH（乙炔）+ 2H^+ + 2e^- \rightarrow H_2C = CH_2（乙烯）$$

只要用气相色谱分析这两种气体量的变化就可测得固氮酶活力，因此乙炔还原法是当今固氮研究中测定固氮酶活力既灵敏又快捷的常规方法。

（三）好氧固氮菌的固氮酶保护机制

由于固氮酶对氧极为敏感，好氧固氮微生物发展出了一些保护其固氮酶不受氧伤害的机制：①快速消除所产生的氧，很多固氮菌利用较强呼吸强度迅速消耗固氮酶周围的氧；而豆科植物根瘤菌的类菌体周膜上则存在一种能与氧发生可逆性结合的豆血红蛋白，氧浓度高时与氧结合，氧浓度低时又可释放出氧，从而既保证了类菌体生长所需的氧，又不致对其固氮酶产生氧伤害。②在空间上进行氧阻隔，如棕色固氮菌（*Azotobacter vinelandii*）在高浓度氧存在时诱导菌体产生阻滞氧扩散进入细胞的黏液层；许多蓝细菌产生具有特殊保护结构的细胞类型异形胞，将固氮酶分隔在其中。③在时间上进行氧阻隔，如非异形胞的蓝细菌织线蓝细菌属（*Plectomena*）将固氮作用和光合作用分不同时间段进行。④固氮酶构象保护作用，少数固氮菌如褐球固氮菌等，具有一种构象保护蛋白，在氧分压增高时，它与固氮酶结合，固氮酶构象发生改变并丧失固氮活力；一旦氧浓度降低，该蛋白质便从酶分子上解离，使固氮酶恢复原有的构象和固氮能力。

三、肽聚糖的合成

肽聚糖是细菌细胞壁所特有的一种成分，其生物合成要经历细胞质中、细胞膜上以及细胞膜外3个部位，因其合成部位几经转移，所以合成过程中必须要有能够转运与控制肽聚糖结构元件的载体参与。以研究最深入的金黄色葡萄球菌的肽聚糖合成为例，参与反应的载体有尿苷二磷酸（UDP）和细菌萜醇两种，其中细菌萜醇是一种55碳醇，它作为类脂载体以焦磷酸基连到*N*-乙酰胞壁酸上，并使肽聚糖合成的成分移动穿过疏水性膜。

根据肽聚糖合成反应部位的不同，可分成3个合成阶段（图6-24）：

第一阶段：在细胞质中，首先由葡萄糖合成*N*-乙酰胞壁酸（NAM）和*N*-乙酰葡糖胺（NAG）的UDP衍生物，然后氨基酸按顺序加到UDP-NAM上，末端两个D-丙氨酸以二肽形式掺入，最后形成UDP-NAM-五肽，即“Park”核苷酸。肽键形成过程需要消耗ATP能量，但没有tRNA和核糖体参与反应。

第二阶段：UDP-NAM-五肽释放出UMP，通过两个磷酸基（PP）与细胞膜上的类脂载体细菌萜醇相连，形成NAM-PP-细菌萜醇，被转移到细胞膜上，在那里与*N*-乙酰葡糖胺结合，形成肽聚糖重复单元，NAG-NAM-PP-细菌萜醇。当需要两条多糖链间形成五甘氨酸肽桥时，则在L-Lys上接入五甘氨酸肽形成双糖肽亚单位。但通过甘氨酰tRNA加入甘氨酸时没有核糖体参与。

第三阶段：完整的NAG-NAM肽聚糖重复单元通过细菌萜醇焦磷酸载体穿过膜运输到膜的外表面；肽聚糖单元连到肽聚糖链的生长端，以一个重复单元延长肽聚糖链，细菌萜醇载体回到膜内

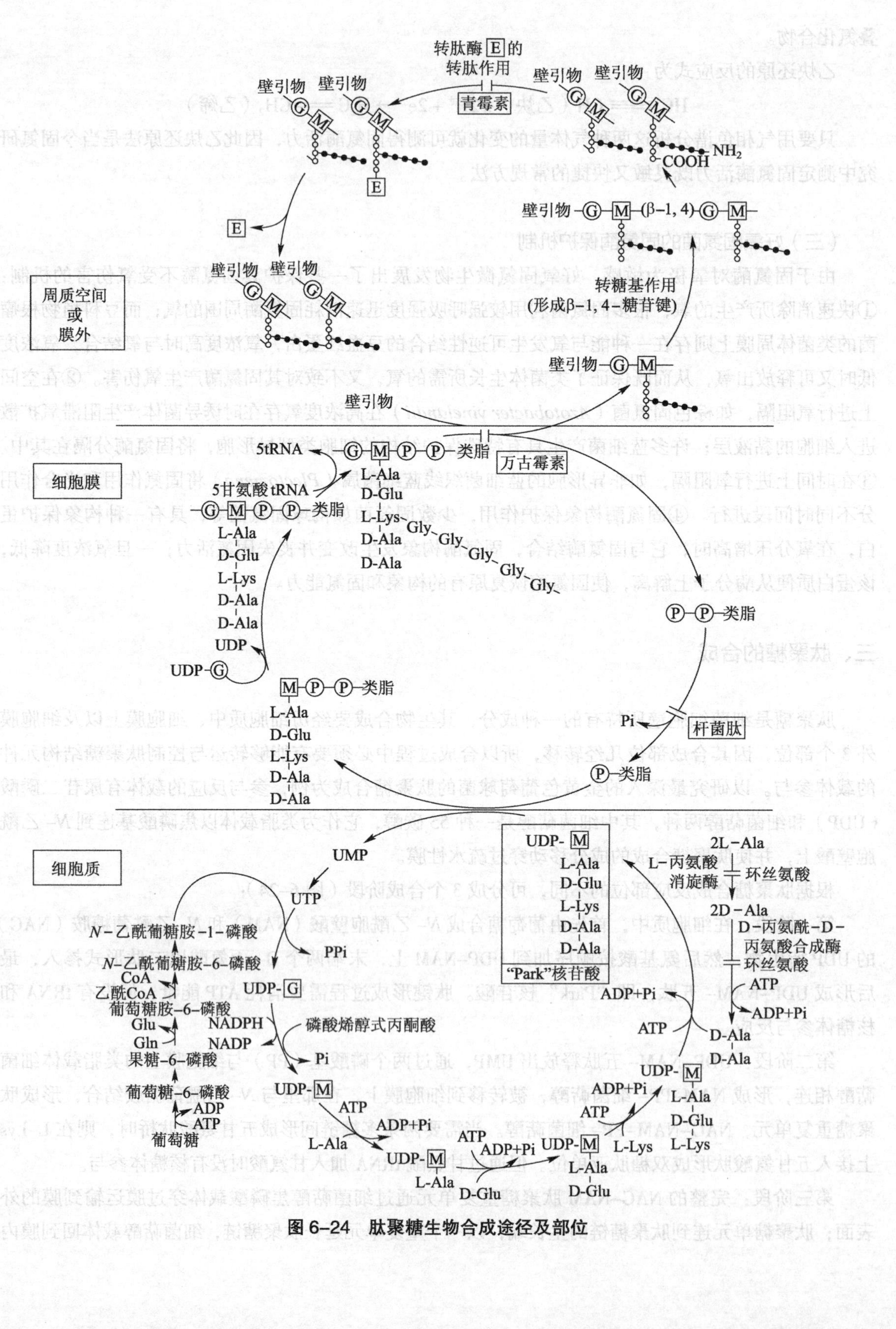

图 6–24 肽聚糖生物合成途径及部位

侧。在此过程中，释放一个磷酸，产生细菌萜醇磷酸，准备接受另一个 NAM- 五肽；双糖肽通过转糖基作用将肽聚糖链增加了一个双糖单位，短肽则通过转肽作用在肽聚糖链间形成了横向交联。

肽聚糖合成途径中有多处受青霉素、万古霉素、环丝氨酸（恶唑霉素）和杆菌肽等抗生素的抑制作用。例如青霉素是肽聚糖中 D- 丙氨酰 -D- 丙氨酸的结构类似物，当转肽酶与青霉素结合后，双糖肽间的肽桥无法交联而产生强度较弱的肽聚糖，进而导致细胞渗漏裂解而死亡。由于青霉素的抑菌作用在于抑制肽聚糖的生物合成，所以青霉素只对生长繁殖的细菌有抑制作用，而对不生长状态的静止细胞无抑制作用。

第四节　微生物代谢与生产实践

一、微生物代谢产物的利用

微生物代谢过程中产生的众多代谢产物可以通过微生物工业发酵生产人们所需要的食品添加剂，如味精、肌苷酸、柠檬酸、苹果酸、乳酸、β- 胡萝卜素等；可以生产人们所需要的药物，如抗生素、激素、生物碱、氨基酸及维生素等；可以生产许多重要的化工原料，如乳酸、乙醇、丙酮、正丁醇、异丙醇等；可以生产一些重要的酶制剂，如各种淀粉酶、蛋白酶、脂肪酶等。这些微生物产物有的是初级代谢产物，有的是次级代谢产物；有的是代谢末端产物，有的是中间代谢产物。

二、微生物代谢功能的利用

人类对微生物代谢功能的利用古已有之，其目的不是为了直接获得某种微生物的代谢产物，而是利用微生物的代谢活动进行加工生产。如利用微生物代谢活动进行发酵食品的生产，像奶酪、酸奶、酱油、酿酒、豆腐乳、面包等食品生产离不开微生物的作用。下面再简单介绍几种微生物代谢功能的应用。

1. 微生物转化

微生物转化是指利用微生物体特殊的生化反应进行有机合成，以便改造、取代传统化工产品的化学合成技术，实现化学工业的原料消耗、水资源消耗、能量消耗降低，污染物的排放和污染扩散减少。因此，有人把工业生物转化看作是“生物技术的第三次浪潮”。

2. 微生物降解秸秆

秸秆成分中的纤维素和半纤维素能够被草食动物的瘤胃微生物充分降解利用，但由于木质素和纤维素之间镶嵌在一起形成坚固的酯键，阻碍了瘤胃微生物对纤维素的降解，导致秸秆消化率低。因此提高秸秆消化率的关键是降解木质素，打断酯键。有报道一种白腐真菌能降解木质素，不降解纤维素，用作处理秸秆，可使秸秆的畜禽体外消化率从 19.63% 提高到 41.13%。

3. 微生物冶金

人类利用具有氧化硫化物矿中的硫和硫化物能力的微生物，将硫化矿中的重金属通过转化成高度水溶性的重金属硫酸盐，而从低品位矿中浸出生产黄金。例如有报道，氧化亚铁硫杆菌（*Thiobacillus ferrooxidans*）的氧化作用可从金矿石中除去硫、砷，浸提黄金，日处理100 t含金矿石的工厂，几乎能从中得到100%的黄金，如果用化学方法浸提金的话，其得率不到70%。

摘 要

微生物代谢是指微生物细胞所进行的一切化学反应和物理作用。代谢作用分为分解代谢和合成代谢。生物大分子的合成利用单体生物构件分子如氨基酸、核苷酸、脂肪酸和单糖，以及ATP能量。生物构件分子由微生物细胞从环境中吸收获得，或利用前体代谢物、还原力和ATP自身合成。前体代谢物、能量和还原力是通过能量代谢过程产生。前体代谢物是指那些由分解代谢途径所产生并被用作各种合成代谢途径的通用起始合成原料的那些中间代谢物。

有氧呼吸是一系列将葡萄糖转化为CO_2并放出能量的反应，它利用自由氧作为电子和氢的最终受体并产生ATP。有氧呼吸的代谢途径包括：糖酵解途径、磷酸戊糖途径、柠檬酸循环和呼吸电子传递链途径，它们构成了中心产能代谢。微生物还存在替代产能途径，如脱氧酮糖酸途径和磷酸酮解酶途径。

无氧呼吸是某些化能异养细菌在厌氧条件下，以含氧化合物替代自由氧作为最终电子受体，使用呼吸链细胞色素系统传递电子（氢）的呼吸作用。无氧呼吸同样使用中心产能代谢途径，主要以NO_3^-、SO_4^{2-}、CO_3^{2-}等含氧化合物作为最终电子受体，分别被称作硝酸盐呼吸、硫酸盐呼吸和碳酸盐呼吸。无氧呼吸比有氧呼吸产能较少。

发酵作用是在缺氧条件下葡萄糖或其他糖类的不完全氧化作用，并以其不完全分解产物作为电子（氢）的最终受体，不经过呼吸电子传递链直接接受电子，还原生成发酵产物，在此过程仅通过底物水平磷酸化产生少量的ATP。酵母型发酵葡萄糖经EMP途径降解产生乙醇；细菌型乙醇发酵通过ED途径分解葡萄糖产生乙醇。同型乳酸发酵由葡萄糖经EMP途径降解产生2分子乳酸；异型乳酸发酵依靠PK途径将葡萄糖分解产生乳酸、乙醇和CO_2。混合酸发酵是指某些肠杆菌利用葡萄糖的同时产生多种有机酸的过程，V.P.实验、甲基红反应、产气实验等在肠杆菌鉴定中有重要意义。

无机化能自养作用是一些微生物以无机物作为能源，通过无机电子供体的氧化，从无机底物上脱下的氢（电子）直接进入呼吸链而到达最终电子受体O_2，并通过氧化磷酸化产生ATP的一种生物氧化与产能方式，其产能效率比化能异养型微生物低。化能自养微生物主要有硝化细菌、氢细菌、硫细菌和铁细菌等。

光合作用是指微生物捕捉光能并将光能转化为化学能的过程。不产氧光合作用微生物主要包括绿细菌和紫细菌，含有菌绿素，缺少光系统Ⅱ，光合作用过程中不裂解水产O_2，通过循环光合磷酸化产生ATP。产氧光合作用微生物主要有蓝细菌和藻类，含有叶绿素，有两个光系统（Ⅰ和Ⅱ），利用非循环光合磷酸化反应产生ATP，以水作为最终电子受体获得NADPH并产生O_2。嗜盐菌紫膜的光合作用依靠菌视紫红质在光驱动下合成ATP。

自养微生物能够将 CO_2 或碳酸盐固定并转变为前体代谢物。卡尔文循环是所有好氧化能自养细菌、紫细菌和蓝细菌，以及含叶绿体真核细胞固定 CO_2 的方式，产生甘油醛 -3- 磷酸。绿色硫细菌、某些硫酸盐还原菌以及许多古菌利用反向柠檬酸循环固定 CO_2，产生乙酰 CoA。某些硫酸盐还原菌、产乙酸菌以及产甲烷菌等厌氧无机化能自养菌，利用非循环的乙酰 CoA 途径固定 CO_2，产生乙酰 CoA。羟基丙酸循环是绿色非硫菌固定 CO_2 的唯一途径，产生乙醛酸。

生物固氮是指微生物将大气中的分子态氮还原成氨的过程。固氮微生物有 3 类：自生固氮菌、共生固氮菌和联合固氮菌。固氮酶是由铁蛋白和钼铁蛋白两种蛋白质组分组成的复合体，固氮酶活性需要有 Mg^{2+}、ATP、NADH，对氧极为敏感。好氧固氮菌的固氮酶保护机制包括：①快速消除所产生的氧；②在空间上进行氧阻隔；③在时间上进行氧阻隔；④固氮酶构象保护作用。

金黄色葡萄球菌肽聚糖合成分成三个阶段：第一阶段，细胞质中，合成 *N*- 乙酰胞壁酸和 *N*- 乙酰葡糖胺的 UDP 衍生物，产生“Park”核苷酸（UDP-NAM-五肽）；第二阶段，细胞膜上，UDP-NAM-五肽与类脂载体细菌萜醇相连形成 NAM-五肽-PP-细菌萜醇，加上 NAG 形成 NAG-NAM-五肽 -PP- 细菌萜醇，在 L-Lys 上接入五甘氨酸；第三阶段，膜外侧，完整的 NAG-NAM 肽聚糖重复单元通过细菌萜醇运输到膜外表面，连到肽聚糖链的生长端。青霉素是肽聚糖中 D- 丙氨酰 -D- 丙氨酸的结构类似物，抑制双糖肽间的肽桥交联。

微生物代谢过程中产生的代谢产物可以用于生产食品添加剂、药物、化工原料、酶制剂等。微生物代谢功能可以用作发酵食品的生产、生物催化有机合成、秸秆降解转化、生物冶金等。

思考题

1. 微生物代谢的多样性表现在哪些方面？
2. 什么叫呼吸作用、发酵作用、有氧呼吸和无氧呼吸？试比较它们的异同点。
3. 试以乙醇发酵为例解释发酵机理，并比较利用细菌和酵母菌进行乙醇发酵的异同。
4. 葡萄糖的分解途径主要有哪几条？简述其在微生物生命活动中的重要性。
5. 试述同型乳酸发酵与异型乳酸发酵之间的不同点。
6. 试述无机化能自养菌产能效率低的原因。
7. 什么叫循环光合磷酸化和非循环光合磷酸化？
8. 试述嗜盐菌紫膜的光合作用机理。
9. 试述化能自养细菌的特点以及它们的作用。
10. 微生物 CO_2 固定有哪些类型，各为哪些类群的微生物所利用？
11. 试述生物固氮作用机理和必要条件，并说明好氧固氮微生物保护其固氮酶不受氧伤害的机制。
12. 试述细菌细胞壁肽聚糖的合成途径，并说明青霉素的抑菌作用机理。
13. 试述微生物代谢在生产实践中的应用。
14. 肺部致病菌铜绿假单胞菌 *P. aeruginosa* 既可进行好氧呼吸，也可利用硝酸盐进行无氧呼吸。什么条件会导致铜绿单胞菌进行好氧呼吸或无氧呼吸？呼吸电子传递链需要做何改变吗？

15. 分别设计一种将延胡索酸转化成琥珀酸或相反将琥珀酸转化成延胡索酸的产能代谢方式。表述设计这两种产能代谢方式的理由，并尝试通过互联网检索到使用这两种产能代谢方式的微生物实例。

数字课程学习

教学课件　在线自测

第七章

微生物遗传

遗传学是关于遗传物质的生理生化性质、世代传递方式，以及所携带的信息在个体发育中的表达的一门科学。早期的遗传学研究亲代与子代之间遗传性状的传递，提出了遗传的染色体理论，对基因进行了作图，并发现了基因重组现象，故名传递遗传学。近代的遗传学则进一步从分子水平上研究基因的构成、复制、表达、突变和修复等，被称为分子遗传学。微生物具有结构简单，生长周期短和易于培养等特点，因此，遗传学的发展得益于对微生物的遗传物质及其复制、表达方式的研究；迄今人们仍然运用微生物模型对许多高等动、植物进行遗传分析。本章将围绕遗传学的基本研究内容介绍微生物的遗传物质的结构特点、遗传信息的表达与调控、遗传变异的基本规律，以及通过基因操作改变微生物的遗传信息从而有效地控制或利用微生物的基本策略。

第一节　遗传的物质基础及其特性

一、遗传物质的鉴定

真核生物和原核生物的遗传物质主要是双链的脱氧核糖核酸（dsDNA）；而病毒不能自主增殖，为非细胞结构的生物，其遗传物质可以是单链或双链的脱氧核糖核酸或核糖核酸（ssDNA，dsDNA，ssRNA 或 dsRNA）。证明核酸是遗传物质的实验很多，但是最直接的证据来自细菌转化、噬菌体侵染和病毒重建 3 个经典性的试验。

（一）肺炎链球菌的转化试验

肺炎链球菌（*Streptococcus pneumoniae*）侵染后可使人患肺炎，也可使小鼠患败血症而死亡。肺炎链球菌有许多不同的菌株，致病菌株的细胞表面有荚膜，所形成的菌落表面光滑，简称 S 型；不形成荚膜的菌株没有致病性，菌落外观粗糙，被称为 R 型。1928 年，英国科学家 Griffith 发现将加热杀死的 S 型细胞和 R 型的活细胞混合注射到小鼠体内，小鼠受感染死亡，而且还可以从死鼠中分离到活的 S 型细胞（图 7-1A）。Griffith 将这种改变遗传性状的现象称为细菌的转化。1944 年美国科学家 Avery 等对上述实验中的 S 型菌株进行了细胞物质的分离纯化，并在体外进行遗传转化，结果表明只有 S 型细菌的 DNA 才能将肺炎链球菌的 R 型细菌转化为 S 型细菌，而用 DNA 酶处理分离得到的 DNA 后，这种转化就不能发生，证明了 DNA 是转化因子（图 7-1B）。

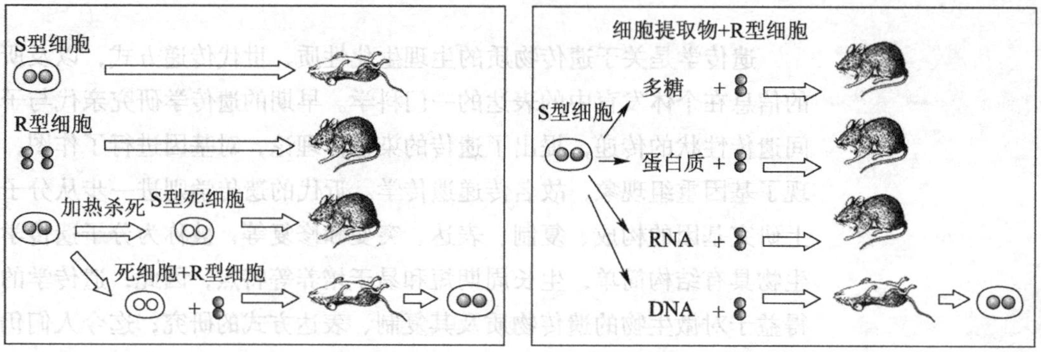

图 7-1 肺炎链球菌的转化试验

A. S型和R型细胞的侵染试验 B. 分离后的S型细胞物质对R型细胞的转化作用

（二）噬菌体侵染试验

T2 大肠杆菌噬菌体由 DNA 芯髓和蛋白质衣壳两部分构成。通常 DNA 中含磷而不含硫，蛋白质中含硫而不含磷。1952 年，美国科学家 Hershey 和 Chase 将大肠杆菌分别培养在含放射性 $^{32}PO_4^{3-}$ 或 $^{35}SO_4^{2-}$ 的合成培养基中，并以 T2 噬菌体侵染所培养细胞，分别获得被 ^{32}P 标记了 DNA 和被 ^{35}S 标记了衣壳蛋白的两种噬菌体，然后用它们分别侵染不带有放射性标记的 ^{32}P 和 ^{35}S 的大肠杆菌，再通过检测放射性同位素在细胞内外的分布来判别 DNA 和蛋白质在噬菌体侵染过程中的作用（图 7-2）。实验结果表明在噬菌体侵染过程中，蛋白质衣壳没有进入宿主细胞，进入宿主细胞的只有 DNA；新增殖的噬菌体所生成的衣壳蛋白，完全是由被侵染后的细胞所产生的。再次有力地证明，噬菌体的 DNA 中带有包括合成蛋白质衣壳在内的整套遗传信息。

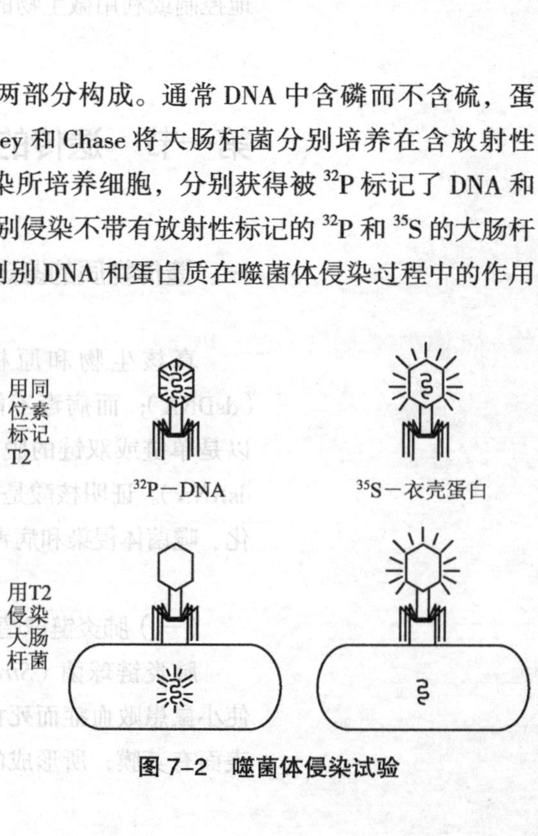

图 7-2 噬菌体侵染试验

（三）烟草花叶病毒重建试验

烟草花叶病毒（tobacco mosaic virus，TMV）由一个筒状蛋白质衣壳和一条单链的 RNA 分子组成，它侵染烟草植株，使叶片上出现大小和颜色具有特征性的病斑。采用理化方法处理可以将该病毒蛋白质和 RNA 分离，而被分离后的蛋白质衣壳和 RNA 分子能重新组合成新的具有感染力的病毒。1956 年 Fraenkel-Conrat 选用含 RNA 的烟草花叶病毒和另一株与 TMV 近缘的霍氏车前花叶病毒（HRV）进行病毒重建实验。当他们用 TMV 的 RNA 与 HRV 的蛋白质衣壳重建后的杂合病毒去感染烟草时，烟草叶上出现典型的 TMV 病斑，从中分离出的新病毒是不再带有任何 HRV 痕迹的 TMV 病毒。反之，用 HRV 的 RNA 与 TMV 的蛋白质衣壳进行重建感染时，获得的是典型的 HRV 病毒。同样说明遗传物质的基础是核酸，只不过在不含有 DNA 的病毒中，RNA 是遗传信息的载体（图 7-3）。

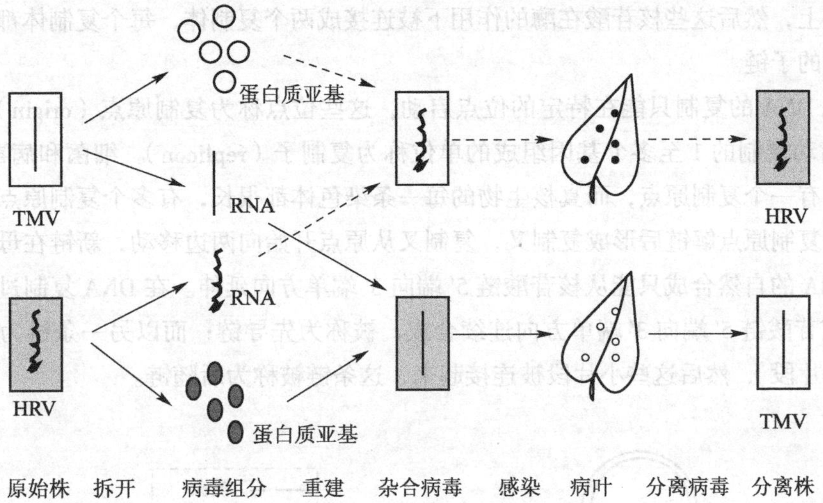

图 7-3　烟草花叶病毒重建试验

二、核酸的特性

核酸是指脱氧核糖核酸 DNA 和核糖核酸 RNA。

（一）核酸的化学组成和结构

核酸的基本单位为核苷酸（包括脱氧核苷酸），核苷酸由一个戊糖分子、一个磷酸和一个含氮碱基通过共价键连接而成；核苷酸之间通过磷酸二酯键将一个戊糖的第五位和相邻戊糖的第三位碳原子连接起来形成多聚体。在 DNA 分子中的戊糖为脱氧核糖，RNA 中为核糖。核酸中的碱基是由嘌呤和嘧啶衍生物构成的含氮的杂环化合物，DNA 中含有腺嘌呤（A）和鸟嘌呤（G）、胞嘧啶（C）和胸腺嘧啶（T）4 种碱基，而 RNA 中含有 A、G、C 和尿嘧啶（U）4 种碱基。

根据 Watson 和 Crick 解析的 DNA 双螺旋结构，DNA 分子是由两条相互平行、方向相反的多核苷酸单链以右手螺旋的方向相互缠绕而形成的双螺旋；脱氧核糖和磷酸构成的主链位于外围，通过氢键相互交联的碱基处于双螺旋的内部。其中，腺嘌呤与胸腺嘧啶配对，鸟嘌呤与胞嘧啶配对；两条单链互补；一条链的碱基序列限定了另一条链的序列。

温度升高导致双链 DNA 解链（变性），当温度缓慢降低时被解链的 DNA 能够渐渐地重新配对（复性），不同来源的 DNA 之间碱基序列互补的区段也能够进行碱基配对，即退火或杂交。DNA 的退火或杂交不仅被广泛应用于 DNA 的扩增、定点诱变、基因优化等过程中，而且在许多微生物的菌种鉴定中已经成为分析同源性的重要手段。

（二）DNA 的复制方式

要将遗传信息准确地传递给了代，遗传物质必须能够进行复制。根据 Watson 和 Crick 提出的“半保留复制”理论，复制时 DNA 双螺旋首先解链相互分离，接着游离的核苷酸通过碱基互补的方式结合到母链上，然后这些核苷酸在酶的作用下被连接成两个复制体，每个复制体都含有一条母链和一条新合成的子链。

研究发现 DNA 的复制只能在特定的位点启动，这些位点称为复制原点（origin）；由一个复制原点及受其启动复制的 1 至多个基因组成的单位称为复制子（replicon）。细菌和病毒的 DNA 相对较小，一般只有一个复制原点，而真核生物的每一条染色体都很长，有多个复制原点。在细胞生物中，双螺旋在复制原点解链后形成复制叉，复制叉从原点开始向两边移动，新链在母链上得到合成（图 7–4）。DNA 的自然合成只能从核苷酸链 5′ 端向 3′ 端单方向延伸。在 DNA 复制过程中，以一条链为模板从核苷酸链 5′ 端向 3′ 端单方向连续合成，被称为先导链；而以另一条链为模板则先合成小片段（冈崎片段），然后这些小片段被连接起来，这条链被称为后随链。

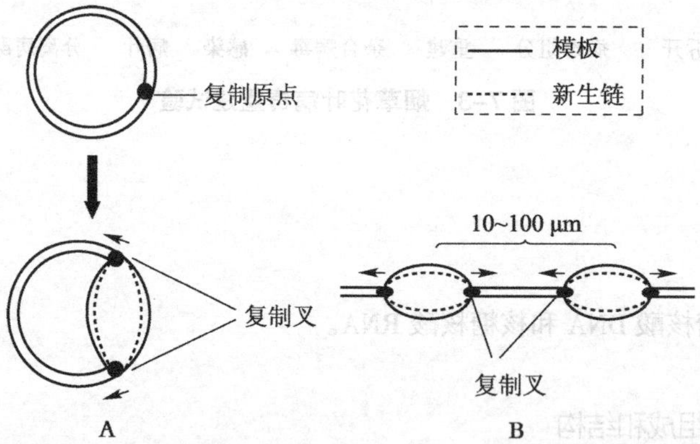

图 7–4　原核生物（A）和真核生物（B）的 DNA 复制方式

有些病毒、噬菌体，以及一些质粒在复制原点切开一条链，再以切口处的 3′- 羟基为起点，以另一条完整的链为模板进行新 DNA 的单向、连续性的合成。随着 3′ 端的伸长，DNA 复制生长点围绕着环状的模板滚动，原链切口处的 5′ 端被剥开成为生长链的尾巴，DNA 的这种复制方式称为滚环复制（图 7–5）。滚环复制所产生的单链可以通过合成与其互补的 DNA 链而转变成双链。

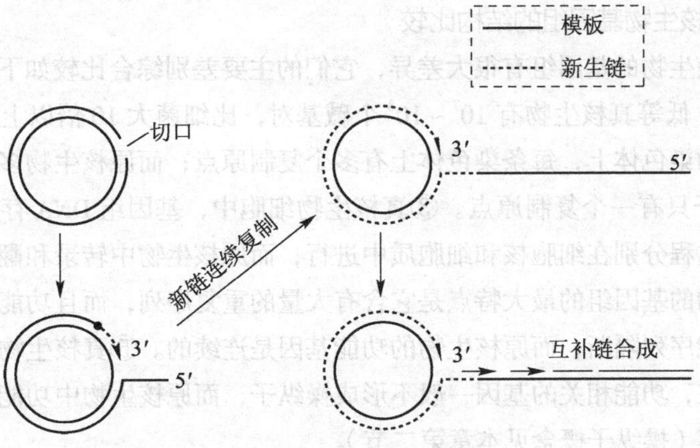

图 7–5　DNA 的滚环复制模式

三、基因组 DNA 和染色体

基因组是指一种生物体内单套遗传物质的全部遗传基因。染色体指携带细胞功能所必备的基因的遗传单元。病毒是非细胞生物，它们的全套遗传基因称为基因组，但不足以形成染色体。

（一）原核生物的染色体

原核生物的细胞不具有双层脂质膜包裹的细胞核，其染色体 DNA 被高度压缩在一个形状不规则的区域，形成拟核。原核生物的染色体中不含组蛋白，但是含有与组蛋白类似的蛋白质；多数原核生物只有一个双链环状 DNA 分子形成的单一染色体，有些细菌具有两条环状染色体，少数还具有线状染色体。如大肠杆菌染色体为一个双链环状 DNA 分子，周长达 1 mm；在染色体的中心有一个由 DNA 结合蛋白和膜组成的骨架，DNA 分子附着在骨架上形成 50 ~ 100 个超螺旋的环，每个环中含碱基对 50 ~ 100 kb（kb 为 1 000 碱基对），这种多层次折叠使 DNA 处于高度压缩状态。

（二）真核生物的染色体

真核生物的细胞有几条至几十条染色体，每条染色体中含有一个线状 DNA 分子，它以左手螺旋方向围着一个个组蛋白八聚体绕圈 1.8 周，形成串珠状的染色质，被串在一起的小颗粒称为核小体，染色质进一步卷曲形成每圈 6 个核小体、直径 30 nm 的染色质丝，它可以折叠成许多超螺旋环附着在一个中央骨架上。组蛋白对 DNA 具有保护作用，并能影响 DNA 上基因的表达。

一个细胞的细胞核中如果只有一套染色体，它被称为单倍体；如果含有两套功能相同的染色体，就被称为双倍体。高等动、植物的体细胞一般都是双倍体，只有繁殖细胞才是单倍体；而自然生活的真核微生物多数是单倍体，几乎所有真菌都能以单倍体或双核状态繁殖，只有在接合子中才出现真正的双倍体。

（三）真核和原核生物基因组的结构比较

真核生物与原核生物的基因组有很大差异，它们的主要差别综合比较如下：①真核生物的基因组相对分子质量大，低等真核生物有 $10^7 \sim 10^8$ 个碱基对，比细菌大 10 倍以上。②真核生物的基因组分布在多条线性的染色体上，每条染色体上有多个复制原点；而原核生物多数只有一条环状染色体，每个染色体分子只有一个复制原点。③真核生物细胞中，基因组 DNA 存在于细胞核内，基因表达时转录和翻译过程分别在细胞核和细胞质中进行；而原核生物中转录和翻译没有空间分隔，是偶联的。④真核生物的基因组的最大特点是它含有大量的重复序列，而且功能基因的序列大多被不编码蛋白质的非功能序列隔断；而原核生物的功能基因是连续的。⑤真核生物的蛋白质编码基因往往以单拷贝形式存在，功能相关的基因一般不形成操纵子，而原核生物中功能相关的基因经常以操纵子形式聚集在一起（操纵子概念见本章第二节）。

四、染色体以外的遗传因子

真核生物除了在细胞核内的染色体所负载的整套遗传基因以外，线粒体和叶绿体中也含有 DNA，它们能够自主复制，亦能编码执行线粒体和叶绿体功能所需的蛋白质，是染色体以外的一些遗传因子。线粒体 DNA 的分子结构与细菌染色体 DNA 相似，由此推论线粒体可能是由共生细菌退化而成的细胞器。

研究得最多的染色体以外的遗传因子是质粒。质粒一般指存在于细菌、真菌等生物的细胞中，独立于染色体以外，能进行自我复制的遗传因子。但是有些质粒既可以整合到染色体上随染色体进行复制，又可以再次游离出来，并且可能连带宿主的一些染色体基因同时脱离染色体，这些质粒又称为附加体。质粒的大小一般为 1 ~ 1 000 kb，常为环状的双链 DNA 分子，也有线状 DNA 或 RNA 质粒；它们携带的基因很少，一般不会超过 30 个，这些遗传信息对宿主的生长不是必不可少的，但是通常具有附加的功能。质粒依靠自己的复制原点进行自主复制和稳定地遗传；一种质粒在一个宿主细胞中的拷贝数比较稳定，一般有多个拷贝，单拷贝的质粒很少。质粒能够通过一定的方式在细胞间进行转移。许多质粒能够通过特定的方式自主地从一个细胞转移到另一个细胞，这些能自主转移的质粒被称为接合质粒；而其他质粒不能自主转移，但是能够在接合、交配、原生质体融合等事件发生时随机转移。

（一）细菌质粒

1. 致育质粒

大肠杆菌的致育质粒，又称接合质粒，或 F 质粒，或 F 因子（fertility factor），是最先被发现的一种质粒，大小约为 100 kb，在细胞中控制性毛的形成。F 质粒可以整合到染色体上，也可以再游离于染色体之外进行自主复制，所以它是一种附加体。大肠杆菌 F 质粒可参与细胞间的遗传物质交换（详见本章第三节）。在志贺菌（*Shigella*）、沙门氏菌（*Salmonella*）、链球菌（*Streptococcus*）和链霉菌（*Streptomycetaceae*）等其他细菌中也发现了与大肠杆菌类似的致育质粒。

2. 抗药性质粒

抗药性质粒，又称 R 质粒，具有一种或多种抗性基因。已经发现 100 多种细菌携带抗药性质粒（R 质粒），这些质粒使宿主微生物对抗生素、化学药物或重金属离子等抗菌剂产生抗性。因为在自然界质粒能够通过多种方式在细胞间转移，所以抗药性能够在群体中甚至群体间传播。抗药性致病菌的产生对疾病防治造成了威胁。如果人们长时间、大范围或大剂量地使用抗菌剂，带有 R 质粒的细胞就获得筛选，R 质粒得到富集和进一步的扩散，容易引起疾病的大流行。抗性基因在基因工程中是一种有效的筛选标记，已经被广泛地应用于人工质粒载体进行基因克隆和过表达。

3. Col 质粒

Col 质粒是大肠杆菌中编码大肠杆菌素的一种质粒。大肠杆菌素是一种细菌素。细菌素（bacteriocin）是细菌产生的特殊的多肽类化合物，它们能抑制或杀死亲缘关系很近的敏感细菌；其作用方式是与敏感细菌细胞壁或细胞膜上的受体蛋白发生特异性结合，使敏感细菌的细胞遭受破坏。大肠杆菌的 Col 质粒有 10 多种。质粒 Col E1 为高拷贝数的质粒，它的复制子在基因重组技术和体外复制研究中得到了广泛的应用。

（二）真菌质粒

（1）酵母 2 μm 质粒

大多数酿酒酵母菌株中携带一种 2 μm 质粒，其拷贝数为 50～100。2 μm 质粒是环状双链 DNA 分子，周长为 2 μm，含有 6 000 个碱基对，编码与复制和重组有关的 4 种蛋白质。这种质粒位于宿主的细胞核内，尚未发现它能赋予细胞任何表型特征，可能是隐蔽质粒。

（2）丝状真菌的线状质粒

丝状真菌细胞中的质粒多数是线状的双链 DNA 分子，也有环状的；通常是不编码任何表型性状的隐蔽质粒；一般位于线粒体中，可能与线粒体代谢或分裂的某些方面，或与细胞的老化有关。已经有线状质粒得到全序列的测定和分析，如脉胞菌的 Kalilo 和 Maranhar 质粒等。

第二节 基因的表达与调控

生物体不仅要能够生长、发育、繁殖，还要能够应对各种环境变化，尽可能在不同环境下生存，因此，细胞必须能够控制遗传基因适时适量地进行表达。基因表达（gene expression）是指基因的遗传信息通过转录（transcription）和翻译（translation）产生具有生物功能的多肽或蛋白质的过程。这个过程遵循生物的中心法则，即：以 DNA 为模板转录产生 RNA，再将 RNA 的信息翻译成蛋白质。细胞生命活动所必需的关键酶通常在任何生长条件下都具有稳定的活性，这些酶被称为组成型酶，编码这些酶的基因不断地得到表达，被称为持家基因；而细胞中更多的是在特定的生长阶段或特定的条件下才需要表达的酶，这些酶的合成或活性通常受到不同程度的调控。这种遗传信息表达的控制可以发生在基因表达的过程中也可以发生在基因表达之后，其主要模式包括转录水平上

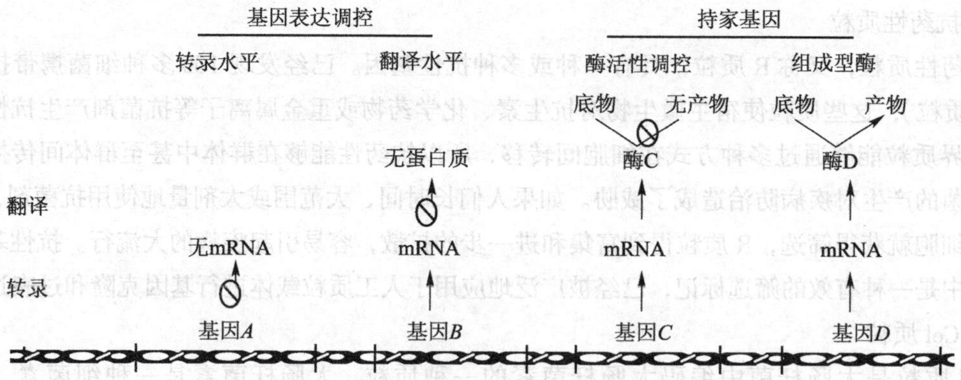

图 7–6 主要调控机制的调控模型

基因*A*：转录水平上的调控 基因*B*：翻译水平上的调控

基因*C*：翻译后酶活性的调控 基因*D*：持家基因产生的组成型酶

的调控、翻译水平上的调控和翻译后的修饰调控（图 7–6）。

一、细菌基因的转录与调控

（一）细菌基因的转录过程

细菌基因转录是在 RNA 聚合酶的催化作用下进行的。大肠杆菌的 RNA 聚合酶是相对分子质量约为 465×10^3 的蛋白质，由 ααββ′ 四条多肽链构成它的核心酶，再加上一个松散结合的 Sigma 因子（σ）构成全酶。细菌细胞合成各种不同的 σ 因子，每一种 σ 因子识别一种特定基因的启动子。细菌通过控制特定 σ 因子的合成，使所需要的特定基因被转录。古菌基因的转录与细菌不同，RNA 聚合酶不使用 σ 因子，与真核微生物相似，使用不同转录因子识别特定基因的启动子。

RNA 的合成是从 5′→3′ 端进行，在 DNA 链上被转录为 RNA 新链的第一个碱基的位点被称为转录起始位点，通常编号为 +1，转录从 +1 开始向下游延伸。在转录起始位点的上游有一段区域能够被特定的 σ 因子所识别，并且在 σ 因子的协助下同 RNA 聚合酶相结合，这个区域称为启动子（promoter）。细菌启动子通常在 +1 上游约 35 个碱基对附近（–35 区域）和 10 个碱基对附近（–10 区域）有特异性的识别或结合序列。RNA 聚合酶结合到启动子上，促使附近的双链解链形成长 10 ~ 20 bp 的转录泡，转录作用在离启动子 3′ 端 6 或 7 个碱基对的转录起始位点开始，产生与 DNA 模板链互补并反向平行的 RNA 分子。在转录产生 9 个核苷酸长度的 RNA 链之前，RNA 聚合酶一直结合在启动子序列上，此后它便沿着模板 DNA 序列向下游移动。在被转录的基因或基因片段上存在一个转录终止信号以便终止 RNA 聚合酶的转录作用。原核生物的终止子（terminator）含有一段能使编码的 RNA 片段的碱基通过氢键相结合形成一种发夹环状或茎 – 环状结构，使 RNA 聚合酶转录作用终止。转录合成的 mRNA 可以含有一个基因或多个基因，前者称单顺反子 mRNA（monocistronic mRNA），后者称多顺反子 mRNA（polycistronic mRNA）。多顺反子中的各个基因通常编码功能相关的基因，便于细胞将这些基因作为一个单元同时表达。

（二）乳糖操纵子基因转录正、负调节作用

在细菌细胞中，几个功能相近或相关的结构基因经常有序地排列在一起，并被转录在同一个mRNA分子上；这种由一个转录控制区和一至多个结构基因组成的一个完整的转录单元称为操纵子（operon）。操纵子和它的调节基因（regulator gene）共同组成细菌的基因调控系统。操纵子包含启动子、转录因子结合位点（transcription factor binding site）、操纵基因（operator）、结构基因以及终止子（图7–7）。启动子是一种依赖于DNA的RNA聚合酶所识别的一段特异的核苷酸序列，它既是RNA聚合酶的结合部位，又是转录的起始位点。操纵子中基因转录的起始除了需要RNA聚合酶σ因子的识别以外，还受转录的正调节和负调节控制。有些基因转录需要一类称做转录因子的激活，转录因子结合到DNA上的转录因子结合位点上就开启基因的转录，这种调控方法叫做转录的正调节。另外有一类称做阻遏蛋白的调控因子（由调节基因编码合成）结合到DNA上的阻遏蛋白结合位点（操纵基因）上，关闭基因的转录；只有当阻遏蛋白离开其结合位点解阻遏时，基因转录才能开启，这种调控方法被称为转录的负调节。转录因子结合位点和操纵基因是分别位于启动子

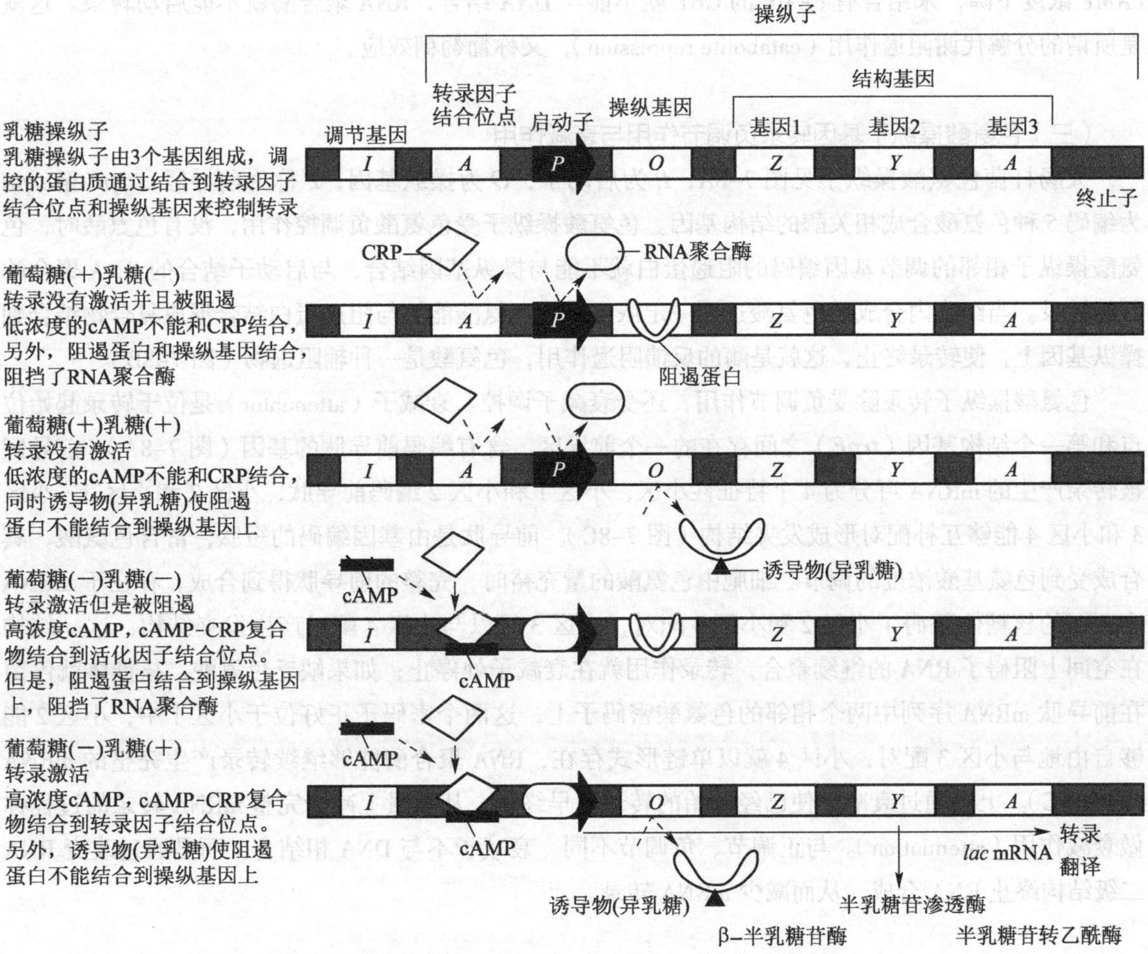

图7–7　乳糖操纵子的结构图及其正调节和负调节控制

上、下游附近的一段特殊的核苷酸序列。

以大肠杆菌的乳糖操纵子（*lac* operon）为例（图 7-7），该操纵子含有 3 个结构基因，即：*lacZ*、*lacY*、*lacA*，分别编码半乳糖苷酶、半乳糖苷渗透酶、半乳糖苷转乙酰酶。这 3 个结构基因由同一个启动子和终止子控制转录；启动子上游存在一个转录因子结合位点（cyclic AMP receptor protein，CRP 结合位点）和下游存在一个阻遏蛋白结合位点（操纵基因）。乳糖操纵子的活性既依赖于 cAMP 也依赖于乳糖的存在，cAMP 主控正调节，乳糖主控负调节。负调节作用过程是：没有乳糖时，乳糖操纵子相邻的调节基因 *lacI* 编码的阻遏蛋白 LacI 与操纵基因结合以阻止 RNA 聚合酶的转录；当培养基中只存在乳糖时，乳糖与 LacI 结合，使 LacI 构象发生改变并从操纵基因上脱落，与启动子结合的 RNA 聚合酶开始转录。这就是酶的诱导作用，半乳糖苷酶的底物乳糖是生理诱导剂，能被识别但不能被分解的半乳糖苷化合物如异丙基硫代半乳糖苷（IPTG）也有很好的诱导效应。乳糖操纵子的正调节过程是：当环境中缺乏葡萄糖时，cAMP 的浓度升高并与 CRP（cyclic AMP receptor protein）形成复合物，cAMP-CRP 复合物能够结合到乳糖操纵子上的结合位点，CRP 与 RNA 聚合酶的相互作用促使转录启动。相反，如果培养基中存在葡萄糖，葡萄糖代谢导致 cAMP 浓度下降，未结合有 cAMP 的 CRP 就不能与 DNA 结合，RNA 聚合酶就不能启动转录。这就是所谓的分解代谢阻遏作用（catabolite repression），又称葡萄糖效应。

（三）色氨酸操纵子基因转录负调节作用与衰减作用

大肠杆菌色氨酸操纵子见图 7-8A，*P* 为启动子，*O* 为操纵基因，*L* 称为前导区，*trpE* 至 *trpA* 为编码 5 种色氨酸合成相关酶的结构基因。色氨酸操纵子受色氨酸负调控作用，没有色氨酸时，色氨酸操纵子相邻的调节基因编码的阻遏蛋白就不能与操纵基因结合，与启动子结合的 RNA 聚合酶开始转录。当细胞内合成的色氨酸达到一定浓度时，色氨酸能够与阻遏蛋白结合形成复合物结合到操纵基因上，使转录终止，这就是酶的反馈阻遏作用，色氨酸是一种辅阻遏物（图 7-8B）。

色氨酸操纵子转录除受负调节作用，还受衰减子调控。衰减子（attenuator）是位于转录起始位点和第一个结构基因（*trpE*）之间存在的一个前导区，含有编码前导肽的基因（图 7-8A）。前导区被转录产生的 mRNA 可分为 4 个特征性小区，小区 1 和小区 2 编码前导肽，小区 2 和小区 3、小区 3 和小区 4 能够互补配对形成发夹结构（图 7-8C）。前导肽是由基因编码的短肽，富含色氨酸，其合成受到色氨基酸浓度的调节。细胞中色氨酸的量充裕时，完整的前导肽得到合成，存在于 mRNA 小区 2 的核糖体阻碍了小区 2 和小区 3 配对，小区 3 得以与小区 4 配对产生发夹结构，这一结构在空间上阻碍了 RNA 的继续聚合，转录作用就在衰减子处停止；如果缺乏色氨酸，核糖体就停留在前导肽 mRNA 序列中两个相邻的色氨酸密码子上，这两个密码子正好位于小区 1 中，小区 2 能够自由地与小区 3 配对，小区 4 就以单链形式存在，RNA 聚合酶能够继续转录产生完整的 mRNA（图 7-8C）。上述通过衰减子使已经开始的转录提早终止，从数量上减少完整 mRNA 转录的过程称做衰减作用（attenuation）。与正调节、负调节不同，衰减子不与 DNA 相结合，而是通过改变 RNA 二级结构终止 RNA 合成，从而减少 mRNA 转录。

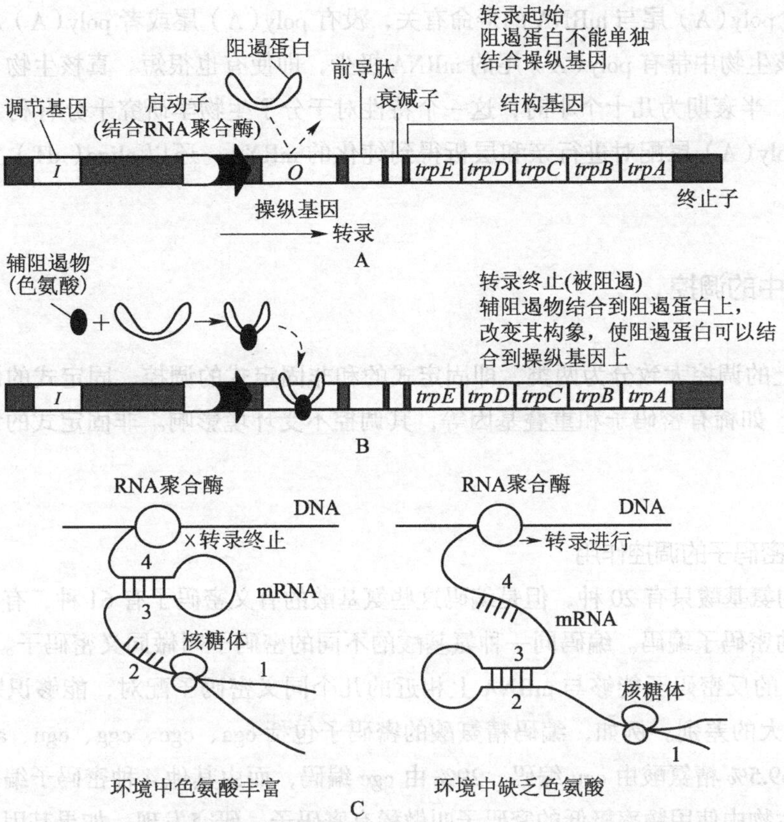

图 7-8　色氨酸操纵子的结构（A）、负调节作用（B）和衰减作用（C）

二、真核微生物基因的转录与调控

一般来说，真核微生物的一个基因转录单元只有一个结构基因，没有发现多顺反子现象。

真核生物基因启动子最常见由 3 个单元组成：位于转录起始位点上游约 30 个碱基对处的“TATA”框、位于上游 75 个碱基对处的“CAAT 框”，以及位于转录起始点上游 90 个碱基对处的“GC 框”。真核生物的细胞核中有 3 种 RNA 聚合酶，RNA 聚合酶Ⅰ和Ⅲ分别催化 rRNA 和 tRNA 的生物合成，RNA 聚合酶Ⅱ催化 mRNA 前体（pre-mRNA）的合成。真核生物的 RNA 聚合酶Ⅱ不能像原核生物 RNA 聚合酶那样直接结合到启动子区域，其结合依赖于转录因子（transcription factor）蛋白质的作用。

真核细胞的编码蛋白质的基因中常常含有不编码蛋白质的插入片段，以此为模板转录产生的 pre-mRNA 中有编码和不编码蛋白质的序列相间排列，不编码蛋白质的序列被称为插入子或称内含子（intron）；编码蛋白质的序列被称为表达子或外显子（exon）。pre-mRNA 必须经过 5′ 端加帽、3′ 端加尾、剪接内含子等加工才形成带有一个帽结构和一个多聚腺嘌呤尾［poly(A)］的成熟 mRNA。这些加工是在细胞核中进行的。5′ 帽结构的主要功能是与核糖体识别和结合并使翻译起始；它在保护 mRNA 不被核苷酸酶迅速降解、帮助 pre-mRNA 的正确剪接，以及 mRNA 向细胞质转运中也具有一定的功能。poly(A)尾与mRNA的寿命有关，没有poly(A)尾或者poly(A)尾短的mRNA容易被降解。原核生物中带有poly(A)尾的mRNA极少，即使有也很短。真核生物mRNA大多数具有poly(A)尾，半衰期为几十个小时，这一个特性对于分子生物学研究十分有利，人们用寡聚dT或dU片段与poly(A)尾配对进行亲和层析得到纯化的mRNA；还以oligo(dT)为引物通过逆转录酶获得cDNA。

三、翻译过程中的调控

翻译水平上的调控大致分为两类，即固定式的和非固定式的调控。固定式的调控机制包含在DNA序列之内，如稀有密码子和重叠基因等，其调控不受环境影响。非固定式的调控作用受环境因素的影响。

（一）稀有密码子的调控作用

蛋白质中的氨基酸只有20种，但是编码这些氨基酸的有义密码子有61种，有些氨基酸可以由多达6种不同的密码子编码。编码同一种氨基酸的不同的密码子叫做同义密码子。在一个细胞中，虽然有些tRNA的反密码子能够与mRNA上相近的几个同义密码子配对，能够识别各个密码子的tRNA的量有很大的差别。例如，编码精氨酸的密码子包括cga、cgc、cgg、cgu、aga和agg，但是在大肠杆菌中69.5%精氨酸由cgu编码、29%由cgc编码，而由其他4种密码子编码的精氨酸仅占2.8%。在一种生物中使用频率极低的密码子叫做稀有密码子。研究发现，如果基因中多次使用稀有密码子，其翻译过程受到较大的阻碍，蛋白质合成的总量就低于其他蛋白质。

（二）重叠基因的调控作用

重叠基因指一个基因中包含另一个基因，这种现象发生在噬菌体、线粒体DNA和细菌的基因组中。重叠基因的生物学意义之一是它可以包含更多的生物学信息。例如，色氨酸操纵子中的*trpE*基因和*trpD*基因之间的翻译偶联现象说明基因的重叠也参与了对基因表达的调控。研究发现*trpE*基因的终止密码子和*trpD*基因的起始密码子共用一个核苷酸。因此当*trpE*翻译终止时核糖体立即处于起始环境中，这种重叠的密码子保证同一核糖体对两个连续基因进行翻译的机制。偶联翻译可能是保证两个基因产物在数量上相等的策略。

（三）SD序列的调控作用

转录产生的mRNA要与核糖体结合以后才能翻译产生蛋白质。在细菌基因的起始密码子上游4~7个碱基之前有一段富含嘌呤的序列AGGAGG，它与16S rRNA末端的序列UCCUCC等互补，这段序列是核糖体结合位点，简称SD序列（shine-dalgarno sequence）。

SD序列与16S rRNA末端的序列的互补程度，以及从起始密码子AUG到SD序列的距离都强烈地影响翻译起始效率。不同基因的mRNA有不同的SD序列，它们与16S rRNA的结合能力也不同，从而控制着单位时间内翻译起始复合物的形成数目，最终控制了翻译速度。

（四）mRNA 二级结构的调控作用

如果 mRNA 编码区的 5′ 端产生二级结构，翻译会受到不同程度的限制。这些结构可能通过掩盖 SD 序列和翻译起始密码子起作用，也可能通过阻碍核糖体的移动而降低蛋白质的合成。

（五）反义 RNA 的调控作用

反义 RNA（antisense RNA）是指与 mRNA 互补的 RNA 分子，也包括与其他 RNA 互补的 RNA 分子。其来源包括特定靶基因的互补链逆转录产物，或者特定基因的反义基因的转录产物。由于核糖体不能翻译双链 RNA，因而反义 RNA 与 mRNA 特异性的互补结合，就抑制了该 mRNA 的翻译。反义 RNA 与 mRNA 结合还可阻挡 mRNA 向细胞质运输，促使 mRNA 更易被核酸酶识别而降解。通过反义 RNA 控制 mRNA 的翻译是原核生物基因表达调控的一种方式。

四、全局性调控

上面介绍的仅仅是基因表达调控过程中的分子机理，而所有调控作用的发生都是细胞对某种信号的应答。微生物必须能够对广泛变化的环境条件如营养丧失、温度波动等情况作出迅速的反应；同时，它们还要能够与其他个体或群体进行竞争，以获取并有效地利用有限的营养物质。这就要求它们能够产生、感应并传递信号，以至同时对细胞内多个相关的操纵子进行系统性的调控，亦即所谓的全局性调控（global regulation）。

（一）葡萄糖效应

葡萄糖效应（glucose effect）是指当培养基中同时有葡萄糖和乳糖存在时，大肠杆菌首先利用葡萄糖生长，直到葡萄糖快要消耗完毕，乳糖的代谢才能开始的现象，又称分解代谢阻遏作用（catabolite repression）（图 7-9）。产生这种效应的原因是细胞内 cAMP 的含量随着葡萄糖的大量摄入或代谢而降低，从而使受 cAMP 正调控的乳糖操纵子不能被激活，乳糖代谢相关的酶就不能正常表达；与之相反，培养基中缺乏葡萄糖使细胞中 cAMP 的浓度升高，或者人为地向培养基中加入 cAMP，乳糖操纵子就能被激活，即 cAMP-CRP 复合物与 DNA 结合促进 RNA 聚合酶与启动子结合（参见乳糖操纵子的正调节，图 7-7）。葡萄糖效应在阿拉伯糖操纵子和麦芽糖操纵子中也存在。

细胞中 cAMP 的水平起到了调控信号的作用，而 cAMP 的产生是怎样与葡萄糖代谢相偶联的呢？cAMP 是由腺苷酸环化酶催化合成的，腺苷酸环化酶位于细胞膜上，该酶的活性与负责葡萄糖运输的磷酸烯醇式丙酮酸（PEP）磷酸转移酶系统（PTS）的酶Ⅱ有关：磷酸化的酶Ⅱ能够激活腺苷酸环化酶；但是在葡萄糖转运过程中，磷酸化的酶Ⅱ被消耗于葡萄糖的磷酸化（产生葡萄糖 -6-磷酸），所以腺苷环化酶活性降低，cAMP 含量下降（图 7-10）。这样的调控对细菌是相当有利的，细菌将首先利用最易分解代谢的糖（葡萄糖）而不去合成为其他碳源的利用所必需的酶。

（二）严紧反应

严紧反应（stringent response）是指当细菌在饥饿条件下缺乏维持蛋白质合成的氨基酸时，主动

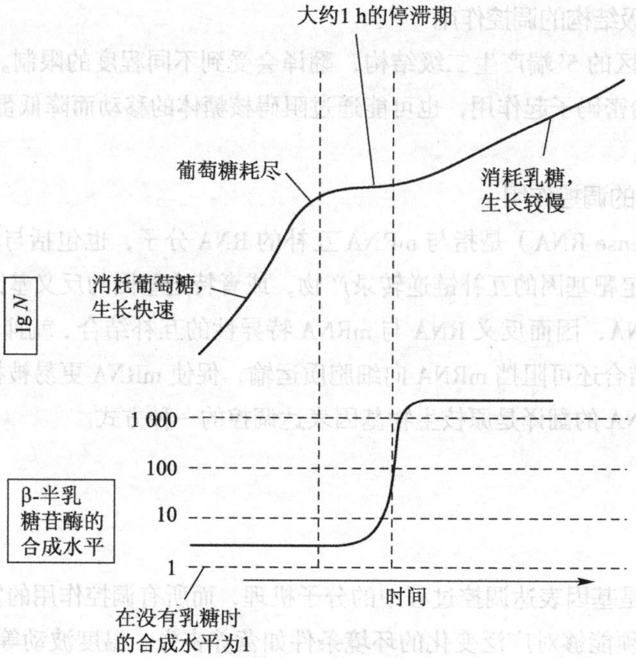

图 7–9 葡萄糖效应

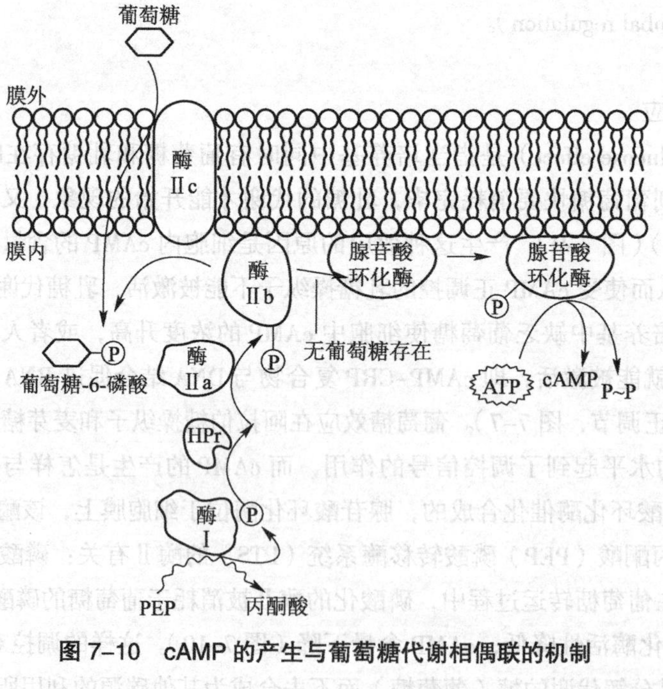

图 7–10 cAMP 的产生与葡萄糖代谢相偶联的机制

关闭很多代谢机器，导致细胞 RNA 和蛋白质合成减少的现象。这是细菌抵御不良环境，保存自己的一种机制。细菌通过维持最低量的代谢活性节约其资源，直到条件改善时再恢复活力，将所有代谢活性机器打开。

研究发现严紧反应与细菌在不良条件下生长的细胞内鸟苷四磷酸（ppGpp）和鸟苷五磷酸（pppGpp）的含量迅速上升有关。当环境中出现足够的氨基酸时，pppGpp和ppGpp被迅速降解，RNA和蛋白质的合成很快恢复。pppGpp和ppGpp是怎么产生的呢？在正常生长的细胞中有65%～90% tRNA负载有氨基酸，氨基酰tRNA和核糖体结合以后需要消耗GTP将氨基酸转接到正在延伸的多肽上；当氨基酸缺乏时，不负载氨基酸的tRNA增多，这些不负载氨基酸的tRNA仍能和核糖体结合，但是氨基酸转接到多肽链上的反应不能发生，大量积累的GTP被用于pppGpp和ppGpp的合成。ppGpp可能通过多种方式对RNA合成进行调控，已经证明它能与RNA聚合酶结合并改变其构型，从而改变基因转录效率，关闭、减弱或增加不同基因的转录。也有报道说ppGpp能抑制rRNA操纵子的启动子起始转录，从而抑制rRNA和tRNA的合成。当条件恢复到正常时，细胞会产生一种酶将pppGpp和ppGpp降解，其半衰期仅20 s左右，严紧反应很快会消除。

（三）密度感应系统

密度感应系统（quorum sensing）是指某些细菌具有的一种能够感应自身细胞群体密度并对其作出相应应答反应的调控系统。这些细菌在生长过程中释放某种信号分子，当细胞群体密度达到了一个临界水平时，信号分子就积累达到了起诱导作用的浓度，从而激活目标操纵子，这种调控称做密度感应作用。

具有这种调控系统的革兰氏阴性细菌能产生一种酶进行乙酰高丝氨酸内酯（*N*-acyl homoserine lactone，AHL）合成；每个细胞合成的AHL都能扩散到细胞外，AHL的浓度随着细胞密度升高而积累，达到一定浓度阈值后，就能扩散进入到细胞内成为诱导物与一种受体蛋白（R）形成复合物，结合到特异的DNA结合位点上，激活一系列密度感应依赖性基因的转录（图7-11）。密度感应系统在许多细菌中进行全局性调控，导致大量不同的基因得到表达，如病原菌铜绿假单胞菌

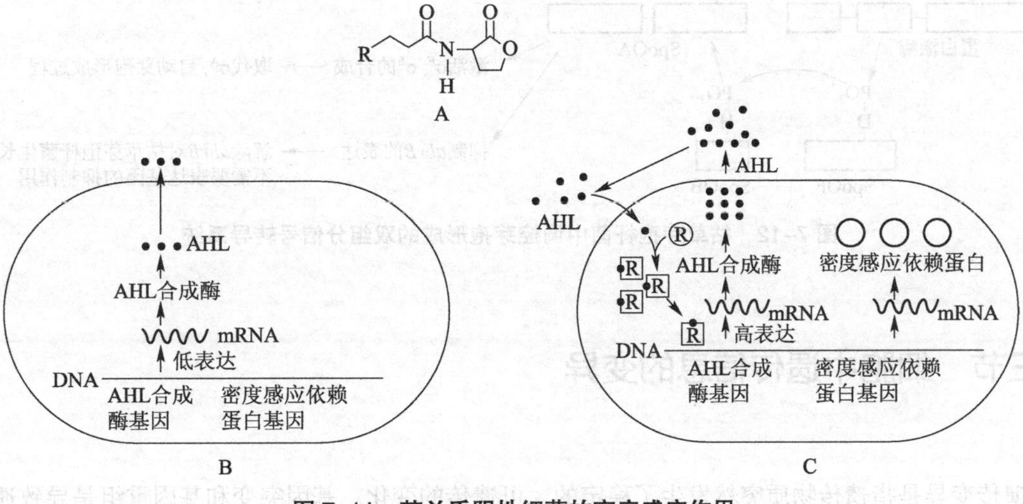

图7-11 革兰氏阴性细菌的密度感应作用

A. AHL化学结构 B. 细菌密度低，介质中AHL低于阈值

C. 细菌密度达到一定程度，介质中AHL积累达到阈值，扩散进入细胞中

（*Pseudomonas aeruginosa*）的细胞达到一定的密度时就形成生物被膜，生物被膜的形成是重要的致病因素之一。

（四）双组分信号转导系统

双组分信号转导系统（two-component signal transduction system）是一种通过磷酰基团的转移来转导信号，并控制基因转录的调节系统，由传感蛋白激酶和应答调节蛋白两个组分所组成。双组分系统广泛存在于细菌中，也存在于真核微生物如酿酒酵母中。

枯草芽孢杆菌中控制芽孢形成的系统是很好的例子。在营养丰富和适于生长的环境条件下枯草芽孢杆菌快速进行营养生长和细胞增殖；当营养耗竭或温度、pH 等环境条件不适于生长时，它将通过一个长达 8 h 的复杂发育过程产生芽孢进入休眠。在营养生长阶段，枯草芽孢杆菌 RNA 聚合酶利用 σ^A 因子对与其营养生长有关的基因进行转录；同时，一些对环境信号进行传感反应的蛋白激酶（kinase）Kin A、B、C 和 D 等，在营养细胞中以非磷酸化的形式存在。如图 7-12 所示，当这些激酶感应到不适于生长的信号时，它们便与 ATP 发生反应，在其活性中心的组氨酸残基上发生磷酸化；磷酸化的 KinA 等蛋白激酶将磷酸基团转移到应答调节蛋白 SpoOF 的天冬氨酸残基上；SpoOF 将磷酸基团传递给 SpoOB；SpoOB 再将磷酸基团传递给 SpoOA。SpoOA 是应答调节蛋白，磷酸化使它成为被激活的转录调节蛋白，发挥以下功能：①与 *abrB* 基因的启动子结合并阻遏 *abrB* 基因的表达，在营养丰富的条件下，*abrB* 基因编码的蛋白质能抑制许多枯草芽孢杆菌生长过程中不需要表达的基因；②激活 σ^F 和 σ^E 等 σ 因子的合成。当细胞内的部分 σ^A 被 σ^F 和 σ^E 取代时，就启动芽孢形成过程，此时 RNA 聚合酶既转录营养生长相关基因也转录芽孢形成有关的基因，负责芽孢形成后期基因转录的 σ^G 和 σ^K 等也在此时得到表达。

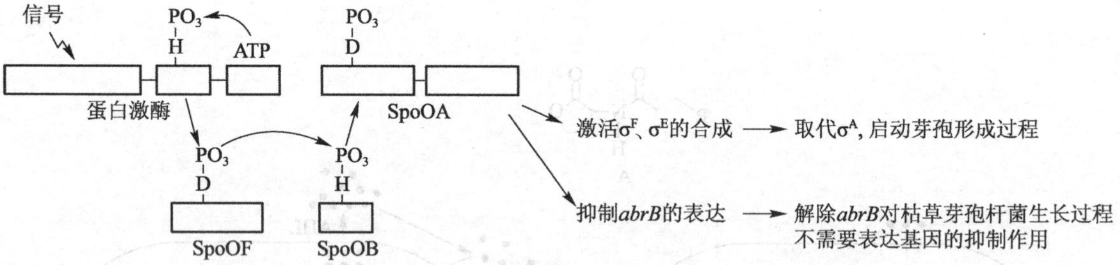

图 7-12 枯草芽孢杆菌中调控芽孢形成的双组分信号转导系统

第三节 细胞中遗传信息的变异

遗传变异是指遗传物质突然发生了稳定的、可遗传的变化。基因突变和基因重组是导致遗传变异的两个主要过程。

一、基因突变

基因突变（mutation）是指染色体上某个基因或调控元件的少数碱基的序列发生了变化。

（一）自发突变

自发突变（spontaneous mutation）是指在自然条件下产生的基因突变。

1. 基因突变的自发性和不对应性的实验证明

由于微生物学研究中常常遇到各种抗性突变，而观察抗性突变往往又要使用与之相对应的环境条件，如温度、化学药物、抗生素、噬菌体等。这样围绕抗性产生的原因就产生了对立的两种观点，一种认为突变是微生物为了对环境的适应而产生突变，环境条件是突变的诱因；另一种观点认为抗性突变是自发产生的，即使化学药物可以诱发突变产生，其产生的性状与诱变因素也是不对应的，化学药物或其他环境因素只是起到了一种筛选作用。以下几个设计巧妙的实验解决了这场争论，证明了突变的自发性。

（1）变量试验

变量试验（fluctuation test）是 1943 年由 Luria 和 Delbruck 根据统计学原理设计的一个实验。实验步骤如下：①将对烈性噬菌体 T1 敏感的大肠杆菌培养过夜后，稀释到 10^3 个细胞 /mL；取 10 mL 装入 1 支大试管，其余分装于 20 支小试管，每份 0.5 mL，分装后继续培养 24 ~ 36 h；②分别取样、加入等量的噬菌体，并将各样品与软琼脂混合后倒入一系列的培养皿，以测定其中的抗噬菌体菌落数。实验结果记录于表 7–1。

表 7–1　抗 T1 噬菌体的大肠杆菌突变型的波动实验结果

培养皿编号	抗 T1 噬菌体菌落个数		培养皿编号	抗 T1 噬菌体菌落个数	
	不同小试管	大试管重复		不同小试管	大试管重复
1	1	14	12	0	15
2	0	15	13	0	13
3	3	13	14	0	21
4	0	21	15	1	15
5	0	15	16	0	14
6	5	14	17	0	26
7	0	26	18	64	16
8	5	16	19	0	20
9	0	20	20	35	13
10	6	13	平均数	11.4	16.7
11	107	14	方差	694	15

从表 7-1 中可以看出，来自大管的各培养皿中，抗性菌落数基本相同，而来自小管培养皿的样品，虽然其小管平均数为 11.4 个抗性菌落 / 培养皿，与大管的 16.7 个抗性菌落 / 培养皿相近，但各皿间抗性菌落数相差极大。这就说明大肠杆菌抗噬菌体的突变，不是由环境因素——噬菌体诱导出来的，而是在它们接触到噬菌体前，在某一次细胞分裂过程中随机地自发产生的。噬菌体在这里仅起着筛选抗噬菌体突变型的作用。

后来，Newcombe 1949 年采用固体平板涂布试验，先将涂布相同数目大肠杆菌的 12 块平板培养 5 h，长出微菌落，然后向其中 6 块平板上的微菌落培养物直接喷施 T1 噬菌体，而将另 6 块平板上长的微菌落用灭菌涂棒分别重新均匀涂布一遍后再同样喷施 T1 噬菌体，经培养过夜后，发现未经涂布的 6 块平板总计长出 28 个抗 T1 噬菌体菌落，而经重新涂布的 6 块平板共计长出 353 个抗 T1 噬菌体菌落。这进一步支持大肠杆菌抗 T1 噬菌体的突变，确实是在它们接触到 T1 噬菌体之前就发生，重新涂布只不过是将事先培养 5 h 细胞中随机地自发产生的抗性突变细胞长成的微菌落分散开来。

（2）影印试验

1952 年 Lederberg 夫妇报告，采用平板影印（replica plating）试验，通过使细菌不接触药物培养而直接证明微生物的抗药物突变是在接触药物前自发产生的，且与药物的存在没有相关性。主要实验步骤为：先将对链霉素敏感的大肠杆菌 K12 菌株细胞液体涂布在不含链霉素的平板①上，培养至长满菌落；用影印接种法将平板①上的菌落接种到不含链霉素的平板②和含链霉素的平板③上，经培养后，在平板③上出现了若干抗链霉素菌落。对照平板③上的抗性菌落位置，将平板②上相应位置处的菌落接种到不含链霉素培养液④中，经培养后，再涂布在不含链霉素的平板⑤上，然后重复以上的影印接种、挑取未接触链霉素的抗性菌落、接种培养、重新涂布等一系列过程，就可发现含链霉素的平板上抗性菌落越来越多，最终甚至可以得到纯的抗药性菌株。说明药物在这里仅仅起到了一个筛选、甄别的作用（图 7-13）。

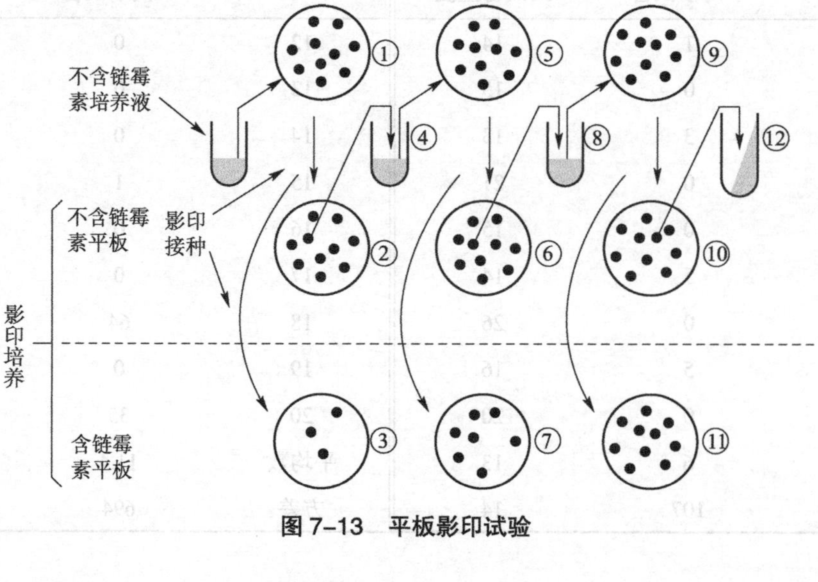

图 7-13 平板影印试验

2. 自发突变的特点

（1）自发突变的不对应性

各种性状的突变都可以在没有任何人为诱变因素的作用下自发产生，自发突变的性状与环境因素之间并无直接的对应关系。

（2）自发突变的稀有性

自发突变发生的频率很低。人们把每个细胞在每一世代中发生某一性状突变的概率称为突变率（mutation ratio）。自发突变率为 $10^{-10}\sim10^{-5}$。突变率为 10^{-8} 表示 1 个细胞繁殖成 1×10^{8} 个细胞时，平均产生一个突变体。

（3）基因突变的独立性

每个基因的突变是独立的，既不受其他基因突变的影响，也不会影响其他基因的突变。例如巨大芽孢杆菌（*B. megaterium*）抗异烟肼的突变率是 5×10^{-5}，而抗氨基柳酸的突变率是 1×10^{-6}，对两者双重抗性突变率是 8×10^{-10}，与两者的乘积相近。

（4）自发突变的随机性

自发突变的时间、个体、位点和所产生的表型变化等方面都带有明显的随机性。

（5）自发突变的遗传性

因为基因突变的原因是遗传物质的结构发生了变化，所以自发突变产生新的变异性状是稳定的，也是可遗传的。

（6）自发突变的可逆性

自发突变产生的突变体也有可能发生再次突变使变异的性状回复到野生型的表型，即所谓的回复突变（back mutation，reverse mutation）。

3. 自发突变的机制

自发突变产生的主要原因有 3 种：①胞嘧啶脱氨产生尿嘧啶，或胞嘧啶被甲基化以后脱氨产生胸腺嘧啶。②碱基异构体的互变效应，即：T 和 G 一般以酮式存在，烯醇式是稀有的异构体；而 C 和 A 以氨基式存在，亚氨基式是稀有的异构体。如果这些碱基以稀有的异构式出现，碱基就会发生错配。③发生基因重组时形成异源 DNA 双链。

（二）诱导突变

诱导突变简称诱变（induced mutation），就是人们采用物理或化学方法（又称物理或化学诱变剂）大幅提高基因突变频率，再经过有效的定向筛选，从而快速获得所需要的突变菌株。诱变所产生的突变频率和变异幅度都显著高于自发突变，一般可以将突变率提高 $10\sim10^{5}$ 倍。因为诱变剂仅仅是提高突变率，所以诱发突变与自发突变所获得的突变株并没有本质区别。

已知的化学诱变剂包括脱氨剂、烷化剂、碱基类似物、大型加合物供体、插入剂和交联剂等等；物理诱变剂包括电离辐射和紫外辐射等。以下简要介绍它们的作用机理。

脱氨剂：指诱导碱基脱氨的因子，例如亚硝酸（非专一性）、亚硫酸氢钠（嘧啶）（图 7-14A）。

烷化剂：一类与核酸的亲核中心反应的强诱变剂分子，以烷基及其衍生物来取代亲核中心。例如甲基磺酸甲酯、乙基亚硝基脲的致变作用（图 7-14B）。

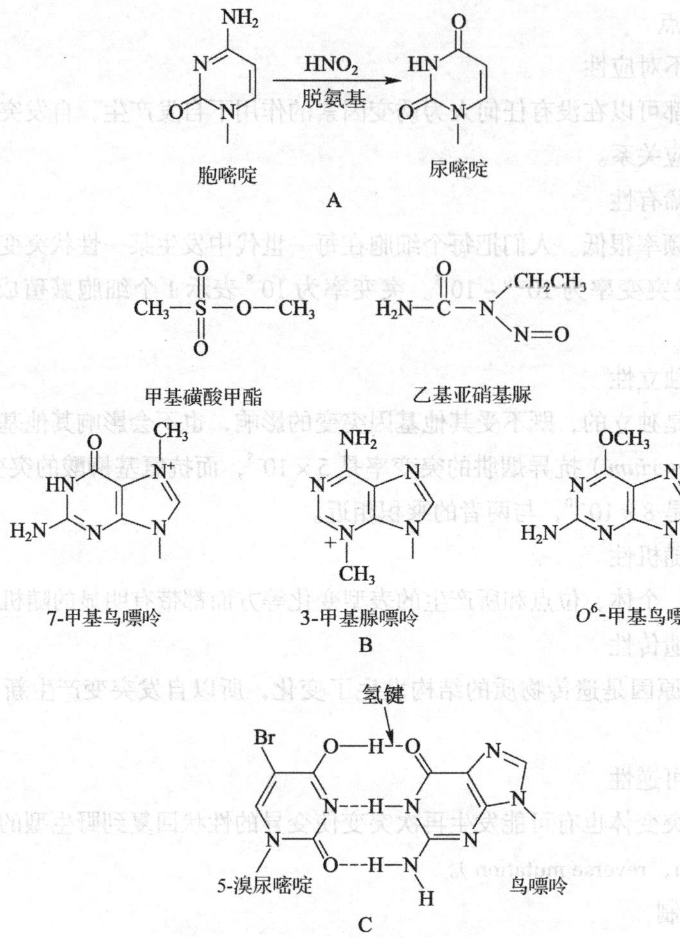

图 7–14 常见的诱变剂及其致突变作用

A. 亚硝基的脱氨作用 B. 烷化剂和被甲基化的碱基 C. 5–溴尿嘧啶与鸟嘌呤配对

碱基类似物：这是一类结构上类似碱基的分子，能掺入正在生成的核苷酸链。例如 5– 溴尿嘧啶进入 DNA 链引起异常的碱基配对（图 7–14C）。

大型加合物供体：是代谢产生的、具有能将大型化学基团加到碱基上的活性的分子。例如，黄曲霉素 B、苯并芘等导致 DNA 形成膨胀、扭曲的双螺旋，这种结构可阻断 DNA 的复制。

插入剂：具有平面结构的分子，如溴化乙啶、吖啶橙能嵌入 DNA 的碱基之间导致 DNA 解链，从而诱导移码，阻断复制，并能通过使酶束缚在无活性复合物状态抑制核苷酸的切除修复。

交联剂：使 DNA 链形成共价连接的分子，例如双功能性的烷化剂、氮芥和硫芥、铂的衍生物等。

电离辐射：X 射线、γ 射线电离辐射能直接导致 DNA 分子失去电子，或产生活性分子，主要是活性氧组分。电离辐射导致各种 DNA 损伤，包括碱基损伤、糖环的损伤、裂口和断裂。

紫外辐射：主要效应是产生相邻碱基连接的光合二聚体，也对单一碱基产生损伤使其发生水合或加氢（图 7–15）。

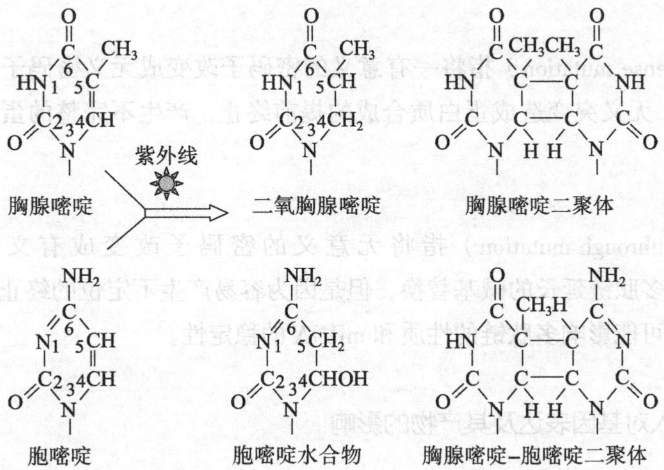

图 7–15　受紫外线照射后，胸腺嘧啶和胞嘧啶产生的衍生物

二、基因突变的影响

基因突变有不同类型：由单个碱基的错误掺入或损伤引起的基因突变称为点突变（point mutation）；涉及 DNA 丢失的突变称为缺失（deletion）；涉及 DNA 增多的突变称为插入（insertion）。点突变也叫碱基置换，包括转换（transition）和颠换（transversion）两类，转换是一种嘌呤被另一种嘌呤替换，或一种嘧啶被另一种嘧啶所替换；颠换是嘌呤和嘧啶间的替换。

（一）点突变对基因表达及其产物的影响

1. 沉默突变

沉默突变（silent mutation）指那些碱基替换发生在非编码区，也不在调控元件上；或者虽发生在编码区但是不影响密码子含义的突变（图 7–16A）。这种突变可能不产生任何表型，是不可察觉的（如果不考虑核酸序列的变化）。

2. 错义突变

错义突变（missense mutation）指改变密码子含义的碱基替换，导致编码的多肽链中一个氨基酸残基被另一种氨基酸所取代的突变（图 7–16B）。如果新的氨基酸具有与原来的氨基酸同样的化学性质，这个错义突变是保守的；如果原来的氨基酸被具有不同化学性质的氨基酸所取代，错义突变是非保守的。一个错义突变对细胞的影响取决于它的保守性，还取决于被替换的残基在多肽中的重要程度。

TGT → TGC	TGT → TGG	TGT → TGA	TGA → GGA
Cys → Cys	Cys → Trp	Cys → Stop	Stop → Gly
A	B	C	D

图 7–16　基因点突变

A. 沉默突变　B. 错义突变　C. 无义突变　D. 通读突变

3. 无义突变

无义突变（nonsense mutation）指将一有意义的密码子改变成无义密码子（终止密码子）的碱基替换（图 7-16C）。无义突变造成蛋白质合成的提前终止，产生不完整的蛋白质，严重的会引起多肽链功能的丧失。

4. 通读突变

通读突变（readthrough mutation）指将无意义的密码子改变成有义密码子，造成通读（图 7-16D）。这是使多肽链延长的碱基替换，但是因为容易产生不定位的终止密码子，多肽链不会延长太多。通读突变可能影响多肽链的性质和 mRNA 的稳定性。

（二）缺失或插入对基因表达及其产物的影响

1. 移码突变

移码突变（frameshift mutation）指较短的 $3n \pm 1$ 个核苷酸的插入与缺失，使阅读框发生变化，突变远端产生不同的多肽链序列。与无义突变相似，移码突变的影响取决于它的位置。5′ 突变的后果比 3′ 突变更严重。大部分开放阅读框有读框外的终止密码子，所以移码突变往往造成蛋白质合成的提前终止，产生不完整的多肽链。

2. 非移码缺失 / 插入

非移码缺失 / 插入（non-frameshift insertion or deletion）指基因中有较短的 $3n$ 个核苷酸的插入与缺失。这类突变不破坏阅读框，往往是可以容许的。但关键残基的缺失或被隔开可能会使基因产物丧失功能。

三、DNA 损伤的修复

因为 DNA 损伤能改变核苷酸序列，这些改变可能是致命的，所以微生物必须能够对 DNA 损伤进行修复。细胞修复 DNA 损伤有以下多种机制。

1. 光复活（photoactivation repair）

DNA 光解酶（photolyase）在可见光下将某些类型的嘧啶二聚体切开。例如，*E. coli* 中由 *phr* 基因编码的 DNA 光解酶能够结合到具有嘧啶二聚体的 DNA 上，在 300 ~ 500 nm 的可见光下将二聚体转化为嘧啶单体。在许多原核生物和低等真核生物中都有类似的光解酶。

2. 切除修复（excision repair）

大多数生物，如大肠杆菌、微球菌、酵母菌以及许多哺乳动物都有执行切除修复的 Uvr 系统，这类修复系统的特异性不强，因此能修复多种损伤，如 UV 损害、DNA 链的交联、双螺旋中的扭曲损伤等。在这过程中，多功能的酶复合体能识别并除去 DNA 上涉及多碱基的损伤或大型加合物，一般产生 12 ~ 30 个核苷酸长的单链缺口，再由聚合酶和连接酶完成修复作用。

3. 错配修复

错配修复（mismatch repair）是切除修复中的一种，它所切除的是双链 DNA 中未受损伤的但是发生了错配的碱基，所以也叫复制后修复。在错配修复过程中，错配纠正酶检测新复制 DNA 上的错误配对，并且移去错配碱基附近的一段新合成的DNA，然后通过DNA聚合酶填补被切除的核苷酸，所形成的缺刻由连接酶缝合。

4. 重组修复

重组修复（recombination repair）是使损伤的DNA部分不能被复制的一种修复（图7–17）。含有嘧啶二聚体或其他结构损伤的DNA仍可进行复制，但复制过程中，结构正确的单链被复制成完整的双链，有损伤的单链产生的子代DNA链在损伤的对应部位留下缺口。一种参与重组修复的RecA蛋白结合在有缺口的单链DNA上，并与完整双链的同源区配对形成三链区，来自完整双链的一段模板DNA与有缺口的单链发生重组，随后DNA聚合酶和连接酶以正确链为模板进行填补修复。

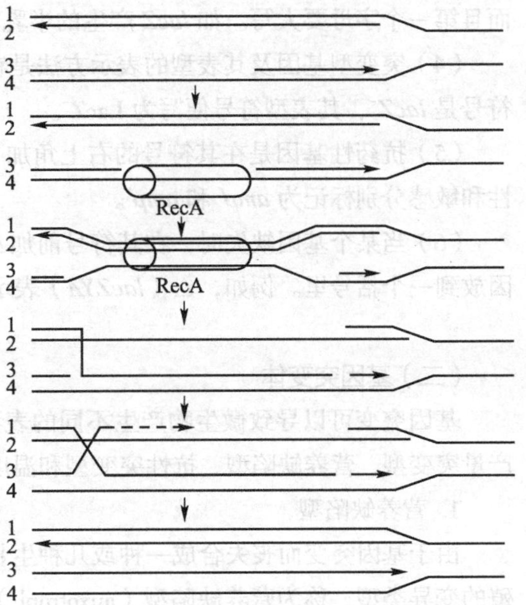

图7–17　DNA损伤的重组修复模型

5. SOS修复

SOS修复（SOS repair）是在DNA分子受到较大范围的重大损伤时诱导产生的一种修复作用，它允许新生的DNA链越过胸腺嘧啶二聚体而延伸，但保真度极大降低。这是一种允许产生突变的过程，有时尽管能合成一条与亲本等长的DNA链，但是常常是没有功能的。借用国际通用的紧急呼救信号“SOS”（save our soul）来命名，表明它是细胞处于危急状态时的修复方式。

四、基因突变体及其筛选

遗传信息发生了变异的细胞或者个体叫做突变体（mutant），微生物学上又称突变株。大肠杆菌等原核生物和单倍体的真核微生物的遗传物质改变可以立即在表型上表现出来。但是对于双倍体的真核生物而言，一条染色体上的基因突变可能被另一条染色体上的等位基因的功能所互补或者被修复。

（一）基因符号和突变基因的标记

最初的基因符号是以与其相关的某种性状的英文名称的第一个大写字母来表示的，现在采用以下规则统一命名。

（1）每个基因用斜体小写的3个字母表示，这3个字母取自表示该基因特性的一个或一组英文单词的前3个字母。如与乳糖代谢有关的基因符号为*lac*。

（2）与同一个特性相关的不同基因，在3个字母后用不同的大写斜体英文字母表示。如乳糖操纵子中的抑制子基因为*lacI*、半乳糖苷酶基因为*lacZ*。

（3）基因表达所产生的蛋白质用与相应的基因符号相同的字母表示，但是所有字母都是正体，而且第一个字母要大写。如 *lacZ* 产生的半乳糖苷酶的符号为 LacZ。

（4）突变型基因及其表型的表示方法是在其符号的右上角加"–"。例如乳糖发酵缺陷型的基因符号是 $lacZ^-$，其表型符号便写为 $LacZ^-$。

（5）抗药性基因是在其符号的右上角加"r"表示抗性，加"s"表示敏感。例如氨苄青霉素抗性和敏感分别标记为 amp^r 和 amp^s。

（6）当某个基因缺失时，在其符号前加△，如果缺失的片段包括 2 个或更多的基因，将这些基因放到一个括号里。例如，△（*lacZYA*）表示 *lacZ*、*lacY*、*lacA* 全部缺失。

（二）基因突变体

基因突变可以导致微生物产生不同的表型，例如条件致死突变型、形态突变型、抗原突变型、产量突变型、营养缺陷型、抗性突变型和温度敏感型等突变体。

1. 营养缺陷型

由于基因突变而丧失合成一种或几种生长因子的能力，因而无法在基本培养基上正常生长和繁殖的变异类型，称为营养缺陷型（auxotroph），遗传型用［A^-］表示。相应地，从自然界分离获得，未经人为营养缺陷型突变前的原始菌株，被称作野生型（wild-type strain），遗传型用［A^+］表示；而从营养缺陷型突变株经突变（又称回复突变）或重组后产生的菌株，其营养要求在表型上与野生型相同，称作原养型（prototroph），遗传型用［A^+］表示。

2. 抗性突变型

由于基因突变而使原始菌株产生了对某种生物因子（如噬菌体）、化学因子（如抗生素）或致死物理因子（如紫外线）具有抵抗能力的变异类型。

3. 温度敏感型

温度敏感型指在某一温度下能够生长而在另一个温度下不能生长的突变类型。通常，这类突变是由于某一种蛋白质的氨基酸发生改变，使它只能在许可的温度下维持其空间结构并具有正常的生物活性。当达到限制温度时，该蛋白质就要变性并失去功能。

4. 产量突变型

由于基因突变而使某种代谢产物在产量上明显不同于原始菌株的突变类型。突变菌株的产量高于原始菌株的被称作正变株，低于原始菌株的则称作负变株。

（三）突变体的筛选和鉴定

突变菌株在科学研究和微生物遗传育种方面具有重要作用，因此需要发展一些突变体的筛选和鉴定方法。

1. 直接筛选方法

直接筛选方法（direct selection）就是根据微生物某种特性直接筛选获得微生物突变株的方法。不同类型突变体需要根据具体情况采用不同的检测方法，举例说明如下：

（1）抗性筛选法

抗性筛选法就是将微生物细胞接种到抗性突变体细胞能够生长而亲本细胞不能够生长的培养基

上以便直接获得抗性突变体的方法。例如将培养物涂布在含青霉素的琼脂平板上，只有青霉素抗性突变细胞能够生长，每一个菌落都是由一个青霉素抗性克隆增殖产生。人们还在此基础上发展了一种所谓梯度平板法（gradient plate），先倒入不含药物的底层培养基，把培养基斜放，凝固后将平板平放倒入含有药物的上层培养基，形成浓度从一边到另一边逐渐降低的梯度平板，当将微生物群体涂布到梯度平板上培养后，不同的抗性菌落就有可能在不同的浓度区域出现，通过分离选出。

（2）水解圈法

水解圈法即通过直接测定菌落周围底物水解圈的大小，筛选水解酶活力提高的突变株。比如将诱变处理的菌株涂布在含羧甲基纤维素的平板上，将长出的菌落接出编号后，用刚果红染色平板，与野生菌株相比水解圈变大的菌株是酶活力增大的突变株。

（3）抑菌圈法

抑菌圈法即通过直接测定菌落周围抑菌圈的大小，筛选抗生素产生菌发酵单位提高的突变株。

2. 间接筛选方法

间接筛选方法（indirect selection）就是利用微生物营养缺陷型突变株在基本培养基上不能生长，但能在完全培养基或补充培养基上生长的特点，间接筛选获得营养缺陷型突变株的方法。

（1）抗生素法

抗生素法是将微生物细胞接种到突变体细胞不能够生长而野生型细胞能够生长的培养基上，利用抗生素杀死该条件下能够生长的野生型细胞，而不能够生长的突变细胞就可以逃逸致死处理得以生存。例如分离组氨酸营养缺陷型突变株时，将诱变处理的微生物群体接种到缺乏组氨酸的基本培养基中，加入青霉素，野生型细胞在缺乏组氨酸的基本培养基中生长，结果被青霉素杀死，而组氨酸营养缺陷型突变株因不能生长而逃逸存活。当将培养液中的青霉素去除并补充组氨酸后，就可分离获得营养缺陷型突变株。

（2）过滤法

过滤法是将具有营养菌丝体的微生物孢子接种到基本培养基溶液，经培养后野生型孢子萌发形成大量菌丝体，而营养缺陷型孢子则不能，采用灭菌的滤纸或滤膜过滤除去菌丝体，则滤液中营养缺陷型突变株孢子得到浓缩，经萌发产生菌丝体，从中分离获得营养缺陷型突变株。

（3）影印筛选法

影印筛选法是将诱变处理的微生物群体接种到完全培养基平板上，经培养长出菌落；用一灭菌过的丝绒布包裹着的自制影印章（类似橡皮图章）在长满菌落的平板上轻轻压一下，然后分别按标记印在完全培养基和基本培养基上接种，经培养后，在基本培养基上不生长而在完全培养基相应位置处长出的菌落便是营养缺陷型突变株。

3. 蛮力筛选方法

蛮力筛选方法（brute strength）是指逐一检测所获得的大量微生物菌落，以便获得所期望的微生物突变株。例如逐个检测菌落的特异性酶活力的大小，或单位发酵产物浓度的高低，或生长速率的快慢，或生长环境的改变等指标。通常，诱变处理之后，平均需要检测约 100 000 克隆才能找到一个所期望的突变菌株。以微生物羟基化烟酸酶活力分析为例，酶反应时间需要 2 ~ 4 h，还要采用 HPLC 分析（每次需时至少 0.5 h）。可见逐个检测诱变后所产生的菌落是一个费力、费时的艰巨工作，因而有蛮力筛选之称，我们要尽可能设计一些简便快速的筛选方法以提高筛选效率。微生物高通量筛选是发展方向。

（四）艾姆氏试验（Ames test）

现在人们不仅能够设计出各种方法去检测和筛选具有特别性状的突变体，而且能根据突变体的产生情况来监控诱变剂在环境中的存在。这里介绍由 Bruce Ames 在 20 世纪 70 年代建立的已被广泛用来检测致癌物质的艾姆氏试验，又称细菌回复突变试验。

艾姆氏试验已成为测试化学物质诱变作用的标准方法，其原理是检验待测试剂或疑似致癌物质能否使营养缺陷型菌株的回复突变增加。常用的实验菌株是组氨酸缺陷型的鼠伤寒沙门氏菌或色氨酸缺陷型的大肠杆菌，它们是通过点突变产生的营养缺陷型，所以能够获得回复突变。在缺乏组氨酸或色氨酸的培养基上营养缺陷型菌株不能生长，只有发生了回复突变的细胞能够生长成菌落。其基本方法是将实验菌株的细胞涂布到缺乏组氨酸或色氨酸的培养基平板上；取一片滤纸片吸附待测试剂后，将它安放在培养基平板的中心；用同样的方法制备阳性和阴性对照平板，并将这些平板置于 37℃温箱中培养 2 ~ 3 天。最后，对可见的菌落进行计数，如果滤纸片所吸附的试剂具有促使 DNA 变异的作用，其周围的菌落数会明显增多；而且菌落越多，显示的诱变性越强（图 7–18）。

黄曲霉素 B1 等许多化合物在被动物摄取之前并没有致癌性，但是进入动物体内在肝中被激活修饰后产生致癌性，这类化合物是潜在的致癌剂。所以，在艾姆氏试验中经常在待测试剂中加入哺乳动物的肝抽提物，以便发现需要激活的潜在致癌物。

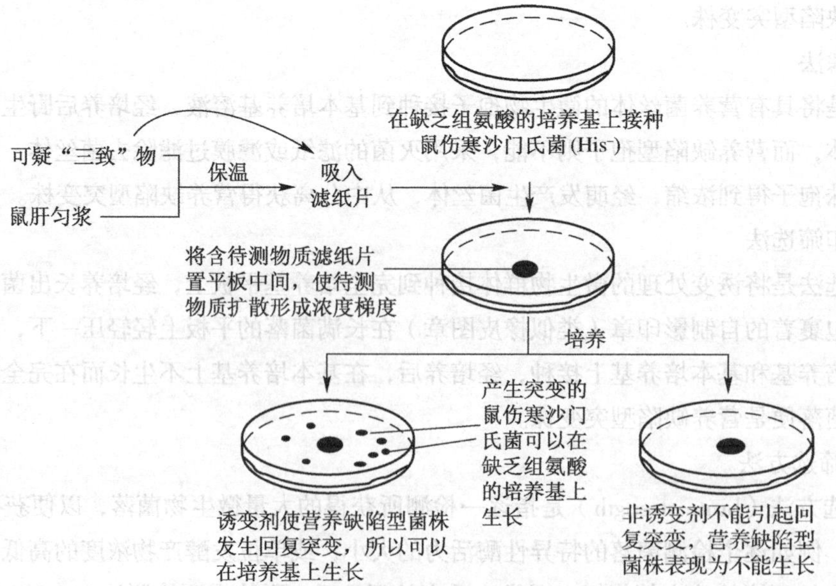

图 7–18 用艾姆氏试验检测化合物的诱变性

五、基因重组

基因重组也叫遗传重组，广义的基因重组是指任何造成基因型变化的基因交换过程；狭义的基因重组系指一段DNA在核苷酸分子上的重新组合。这里主要介绍不同DNA配对后的交换和重排过程，即狭义的基因重组。根据其对DNA序列和所需蛋白质因子的不同要求，可将基因重组分为同源重组、位点特异性重组和转座作用3种类型。

（一）同源重组

同源重组（homologous recombination）是一种不需要特定序列，可以在任何两个具有同源性的DNA分子之间进行的重组，重组可以在联会部分的任何位置发生（图7–19）。大肠杆菌中的同源重组需要RecA蛋白，酵母菌和其他细菌中的同源重组也需要类似RecA蛋白参与。

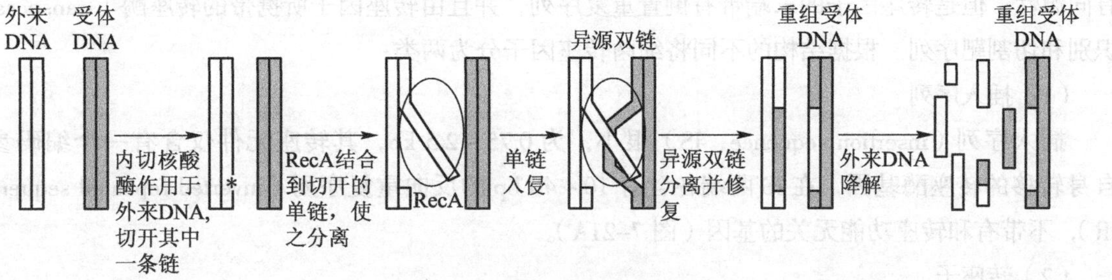

图7–19 基因同源重组

虽然同源序列都能发生重组，但是某些序列发生重组的概率可能高于其他序列。真核生物染色体的状态对重组也有影响，如染色质及附近区域很少发生重组。DNA分子序列的同源性对重组有很大的影响，同源区越长越有利于重组；同源区太短，则难以发生重组。在大肠杆菌中进行基因重组，至少需要20～40 bp的序列是完全相同的；枯草芽孢杆菌的染色体基因与质粒的重组，同源区的长度应大于70 bp。

（二）位点特异性重组

位点特异性重组（site-specific recombination）指重组时发生精确的切割和连接反应，一个DNA分子或片段被整合到另一个DNA分子中。位点特异性重组需要在供体和靶分子中包含很短的同源特异性DNA序列，并且需要特异性地识别这些序列的酶催化DNA链的断裂和重新连接。

大肠杆菌λ噬菌体的整合和切除属于典型的位点特异性重组。如图7–20所示，整合和切除均通过特定的附着点（attachment site，*att*），大肠杆菌DNA上的附着点叫做*attB*，噬菌体DNA上的附着点叫做*attP*；*attB*和*attP*中有15个碱基的序列完全相同，被称为核心序列。发生整合时，*attB*和*attP*中的核心序列产生同样的交错切口，形成互补的5′单链末端（7 bp），两条DNA的单链末端进行互补配对，连接成整合的一条DNA双链图（图7–20A）。

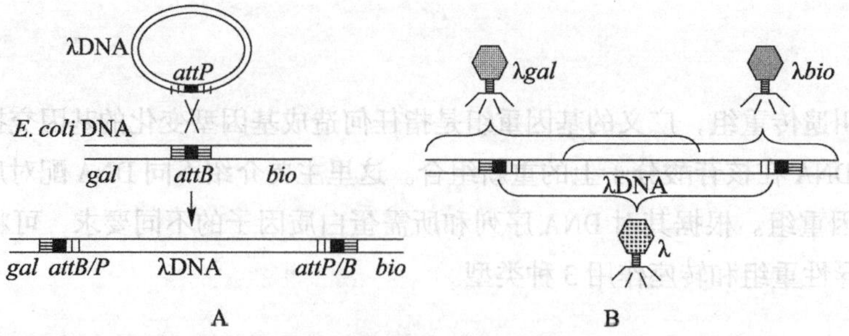

图 7–20 大肠杆菌λ噬菌体的整合（A）和切割（B）示意图

（三）转座因子与转座作用

转座因子（transposible element）是可在一个 DNA 分子内部或者在不同的 DNA 分子之间移动的 DNA 片段。由转座因子参与的 DNA 重组现象即转座作用（transposition），它不需要 DNA 分子间有同源性；但是转座因子的末端带有倒置重复序列，并且由转座因子所携带的转座酶（transposase）识别和切割靶序列。根据结构的不同将细菌转座因子分为两类：

（1）插入序列

插入序列（insertion sequence，IS）很小，为 0.75 ~ 2.5 kb，其转座元件仅含有一个编码参与自身转移的转座酶基因，在 IS 两端各含有 10 ~ 40 bp 的反向重复序列（inverted repeated sequence，IR），不带有和转座功能无关的基因（图 7–21A）。

（2）转座子

转座子（transposon，Tn）的转座元件除了含有转座酶基因之外，还含有其他功能基因，如带有某些抗药性基因，两翼是两个相同或高度同源的 IS 或 IR。这类转座子中的 IS 可以带动整个转座子移动，也可以单独移动（图 7–21B）。

转座因子存在于所有细胞生物中，并已证明大肠杆菌 Mu 噬菌体和脊椎动物的逆转录病毒的原病毒 DNA 也是转座因子。转座作用的直接效应是造成插入失活（突变），但也可以通过干扰基因与

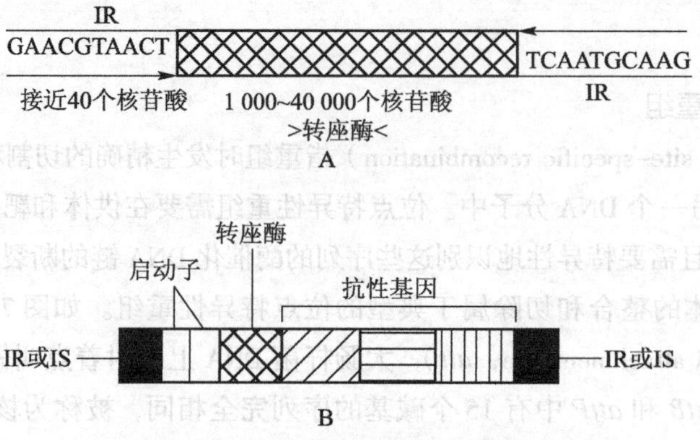

图 7–21 转座因子的组成与结构

A.插入序列 B.一种含抗性基因的转座子

IS：插入序列 IR：反向重复序列

调控元件之间的关系，或通过改变 DNA 的结构而影响基因的表达。

转座因子的转座方式有以下两类（图 7-22）：

（1）复制转座（replicative transposition）

转座因子在转座期间先复制一份拷贝，而后拷贝转座到新的位置，在原先的位置上仍然保留原来的转座因子。

（2）非复制转座（non-replicative transposition）

转座因子直接从原来位置上转座插入新的位置，并留在插入位置上，这种转座只需转座酶的作用。非复制转座的结果是在原来的位置上丢失了转座因子，而在插入位置上增加了转座因子。这可造成表型的变化。

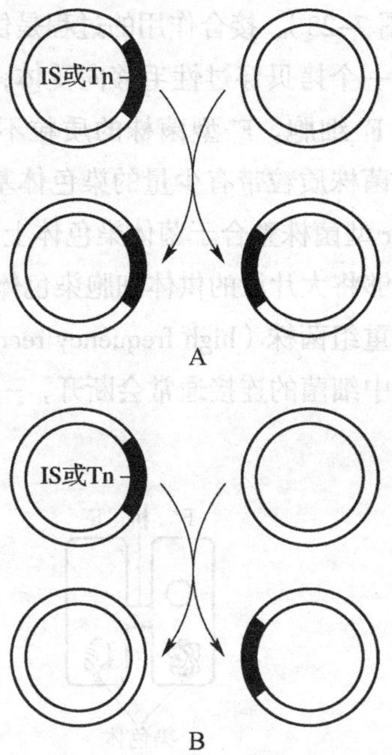

图 7-22 转座因子的转座方式示意图
A. 复制转座 B. 非复制转座

六、原核生物细胞间的基因转移

广义的基因重组是指把两个不同性状个体内的遗传基因转移到一起，经过遗传基因分子间的重新组合，形成新的遗传个体的过程。它涵盖了前面所述的 DNA 分子之间的重新组合（狭义的基因重组）和这里将要介绍的遗传基因在不同个体之间的转移或交换过程。基因转移或交换可使生物体在未发生突变的情况下产生新的遗传型，这是各种生物获得适应能力和发生进化的主要途径之一。基因在原核生物细胞之间进行转移的主要方式有接合、转化和转导等几种形式，以下分别加以介绍。

（一）接合作用

由供体细胞和受体细胞直接接触后，质粒从供体细胞向受体细胞转移的过程叫做接合作用（conjugation）。Lederberg 和 Tatum 在 1946 年采用两种不同营养缺陷型大肠杆菌 K12 突变株在经过接触混合培养后，是否能在基本培养基上生长的方法，证明了接合作用发生了基因重组，原本单独不能在基本培养基上生长的 A 菌株（met^-、bio^-）和 B 菌株（thr^-、leu^-、thi^-），经过混合培养后能够生长，成为原养型菌落（met^+、bio^+、thr^+、leu^+、thi^+）。后来进一步研究发现接合作用是通过一种称作接合质粒所参与的。接合作用普遍存在于细菌中。

在细菌中接合现象研究得最清楚的是大肠杆菌中的接合质粒，即 F 质粒。F 质粒是一种附加体的质粒，它既可以脱离核染色体而在细胞质内游离存在，也可以整合在染色体上，含有 F 质粒的细胞能够产生细胞表面性毛。根据细胞中是否存在 F 质粒以及 F 质粒存在状态，大肠杆菌的菌株被分成四种类型：细胞内不含 F 质粒的为 F^- 型；含有游离于染色体之外的 F 质粒的细胞为 F^+ 型；F 质粒通过同源重组整合在染色体之中的细胞称为 Hfr 型；F 质粒经过整合以后能够携带着部分染色体 DNA 再从染色体上游离出来，含有这种带有宿主基因的接合质粒的细胞称为 F' 型。

带有 F 质粒的 F^+ 型、Hfr 型和 F' 型菌株都能成为供体，与不含质粒的 F^- 型菌株进行接合

（图 7–23）。接合作用的过程是供体细胞通过性毛和受体细胞连接，F 质粒的复制方式是滚环式，其中一个拷贝穿过性毛移向受体，进入细胞的单链被复制为双链 DNA，使受体细胞获得 F 质粒，成为 F^+ 细胞。F^+ 型菌株的质粒不携带染色体基因，与 F^- 菌株发生接合后不会导致基因重组发生；F′ 菌株质粒带有少量的染色体基因，它们在细胞间转移后，会发生基因重组，但产生的频率很低；Hfr 型菌株整合于菌体染色体上的 F 质粒同样能够指导性毛合成并开始滚环式复制，所不同的是它能够将大片段的供体细胞染色体基因转移给受体细胞，导致高频率的基因重组发生，所以被称为高频重组菌株（high frequency recombination，Hfr）。但 Hfr 菌株与 F^- 菌株发生接合作用时，在转移过程中细菌的连接通常会断开，一般不能转移完整的 F 因子，受体细胞仍然是 F^-。

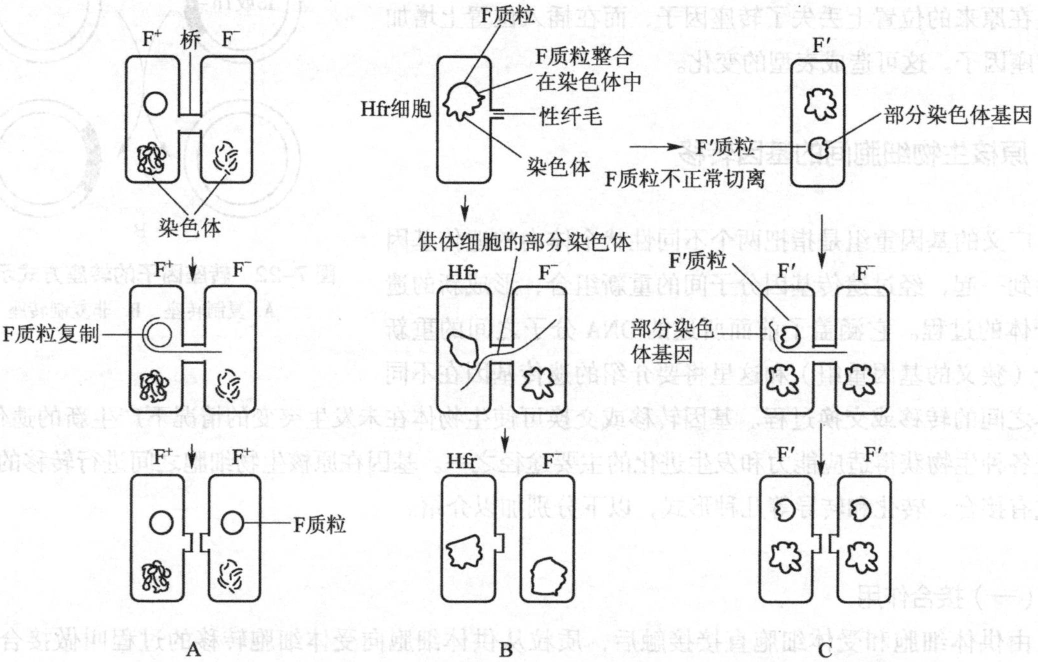

图 7–23 大肠杆菌中的 F 质粒及其接合作用

A. F 质粒的转移过程 B. DNA 的高频率重组 C. F′ 质粒的转移过程

（二）转化作用

转化作用（transformation）是指受体菌细胞从周围介质中摄取来自供体菌细胞的 DNA 片段，使受体菌的基因型或表型发生相应变化的过程。本章第一节介绍的肺炎链球菌转化实验就是这样一个实例。

当细菌裂解时，释放大量的 DNA 到周围环境中，这些 DNA 片段可能被其他细胞随机摄入（图 7–1b）。但是细菌细胞不是在任何阶段都具有摄取 DNA 的能力，而是需要在某一种特定的生理状态下才能从周围环境中摄取 DNA，这种生理状态叫做细胞感受态（competence）。自然发生的高频率转化仅发现于细菌的某些属中，包括链球菌属、杆菌属、高温放线菌属、嗜血菌属、莫拉氏菌属、不动杆菌属、固氮菌属和假单胞菌属。感受态的发生和持续时间长短因微生物种类而异，并且随生长条件而变。如生长期的枯草芽孢杆菌大约有 20% 的细胞可以成为感受态，并持续数小时；肺炎链球菌在生长周期的某个阶段几乎 100% 的细胞都可处于感受态，但持续时间非常短暂。研究认为某种膜偶联的 DNA 结合蛋白、细胞壁自溶素（autolysin）以及一些核酸水解酶与感受态发生有关，它们能与外源 DNA 结合并对其进行切割降解，只有一条甚至多条单链 DNA 分子与感受态特异蛋白结合而进入细胞。

很多微生物例如大肠杆菌天然状态下很难发生转化作用。在实验室里，人们设法诱导细菌产生感受态，以进行基因转化。例如，对于大肠杆菌等不易形成自然感受态细胞的菌种，用一定浓度的 $CaCl_2$ 处理细胞并进行冷刺激，以提高细胞壁的通透性，可人工诱发大肠杆菌进入感受态，吸收介质中的双链 DNA 片段。使用质粒 DNA 分子进行转化效率非常高，因为质粒不像线性 DNA 那样易于降解，而且它还能在宿主中自主复制。当用线性 DNA 来进行转化时，所选用的大肠杆菌菌株常常是人工构建的一个或多个外切核酸酶活性缺失的菌株，以免 DNA 片段被降解。这方面的研究构成了基因工程中基因导入受体菌的基础。

（三）转导作用

转导作用（transduction）是指由噬菌体参与的将 DNA 片段从供体菌转移到受体菌的过程。由转导作用而获得部分新性状的重组细胞，称为转导子（transductant）。因为绝大多数细菌都有噬菌体，所以转导作用普遍存在。噬菌体 DNA 在细菌细胞内大量扩增后进行蛋白质衣壳包装，有时会误将细菌基因的残片包裹到噬菌体衣壳中，然后含有细菌基因的噬菌体将它的 DNA 注入另一个细菌，从而完成了基因转移。Zinder 和 Lederberg 为了验证鼠伤寒沙门氏菌是否存在接合现象，设计了 U 形管实验，通过在 U 形管底部放置的滤板的过滤阻隔作用，发现两个不同营养缺陷型鼠伤寒沙门氏菌菌株 LT2（*his*$^-$）和 LT22A（*trp*$^-$）之间的遗传物质的转移不是通过直接的接触，而是通过滤过性的噬菌体进行的，最终发现了一种新的细菌基因转移的形式：噬菌体参与的细菌转导作用。

转导可分为普遍性转导和特异性转导两种类型。这两种类型在将 DNA 包装进噬菌体颗粒的机制，以及将其整合到染色体中的机制都不同。下面分别介绍这两种类型的转导。

1. 普遍性转导

普遍性转导（generalized transduction）指完全缺陷噬菌体可以对宿主细胞（供体细菌）基因组 DNA 的任何片段进行误包装，导致任何基因都可以被转移到受体细胞中的现象，通常发生在一些烈性和许多温和性噬菌体的裂解循环中。根据被转移的外源 DNA 在受体细胞中的不同命运又分为完全普遍传导和流产普遍传导。

（1）完全普遍转导（complete transduction）

在装配阶段，有些噬菌体误将与其基因组 DNA 大小相似的宿主 DNA 片段包装到蛋白质衣壳中，形成完全不含有噬菌体自身 DNA 的完全缺陷型噬菌体颗粒，称作转导颗粒。转导颗粒从供体菌中被释放出来以后，能够侵袭并且将 DNA 注入受体菌；但是这种 DNA 不能像噬菌体 DNA 那样自主复制，它们中的大部分被核酸酶降解，但有少部分被进一步整合到染色体中的 DNA 能够继续存在，使受体菌基因发生重组，形成溶原性转导子，这种完全由非噬菌体 DNA 片段整合形成的溶原性转导子又称为普遍传导子（图 7-24A）。如果供体菌和受体菌的亲缘关系很近，所转导的 DNA

通常不产生不同的基因型；但是如果供体菌和受体菌属于不同的基因型，受体菌就可能发生基因型的转变。

（2）流产普遍转导

流产普遍转导（abortive transduction）是指经转导颗粒注入的供体菌DNA有时在受体细胞内既不进行交换、整合和复制，也不迅速消失，因而它不能被遗传给子代，只能在一个细胞内存在，或有所表达的现象。流产普遍传导因为没有发生基因重组，不属于真正的转导。

2. 特异性转导

特异性转导（specialized transduction）是指前噬菌体从宿主细胞（供体菌）染色体切离下来时，偶尔会将供体菌染色体上的特定基因DNA片段与噬菌体DNA分子一道误切并包装在衣壳内，然后携带到受体菌中，整合到受体菌染色体上，形成转导子的现象。在溶原性噬菌体的生活周期中偶尔会发生特异性转导（图7-24B）。正常情况下，当原噬菌体被诱导离开宿主染色体时，能够被精确地切割下来，产生完整的噬菌体DNA。但是，有时也会发生错误切割，使噬菌体基因组含有与其整合位点相邻的一段细菌染色体，这是携带特定基因产生的原因。由于噬菌体衣壳所能包含的DNA的容量是一定的，所以，原噬菌体在获得染色体上的DNA的同时也将部分自身DNA遗留在染色体上。错误切割产生的DNA被包装成部分缺陷噬菌体颗粒，并被释放出去形成转导颗粒；转导颗粒能够侵染另一个细菌并将DNA注入其细胞，此后的情形因噬菌体基因的缺失情况而定。

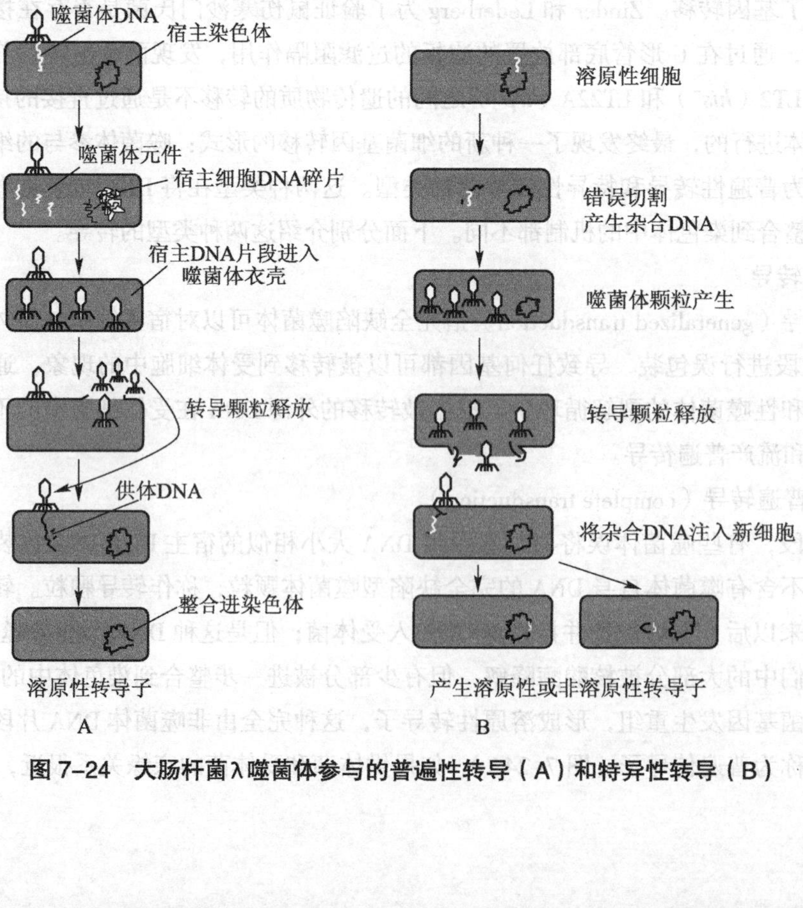

图7-24 大肠杆菌λ噬菌体参与的普遍性转导（A）和特异性转导（B）

（1）低频转导

以大肠杆菌λ噬菌体为例，由于噬菌体常常整合在大肠杆菌染色体中与 *gal* 和 *bio* 基因相邻的 *att* 位点，噬菌体受诱导发生 DNA 剪切时它可能连带 *gal* 或 *bio* 产生转导颗粒 λ*gal* 或 λ*bio*（见图 7-20B）。转导颗粒 λ*gal* 失去了一些为其增殖所必需的基因，侵入新细胞后不能在细胞中增殖或结合到 *att* 位点，但是有可能在基因 *gal* 的位点发生同源交换而产生较稳定的转导子，这种转导发生的频率很低，而且不会导致细胞裂解，故被称之为低频转导（low frequency transduction）。

（2）高频转导

如果一个细胞被一个正常的λ噬菌体和一个转导颗粒 λ*gal* 同时感染，其中正常的噬菌体能够补充 λ*gal* 中失去的基因功能，被称为辅助噬菌体；辅助噬菌体和 λ*gal* 能够整合到转导子的染色体上形成双重溶原菌。双重溶原菌细胞裂解后能够产生等量的 λ*gal* 和正常的λ噬菌体；用这样的裂解产物再去感染新细胞，与低频转导相比，转导子出现的频率很高，所以称为高频转导（high frequency transduction，HFT）。例如，用含等量的 λ*gal* 和正常的λ噬菌体双重溶原菌细胞裂解产物去感染 *E. coli gal*$^-$（不能发酵半乳糖）受体菌，就可高频率（约 50%）把后者转导成能发酵半乳糖的 *E. coli gal*$^+$ 转导子。

七、真核微生物细胞间的基因交换

在真核生物中，基因重组主要通过有性繁殖方式进行，但是有很多真菌，没有或很少发生有性繁殖过程，而是通过一种特殊的准性繁殖方式进行。

（一）有性繁殖

真核微生物的有性繁殖（sexual reproduction）与高等动、植物一样，需经过两个亲和性细胞之间的质配、核配和减数分裂三个阶段。在质配阶段，两个细胞的原生质融合使细胞核处于同一细胞中；核配阶段是质配后的两个细胞核进行融合的过程；双核细胞进行核融合后将进行减数分裂，使染色体数目又重新降为单倍体，这是有性繁殖的第三阶段，在这个阶段中来源于不同亲本的染色体得到不同程度的基因交换。

大部分真核微生物有性繁殖的结果是产生特化的孢子，例如，卵孢子、接合孢子、子囊孢子和担孢子等有性孢子。除了酿酒酵母，几乎所有真菌都以单核单倍体或双核单倍体状态存在，只有在结合子中才出现二倍体。

（二）准性繁殖

准性繁殖（parasexual reproduction）是一种类似于有性繁殖，但比有性繁殖更原始的一种繁殖方式，它是由同种生物两个不同菌株的体细胞发生融合，且不以减数分裂的方式而导致低频率的基因重组产生重组子的现象。准性繁殖常见于某些真菌，尤其是那些未发现有性繁殖过程的真菌中。其主要过程如下（图 7-25）：①菌丝联结：它发生于一些形态上没有区别的，但在遗传上却有差别的同种菌不同菌株的两个体细胞（单倍体）间。这种联结发生的频率极低。②形成异核体：两个体

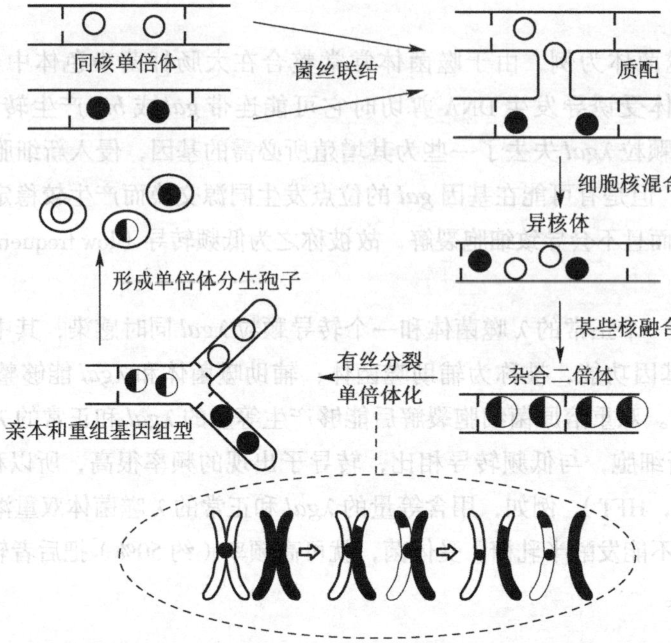

图 7–25 构巢曲霉（*Aspergillus nidulans*）准性繁殖示意图

细胞经联结后，使原有的两个单倍体的细胞核集中到同一个细胞中，于是就形成了双相的异核体。异核体能独立生活。③核融合或核配：在异核体中的双核，偶尔可以发生核融合，产生双倍体杂合子核。某些理化因素如樟脑蒸气、紫外线或高温等处理可以提高核融合的频率。④体细胞交换和单倍体化：体细胞交换即体细胞中染色体间的交换，也称有丝分裂交换。上述双倍体杂合子的遗传性状极不稳定，在其进行有丝分裂过程中，其中极少数核内的染色体会发生交换和单倍体化，从而形成了极个别的具有新性状的单倍体杂合子。如果对双倍体杂合子用紫外线、γ 射线或氮芥等进行处理，就会促进染色体断裂、畸变或导致染色体在两个子细胞分配不均，因而有可能产生各种不同性状组合的单倍体杂合子。

八、细菌降解外源 DNA 的防御系统

自然界中，噬菌体、转座子和接合转移质粒等可移动遗传元件可进入原核微生物细胞，造成水平基因转移（horizontal gene transfer，HGT），是细菌和古菌基因重组的重要推动力。但细菌和古菌也进化出多种抵抗水平基因转移的机制，以摧毁进入的外源 DNA，维持自身遗传物质的稳定性。限制性内切酶系统和成簇的规律间隔的短回文重复序列及其相关蛋白系统是 2 种在细菌和古菌中广泛存在的针对噬菌体、质粒等外源 DNA 侵入的防御系统。

1. 限制性 – 修饰系统

限制性 – 修饰系统（restriction–modification system），又称限制性酶系统（restriction enzyme）或限制性内切核酸酶系统（restriction endonuclease），早在 20 世纪 70 年代就被分离鉴定。人们发现某

些噬菌体具有严格的宿主范围。如果这些噬菌体感染通常宿主之外的其他细菌，这个新宿主细菌细胞内存在的DNA序列特异性核酸酶，就通过降解噬菌体DNA而限制该噬菌体的繁殖，因而被称作限制性内切核酸酶。宿主细胞基因组DNA分子则因其某些胞嘧啶分子的甲基化修饰而被保护起来，防止被自身限制性内切核酸酶所降解（图7-26）。由于每一种限制性内切核酸酶只能识别和切割DNA分子中一种特定的核苷酸序列，产生具有特定核苷酸序列的黏性末端或平端，从而被广泛用作基因工程工具酶。

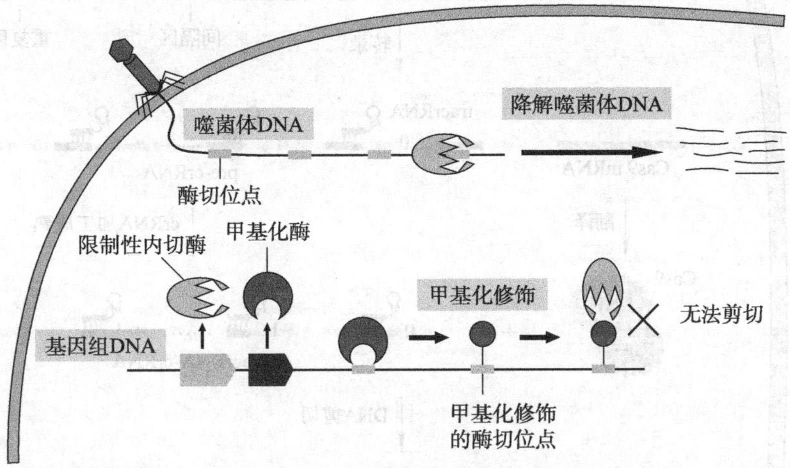

图7-26　细菌限制性-修饰系统

2. 成簇的规律间隔的短回文重复序列及其相关蛋白系统

在细菌和古菌中，广泛存在成簇的规律间隔的短回文重复序列及其相关蛋白系统［clustered regularly interspaced short palindromic repeats（CRISPR）/CRISPR-associated（Cas）system］，即CRISPR-Cas系统，用来防御外源遗传物质的侵入。CRISPR序列由众多短而保守的重复序列区（repeat）和间隔区（spacer）组成。重复序列区含有回文序列，可以形成发夹结构。间隔区是被细菌俘获的外源DNA序列。在其上游存在一个富含AT的前导区（leader），是CRISPR序列的启动子。在前导区之前是一个Cas家族基因操纵子，该基因编码蛋白质与CRISPR序列区域共同发生作用，所以被称作CRISPR相关蛋白基因（Cas）。Cas蛋白中鉴定出内切核酸酶、外切核酸酶、解旋酶、RNA-和DNA-结合域等，说明Cas蛋白参与CRISPR的转录、加工和外来基因序列的降解等过程。在细菌及古菌中，CRISPR系统共分成3型，其中Ⅰ型和Ⅲ型需要多种Cas蛋白共同发挥作用，而Ⅱ型系统只需要一种Cas蛋白（Cas9）即可。

以Ⅱ型CRISPR-Cas9系统为例（图7-27），当噬菌体病毒双链DNA被注入细菌细胞内，在Cas1、Cas2和Csn2的作用下，识别外源DNA中位于原间隔序列相邻模体（protospacer adjacent motif，PAM）附近的DNA序列，将其作为原间隔区序列剪切下来并插入细菌基因组中CRISPR前导区的下游作为新的第一个间隔区。酿脓链球菌（*Streptococcus pyogenes*）Cas 9（SpyCas9）通常使用5′-NGG-3′作为PAM序列，N表示4种DNA碱基中的任意一种。这样，细菌基因组CRISPR序

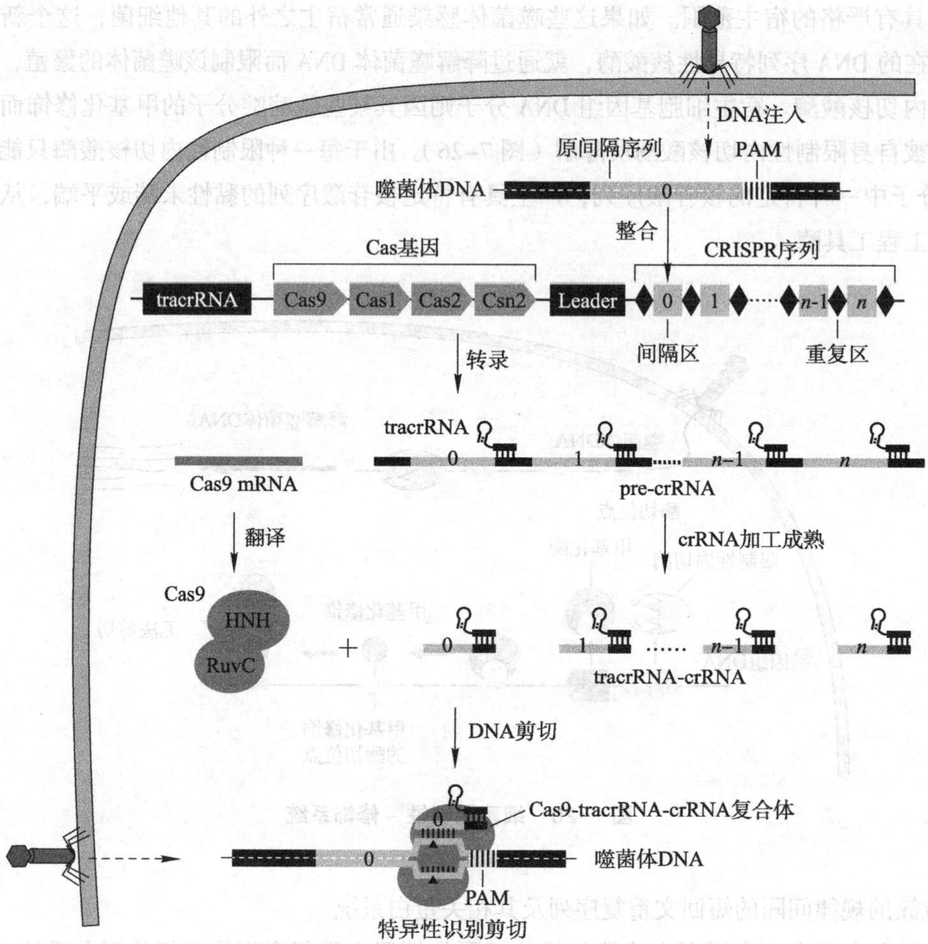

图 7-27 细菌Ⅱ型 CRISPR-Cas9 系统

列就在其前导区调控下将新插入的间隔区和其他间隔区一道转录形成长的 CRISPR RNA 前体（pre-crRNA），包含重复序列区和间隔区。位于 Cas 操纵子之前是一个 tracrRNA 基因，编码一个与重复序列区同源的非编码 RNA，转录形成具有发卡结构的反式作用的 CRISPR RNA（tracrRNA）。tracrRNA 互补结合到 pre-crRNA 重复序列区，形成一个 tracrRNA/pre-crRNA 复合物。该复合物在 RNase Ⅲ 等的协助下对 pre-crRNA 间隔序列进行剪切加工形成一个个短小的 tracrRNA-crRNA 复合物，其中每一段短小的 crRNA 包含 20 nt 的某一特定间隔序列 RNA 及部分重复序列区。tracrRNA-crRNA 复合物吸引转录翻译的 Cas9 蛋白，形成的 Cas9-tracrRNA-crRNA 复合物中 crRNA 与位于 PAM/ 序列之前的外源 DNA 中互补的序列结合，将外源 DNA 双链解开；crRNA 与互补链杂交，而另一条链则保持游离状态。Cas9 蛋白中 HNH 核酸酶结构域剪切与 crRNA 互补的 DNA 链，而其 RuvC 核酸酶结构域负责剪切非互补链，导致双链断裂（DSB），外源 DNA 表达被破坏。

根据 CRISPR-Cas9 精准攻击外源 DNA 的工作原理，科学家们将其应用于基因敲除，在此基础上可以实现基因的定点突变和外源基因的插入，即进行所谓的基因编辑。

第四节 微生物的遗传育种和遗传工程

微生物遗传育种就是运用遗传学原理和技术对某种具有特定性状的菌株进行改造，去除所不需要的性质，增加所期望的新性状，以便改良菌种的特性，使其符合工业生产和科学实践的要求。

一、自然选育

微生物会以较低的频率（10^{-6}）发生自发突变，根据实际经验进行仔细观察，发现并从中选择出优良生产性状或符合人们需要的突变体，就是所谓的菌种的自然选育。例如，有人从酒精工厂糖化酶生产菌宇佐美曲霉（*Aspergillus usamii*）菌落中发现了一种白色孢子突变体，经筛选分析获得了一株糖化能力增强的变种"上酒白种"。

还有一种利用微生物自发突变进行定向培育优良菌株的方法，即：用某一特殊因素长期处理某微生物的群体，同时不断地对它们进行接种转代，以累积并选择相应的自发突变株。如预防结核病疫苗制剂卡介苗，就是由法国科学家 Calmette 和 Guerin 将牛型结核分枝杆菌接在牛胆汁、甘油、马铃薯培养基上，连续转接 230 代，历经 13 年定向选育，才于 1923 年获得了减毒活菌苗——卡介苗。

但自发突变频率低，变异程度轻微，菌种选育耗时费力，不能满足现代生物技术发展的要求。

二、诱变育种

诱变育种是指利用物理或化学诱变剂处理均匀分散的微生物细胞群，显著提高其突变频率，然后采用快速、简便和高效的筛选方法，从中挑选符合育种要求的突变株，以供生产实践或科学实验之用。诱变育种主要包括以下环节。

（一）出发菌株的选择

用来进行诱变并从中筛选突变体的起始菌株称为出发菌株。出发菌株应优先选择对诱变剂敏感性强、易发生突变的菌株。出发菌株通常有 3 种：①从自然界分离得到的野生型菌株。这类菌株对诱变剂敏感，易发生变异，而且容易产生正突变。②在生产中获得的自发突变菌株。这类菌株与野生型菌株相似，容易收到较好的效果。③已经诱变过的菌株。这类菌株的遗传性状较为复杂，一般认为经过诱变获得的高产菌株在再次诱变时容易产生负突变，难以进一步提高产量。但是，如果在再次诱变之前对细胞进行杂交处理，诱变效果能够得到提高。产量的大幅度提高往往是经过多次诱变和筛选的结果，连续诱变已经成为常用的方法，在每次诱变后选出 3～5 株较好菌株进行下一轮的诱变。

为了确定出发菌株具有所需要的代谢途径，在选择出发菌株时，还应该选择那些能够积累目标产物或其前体的菌株。

（二）细胞悬浮液的制备

对于单倍体并且是单核的微生物，营养生长阶段的细胞是易于获得和易于处理的诱变材料。但是，许多霉菌的菌丝体是多核的，对它们应该使用孢子悬浮液进行诱变；放线菌的菌丝是多核细胞，一般也采用孢子悬浮液；产芽孢细菌营养体有时有两个核质体，因此应以芽孢为诱变材料。处于休眠状态的孢子发生突变的概率比营养细胞低得多，因此要尽可能利用生命活动比较活跃时期的孢子，如用刚刚成熟的孢子，或者在诱变前先将孢子培养数小时使其脱离静止状态，都可以使突变率得到提高。对大多数细菌而言，生长最旺盛的对数期的营养细胞是很好的诱变材料，其变异率高且重现性好。一般处理真菌孢子或酵母细胞时，其悬浮液的浓度一般为 10^6 ~ 10^7 个 /mL，细菌细胞或芽孢和放线菌孢子的浓度为 10^8 个 /mL。

（三）诱变剂的应用

常用的物理诱变剂有紫外线、γ 射线、X 射线、激光、离子束等。目前，太空育种即航天育种也被广泛采用，该技术是将微生物种子搭乘返回式卫星或航天飞船飞行在太空中，并利用特殊的环境诱变作用，使种子产生变异，再返回地面时通过筛选获得需要的变异新品种。常用的化学诱变剂有亚硝基胍、甲基磺酸乙酯等烷化剂，以及 5- 溴尿嘧啶等碱基类似物。

（四）变异菌株的分离和筛选

通过诱变处理，在微生物群体中会出现各种突变体，但其中多数是负变体。为了在短时间获得目标菌株，通常要采用或设计效果显著的筛选方法。实际工作中，一般分初筛与复筛两个阶段进行，初筛以定性为主，多采用简便、快速的方法选出具有所期望的性状的所有突变菌株；复筛是精细筛选，通常用液体培养，直接定量检测目标产物。

突变株的筛选技术直接关系到育种效果，而筛选方法必须根据具体的实验条件和诱变育种的目标来设计。如抗药性突变、营养缺陷型等菌株的筛选，比较容易在培养基中以能否生长来鉴别。如是要筛选产量突变株，一般要求尽可能作定量分析。条件许可时，可以利用全自动系统进行分液、反应、测定和分析，实现自动化高通量筛选，这样能够在短时间内从成千上万个突变株中发现最优的突变个体。在不具备高通量筛选条件下，平板直接筛选是最有效的方法。如培养基内底物降解产生的透明圈的大小、代谢产物与指示剂作用后产生的变色圈大小，等等。

三、杂交育种

杂交育种是利用两个或多个遗传性状差异较大的菌株，通过有性杂交、准性杂交、原生质体融合等方式，而导致其菌株间的基因的重组，把亲代的优良性状集中在后代中的一种育种技术。

（一）有性杂交

有性杂交是指不同遗传型的两性细胞间发生的接合和随之进行的染色体重组，进而产生新遗传型后代的一种育种技术。凡能产生有性繁殖孢子的真菌，原则上都能采用与高等动、植物杂交育种相似的有性杂交方法来进行育种。一般方法是把来自不同亲本、不同性别的单倍体细胞通过离心等方式使之密集地接触，有更多的机会出现双倍体的有性杂交后代。在这些双倍体杂交子代中，通过筛选，就可以得到优良性状的杂种。

以酿酒酵母为例，从自然界分离得到的或在工业生产应用的酵母，一般都是其双倍体细胞。将不同生产性状的甲、乙两个亲本菌株（双倍体）分别接种到含乙酸钠等产孢子的培养基斜面上，使其产生子囊，经过减数分裂后，在每个子囊内形成 4 个子囊孢子（单倍体）。用蒸馏水洗下子囊，经机械法（加硅藻土和石蜡油，在匀浆管中研磨）或酶法（用蜗牛酶等处理）破坏子囊再行分离，然后将获得的子囊孢子涂布平板就可以得到由单倍体细胞组成的菌落。把两个不同亲本的不同性状的单倍体细胞通过离心等形式密集地接触，就有更多的机会出现种种双倍体的有性杂交后代，从而筛选出具有优良性状的个体。

（二）准性杂交

准性杂交是指在准性繁殖真菌体细胞中发生的非减数分裂导致 DNA 重组的过程，真菌准性杂交仅转移部分基因，然后形成部分重组子，最终实现染色体交换和基因重组。准性杂交为一些缺乏有性繁殖但是有重要生产价值的真菌的育种工作提供了重要的途径。

（三）原生质体融合育种

原生质体融合就是通过人为的方法将遗传性状不同的微生物细胞制备成原生质体，使之以很高的频率发生融合，进而发生遗传重组产生同时带有双亲性状的个体。原生质体融合成功的实例很多，已经报道的包括酵母、地霉、曲霉和青霉等，以及一些细菌和放线菌。

原生质体融合的主要步骤包括原生质体的制备、原生质体的融合、细胞的再生和重组子的筛选等。其过程是选择两个有特殊价值的并带有选择性遗传标记的细胞作为亲本，在高渗溶液中，用适当的酶去除细胞壁；再将形成的原生质体进行离心聚集，并加入促融合剂（如聚乙二醇）或通过电脉冲等促进融合；在高渗溶液中稀释后，涂在能使其细胞壁再生和进行分裂的培养基上，培养成菌落；通过影印接种法，将其接种到各种选择性培养基上，鉴定它们是否为融合子，最后再测定其他生物学性状或生产性能。

原生质体融合技术具有许多常规杂交方法无法比拟的独到之处：由于去除了细胞壁，原生质体膜易于融合，即使没有接合、转化和转导等遗传系统，也能发生基因组的融合重组；融合没有极性，相互融合的是整个胞质与细胞核，使遗传物质的传递更为完善；重组频率高，易于得到杂种，在某些实例中原生质体融合的重组频率已大于 10^{-1}，而诱变育种仅为 10^{-6}；存在着两株以上亲株同时参与融合并形成融合子的可能；较易打破分类界限，实现种间或更远缘的基因交流；同基因工程方法相比，不必对实验菌株进行详细的遗传学研究，也不需要高精尖的仪器设备和昂贵的材料费用等。由于以上优点，在实际应用上有很多成功的例子。

四、基因工程育种

基因工程（genetic engineering）就是按照人们预先设计的蓝图，对生物的遗传物质进行加工和改造，产生符合人类需要的新的遗传特性，定向地创造生物新类型。基因工程有狭义和广义之分，狭义基因工程仅指用重组 DNA 技术使生物获得新的基因；广义基因工程则是指按人类意愿设计，通过改造基因或基因组而改变生物的特性。

（一）重组 DNA 技术

重组 DNA 技术（recombinant DNA technology）是指选择和制备所期望的供体基因，将其插入至一个载体如质粒或病毒分子上构建成杂种 DNA 分子，然后导入受体细胞，以改变微生物原有的遗传特性。图 7–28 显示的是重组 DNA 技术示意图。

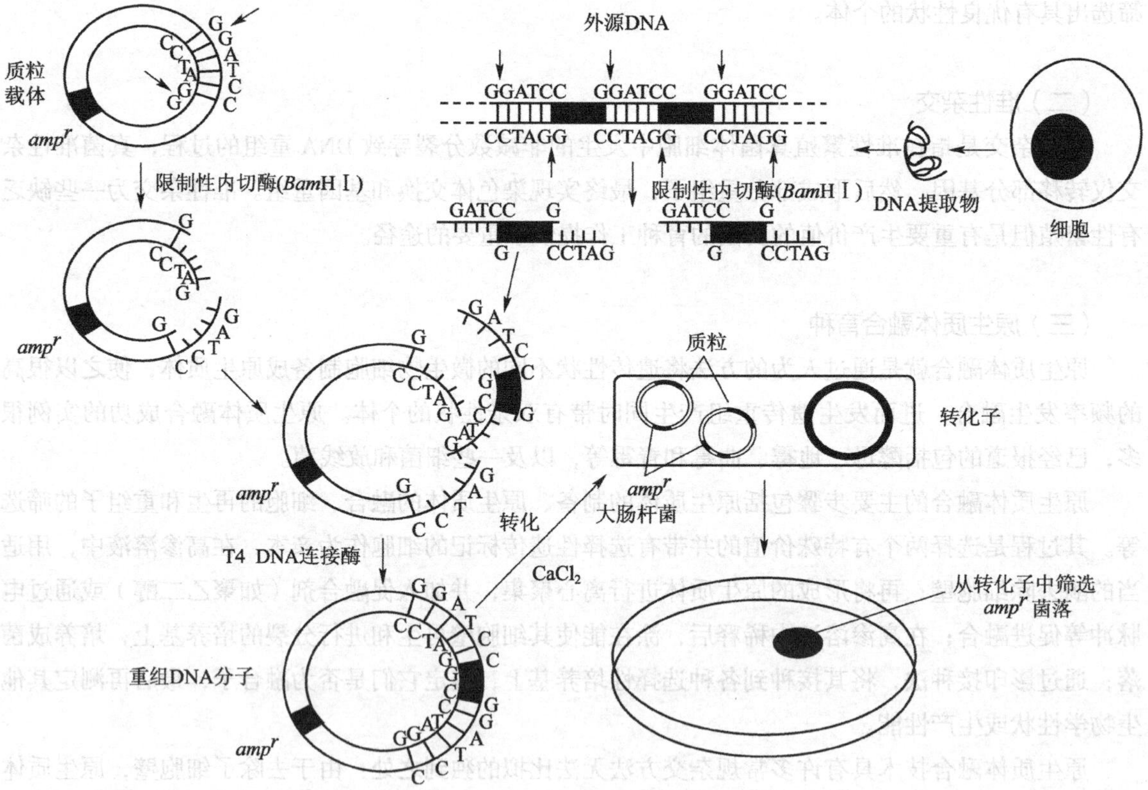

图 7–28 重组 DNA 技术示意图

1. 工具酶

重组 DNA 技术依赖于微生物产生的各种工具酶，包括限制性内切核酸酶、DNA 连接酶、逆转录酶、DNA 聚合酶，以及各种作用于 DNA 的修饰酶。

限制性内切核酸酶能识别 DNA 上的特定序列，并对其切割产生黏性末端或平端。带有序列相同的黏性末端的DNA片段比较容易被DNA连接酶连接起来。

逆转录酶（reverse transcriptase）是依赖于RNA的DNA聚合酶，它以RNA为模板合成序列与其互补的DNA链（cDNA）。利用真核生物mRNA绝大多数含有poly（A）尾的特点，可以用人工合成的与poly（A）互补的寡核苷酸oligo（dT）为引物、以mRNA为模板，通过逆转录酶合成与mRNA序列互补的DNA，即cDNA。

DNA连接酶（DNA ligase）是一种能够催化DNA中相邻的3′-OH和5′-磷酸基团末端之间形成磷酸二酯键并把两段DNA拼接起来的一种酶。广泛应用于生物技术中的DNA连接酶是T4 DNA连接酶。

DNA聚合酶（DNA polymerase）在有一条DNA单链为模板和一段寡核苷酸为引物的条件下，催化与模板互补的另一条DNA新链的合成反应。

2. 目标基因的克隆与鉴定

对于已知基因的克隆，一般只要通过PCR从基因组DNA扩增出目标基因，或者通过逆转录PCR从mRNA中获得目标基因cDNA即可。但是，如果要克隆一个新基因或编码目标蛋白的未知基因，通常要构建基因文库（gene library）。基因文库指用一个基因供体的DNA构建的所有克隆的混合群体，通常是将同一来源的不同DNA片段插入一种载体（见图7-28），从而便于纯化、储存和分析；如果这些DNA来自基因组，所构成的文库叫做基因组文库（genomic library）；如果这些DNA是由mRNA逆转录产生的cDNA，所构成的文库叫做cDNA文库（cDNA library）。

在基因文库构建过程中，常常利用抗药性标记或半乳糖苷酶显色反应来进行初筛，得到含有重组DNA的所有克隆。目标克隆的筛选和鉴定较简便的是采用平板筛选法，例如，含有蛋白酶基因的克隆经过表达产生具有活性的蛋白酶，这种克隆的特征是在含有酪蛋白的培养基平板上生长后，其菌落周围的酪蛋白被水解产生透明圈。但绝大多数基因克隆的鉴定缺少合适的平板筛选法，只能借助所掌握的有关蛋白质或基因序列的信息，采用原位杂交法。

3. 宿主和载体

基因的初步克隆和分析几乎都以大肠杆菌为宿主，因为大肠杆菌的遗传背景清楚、容易培养和转化，并且有多种适用于大肠杆菌的载体供选用。基因经过克隆和改良后可以根据不同的目的进行亚克隆以更换载体和相应的宿主，用于基因表达的宿主包括细菌、酵母、霉菌、昆虫细胞、动物和植物等等。

外源基因导入细胞、复制和表达都必须借助于适当的载体分子来完成。基因工程常用的载体包括质粒载体、噬菌体载体和柯斯质粒等。

（1）质粒载体

基因工程中常用的质粒载体与天然质粒有很大的差别，质粒载体是根据基因克隆的需求运用天然质粒的复制元件构建而成的人工载体。用于基因克隆的质粒载体的基本元件包括一个复制子、一个多克隆位点和一个选择性标记；用于基因表达的质粒载体除了这些元件以外，还需要带有启动子、终止子和核糖体结合序列（图7-29）。质粒载体容易分离和提纯，可通过转化将它们导入宿主细胞。它们能够携带长度在10 kb以下的DNA片段，是构建cDNA文库和在细菌体系中进行高效表达的理想载体。质粒载体也适用于酵母基因表达体系。

(2)噬菌体载体

单链和双链噬菌体载体都能被用作基因克隆载体。例如：λ 噬菌体衍生物能携带的 DNA 片段达到 23 kb，因为负责溶原性和整合的基因常常是非必需的，所以可以被去除而为外源 DNA 插入留出空间。经修饰的噬菌体基因组在不中断复制的区域也含有限制性序列，外源 DNA 插入经过修饰的噬菌体载体之后，重组噬菌体基因组被包裹进病毒衣壳，并用来感染大肠杆菌细胞，这种过程也称转染。这些载体通常被用来建立基因组文库。

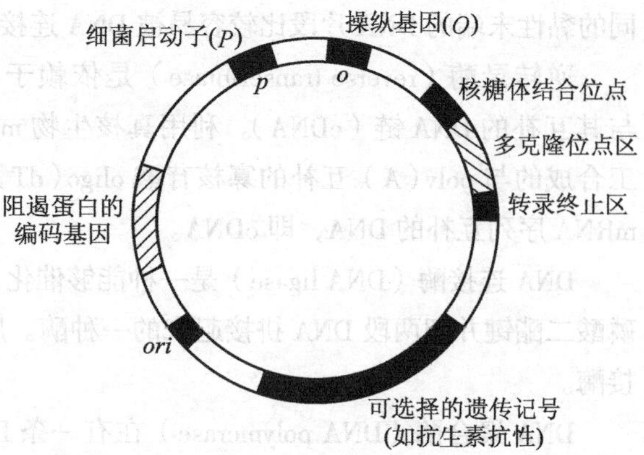

图 7-29　大肠杆菌基因表达载体的基本元件

(3)柯斯质粒

柯斯质粒（Cosmid）也称黏粒，是一类人工构建的含有 λ 噬菌体的 *cos* 序列（内切酶的识别位点）和质粒的复制子，并含有几个 DNA 内切酶单一切割位点和抗生素抗性基因的载体。它们既能像质粒一样转化大肠杆菌细胞，也能被包裹在 λ 衣壳中被有效地注入宿主细胞。λ 基因组在两端含有称之为 *cos* 的序列，当基因组 DNA 被衣壳包装时，在一个 *cos* 位点受到切割，线性 DNA 分子被插进衣壳，直到第二个 *cos* 位点进入，所以任何插在两个 *cos* 位点之间的 DNA 片段都被包裹进去。柯斯质粒能携带长达 45 kb 的片段，是构建基因组文库的理想载体。

4. 基因工程菌

外源重组质粒导入细菌细胞中，有些以多拷贝形式游离存在于细胞中进行表达，不整合入细菌基因组中；有些质粒上有整合的同源重组序列，通过同源重组整合到细菌基因组上进行表达，或以随机的方式整合到基因组上。

(二)基因编辑技术

基因编辑（gene editing），又称基因组编辑（genome editing）或基因组工程（genome engineering），是指在基因组中靶标 DNA 序列上进行的核苷酸的删除、片段替换和插入、定点突变和碱基易位等，从而实现基因的定点编辑，是一种比较精确的对生物体基因组特定目标基因进行修饰的一种基因工程技术或过程。早期的基因组编辑技术主要是利用同源重组（homologous recombination，HR）原理进行基因打靶，即在外源 DNA 序列两侧添加同源臂，从而实现外源序列的精确整合。这种方法的缺点是效率极低，且出错率高。现在基因编辑技术主要依赖于经过基因工程改造的核酸酶，在基因组中特定位置产生位点特异性双链断裂（double-strand break，DSB），诱导生物体通过非同源末端连接（NHEJ）或同源重组（HR）来修复 DSB，在这个修复过程引入靶向突变。这种靶向突变就是基因编辑。

基因编辑的关键是在基因组内特定位点创建 DSB。常用的限制酶在切割 DNA 方面是有效的，但它们通常在多个位点进行识别和切割，特异性较差。为了克服这一问题并创建特定位点的 DNA 双链断裂，人们通过基因工程改造，分别建立了巨型核酸酶、锌指核酸酶，转录激活样效应因子核

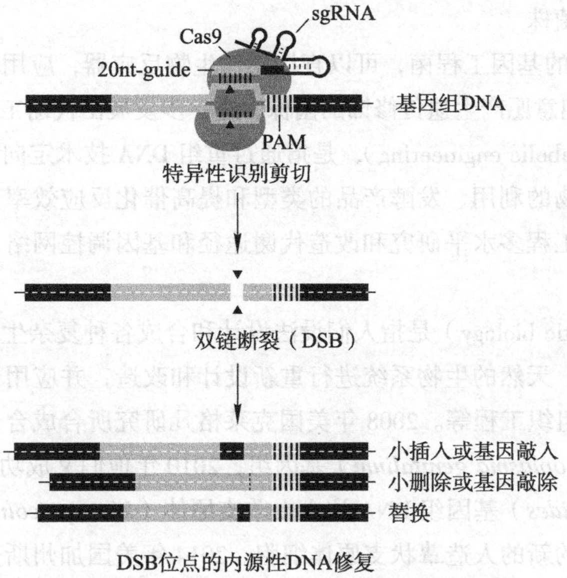

图 7-30　CRISPR-Cas9 基因编辑技术原理

酸酶和成簇的规律间隔的短回文重复序列及其相关蛋白系统（CRISPR-Cas9），用于基因编辑。

CRISPR-Cas9 基因编辑技术是在原核微生物降解外源 DNA 的防御系统 CRISPR-Cas9 原理基础上（图 7-30），将 crRNA 和 tracrRNA 合并设计在一个单个 RNA 嵌合分子中，产生单链向导 RNA（single guide RNA，sgRNA）。sgRNA 维持 Cas9 介导的序列特异性 DNA 切割功能。人们只要改变 sgRNA 中特定的间隔区序列（20 个核苷酸的向导序列），它就能够根据该向导序列靶向至基因组中指定的 DNA 序列上，通过 Cas9 切割产生特定的双链断裂平端，通过非同源末端连接修复方式在切割位点使小 DNA 片段随机插入、删除或替换，或同源重组修复方式使基因在特定位点敲入或敲除，进行精准基因组修饰。CRISPR-Cas9 基因编辑技术是现有基因编辑和基因修饰技术当中效率最高、最简便、成本最低、最容易上手的技术之一，成为当今最主流的基因编辑系统，其发现者 2020 年获得诺贝尔奖。

（三）基因工程育种应用

基因工程通过利用重组 DNA 技术和基因编辑技术等方法改变微生物，所产生的工程菌广泛应用于医学、工农业生产和科学研究。

1. 生产重组蛋白

将特定蛋白质编码基因导入细菌或真菌细胞中产生的基因重组工程菌株，可以用于大量生产各种酶和蛋白质，应用于实验室研究、工农业生产和疾病治疗。如重组胰岛素、人类生长激素以及许多其他蛋白质类激素和蛋白质疫苗等已大量用于疾病治疗。

2. 生产 DNA

例如利用大肠杆菌制备 DNA 文库或 cDNA 文库，用于基因组测序和特定基因的分离鉴定。环境样本中的宏基因组文库的构建，用于未培养微生物的分析和鉴定。

3. 产生遗传修饰的菌株

外源DNA导入产生的基因工程菌，可以直接用作生物反应器，应用于生物转化和生物合成过程。为了更好地根据人们意愿产生遗传修饰的菌株，进一步发展出代谢工程和合成生物学。

所谓代谢工程（metabolic engineering），是指通过重组DNA技术定向调节或改造微生物代谢途径，以改变微生物对底物的利用、发酵产品的类型和提高催化反应效率。与传统基因工程研究单个基因或酶不同，代谢工程多水平研究和改造代谢途径和基因调控网络，特别是催化反应速率限制酶。

合成生物学（synthetic biology）是指人们设法设计和合成各种复杂生物功能模块、系统甚至人工生命体，或对现有的、天然的生物系统进行重新设计和改造，并应用于特定化合物生产、生物材料制造、基因治疗、组织工程等。2008年美国克莱格凡研究所合成合成了世界上第一个人造细菌——生殖支原体（*Mycoplasma genitalium*）基因组，2010年他们又成功将人工设计、合成、装配的蕈状支原体（*M. mycoides*）基因组DNA注入山羊支原体（*M. capricolum*）受体细胞中，产生了受人造基因组控制生长的新的人造蕈状支原体细胞。2014年美国加州斯克利普斯研究所将人工合成的自然界不存在的碱基引入合成的DNA中，向人类创造全新的人造生命又迈进一步。2018年中国科学院分子植物学卓越中心/植物生理生态研究所覃重军团队对酿酒酵母天然的16条染色体的全基因组进行修剪、重排，“创造”了1条超长线型染色体的酵母细胞菌株，其生长、功能和基因表达均与天然酵母相似，是继原核细菌“人造生命”之后的一个重大突破，成为国际首例人造单染色体真核细胞。2021年中国科学院天津工业生物技术研究所马延和团队在*Science*杂志报道，构建了由11步核心反应组成的人工淀粉合成途径，在实验室实现了从二氧化碳和氢气到淀粉分子的人工全合成，这是我国科学家在合成生物学领域取得的新的重大突破。

第五节 微生物基因组学

基因组学（genomics）是对生物体所有基因进行集体表征、定量研究及不同基因组比较研究的一门交叉生物学学科。基因组学主要研究基因组的结构、功能、进化、定位和编辑等，以及它们对生物体的影响。基因组学可分为三个分支领域：结构基因组学（structural genomics）、功能基因组学（functional genomics）和比较基因组学（comparative genomics）。

一、结构基因组学

结构基因组学包括基因组测序、基因（和潜在基因）鉴定及编码蛋白质的三维结构分析。

（一）Sanger DNA测序方法和全基因组鸟枪法测序

早期DNA测序的技术主要采用Frederick Sanger发明的Sanger双脱氧链终止法（chain

termination method)。该法利用一种 DNA 聚合酶来延伸结合在待定序列 DNA 模板上的引物，直到掺入一种链终止核苷酸为止。每一次序列测定由一套 4 个单独的反应构成，每个反应含有所有 4 种脱氧核苷酸三磷酸（dNTP），并混入限量的一种不同的终止核苷酸双脱氧核苷三磷酸（ddNTP）。由于 ddNTP 缺乏延伸所需要的 3—OH 基团，使延长的寡核苷酸选择性地在该 ddNTP 所代表的 G、A、T 或 C 处终止，形成一组含碱基长度不一的链终止产物。它们具有共同的起始点，但终止在不同的核苷酸上，可通过高分辨率变性凝胶电泳分离大小不同的片段，凝胶处理后可用 X 射线胶片放射自显影或非同位素标记进行检测，确定其核苷酸。Sanger 法被用于早期的全基因组鸟枪法测序工作，其步骤为：①利用非特异 DNA 酶随机切断 DNA，建立高度随机，大小为 1 ~ 2 kb 的基因文库；②使用 Sanger 法对基因文库 DNA 片段进行测序；③对测序结果进行序列比对和拼接。

（二）新一代 DNA 测序技术和新一代全基因组测序

Sanger DNA 测序法成本昂贵、耗时，并且全基因组鸟枪法测序的样品制备过程比较繁琐。这样新一代 DNA 测序技术（next-generation sequencing，NGS），又称第二代测序技术，被发明产生。第二代测序技术设备供应商主要是 Solexa（现被 Illumina 公司合并）、454（罗氏公司）和 SOLiD（AB 公司）。第二代测序技术就是将基因组 DNA 随机切割成小片段 DNA，然后在这些小片段 DNA 分子的末端连接上接头，利用固相 PCR 方法扩增小分子 DNA 片段测序模板，这些 PCR 产物利用一端接头集中连接在平板某处或磁珠表面，随后的测序反应则与传统的测序反应原理基本相同。第二代测序技术已经能够快速、低成本的进行全基因组测序，并应用于染色质免疫共沉淀（chromatin immunoprecipitation，ChIP）研究体内蛋白质与其相互作用的 DNA 的测序（ChIP-seq）以及 RNA 测序技术（RNA-seq）。

（三）第三代 DNA 测序技术和单细胞基因组测序

第三代测序技术是指单分子测序技术，于 2011 年 4 月正式推广，序列读长可达 3 000 bp。DNA 测序时，不需要经过 PCR 扩增，实现了对每一条 DNA 分子的单独测序。第三代测序技术有两种不同方法。第一种是单分子荧光测序，该法利用一种直径只有几十纳米的纳米孔，单分子的 DNA 聚合酶被固定在这个孔内，只有一条 DNA 模板链被结合在酶上，加入 DNA 聚合反应所需的荧光标记的脱氧核苷酸，小孔内 DNA 链周围的荧光标记的脱氧核苷酸有限，而 A，T，C，G 这 4 种荧光标记的脱氧核苷酸非常快速地从外面进入孔内又出去，当某一种荧光标记的脱氧核苷酸被掺入 DNA 链时，它的荧光就同时能在 DNA 链上探测到，经计算获得 DNA 序列。一种载样金属片 SMRT Cell 可以带有 15 万个纳米孔，可以同时进行 12 万个以上的单分子测序反应。第二种为纳米孔测序，采用电泳技术驱动单个 DNA 分子的核苷酸逐一通过纳米孔。由于纳米孔的直径非常细小（约 2.6 nm），仅允许单个核酸聚合物通过，而 ATCG 单个碱基的带电性质不一样，通过电信号的差异就能检测出通过的碱基类别，从而实现测序。由于大部分微生物不能够被培养，第三代测序技术能够对自然环境中提取的单个微生物细胞的 DNA 进行测序，因而为微生物遗传、生态和微生物感染研究提供新的重要技术手段。

二、功能基因组学

功能基因组学就是利用全基因组测序——结构基因组学提供的结果和信息，在全基因组水平上分析相关基因的功能，使得生物学研究从单一基因或蛋白质的研究转向对多个基因或蛋白质同时进行系统研究，从基因组整体水平上对生物的生命活动规律进行阐述。

（一）功能基因鉴定与功能基因组学

功能基因鉴定就是要对基因功能进行预测。如果对同一个基因组上的两个或更多基因进行碱基序列比对（alignment）后显示它们之间相似度很高，那么这些基因非常可能是由同一个基因重复产生的，这些基因就被称作水平同源基因（paralogues）；如果对两个或更多不同物种来源的基因进行碱基序列比对显示它们非常相似，那么这些基因非常可能起源于这些基因所在物种的最近的共同祖先的一条基因，可以预计它们非常可能具有同样的功能，这些基因被称作垂直同源基因（orthologues）。由于蛋白质氨基酸的 DNA 密码是简并的，所以序列比对通常是将基因编码序列翻译成氨基酸序列后再进行，找出与已知蛋白质的功能域相似的保守区域，预测其功能。

功能基因组学可以用来研究很多病原菌和环境重要的微生物，拼接出这些微生物的生理代谢图，阐明其作用机制。以梅毒致病菌苍白密螺旋体（*Treponema pallidum*）为例，由于该菌不能在体外培养，人们不了解该菌的代谢及其逃逸宿主防御系统的方式，因而妨碍了梅毒疫苗的开发。*T. pallidum* 基因组的测序和注释揭示该菌代谢是不完整的（图 7–31），它利用糖类做能源，但缺乏柠檬酸循环和氧化磷酸化酶。它也缺乏很多生物合成途径，如合成辅酶、脂肪酸、核苷酸和某些电子传递蛋白，因而依赖于宿主细胞提供这些分子，所以不能人工培养。它的 5% 基因用于编码运输蛋白。苍白密螺旋体基因组含有一种表面蛋白基因簇，其特征是具有很多的重复序列。猜测这些基因可以发生重组产生新的表面蛋白，因而能避免遭到宿主细胞防御系统的攻击。这样，利用功能基因组获得的新知识，就可以开发表面蛋白疫苗，根据表面蛋白鉴定不同的苍白密螺旋体菌株。

由于基因转录和表达在细胞内是受到严密调控的，以满足个体发育、生长、衰老、死亡以及对环境适应性反应的需要，因此基因组功能需要在表达水平和翻译水平进行研究，这样就产生了转录组学和蛋白质组学。

（二）转录组学

在基因组时代之前，研究者只能鉴定那些在特定条件下表达发生改变的有限数目的基因。而转录组学研究，是在 RNA 水平对基因表达进行整体性评价，以便了解在某个特定时刻或特定条件下微生物体的哪些基因会表达。早期，主要通过 DNA 芯片（DNA microarray）技术进行转录组分析。但是芯片技术需要准备基因探针，并且无法同时大量地分析组织或细胞内基因组表达的状况，还会漏掉某些未知的、表达丰度不高的基因。随着新一代高通量测序技术发展，现已基本采用 RNA 测序技术（RNA–seq）来研究巨大数量的基因表达水平。该技术首先从生物样本中提取总 RNA，然后进行 mRNA 富集或去除核糖体 RNA，将其逆转录成 cDNA 并构建由接头连接的 cDNA 测序文库，利用新一代高通量测序平台对总 cDNA 测序，通过统计不同 cDNA 小片段读段（reads）数计算出不

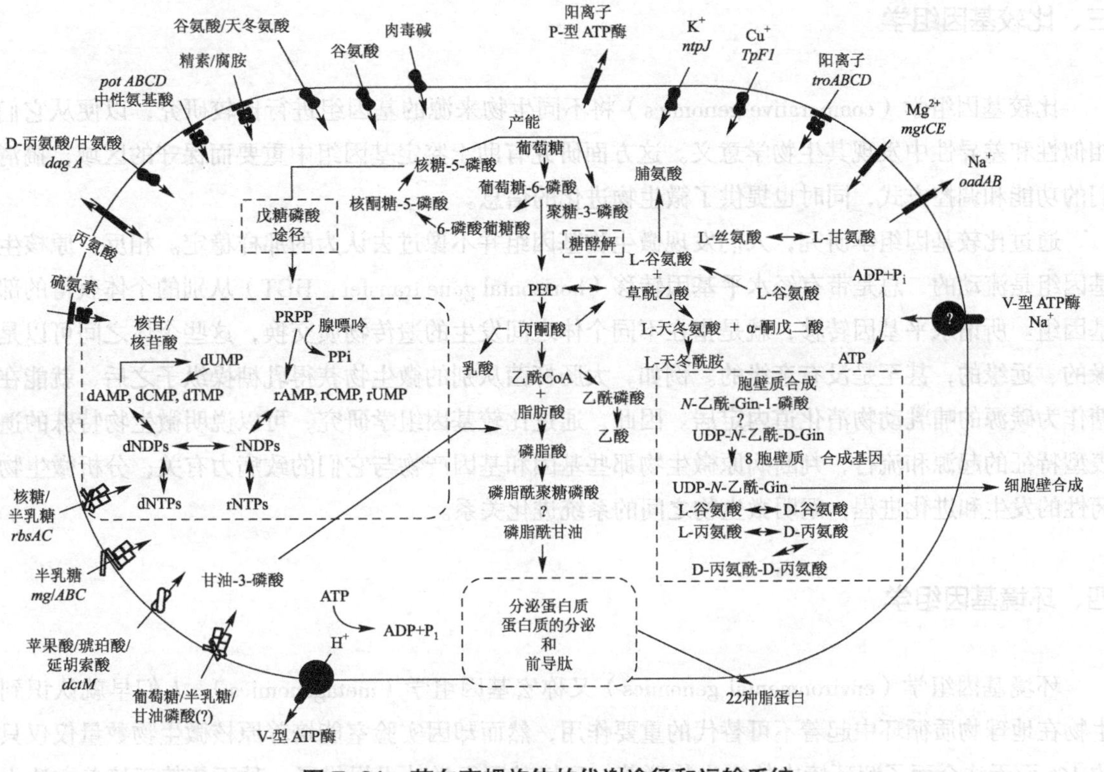

图 7-31 苍白密螺旋体的代谢途径和运输系统

同 mRNA 的表达量，分析转录本的结构和表达水平。如果有基因组参考序列，就可知道不同基因的转录水平。

（三）蛋白质组学

一个生物体所产生的全套蛋白质叫蛋白质组（proteome）。蛋白质组学（proteomics）就是指系统研究在某一特定时间、特定条件下某一微生物产生的所有蛋白质或蛋白质组。由于 mRNA 和细胞蛋白质库之间的直接相互关系并不总是成立，蛋白质组学可以提供 mRNA 所不能提供的一些基因组功能的信息。这是因为 mRNA 不稳定使之有可能检测不到，翻译后的调节也可能决定一个蛋白质是否有活性。对蛋白质的研究也不只是局限于蛋白质的氨基酸序列，而是包括了蛋白质的表达量、蛋白质活性、被修饰的状况以及和其他蛋白质或分子的相互作用情况、亚细胞定位和三维结构等。

目前蛋白质组学分析路线主要有 2 条，一条是先采用二维凝胶电泳（2D-Gel）对蛋白质样品进行分离，然后用胰蛋白酶将分离的蛋白质组分水解成小的肽段，经质谱分析肽段序列从而鉴定出相应的蛋白质。第二条路线是先将微生物蛋白质样品直接变性溶解、除杂，然后用胰蛋白酶水解处理产生肽片段，标记或不标记后，采用 nanoLC-MS/MS 方法，直接将肽片段混合物上样纳升高效液相色谱分离后进入串联质谱（MS/MS）进行肽段序列分析，获得蛋白质信息，因而具有高通量的优势。

三、比较基因组学

比较基因组学（comparative genomics）将不同生物来源的基因组进行比较研究，以便从它们的相似性和差异性中发现其生物学意义。这方面研究有助于鉴定基因组中重要而保守的区域，搞清它们的功能和调控方式，同时也提供了微生物进化的信息。

通过比较基因组学研究，人们发现微生物基因组并不像过去认为的那样稳定。相反，原核生物基因组是流动的，总是带有经水平基因转移（horizontal gene transfer，HGT）从别的个体获得的部分基因组。所谓水平基因转移，就是指在不同个体之间发生的遗传物质交换，这些个体之间可以是亲缘的、远缘的，甚至是没有亲缘的。例如，大肠杆菌从别的微生物获得乳糖操纵子之后，就能在乳糖作为碳源的哺乳动物消化道内定居。因此，通过比较基因组学研究，可以说明微生物特殊的遗传表型特征的起源和流行，判断病原微生物那些基因和基因产物与它们的致病力有关；分析微生物抗药性的发生和进化进程，阐明微生物之间的系统进化关系。

四、环境基因组学

环境基因组学（environmental genomics）又称宏基因组学（metagenomics）。人们早就认识到微生物在地球物质循环中起着不可替代的重要作用，然而却因实验室能培养原核微生物数量仅仅只有约 1% 而无法全面了解环境中的微生物群落。环境基因组学技术提供了一种不依赖于培养方法去研究微生物多样性的途径，可以调查微生物群落以及判明某些类型基因的存在和丰度。一种方法是直接从环境中提取 DNA 碎片，并克隆到质粒载体上，构建一个环境 DNA 碎片文库。另一种方法是以环境中提取的 DNA 碎片为模板，通过 PCR 扩增获得某些基因并进行测序。通常选择原核生物 16S rRNA 基因片段进行测序和分析。

以海洋微生物为例，平均 1 mL 海水就含有 100 万个微生物细胞。人们早就了解到海洋生物量大部分是由海洋微生物组成，海洋微生物光合作用几乎占了全球光合作用的一半，然而却难于研究它们的分类多样性和代谢多样性。Venter 和 Smith 等科学家实施了一项雄心勃勃的环境基因组学研究计划，要测定位于大西洋百慕大附近的 Sargasso Sea 的原核生物多样性。科学家们收集海水，通过过滤去除病毒和大多数真核生物，从处理过的海水中提取 DNA 并制备了一个环境基因组文库，经过 100 多万碱基对测序，再经手工和计算机分析测定序列的相关性，发现至少存在 1 800 个基因组种（genomic species），又称系统型（phylotype），其中约 145 种系统型是未知的，可能代表了新种。

摘 要

细菌转化、噬菌体增殖和病毒重建 3 个实验证明微生物遗传物质是核酸。细菌和病毒 DNA 较小，只有一个复制原点；真核微生物的每一条染色体很长，有多个复制原点。DNA 复制过程中，一条链从核苷酸链 5′ 端向 3′ 端单方向连续合成先导链；而另一条链先合成许多冈崎片段，再连接成后随链。有些病毒、噬菌体以及一些质粒采用滚环复制方式。

基因组是指一种生物体内单套遗传物质的全部遗传基因。染色体指携带细胞功能所必备的基因的遗传单元。原核生物的染色体不含组蛋白，多数为一个双链环状DNA分子形成的单一染色体。真核微生物含多条染色体，每条染色体中含有一个线状DNA分子，上结合有组蛋白。一个细胞的细胞核中如果只有一套染色体，称为单倍体；如果含有两套功能相同的染色体，就被称为双倍体。真核微生物多数是单倍体。质粒是指存在于细菌、真菌等生物的细胞中，独立于染色体以外，能进行自我复制的遗传因子，但是有些质粒既可以整合到染色体上随染色体进行复制，又可以再次游离出来。

原核生物只有一种RNA聚合酶参与基因转录。原核细胞中，几个功能相近或相关的结构基因有序地排列在一起，并被转录在同一个RNA分子上，这种由一个转录控制区和1至多个结构基因组成的一个完整的转录单元称为操纵子。操纵子和它的调节基因共同组成基因调控系统。操纵子包含启动子、转录因子结合位点、操纵基因、结构基因以及终止子。由转录因子结合到DNA上的转录因子结合位点上就启动基因的转录，称为转录的正调节；由阻遏蛋白调控因子结合到DNA上的阻遏蛋白结合位点上，就关闭基因的转录，当阻遏蛋白离开其结合位点解阻遏时，基因转录就启动，称为转录的负调节。大肠杆菌乳糖操纵子中，cAMP主控正调节，乳糖主控负调节。大肠杆菌色氨酸操纵子受色氨酸负调控及衰减子调控。衰减作用是通过改变mRNA二级结构终止RNA合成，从而减少mRNA转录。

真核微生物的一个基因转录单元只有一个结构基因，没有多顺反子。结构基因是不连续的，其中含有一些内含子。启动子由3个单元组成："TATA"框、"CAAT框"，以及"GC框"。真核生物的细胞核中由RNA聚合酶Ⅱ负责催化合成mRNA前体，RNA聚合酶Ⅱ依赖转录因子。成熟mRNA带有一个5′帽结构和一个3′多聚腺嘌呤尾。

基因翻译过程的调控方式有：稀有密码子的调控作用、重叠基因的调控作用、SD序列的调控作用、mRNA二级结构的调控作用和反义RNA的调控作用。

微生物全局性调控作用有：分解代谢阻遏作用、严紧反应、密度感应系统和双组分信号转导系统。

突变包括自发突变和诱变。变量试验和影印实验证明了突变的自发性和不对应性，自发突变还具有频率低、可遗传、随机性和独立性的特点。常用化学诱变剂包括脱氨剂、烷化剂、大型加合物供体、碱基类似物、插入剂、交联剂等；物理诱变剂包括电离辐射、紫外辐射等。突变体的筛选和鉴定方法有：直接筛选方法、间接筛选方法和蛮力筛选方法。艾姆氏试验是一种测试化学物质诱变作用的标准方法，其原理是检验待测试剂或疑似致癌物质能否使营养缺陷型菌株的回复突变增加。

基因重组包括同源重组、位点特异性重组和转座作用。同源重组不需要特定的序列，可以在任何两个具有同源性的DNA分子之间进行重组。位点特异性重组需要在供体和靶分子中包含特定的DNA序列，并且需要特异性地识别这些序列的蛋白质因子催化，重组时发生精确的切割和连接反应，使一个DNA分子或片段被整合到另一个DNA分子中。转座作用是由转座因子参与的DNA重排现象，由转座因子携带的转座酶识别和切割靶序列。

基因在原核生物细胞之间进行转移的主要方式有接合、转化和转导。接合作用由质粒参与DNA的转移。大肠杆菌接合质粒为F质粒，大肠杆菌菌株分成4种类型：细胞内不含F质粒的为

F^-型；含有游离于染色体之外的F质粒的细胞为F^+型；F质粒通过同源重组整合在染色体之中的细胞称为Hfr型；F质粒经过整合以后能够携带着部分染色体DNA再从染色体上游离出来，含有这种带有宿主基因的接合质粒的细胞称为F′型菌株。转化作用是指处于感受态的细胞能从周围环境中摄取游离DNA分子；用$CaCl_2$处理并结合冷刺激可人工诱发大肠杆菌进入感受态。转导由噬菌体参与。普遍性转导中，染色体上的任何基因都可以被转移到受体细胞，有完全普遍转导和流产普遍转导两种结果；在特异性转导中，只有那些靠近溶原化整合位点的染色体基因才能被错误地带到噬菌体的基因组中，有低频转导和高频转导两种。某些真菌存在的准性繁殖是由同种生物两个不同菌株的体细胞发生融合，且不以减数分裂的方式而导致低频率的基因重组产生重组子的现象。噬菌体、转座子和结合转移质粒等可移动遗传元件可进入原核微生物细胞，造成水平基因转移，是细菌和古菌基因重组的重要推动力。细菌和古菌也进化出多种抵抗水平基因转移的机制，以摧毁入侵的外源DNA，维持自身遗传物质的稳定性，如限制性－修饰系统和成簇的规律间隔的短回文重复序列及其相关蛋白系统。

微生物遗传育种包括自然选育、诱变育种、杂交育种、基因工程育种。自然选育就是从微生物自发突变体中发现并从中选择出优良生产性状或符合人们需要的突变体。诱变育种是指利用物理或化学诱变剂处理微生物细胞群，提高其突变频率，从中挑选符合育种要求的突变株。杂交育种是利用两个或多个遗传性状差异较大的菌株，通过有性杂交、准性杂交、原生质体融合等方式，导致菌株间的基因的重组，把亲代的优良性状集中在后代中的一种育种技术。基因工程育种就是按照人们预先设计的蓝图，通过重组DNA技术和（或）基因编辑技术对微生物的遗传物质进行加工和改造，产生符合人类需要的新的遗传特性，定向地创造生物新类型。基因工程菌广泛应用于生产重组蛋白和DNA，以及用作生物反应器，还进一步发展出代谢工程和合成生物学。

基因组学是对生物体所有基因进行集体表征、定量研究及不同基因组比较研究的一门交叉生物学学科。基因组学主要研究基因组的结构、功能、进化、定位和编辑等，以及它们对生物体的影响。基因组学分为三个分支领域：结构基因组学、功能基因组学和比较基因组学。结构基因组学包括基因组测序、基因鉴定及编码蛋白质的三维结构分析。功能基因组学是利用结构基因组学提供的结果和信息，在全基因组水平上分析相关基因的功能。基因组功能需要在表达水平和翻译水平进行研究，产生了转录组学和蛋白质组学。比较基因组学将不同生物来源的基因组进行比较研究，从它们的相似性和差异性中发现其生物学意义。环境基因组学技术通过一种不依赖于培养的方法去研究微生物的多样性，调查微生物群落以及判明某些类型基因的存在和丰度。

思考题

1. 早期科学家是如何证明核酸是遗传的物质基础？
2. 什么是质粒？天然质粒和基因工程中的质粒载体有什么不同？基因克隆质粒载体与基因表达载体有什么不同？
3. 什么叫操纵子？以乳糖操纵子为例，说明操纵子的正调节和负调节作用。
4. 衰减子是怎样调控基因转录的？它与阻遏蛋白的调控方式有何不同？

5. 什么叫稀有密码子的调控作用，在实践中有何意义？
6. 简述用反义核酸抑制病毒的原理、用作基因药物的潜力，以及可能遇到的问题。
7. 什么叫分解代谢阻遏作用，对工业发酵有何指导意义？
8. 双组分信号转导系统是怎样调控基因转录的？试说明其生理意义。
9. 为什么说基因突变是自发性的？
10. 简述 Ames 检测技术的方法和原理。
11. 试述用紫外线进行诱变育种的原理和方法。为什么紫外诱变后菌体要遮光处理？
12. 什么是基因重组？同源重组、位点特异性重组和转座作用有什么区别？
13. 说明大肠杆菌 F^-、F^+、F' 和 Hfr 菌株之间的相互关系，以及它们相互转变的过程。
14. 试说明为什么大肠杆菌 λ 噬菌体参与的特异性转导会有不同的转导频率。
15. 什么是天然条件下的细胞感受态，什么是诱导条件下的细胞感受态？
16. 用细菌和酵母菌进行原生质体融合，在方法上有什么不同，为什么？
17. 什么是细菌限制性 – 修饰系统？它在细胞中的生理功能是什么？它在分子生物学技术中有何应用？
18. 什么是细菌 CRISPR–Cas 系统？它在防御外源 DNA 侵入中的功能与作用原理是什么？它是如何被发展成 CRISPR–Cas9 基因编辑技术的？
19. 从未知基因组信息的微生物菌株中克隆新基因时，为什么建议对原核微生物构建基因组文库、对真核微生物构建 cDNA 文库？
20. 环境基因组学技术为什么能够不依赖于培养的方法去研究微生物的多样性？
21. 设想你从校园附近土壤中分离得到一株赖氨酸发酵生产菌株，经检测该菌株赖氨酸生产能力是目前国内报道菌株生产能力的 50%，为了达到或超过国内现有生产水平，试设计下一步可以采取的各种研究工作方案，请说明所采用研究方案的理由及其所依据的原理。

数字课程学习

教学课件　　在线自测

第八章

微生物生态

微生物生态学（microbiological ecology）是研究微生物群体、微生物区系与其周围的生物和非生物环境条件相互作用关系的科学。微生物生态学研究包括了微生物在某一空间中的组成、分布、特性、相互关系和它们与环境间的相互作用和功能以及微生物对污染环境的修复作用等。

第一节　自然环境中微生物的分布

微生物广泛分布于自然界中，几乎在地球上的任何地方都能够找到微生物。有动植物存在的地方就有微生物的存在；在动植物不能存在的极端环境中也有许多微生物存在，如严寒、高盐碱、高温、高酸、高压和贫营养等环境，把这些在特殊和极端环境下生长的微生物称为极端环境微生物（extrem ophiles）。在土壤、水体和空气 3 种自然环境中，一般情况下，土壤特别是肥沃的土壤中微生物的含量最高，其次水体中微生物的含量较高，空气中的微生物含量相对较低。

一、土壤中的微生物

由于土壤具备了许多微生物生长发育所需要的营养、水分、空气、酸碱度、渗透压和温度等条件，所以土壤是微生物生活的良好环境，是微生物的“大本营”。

一般情况下，潮湿的、温暖的、肥沃和中性的土壤中所含微生物数量较高。尽管不同类型土壤中各种微生物含量的变动很大，但每克土壤的不同微生物组成数量大体上有一个 10 倍系列的递减规律：细菌（$\sim 10^8$）> 放线菌（$\sim 10^7$）> 霉菌（$\sim 10^6$）> 酵母菌（$\sim 10^5$）> 藻类（$\sim 10^4$）> 原生动物（$\sim 10^3$）。由上可知，土壤中所含的微生物数量很大，尤以细菌为最多。据估计，每亩耕作层土壤中，细菌湿重有 90 ~ 225 kg；以土壤有机质含量为2%计算，则所含细菌干重约为土壤有机质的1%左右。土壤微生物的代谢活动，不断改变土壤的理化性质，进行物质转化。土壤的各种颜色的变化除与矿质元素含量有关外，还与微生物的活动有关，如我国东北的黑土地的形成是由于北方冬季寒冷，微生物活动受限，对土壤中的有机质分解缓慢，致使土壤中有机质含量高，土壤呈黑色。

土壤微生物数量和分布还受季节变化的影响，一般而言，冬季气温较低，微生物数量较少；春季气温回升，微生物数量迅速增加；夏季炎热干旱，微生物数量也随之减少；秋季温度适宜，雨水充沛，微生物数量再次迅速上升。

土壤中的微生物的数量和分布在整个土壤中是不均匀分布的。土壤从表层到下层分为好几层，依次是：①有机层（organic horizon）：由黑色的有机碎屑如植物落叶残片所组成，这些碎屑是由微生物，主要是真菌和细菌（如放线菌），对动植物残体进行降解所产生，从碎屑能辨别其来源。②好氧层（aerated horizon）：颜色较淡，由进一步微生物降解形成的有机颗粒与少量岩石上释放的矿物质混合所组成，有机颗粒不能辨别来源，微生物已经降解了植物结构成分如木质素等。有机层和好氧层都充满了氧气和营养物质。③淋漓层（eluviated horizon）：周期性地被雨水饱和，土壤颗粒经历着雨水的淋溶作用，颗粒之间充满着空气，提供微生物所需的氧气，土壤颗粒承载着细菌和真菌等微生物的群落、生物被膜及它们与植物根系相互作用形成的菌状体。④水饱和层（water saturated horizon）：这是一个水饱和的缺氧环境，主要含无机化能微生物和厌氧异养微生物。位于土壤下面的是基岩，科学家们发现，微生物可以穿过基岩，因为在南非金矿地壳深2.8 km处的地壳岩石钻取的岩芯样品中，存在一种无机化能微生物——Candidatus Desulforudis audaxviator细菌群，该菌从周围岩石中具有放射性铀的衰变中汲取能量，U238衰变产生氢自由基，后者再化合形成氢气，并从碳酸岩溶解的二氧化碳中吸取碳，能把来自四周岩石中的氮转变成稳定的和能被生物吸收的化合物，这是首次发现的仅有一个生物体的生态系统。

二、水体中的微生物

地球上的各种水生环境中都生存着相应的微生物。由于不同水域环境中的物理和化学性质（有机物和无机物种类的含量、光照度、酸碱度、渗透压、温度、含氧量和有毒物质的含量）差异很大，使得各种水域中的微生物种类和数量呈现明显的差异。

（一）淡水微生物

在洁净的湖泊和水库蓄水中，有机物含量低，被称作寡营养型水体。寡营养型水体中微生物数量很少（$10 \sim 10^3$个/mL），以化能自养微生物和光能自养微生物为主，如硫细菌、铁细菌和氢细菌等，以及含有光合色素的蓝细菌、绿硫细菌和紫细菌等。也有部分腐生性细菌，如色杆菌属（*Chromobacterium*）、无色杆菌属（*Achromobacter*）和微球菌属（*Micrococcus*）的一些种。真核微生物中也有一些水生性种类，例如水霉属（*Saprolegnia*）和绵霉属（*Achlya*）等。单细胞和丝状的藻类以及一些原生动物常在水面生长，它们的数量一般不大。寡营养型湖泊的营养物质浓度、O_2浓度、光线和温度等在不同水层是不一样的，因而微生物呈明显垂直分布带。上层浅水区阳光充足和溶氧量大，适宜蓝细菌、光合藻类和好氧微生物生长；下层深水区光线微弱、溶氧量少和硫化氢含量高，适宜一些厌氧光合细菌（紫色和绿色硫细菌）和厌氧菌生长；湖底区是严重缺氧的污泥所在处，只有一些厌氧菌生长，如脱硫弧菌（*Desulfovibrio*）、产甲烷菌类群（methanogens）和梭菌（*Clostridium*）等。

流经城市的河水、村落附近的塘水、滞留的池水、富营养化的湖水，以及下水道的沟水，由于流入了大量的人畜排泄物、生活污物和工业废水等，有机物的含量大增，被称为腐败型水体。腐败型水体中微生物尤其是细菌和原生动物大量繁殖，每毫升污水的微生物含量达到 $10^7 \sim 10^8$ 个。其中数量最多的是无芽孢革兰氏阴性细菌，如大肠杆菌、产气肠杆菌（*Enterobacter aerogenes*）和产碱杆菌属（*Alcaligenes*）等，还有各种芽孢杆菌属（*Bacillus*）、弧菌属（*Vibrio*）和螺菌属（*Spirillum*）等的一些种。原生动物有纤毛虫类、鞭毛虫类和根足虫类。在富营养化的湖水中主要是一些蓝细菌。

在自然环境水体中，始终存在着对有机或无机污染物的自净作用。这种水体自净作用除了物理的稀释作用和化学的氧化作用外，但更重要的是各种生物学和生物化学作用，例如各种微生物对有机物的分解作用，原生动物对细菌等的吞噬作用，噬菌体对宿主的裂解作用，以及微生物产生的凝胶物质对污染物的吸附和沉降作用等。

（二）海洋微生物

海洋是地球上最大的水体。海水与淡水最大的差别在于其中的含盐量，海水通常含有 3.5% NaCl。至少 90% 的海洋水体环境温度在 5℃或 5℃以下。此外，不同深度海水水体还存在不同的静水压力，海水每增加 10 m 深度就增加一个大气压力，海洋平均深度约 3 500 m，也就是说海底平均静水压力达 350 个大气压，最深处有的超过 1 000 个大气压。

与海洋水体生态相适应，海洋微生物与淡水中的微生物在耐渗透压能力方面有很大的差别，海洋细菌的耐盐性使其最适宜于生长在含 2%～4% NaCl 的培养基中。海洋微生物在较低的温度条件下可以正常生长。在深海中的微生物具有耐高静水压能力，例如纳米比亚硫黄珍珠菌（*Thiomargarita namibiensis*），就是从非洲纳米比亚附近的海底沉积物中发现的。

由于海洋平均深度约是 4 km，最深处达 11 km，不同海水深处的环境差异要比淡水大得多，因而微生物从海面到海底的垂直分布具有很大的不同，分为以下几个不同区域：①漂浮生物层（neuston），就是水与空气的交界面，非常薄，仅约 10 μm 厚，其微生物含量最高，包括各种藻类和原生动物。②透光区（euphotic zone），在宽阔的海洋从海面到海面以下 100～200 m 的区域，该区域阳光照射，水温相对较高，适合多种海洋微生物生长，存在许多光合作用微生物，但在沿海大陆架（海床 < 200 m）海域，因高含量的泥沙和各种生物的存在起到遮蔽作用，透光区会降低到只有 1 m 深。③无光区（aphotic zone），位于光线能够到达的区域以下，该区域黑暗、寒冷和高压，只有异养微生物和无机化能营养微生物能够生长，在海洋更深处，只有极少数耐压菌才能生长。④沉积物区（benthos），包括海床和海床表面以下的海底沉积物，深海沉积物区曾经被认为缺乏各种生命活动，但现在发现存在大量耐压微生物，包括海底热火山口存在的一些嗜热耐压的微生物群落。海床表面每克沉积物中微生物含量达到 10^8 个，而海床深部每克沉积物中微生物含量也有 10^4 个。在

海底沉积物区，一些古菌在低温、高压条件下将乙酸转化为甲烷，形成了巨大的海底水合甲烷库，水合甲烷又称可燃冰，是现有世界上已知的天然气储量的 8 万倍。

（三）温泉微生物

温泉是水经岩浆增热以后喷涌出来的，温度高于 45℃的为热泉（hot spring），很多热泉温度达到或接近水的沸点温度，有的热泉喷口温度可达 150 ~ 500℃，又被称作沸泉（boiling spring）。海底火山口附近水温可达 350℃或以上。我国著名的云南腾冲温泉有的地方水温可达 97℃。

在温泉中生长着各种嗜热和超嗜热微生物。沿着温泉中心向外流淌，泉水逐渐变冷，形成一个温度逐渐降低的梯度，不同的梯度范围存在不同温度适应性的嗜热微生物。研究发现，在超过 65℃热泉中只生长着原核微生物，在超过 100℃的沸泉中只发现古菌。这些嗜热和超嗜热原核微生物的多样性非常丰富。有的超嗜热微生物纯培养物已获得，呈现各种形态和生理类型，16S rRNA 序列分析比对也显示它们极大的进化多样性。某些超嗜热古菌在实验室条件下需要压力容器中维持沸点以上的温度才能培养。沸泉微生物的生长速率非常快速，已发现有的超嗜热微生物的倍增时间只有 1 h。

含硫丰富的酸性温泉通常 pH 较低，如我国台湾北投青磺泉 pH 1 ~ 2。在这类温泉中存在一些嗜热嗜酸菌，如硫化叶菌属（*Sulfolobus*）。硫化叶菌属是一类嗜热细菌，能够生长在 60 ~ 95℃、pH 1 ~ 5 酸性温泉中。

三、空气中的微生物

空气中缺乏营养物质和充足的水分，还有日光中有害的紫外线照射，因此不是微生物良好的生存场所。然而，空气中还是含有一定数量的微生物。这是由于土壤、人和动植物等物体上的微生物不断随微粒、尘埃和口腔飞沫等形式飘逸到空气中而造成的。有些微生物特别是霉菌孢子具有弹射能力，在空气中飘浮，随着空气的流动到处传播。水体表面溅起的水花也会将微生物带入空气中。

凡含尘埃越多的空气，其中所含的微生物种类和数量也就越多。因此，灰尘可被称作“微生物的飞行器”。一般在畜舍、公共场所、医院、宿舍和城市街道的空气中，特别是人多、空气污浊的地方微生物的含量就高，而在大洋、高山、高空、森林地带、终年积雪的山脉或极地上空的空气中，微生物的含量就极少（表 8–1）。

室外空气中的微生物，主要有各种球菌、芽孢杆菌、产色素细菌及对干燥和射线有抵抗力的真菌孢子等。室内空气中的微生物含量更高，人员走动会促使含微生物尘土飞扬，人体表面和服饰会散发含微生物的微粒，人们讲话唾液飞沫、喷嚏飞沫等可向空气中排放微生物。尤其是医院的病房和门诊间因经常受患者的影响，故可找到多种病原菌。2003 年和 2019 年分别爆发的由冠状病毒引起的非典型肺炎和新冠病毒感染疫情，一个明显特征是家庭聚集和医院聚集，因此推断非典型肺炎和新冠病毒流行特点及方式是人与人近距离飞沫传播，而飞沫接触黏膜是主要传播途径，如开放的黏膜包括鼻腔、口腔和眼结膜等。所以在疾病流行期间，要尽量不去公共场所，即使必须要去也要

表 8-1 不同条件下 1 m³ 空气的含菌量

条件	数量
畜舍	（1～2）× 10^6
宿舍	20 000
城市街道	5 000
市区公园	200
海洋上空	1～2
北极（北纬 80°）	0

（周德庆，1993）

注意佩戴口罩。

空气中微生物是造成发酵工业污染的主要原因。因此，在发酵工厂中，在空气进入发酵罐前要先采用过滤器过滤除掉颗粒较大的微生物。为防止空气中微生物对各种培养基和微生物发酵培养物造成污染，可用棉花、纱布（8 层以上）、石棉和硅胶等过滤空气。

四、生物体内外生存的微生物

（一）人体及动物体的正常微生物菌群

在人类的皮肤和黏膜以及一切与外界环境相通的腔道，如口腔、鼻咽腔、消化道和泌尿生殖道中经常有大量的微生物存在，它们一般是有益无害的微生物，称为正常菌群。人体中的正常微生物多数为细菌，它们存在于与外部环境接触的体腔表面，定居于这些部位的细菌数量巨大，相当于人体细胞的 10 倍。

一般情况下，正常菌群与人体保持着一种平衡状态，宿主为正常微生物菌群提供一个温暖、潮湿和营养丰富的环境，正常微生物为宿主提供一个防止致病菌定居的环境，并合成许多可被宿主利用的维生素（烟酸、硫胺、核黄素和维生素 K 等）。正常菌群内部的各种微生物之间也相互制约，从而维持相对的稳定。正常菌群的种类与数量，在不同个体间有一定的差异，在同一个体不同部位的微生物正常菌群也不一样。如皮肤上以表皮葡萄球菌（*Staphylococcus epidermidis*）为主，咽喉部以 α 型链球菌居多，大肠内则各种拟杆菌（*Bacteroides*）和大肠杆菌占优势。所谓正常菌群，实际上是相对的、可变的和有条件的。当机体防御机能减弱时，例如皮肤大面积烧伤、黏膜受损、机体着凉或过度疲劳时，一部分正常菌群会成为致病菌。有一些正常菌群由于其生长部位的改变，也可引起疾病。例如，因外伤或手术等原因，大肠杆菌进入腹腔或泌尿生殖系统，可引起腹膜炎、肾盂肾炎或膀胱炎等症。还有一些正常菌群由于某些外界因素的影响，使其中各种微生物间的相互制约关系被破坏，也能引起疾病。如长期服用抗生素后，由于肠道内对药物敏感的细菌被抑制，而不敏感的白色假丝酵母（*Candida albicans*）或耐药性葡萄球菌等就会乘机大量繁殖，从而引起病变。这就是通常所说的菌群失调症。凡属正常菌群的微生物，由于机体防御性降低、生存部位的改变或因数量剧增等情况而引起疾病的微生物，称为条件致病菌（opportunist pathogen）。

（二）植物体微生物菌群

与动物体表面存在着大量正常菌群一样，在植物体表面和体内也存在着大量的微生物。

1. 根际微生物（rhizosphere microbe）

由于植物根系经常向周围的土壤分泌各种外渗物质（糖类、氨基酸和维生素等），因此，在根际有大量微生物活动着，有细菌、放线菌、真菌、藻类和原生动物等。根际微生物的种类受植物的种类和植物的发育阶段所影响。一般根际微生物数量比根际外多几倍至几十倍。这些微生物大量聚集在根系周围，将有机物转变为无机物，为植物提供有效的养料；同时，微生物还能分泌维生素、生长刺激素等，促进植物生长，如吲哚乙酸和赤霉素等。植物也分泌杀害或抑制微生物生长的物质，是造成不同植物的根际微生物组成和数量不同的原因之一。有时人们又将那些自由生活在土壤或附生于植物根系的一类可促进植物生长及其对矿质营养的吸收和利用，并能抑制有害生物的有益细菌称作植物根际促生菌（plant growth promoting rhizobacteria，PGPR）。已鉴定出多种 PGPR 菌株，其中主要种类包括芽孢杆菌属（*Bacillus*）、假单胞菌属（*Pseudomonas*）、黄杆菌属（*Flavobacteria*）、固氮菌属（*Azotobacter*）、固氮螺菌属（*Azospirillum*）、肠杆菌属（*Enterobacter*）、欧文氏菌属（*Erwinia*）、哈夫尼菌属（*Hafnia*）、沙雷氏菌属（*Serratia*）、产碱菌属（*Alcaligenes*）、节杆菌属（*Arthrobacter*）、黄单胞菌属（*Xanthomonas*）、克雷伯氏菌属（*Klebsiella*）和慢生型根瘤菌属（*Bradyrhizobium*）等。

2. 附生微生物（epibiotic microbe）

附生微生物一般指生活在植物体表面，主要借其外渗物质或分泌物质为营养的微生物。叶面微生物是主要的植物附生微生物。一般每克新鲜叶表面约含 10^6 个细菌，也存在少数的酵母菌和霉菌，而放线菌则极少。叶面微生物对植物的生长发育和人类的实践有着一定的关系，例如，在各种成熟的浆果表面有大量糖质分泌物，因而存在着大量的酵母菌和其他附生微生物。当果皮损伤时，附生微生物就乘机进入果肉引起果实腐烂。在用葡萄等原料进行果酒酿造时，其表面的酵母菌也成了良好的天然接种剂。

3. 内生微生物（endophytic microbe）

内生微生物是指其生活史的一定阶段或全部阶段生活于健康植物的各种组织和器官的细胞间隙的微生物。可通过组织学方法，或从严格表面消毒的植物组织中分离，或从植物组织内直接扩增出微生物 DNA 的方法来证明其内生。以往人们往往忽视了植物健康组织存在微生物的现象，近年来，研究者不断从各种植物的不同器官和部位分离了许多的微生物种类。实际上许多植物体内的微生物是能定殖于植物细胞间隙并与植物建立和谐关系。有的可以产生促进植物生长或作为联合固氮菌起到固氮的作用，如内生真菌和固氮细菌；有的内生微生物可增强植物抗性免受其他的病原微生物的侵害，如从健康的甘薯植株分离的尖孢镰孢菌（*Fusarium oxysporium*）接种甘薯苗可以防止引起萎蔫的甘薯镰孢菌（*F. bulbigeum*）的侵染。但也有很多内生微生物在一定时期成为植物病原，对植物造成伤害，如小麦种子萌发时侵入的小麦腥黑粉菌（*Tilletia foetida*）病原菌，在小麦生长期为内生菌，在麦穗分化时侵染整个子房形成菌瘿。

五、自然环境中未培养微生物及其研究方法

早期研究自然环境中的微生物群落和组成是通过获得纯培养而进行的。但后来人们认识到能够在实验室被培养的微生物种数很少，例如被培养细菌仅占自然界中存在细菌种数的1%左右，用传统的纯培养研究不能正确认识特定生态系统中的微生物群落多样性的程度和起重要作用的特异种属。人们把那些在自然环境中能够生长但不能在实验室培养的微生物称作未培养微生物（uncultured microbe）。为了准确认识自然界的微生物群落，需要发展一些新的研究方法，以便能够了解自然界中未能培养的大量微生物类群。

（一）染色方法

1. DNA 染色法

通常是将环境中所取得的微生物样品用荧光染料（例如核酸荧光染料DAPI）染色后，观察其中的微生物。由于只有细胞中核酸经染色在荧光显微镜下发出荧光，可有效排除其他颗粒的干扰和影响，因而不需要进行纯培养。将这种方法所获得的细胞数目与常规的平板计数方法相比较，就可以发现自然界存在大量活的微生物，但不能够被人工培养出来。

2. 荧光原位杂交技术

荧光原位杂交技术（fluorescence *in situ* hybridization FISH）可用来识别自然界微生物群落中的特定微生物种属及微生物的生态位置。其做法是选取所感兴趣微生物的16S rRNA（原核微生物）或18S rRNA（真核微生物）中的一段具有种属特异性的寡核苷酸序列作为探针，用荧光染料标记，通过一定的杂交技术，与环境中微生物细胞的染色体DNA原位杂交，借以观察是否存在该类微生物。

（二）分子生物学方法

1. 宏基因组法

该法直接将环境样品中所有微生物的DNA提取出来，制备DNA文库，进行测序分析。该法研究的是环境样品所包含的全部微生物的遗传组成及其群落功能，侧重于揭示微生物种群的结构、某些基因的功能活性、微生物之间的相互作用以及微生物与环境的关系。

2. 小亚基 rRNA 法

该法使用靶向定位于古菌、细菌和真核微生物的小亚基rRNA基因的特异性引物，通过PCR方法直接从土壤、水或其他天然样本材料中扩增原核微生物16S rRNA或真核微生物18S rRNA基因，获得一定数量的DNA片段供测序使用。一旦DNA测序完成，就可与各种数据库中已知微生物的rRNA序列进行比对，鉴定出占据特定小生境的微生物种属。由于所鉴定的微生物没有分离并进行个体研究，因而被称作系统型（phylotype）。

六、微生物组与合成微生物群落的构建

微生物学上把在一定区域里，或一定生境里，各种微生物种群相互松散结合，或有组织紧凑结合的一种结构单位称作微生物群落（microbial community）。有人将词“micro（微生物）”和“biome（生物群落）”合并，提出了“microbiome”一词，以表示特征性的微生物群落，中文又常将此翻译成微生物组。微生物组（microbiome）就是指包括所有微生物（细菌、古菌、真核微生物以及病毒）、它们的基因（组）及其周围环境条件在内的整个栖息地。这样，微生物组不仅包括微生物群落，也包括它们的活动场所，即微生物产生的各种结构分子（如DNA）、代谢产物，以及微生物与其共生宿主和周围环境条件互作产生的分子。2007年由美国主导、有多个欧盟国家及日本和中国等十几个国家的科学家合作启动了“人类微生物组计划”，这是继人类基因组计划之后的又一规模更大的DNA测序计划。项目第一阶段（2007—2013年）通过构建人类不同器官中微生物宏基因组图谱，证明了寄生在人体内的微生物是人类生物学不可或缺的一部分；在项目第二阶段（2014—2019年），通过对不同健康状况人群（怀孕和早产群体、炎症性肠病患者和2型糖尿病患者）的微生物组和宿主进行分析，探索微生物组和宿主的时间动态变化，揭示了不同健康状况下的微生物-宿主互作影响，证实了微生物组对人类健康和发展的重要性。人类微生物组计划有力推动了微生物组研究，使之发展成为一个热门的前沿研究领域。在研究动植物体上共生或致病微生物的生态群体时，还常使用微生物菌群（microbiota）一词，它通常是指特定环境中存在的所有生活的微生物的集合，但不包含噬菌体、病毒、朊病毒、类病毒、质粒和游离DNA等。微生物群落栖居在整个地球上，在生物地球化学过程、农业、生物技术和人类健康等方面起着至关重要的作用。环境微生物的群落结构及多样性和微生物的功能及代谢机理是微生物生态学的研究热点。

早期，人们对于微生物群落的认识多基于传统微生物学方法，并结合生物化学、分子生物学和遗传学等方法，分析群落中可培养微生物分布与功能所获得的知识。利用单个已知微生物模式菌株在实验室条件下开展的研究并不能反映与自然环境相关的微生物群落行为。混合微生物群体的宏基因组和转录组测序技术的发展，使得人们已能够以不依赖于人工培养方式大规模定量分析微生物群落的组成、功能和动态变化。

随着对微生物群落组成、功能和相互作用认识的深入，人们尝试进行合成微生物群落构建，以使其在密闭的和限定的生物反应器内，以及开放的和自然的环境中执行更复杂、更富有挑战性的功能。合成微生物群落构建就是指运用人工合成的方法精确添加微生物群落中各成员的比例与数量，以改变或构建环境微生物群落，应用于改善人类健康、农业生产、生物发酵与环境污染等领域。

在医学健康领域，合成微生物群落被用于疾病预防与治疗。如在正常情况下，人体肠道存在大量微生物菌群，依据它们对人类健康的影响被分为益生菌、中性菌和有害菌。肠道菌群通过不同微生物之间及其与宿主之间的相互作用，在人体肠道内形成动态平衡的微生物生态系统，以应对饮食、药物及其他环境因素的扰动。肠道微生物组紊乱与人体消化道炎症、免疫系统疾病、代谢失调疾病、抑郁症、消化道以及其他各器官肿瘤等多种疾病的发生密切相关。因此，人们尝试通过调控肠道微生物组以实现对以上疾病的干预与治疗。如通过服用肠道益生菌（如乳酸菌等）及其制品（如酸奶等）、粪菌移植等途径治疗肠道疾病。有报道称，利用17株梭菌合成的菌群施用于成年小

鼠，发现具有缓解结肠炎与过敏性腹泻的效果，基于该合成菌群的治疗缓解人类炎症性肠病菌群药剂已进入临床研究。

在农业领域，人们通过改善田间土壤中的微生物群落，以增强作物生长和抗病能力。例如，随着植物的生长，土壤中会积累一些不利于植物生长的物质，向土壤中添加能够降解这些物质的微生物，可以改善土壤环境、改变微生物群落，有利于植物生长。有报道在花生栽培时，向土壤中添加真菌枫香拟茎点霉（*Phomopsis liquidambari*）分解土壤中积累的黄酮和酚酸类物质，可有效促进花生生长。向土壤中施加抗病微生物巨大芽孢杆菌（*Bacillus megaterium*），也可以改变微生物群落有利于水稻生长并降低水稻穗腐病的发生。

七、微生物资源的保护与开发利用

大量研究表明，微生物资源与其生存环境息息相关。在那些原始的环境，微生物与环境及其他生物在长期进化中形成了特定的生态系统。不同的原始环境必然有不同的特定微生物群落。因此原始环境对于研究微生物的种类和系统进化就具有特别重要的意义。原始环境遭到破坏的直接后果必然导致大量未知菌死亡、常见菌存活、微生物群落单调化。在受污染地区，有毒物质大量增加，微生物种类更会剧烈减少，剩下的必然是那些对有毒物质有抗性的微生物，微生物组成和群落更加单调化。因此人类对生态环境的保护，不仅是对动物和植物多样性的保护，也是对微生物多样性的保护。

在微生物资源中，极少部分已经被人类发现、分离、鉴定、命名和保藏，这一类可培养的微生物菌种资源由世界各国的菌种保藏中心、部门或地方、学校和科研单位的保藏机构或实验室保藏，这类微生物菌种资源仅占微生物物种资源的 1% 左右，自然环境中存在大量未培养微生物。在那些人类已认识的微生物菌种资源中，被开发利用的还不到 0.1%。由于微生物资源具有极其丰富的多样性和易培养等特点；微生物资源可广泛应用于工业、农业、医药、能源、食品和环保等广阔领域；微生物是生物技术的基础，是基因工程的载体，开发和利用微生物资源过去是，将来还将继续是微生物学工作者的一项重要任务。

微生物资源的保护与开发利用包括微生物资源的调查、样品采集、菌种分离纯化、菌种鉴定和性能测定等。当前微生物资源的开发利用的主要趋势是：

1. 开发未培养微生物资源

大多数天然微生物在营养培养基中可培养性太低、不能被分离纯化的缺陷严重地制约了对微生物资源的研究和开发利用。纯培养技术的局限性已经成为研究微生物自然生态和多样性的主要瓶颈。目前很多微生物学家采用多种策略和手段来解决增强微生物可培养性的问题，如自然原料培养和添加特殊生长因子培养等。因此，需要大力发展未培养微生物的培养技术研究，在这个领域的任何一点突破，都将带来大量新微生物物种的发现和分离，并为更好的开发利用它们奠定基础。

2. 开发新生境中微生物资源

很多以往人类未涉足或涉足较少的特殊生态环境，存在着极其丰富的微生物资源宝藏，一直以来是新发现微生物或新开发微生物资源的重要源泉之一。如从极端环境中筛选耐热或耐冷、耐极端酸或碱、耐高压或耐辐射等极端微生物资源，它们在工业上有着广泛的潜在用途。以往人类由于受技术条件和认识水平所限，对海洋微生物资源特别是深海微生物的资源的了解和开发利用不够，现在这方面研究已经取得新的进展。例如，在百慕大群岛附近的马尾藻海中，发现了 1 800 多种新的海洋微生物，以及 121 万余种科学界此前从未见过的基因，超过以前所有数据库所列微生物种基因的总数，其中全新的基因多达 7 万余种，约为人类基因数目的 2 倍。

3. 开发新型功能性微生物

微生物丰富多彩的代谢类型和环境适应性为开发微生物资源奠定了物质基础，但是否能从自然环境中筛选到所需要的微生物不但是一项细致和艰辛的工作，而且还取决于筛选方法，设计和选择合适的筛选模型是筛选到特定功能性微生物的前提，方法上的创新才能获得具有新的功能性的微生物。如研究证明微生物产生的组织蛋白酶 K 是参与骨胶原降解的主要酶，是治疗骨质疏松症的重要分子靶标，以该酶为靶点就成为筛选抗骨质疏松新药的模型。近几十年来环境污染问题日益严重，人们就从污染严重的土壤中采样，以特定的有机污染物作为指示剂，筛选分离获得各种降解有机污染物的土壤修复菌。

第二节　微生物间及与其他生物间的相互关系

生物间的相互关系是既多样又复杂，通常以种群的相互作用表现出来。这种作用不仅在种群之间可以发生，而且在种群内部也可以发生。

一、中性关系

中性关系（neutralism）表明两个微生物种群之间或微生物种群与其他生物间缺乏相互作用。中性关系不可能在微生物群落中具有相同或相似功能的种群之间发生，而只能在代谢类型相差极大的种群之间存在。在空间上相互分离，或在低密度、寡营养、不利于生长繁殖的环境中（如低温、冷冻、干燥的环境），或处于休眠的微生物种群之间才可能出现中性关系。

二、互生关系

所谓互生关系（synergism），是指两种可以单独生活的生物，当它们生活在一起时，通过各自的代谢活动而有利于对方，或偏利于一方的一种生活方式。

（一）微生物间的互生关系

在微生物间，尤其在土壤微生物间互生现象是极其普遍的。例如，当好氧性自生固氮菌与纤维分解细菌生活在一起时，后者因分解纤维素而产生的有机酸可供前者用于固氮，而前者所固定的有机氮化物则可满足后者对氮素养料的需要。又如，氧化乙酸脱硫单胞菌（*Desulfuromonas acetoxidans*）和一种绿硫细菌（*Chlorobium* sp.）生活在一起时，前者向后者提供氢供体，而后者则以氢受体供应给前者（图 8-1）。

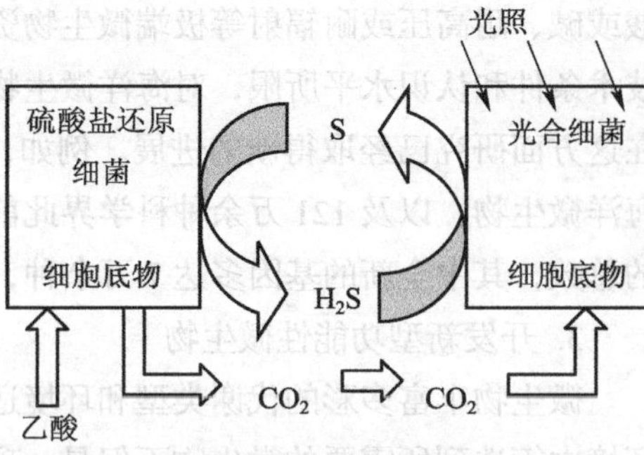

图 8-1 氧化乙酸脱硫单胞菌与一种绿硫细菌的互生机理

（二）动植物与微生物间的互生关系

例如人体的大肠中经常生活着 60 ~ 400 种不同的微生物，在一个人的肠道中，占粪便干重三分之一的是细菌，总数约 100 万亿个。据研究，大肠杆菌可在肠道中合成若干种维生素供人体利用。新几内亚人以甜薯作为其主粮（占食物的 80% ~ 90%），而甜薯是含蛋白质极低的食物。可是，当地人的蛋白质供应似乎并不缺少。经研究，发现其肠道内生活着一种能在厌氧条件下进行固氮的肺炎克雷伯氏菌（*Klebsiella pneumoniae*），它们固定的氮素可通过肠壁进入血流，以补充人体蛋白质的不足。

植物根际微生物和植物表面的一些微生物与植物之间产生互生关系。如根际微生物在根际的大量繁殖，强烈地影响植物的生长发育。主要为：①改善了植物的营养条件。根际微生物的代谢作用加强了土壤中有机物的分解，改善了植物营养元素的供应，由微生物代谢中产生的酸类也可促进土壤中磷等矿质养料的供应。在根际生活的某些固氮细菌，如固氮螺菌属（*Azospirillum*）等，可为植物提供氮素养料。②分泌植物生长刺激物质。根际微生物可分泌维生素和植物生长素类物质，例如，固氮菌可分泌氨基酸、酰胺类物质、多种维生素（B_1，B_2，B_{12} 等）和吲哚乙酸等。③分泌抗生素类物质，以利于植物避免土居性病原菌的侵染。④根际微生物有时也会对植物产生有害的影响，例如，当土壤中碳氮比例较高时，它们会与植物争夺氮、磷等营养；有时还会分泌一些有毒物质，抑制植物生长。

三、共生关系

所谓共生关系（symbiosis），是指两种生物共居在一起，相互分工协作、相依为命，甚至达到难分难解、合二为一的一种相互关系。

（一）微生物间的共生关系

微生物与微生物间共生的最典型例是子囊菌和藻共生而形成的地衣（lichens）。在地衣中的真菌称为地衣共生菌，一般为子囊菌（ascomycetes），而以藻类或蓝细菌为共生藻，最常见的是念珠藻（*Nostoc*）。其中的藻类或蓝细菌进行光合作用，为真菌提供有机营养，而真菌则可以产生有机酸去分解岩石中的某些成分，为藻类或蓝细菌提供所必需的矿质养料。这种互利共生的显著特征是其具有固定的形态结构和代谢类型，使得地衣成为专一的种属名称。

（二）微生物与植物间的共生关系

1. 根瘤菌

根瘤菌（*Rhizobium*）和豆科植物的共生固氮是微生物与植物间共生的典型。共生固氮是豆科植物利用根瘤菌属微生物的特点，解决了生长必需的氮素来源。有些非豆科植物例如桤木属（*Alnus*）、杨梅属（*Myrica*）和美洲茶属（*Ceonothus*）等植物也产生共生固氮的根瘤，但其根瘤内的微生物是弗兰克氏菌属（*Flankia*）放线菌。共生固氮菌对农业增产具有重大的实际意义。在农业上种植豆科植物（又叫绿肥，如苜蓿等）可使土壤肥沃并可提高间作或后作植物的产量。利用根瘤菌制成的根瘤菌肥料对植物种子进行拌种，可使作物明显增产。

2. 菌根菌与菌根

菌根（mycorrhiza）是真菌与植物根以互惠关系建立起来的共生体。菌根共生体可以促进植物吸收磷、氮和其他矿物质。95% 的各种类型维管植物的根都存在有菌根这种共生关系。菌根分为两大类，外生菌根和内生菌根（图 8–2）。外生菌根的真菌在根外形成鞘套，少量菌丝进入根皮层细胞的间隙中；内生菌根的菌丝体主要存在于根的皮层中，在根外较少。内生菌根又分为两种类型，一种是有隔膜真菌形成的菌根，如兰花属（*Cymbidium*）植物根部形成的菌根。另一种是无隔膜真菌形成的菌根又称为 VA 菌根，能够形成丛枝状的细胞核泡囊，即“泡囊 – 丛枝菌根”（vesilular-arbuscular mycorrhiza）。

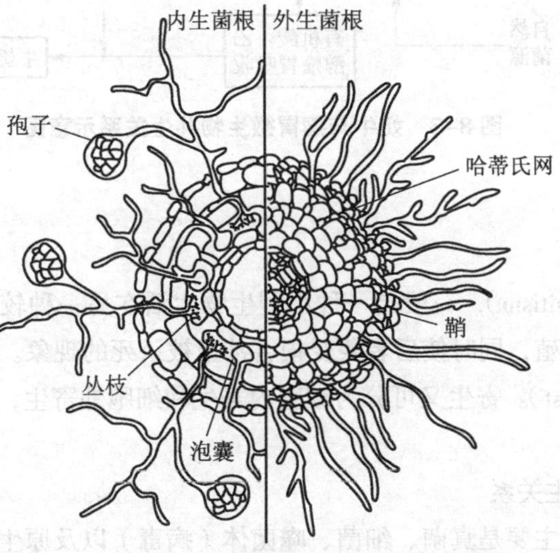

图 8–2 植物的内生菌根和外生菌根的横切面图解

（三）微生物与动物间的共生关系

微生物与动物间共生的例子很多。白蚁可吞食木材和纤维质材料，却不能分泌水解纤维素的消化酶。在白蚁的后肠中至少生活有 100 种原生动物和微生物（已鉴定的有 30 多种），这些类群多数具有水解纤维素的水解酶。它们的数量很多，这类生活在共栖宿主的细胞外或组织外的生物称为外共生微生物（ectosymbiont）。另一类是内共生（endosymbiosis），即细胞内共生。蚜虫的体细胞质中含有蚜虫巴克纳氏菌（*Enterobacteriaceae buchnera*），在成熟蚜虫的身体中有数以百万的这种细菌。这种菌向宿主提供氨基酸，特别是色氨酸，如果用抗生素处理会导致蚜虫的死亡。这类生活在共栖宿主细胞内的微生物被称作内共生微生物（endosymbiont）。

反刍动物（ruminant）与其瘤胃微生物之间也是共生关系。牛、羊等食草反刍动物的胃由瘤胃、网胃（蜂巢胃）、瓣胃和皱胃四室组成。当采食时，富含纤维素的饲料经唾液拌和后未经充分咀嚼即经口腔和食管而进入瘤胃。经暂时贮存和瘤胃细菌发酵后，进入网胃。网胃内壁有许多网状的褶裂和细小的角质乳突，可将食物磨碎和分成小团，再呕回口中重新咀嚼。食物也可从瘤胃直接经食道呕回口中。经重新咀嚼再进入瘤胃的食物，就顺着网胃进入重瓣胃。重瓣胃因具有叶状纵瓣和无数角质乳突，可将食物进一步磨细。最后进入皱胃，通过皱胃所分泌的胃消化液，可将食物尤其是其中大量的瘤胃微生物菌体进行消化。因此，反刍动物为瘤胃微生物提供了纤维素形式的养料、水分、无机元素、合适的温度、pH和厌氧环境；而瘤胃微生物则通过其分解纤维素的活动产生大量有机酸供瘤胃吸收，并将其生长繁殖产生的大量菌体蛋白以单细胞蛋白形式提供给反刍动物做养料（图 8-3）。

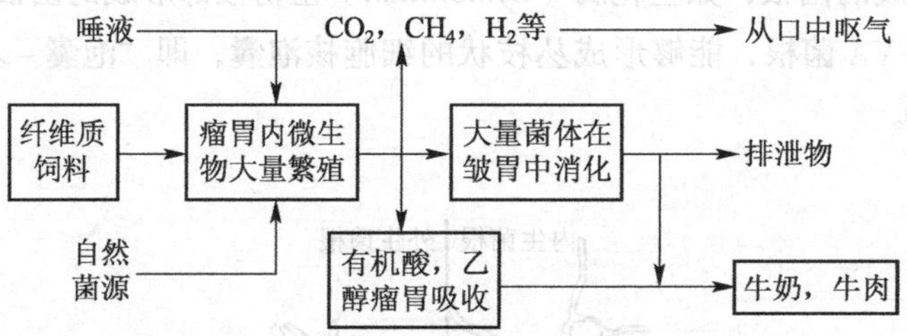

图 8-3 奶牛与瘤胃微生物共生关系示意图

四、寄生关系

所谓寄生关系（parasitism），一般指一种小型生物生活在另一种较大型生物的体内或体表，从中取得营养和进行生长繁殖，同时使后者蒙受损害甚至被杀死的现象。前者称为寄生物（parasite），后者称作宿主或宿主（host）。寄生又可分为细胞内寄生和细胞外寄生，或专性寄生和兼性寄生等。

（一）微生物间的寄生关系

微生物间的寄生关系主要是真菌、细菌、噬菌体（病毒）以及原生动物等之间的寄生关系。发现最多的是病毒对各种微生物的寄生，如寄生大肠杆菌的各种噬菌体。Stolp 等（1962 年）在研究菜豆叶烧病病原细菌——菜豆生假单胞菌（*Pseudomonas phaseolicola*）的噬菌体时，发现了一种可寄生于细菌的小型弧菌，名为蛭弧菌（*Bdellovibrio*）。

（二）微生物与植物间的寄生关系

微生物寄生于植物的例子是极其普遍的，各种植物病原体都是寄生物，又称植物病原微生物。一般植物病原微生物分为专性寄生、半专性寄生、腐生 3 种类型。专性寄生微生物对宿主的专化性强，并且大部分是活体寄生，与共生菌的区别在于专性病原菌虽要求宿主植物是活体，但会对植物体造成危害，如引起植物的叶片黄化、落叶、植株矮化和不结实等病症，例如白粉菌（*Erysiphe*）、霜霉菌（*Peronosproa*）和植物病毒等。半专性寄生微生物是指微生物在某个生育周期寄生在植物体内，引起病变或不引起病变，而在某个时期能独立存活，如引起禾本科植物黑粉病的黑粉菌（*Ustilage*）类等。腐生病原微生物在当植物表面发生创伤时，它会乘机侵入、繁殖对植物造成伤害，如胡萝卜软腐欧文氏菌（*Erwinia carotovora*）是由于机械伤口和虫伤侵染而引起白菜腐烂。

（三）微生物与动物间的寄生关系

研究得最深入的是寄生于人类和高等动物的各种病原微生物，如细菌、放线菌、酵母菌、霉菌和病毒。病原微生物分为外源性感染病原微生物和内源性感染病原微生物（又称为条件致病菌），外源性感染病原微生物来源于宿主体外，通过以下不同传播途径而感染：如水流传播（甲肝病毒等）、空气传播（流感病毒等）、接触传播（多种病原微生物）、血液传播（乙肝病毒等）、母婴传播（艾滋病病毒等）、动物昆虫交叉传播等。

也有各种病原微生物寄生于昆虫，例如细菌、真菌和病毒。由于大多数昆虫对人类有害，因此可利用昆虫病原微生物作为微生物杀虫剂，减少化学农药造成的环境污染，例如苏云金芽孢杆菌（*Bacillus thuringiensis*）等细菌杀虫剂、白僵菌（*Beauveria bassiana*）等真菌杀虫剂，以及各种病毒杀虫剂等。当然，寄生于昆虫的真菌也有形成名贵中药的，如冬虫夏草（*Cordyceps sinensis*）等。

五、拮抗关系

拮抗关系又称为抗生关系（antagonism），系指由某种生物所产生的某种代谢产物可抑制他种生物的生长发育甚至杀死它们的一种相互关系（图 8–4）。在一般情况下，拮抗多指微生物间的抑制关系，但有时因某微生物的生长而引起的其他条件改变（如缺氧、营养物质被占用和 pH 改变等）

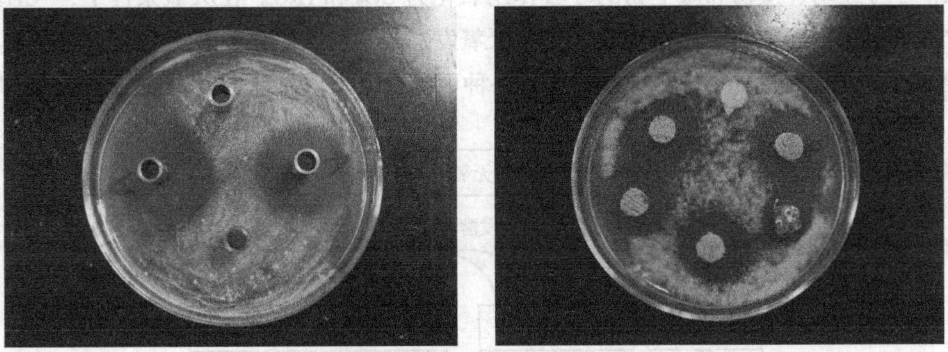

A　　B

图 8–4　微生物之间的拮抗现象

A. 一种芽孢杆菌产生的细菌素对茄子黄萎病菌的拮抗作用

B. 5株放线菌的菌丝琼脂块对黄瓜枯萎病菌的拮抗作用

抑制他种生物的现象也称拮抗。例如，在制造泡菜和青贮饲料过程中的乳酸菌，由于能产生大量乳酸而抑制其他腐败微生物生长发育。微生物能产生拮抗作用的物质种类很多，如抗生素、低相对分子质量的脂肪酸（包括乳酸）、无机酸（硫酸、硝酸等）、氧气、醇类、细菌素和嗜铁素等。

六、捕食关系

捕食关系又称猎食关系（predatism），是指一种较大型的生物直接捕捉、吞食另一种小型生物以满足其营养需要的相互关系。在微生物间的捕食关系主要是原生动物吞食细菌和藻类的现象。还有一类是真菌捕食线虫和其他原生动物的现象，它们所产生的菌网、菌枝、菌丝、菌环和孢子等都可以黏捕线虫。自然界中捕食性真菌有20个属50个种以上，在农业线虫的生物防治上已有部分菌种被应用于试验或正在发挥作用。

第三节 微生物在自然界物质循环中的作用

在自然界中，微生物在各种元素循环中担当重要角色。可以说，整个生物圈要获得繁荣昌盛的发展，其能量来源主要依赖于太阳，而其元素来源则主要依赖于微生物所推动的物质循环。

一、碳素循环

在自然界的碳素循环中，微生物发挥着重要的作用。微生物的作用就是把有机物中的碳元素尽快矿化和释放，从而使生物界处于一种良好的碳平衡环境中。从图8-5可以看出，在有氧条件下，CO_2和H_2O经蓝细菌、藻类和绿色植物的光合作用生成O_2和“CH_2O”（表示糖类）。在好氧条件下，“CH_2O”可经动、植物和微生物的呼吸作用氧化为CO_2和H_2O。在厌氧条件下，“CH_2O”可经发酵而产生醇类、有机酸类、H_2和CO_2，这些厌氧发酵产物可通过呼吸而氧化成CO_2和H_2O，也可通过严格厌氧的产甲烷菌而转化成CH_4，还有一种可能途径是埋在地层下而逐渐变成化石燃料并进

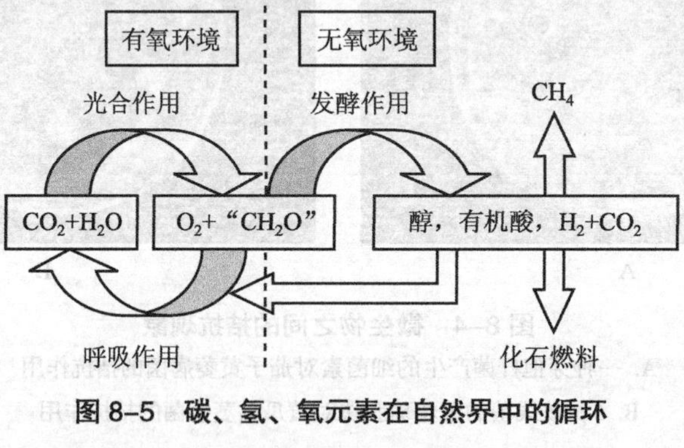

图8-5 碳、氢、氧元素在自然界中的循环

一步得到长期保存（图 8–5）。

据估计，地球上有 90% 的 CO_2 是靠微生物的分解作用而形成的。经光合作用固定的 CO_2 中，大部分以聚糖或木质素的形式累积在木本和草本植物躯体中，如纤维素、半纤维素、淀粉、果胶和木质素等。其中纤维素、半纤维素和木质素等不易降解，是秸秆等农林废弃物的主要成分。植物残体在土壤中是靠土壤中一些特殊的微生物来分解，如没有微生物的作用，地表早就覆盖了一层厚厚的植物落叶和残体。能分解木质素的主要微生物是担子菌非褶菌类群的真菌，例如层孔菌属（*Fomes*）、多孔菌属（*Polyporus*）和云芝属（*Polystictus*）等一些菌种。分解纤维素的微生物有真菌、放线菌、细菌和原生动物等，但真菌的分解能力特别强，包括一些子囊菌和担子菌等。例如真菌中的无隔担子菌如 *Polyporus* spp. 和伞菌目（Agaricales）的一些种，木霉属（*Trichoderma*）和漆斑菌属（*Myrothecium*）的一些种等；细菌中的黏球生孢噬纤维菌（*Sporocytophaga myxococcoides*），以及放线菌中的链霉菌属（*Streptomyces*）等。能分解半纤维素的主要是真菌和一些放线菌，真菌在分解半纤维素的开始阶段较为活跃，后期主要靠放线菌的作用。能够分解半纤维素的真菌遍布于真菌的各个类群中，其数量大大超过能分解纤维素的真菌。开发能高效降解利用纤维素、半纤维素和木质素的微生物，是微生物转化秸秆生产燃料乙醇的关键，在造纸工业水污染防治方面也有重要意义。

二、氮素循环

由于氮在整个生物界中所处的重要地位决定了氮素循环是各种元素循环的中心。微生物又是整个氮素循环的中心，尤其是一些固氮微生物几乎是整个生物圈氮素营养的来源。

氮主要存在于大气中，约占大气的 78%。氮以水溶性的无机盐（铵盐、亚硝酸盐和硝酸盐）形式参与循环。有机含氮物在自然界中的含量很少。以腐殖质形式存在的复杂有机物，在一般的气候条件下分解极其缓慢，故其中的氮素很难释放和重新被植物所利用。

在自然界的氮素循环转化过程中，微生物起着关键的作用，其作用原理如下（图 8–6）：

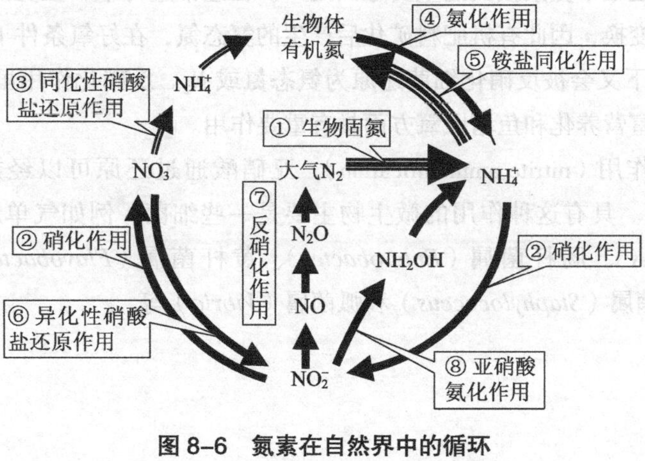

图 8–6　氮素在自然界中的循环

双线箭头表示微生物与植物的共同作用，三线箭头表示生物固氮循环中的重要环节

① 生物固氮作用（biological nitrogen fixation）。在使用化肥之前，微生物固氮是整个生命圈中一切生物的氮素来源。据联合国粮农组织（FAO）1995 年粗略估计，全球每年由生物固定的氮约 2×10^6 t，约占全球植物需氮量的 3/4。

② 微生物的硝化作用（nitrification）。即在土壤或水体中的氨态氮经化能自养细菌的氧化，而成为硝酸态氮的过程，分两个阶段：第一阶段由亚硝化细菌（例如亚硝化单胞菌属 *Nitrosomonas*、亚硝化螺菌属 *Nitrosospira*、亚硝化球菌属 *Nitrosococcus* 和亚硝化叶菌属 *Nitrosolobus*）把氨氧化为亚硝酸；第二阶段由硝酸化细菌（例如硝化杆菌属 *Nitrobacter*、硝化球菌属 *Nitrococcus* 和硝化刺菌属 *Nitrospina* 等）将亚硝酸氧化为硝酸。硝化作用在自然界氮素循环中是不可缺少的一环。

③ 同化性硝酸盐还原作用（assimilatory nitrate reduction）。指生物利用硝酸盐作氮素营养源还原成 NH_4^+ 后再被用于合成各种含氮有机物的过程，包括植物和多数微生物均可以利用硝态氮和铵态氮合成有机态氮。

④ 氨化作用（ammonification）。即含氮有机物经微生物的分解产生氨的作用。含氮有机物的种类很多，主要是蛋白质、尿素、尿酸和几丁质等。氨化作用提供氮素营养在农业上十分重要。施入土壤中的各种动植物残体和有机肥料，包括绿肥、堆肥和厩肥等都富含含氮有机物，它们须通过各类微生物的作用，尤其须先通过氨化作用才能成为植物能吸收和利用的氮素养料。

⑤ 铵盐同化作用（assimilation of ammonium）。由所有绿色植物和许多微生物进行的以铵盐作为营养，合成氨基酸、蛋白质、核酸和其他含氮有机物的作用。

⑥ 异化性硝酸盐还原作用（dissimilatory nitrate reduction）。指硝酸离子作为呼吸链的末端电子受体从而被还原为亚硝酸的反应。有时亚硝酸还可进一步通过亚硝酸氨化作用（nitrite ammonification）而产生氨或进一步通过反硝化作用（denitrification）产生 N_2、NO 或 N_2O。

⑦ 反硝化作用（denitrification），又称脱氮作用。广义的反硝化作用是指由硝酸还原成 NO_2^- 并进一步还原成 N_2 的过程，因而把异化性硝酸盐还原作用也包括在内。狭义的反硝化作用仅指由亚硝酸还原成 N_2 的过程。反硝化作用一般只在厌氧条件下，例如在淹水的土壤或死水塘（pH 自中性至微碱性）中发生。少数异养和化能自养微生物可进行反硝化作用。

反硝化作用是使土壤中氮素损失的重要原因之一。在经常进行干和湿变换的水稻田中，土壤常在好氧和厌氧状态下变换，因此有机肥料矿化后产生的氨态氮，在好氧条件下被硝化细菌氧化为硝酸态氮，在厌氧条件下又会被反硝化细菌还原为氨态氮或 N_2。反硝化作用虽然对农业不利，但在水体脱氮、避免水体富营养化和鱼塘厌氧方面具有重要作用。

⑧ 亚硝酸氨化作用（nitrite ammonification）。亚硝酸通过还原可以经羟氨而转变成氨，这就叫亚硝酸氨化作用。具有这种作用的微生物主要是一些细菌，例如气单胞菌属（*Aeromonas*）、芽孢杆菌属（*Bacillus*）、肠杆菌属（*Enterobacter*）、黄杆菌属（*Flavobacterium*）、诺卡氏菌属（*Nocardia*）、葡萄球菌属（*Staphylococcus*）和弧菌属（*Vibrio*）等。

三、硫素循环

硫素循环类似于氮素循环，其循环如图 8–7。

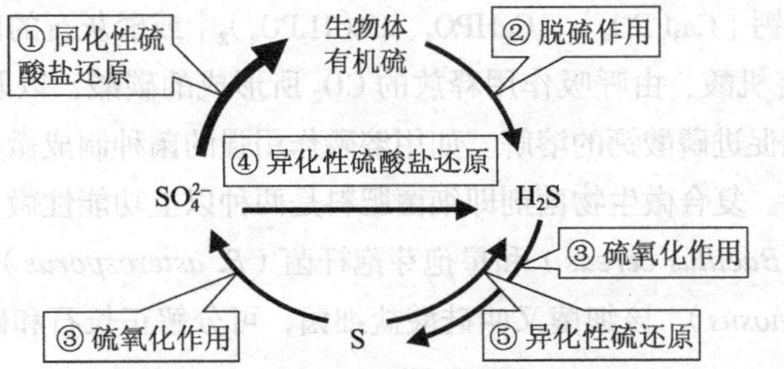

图 8-7　硫素在自然界中的循环

粗箭头表示植物与微生物共同进行的反应

① 同化性硫酸盐还原作用（assimilatory sulfur reduction）。由植物和微生物引起，可把硫酸盐转变成还原态的硫化物，然后再固定到蛋白质等成分中（主要以巯基形式存在）。

② 脱硫作用（desulfuration）。指在厌氧条件下，通过一些腐败微生物的作用，把生物体的蛋白质或其他含硫有机物中的硫矿化成 H_2S 的作用。

③ 硫氧化作用（sulfuroxidation）。在好氧条件下，H_2S 可由贝日阿托氏菌属（*Beggiatoa*）和发硫菌属（*Thiothrix*）等细菌氧化成硫或硫酸，游离的硫还可被硫杆菌属（*Thiobacillus*）的一些种氧化成硫酸。而在厌氧条件下，H_2S 可被光合细菌绿菌属（*Chlorobium*）的一些种氧化成硫，或被着色菌属（*Chromatium*）的一些种氧化成硫酸。这两类硫的氧化作用都称硫氧化作用。

④ 异化性硫酸盐还原作用（dissimilatory sulfate reduction）。在厌氧条件下，硫酸可通过脱硫弧菌属（*Desulfovibrio*）和脱硫肠状菌属（*Desulfotomaculum*）等细菌还原成 H_2S。

⑤ 异化性硫还原作用（dissimilatory sulfur reduction）。硫通过脱硫单胞菌属（*Desulfomonas*）等的一些菌还原成 H_2S 的过程。

微生物还与硫矿的形成，地下金属管道、舰船和建筑物基础的腐蚀，铜和铀等金属的细菌沥滤以及农业生产等都有着密切的关系。在农业上，由微生物硫化作用所形成的硫酸，不仅可作为植物的硫素营养源，而且还有助于土壤中的磷、钾、钙、锰和镁等营养元素的溶解，对农业生产有促进作用。

四、磷素循环

在生物圈中，磷元素是比较稀缺的。在中性和碱性条件下，由于磷酸中的磷易被两价金属离子（Ca^{2+}、Mg^{2+}）和铁离子（Fe^{3+}）所沉淀，使其含量更趋下降。

磷的转化与农业生产关系密切。磷是肥料三要素之一，在长期施用氮肥的土壤中，磷肥尤为重要。土壤中常含有较大量的、植物无法利用的有机磷化物或难溶的含磷无机物，它们必须经过微生物的分解才能转变为可被植物吸收的磷酸盐状态。微生物在自然界磷素循环中所起的作用见图 8-8。

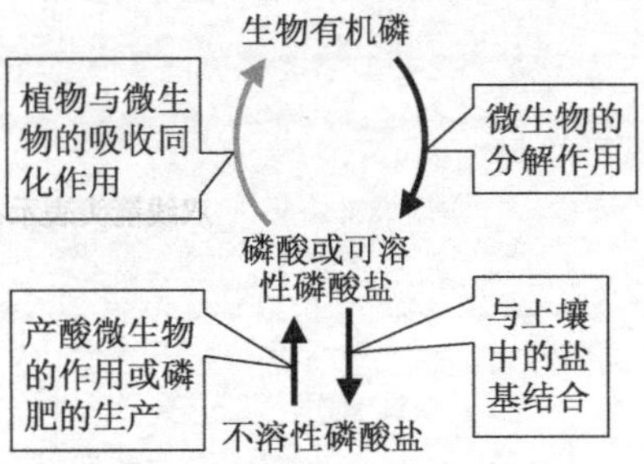

图 8-8　磷素在自然界中的循环

能溶解土壤中磷酸钙［$Ca_3(PO_4)_2$、$CaHPO_4$、$Ca(H_2PO_4)_2$］或磷灰石的微生物较多，主要因为在其生命活动中产生的有机酸、由呼吸作用释放的 CO_2 所形成的碳酸，以及由硝化细菌和硫化细菌产生的硝酸和硫酸都能促进磷酸钙的溶解。如用溶磷作用强的菌种制成微生物制剂施用于农田可提高土壤中有效磷的含量。复合微生物菌剂即细菌肥料是两种以上功能性微生物复合配制而成的，如解磷的腊质芽孢杆菌（*Bacillus cereus*）和星孢芽孢杆菌（*B. asterosporus*）；解钾的胶质类芽孢杆菌（*Paenibacillus mucilaginosus*），该细菌又叫硅酸盐细菌，可分解正长石和磷灰石等，释放钾和磷的可溶性离子供植物吸收。

五、铁素循环

铁在地壳中的含量极其丰富，但其中只有小部分参与自然界中铁元素的循环。铁的循环主要是微生物在无机物或有机物中存在的铁离子（Fe^{3+}）与亚铁离子（Fe^{2+}）间进行氧化还原反应。

将 Fe^{2+} 氧化为 Fe^{3+} 的反应是在有氧条件下进行的，化能自养的铁细菌，例如丝状并有鞘套的纤发菌属（*Leptothrix*）、泉发菌属（*Crenothrix*）和单细胞杆状菌属（*Gallionella*）都能把产生的 $Fe(OH)_3$ 分泌到细胞外而沉积在鞘套或菌柄上。另一类化能自养的硫氧化细菌氧化亚铁硫杆菌（*Thiobacillus ferrooxidans*）也能氧化一种结晶态的硫化亚铁——黄铁矿粒而产生硫酸和 Fe^{2+}，并进一步把 Fe^{2+} 氧化成 Fe^{3+}。Fe^{3+} 在厌氧条件下可被某些微生物还原成 Fe^{2+}，其循环过程如图 8–9。

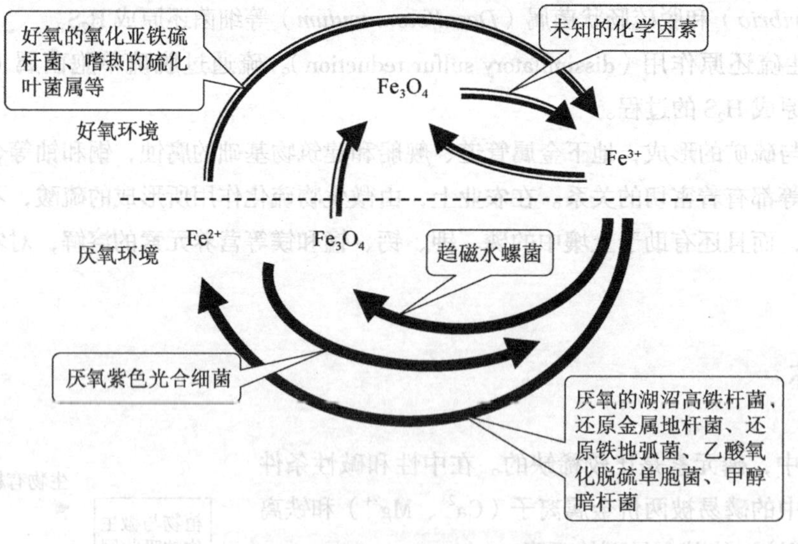

图 8–9 铁素在自然界中的循环

双线箭头表示在好氧条件下反应，单线箭头表示在厌氧条件下反应

第四节 微生物与环境污染

微生物与环境污染之间存在以下3方面关系：微生物可能作为污染物存在引起环境污染；微生物可以指示环境污染的存在程度；微生物可以参与环境污染的修复。

一、微生物引起的环境污染

对人和生物有害的微生物可能污染环境，危害人类健康和生态系统。

（一）大气微生物污染

大气中常常存在微生物污染的现象：如许多微生物寄生在人和动物体内，可从呼吸道排出，直接污染大气；也可随排泄物（如痰液、脓汁或粪便等）排出而进入地面，随灰尘飞扬，间接污染大气。土壤中的微生物附着在尘埃颗粒上，飘浮空中，也可造成大气微生物污染。

微生物污染空气，可使空气成为传播呼吸道传染病的媒介，造成某些传染病的流行。此外，空气中的微生物还会污染食品，使之腐败变质。上述由于微生物污染，大气环境质量恶化，生物生存、人体健康和人类活动受到影响或危害的现象，称为大气微生物污染。

（二）水体微生物污染

致病微生物进入水体，或某些藻类大量繁殖，使水质恶化，直接或间接危害人类健康或影响渔业生产的现象，称为水体微生物污染。水体的病原体主要来自人畜粪便和污水。

水体微生物污染，特别是饮用水源的病原菌污染可给人类带来巨大的灾难。例如，霍乱病患者的粪便处理不当，可通过多种途径污染食物和饮用水源，导致霍乱病传播。1991年1月秘鲁发生霍乱暴发流行，并蔓延至中美洲和南美洲各国，共出现病例104万个，致死近万人。事后流行病学调查发现，这次霍乱暴发流行的病因是饮用水消毒不彻底，其中含有霍乱弧菌。防治水体微生物污染的主要措施有：①加强污水处理，主要是加强医院、畜牧场、屠宰场禽蛋厂和生活污水的处理。这类污水只有达标后才允许排放。②加强饮用水消毒处理，保证生活饮用水符合水质标准。

某些藻类在水体大量繁殖导致水质恶化是由于水体富营养化所引起。水体富营养化作用是指大量氮和磷等营养物质进入水体，使水中藻类等浮游生物旺盛增殖，从而破坏水体生态平衡的现象。在未受污染前，水体中存在着大量的微生物种群，种群之间关系密切，各具特性。生物群体的特点是种类较多，每个种的个体数量较少。水体受污染后，生物群体的种数减少，存活种的个体数量增加。污染严重时，往往只能看到少数种，但其个体数量很大。由于优势藻所含的色素不同，水体可呈现蓝、红、棕和乳白等不同颜色。

赤潮（又称红潮，red tide）是在富营养化海域中一些浮游生物暴发性繁殖所引起的水色异常现象，主要发生在近海海域。在海洋中形成赤潮的藻类很多，现已查明有60多种。主要藻种多属甲藻类，引起赤潮发生的优势藻类有甲藻有裸甲藻属（*Gmnodinium*）、膝沟藻属（*Gonyaulax*）、原甲藻属（*Prorocentrum*）和多甲藻属（*Peridinium*）等。赤潮发生时，甲藻数目可达 5×10^4 个 /mL，使局部海水呈现甲藻的颜色。占优势的藻类不同，赤潮的颜色也不同。例如，夜光藻等形成的赤潮呈红色，绿色鞭毛藻大量繁殖时呈绿色，硅藻多时则呈褐色。2012 年 4 月初，中国深圳南澳海面出现较大面积赤潮，靠近岸边的海面变成赤红色，受污染的海面约有一个足球场大，海面上漂浮着大量垃圾，海水泛着阵阵恶臭，经检测为夜光藻大量繁殖所引起。

水华（又称水花，water bloom）是在富营养化淡水中主要由蓝细菌、绿藻和硅藻等暴发性繁殖所引起的生态现象；也有部分的水华现象是由浮游动物——腰鞭毛虫引起。“水华”发生时，水一般呈蓝色或绿色。淡水中“水华”造成的最大危害是：饮用水源受到威胁，藻毒素通过食物链影响人类的健康。藻毒素还对鱼类有毒杀作用。藻类大量死亡后，在腐败和被分解的过程中，使水体严重恶臭。江苏太湖 2007 年 5 月初曾因富营养化而致大规模蓝细菌爆发，使依赖太湖水源的无锡市自来水遭污染，周边地区民众饮水发生严重困难。

要防止水体富营养化，必须控制营养物质（主要是磷和氮）进入水体。要加强水体生态的管理，合理施肥，防止肥料进入河道，禁止生活污水和工业废水的直接排放。对二级处理出水进行深度处理，以去除氮和磷营养物。

（三）土壤微生物污染

一个或几个有害的微生物种群，从外界环境侵入土壤，大量繁衍，破坏原来的动态平衡，对人体健康或生态系统产生不良影响的现象，称为土壤微生物污染。

造成土壤微生物污染的污染物主要是未经处理的粪便、垃圾、城市生活污水、饲养场和屠宰场的污物等。其中危险性最大的是传染病医院未经消毒处理的污水和污物。传染性细菌和病毒污染土壤后，不仅可对人体健康产生严重危害，而且还可危害畜牧业和作物生产。

土壤并非是病原微生物生存的适宜环境。病原微生物在土壤中的存活时间，受土壤有机质种类与数量、pH、温度和日照等因素影响。一般而言，无芽孢杆菌存活时间为几小时至数月，芽孢杆菌则能存活更长时间。病毒易吸附于土壤颗粒内而延长存活时间。

土壤中病原体危害人类的主要途径有：①人体排出的病原体直接或经施肥和污灌污染土壤，在被污染的土壤上种植蔬菜瓜果，人体与污染土壤接触或生吃这些蔬菜瓜果而感染致病（人—土壤—人途径）。②患病动物排出病原体污染土壤，然后感染人体（动物—土壤—人途径）。③自然土壤中存在致病菌，人体与土壤接触而感染得病（土壤—人途径）。

防治土壤微生物污染的主要措施是，对人畜粪便和污水污泥进行灭菌处理，或经微生物高温堆肥发酵处理，再作肥料使用。

（四）微生物代谢产物的污染

微生物代谢产物造成环境污染的有以下几种。

1. 细菌毒素

细菌内毒素是在动物循环系统内释放时才产生毒效，因此，在环境中存在的内毒素一般无大危险，而产生外毒素的细菌则具危险。主要外毒素有白喉毒素、破伤风毒素、气坏疽毒素、霍乱肠毒素、肉毒梭菌毒素和葡萄球菌肠毒素等。

肉毒梭菌毒素（botulin）是由肉毒梭菌（*Clostridium botulinum*）所产的外毒素。肉毒梭菌广泛存在于土壤、淤泥和粪便中。肉毒梭菌可侵染水果、蔬菜、鱼、肉、罐头和香肠等食品。我国发生的肉毒毒素中毒多数由植物性食品如家制发酵食品臭豆腐、豆酱和豆豉等引起。肉毒梭菌毒素是已知毒性最强的一种剧毒神经毒素，1 mg 结晶的 A 型肉毒梭菌毒素能毒死两千万只小鼠，1 μg 肉毒梭菌毒素能使人致死。肉毒梭菌毒素对热极不稳定，各型毒素在 80℃经 30 min 或 100℃经 10～20 min 可完全被破坏。肠道中蛋白分解酶不能分解此毒素。

葡萄球菌肠毒素系金黄色葡萄球菌产生的外毒素。金黄色葡萄球菌多存在于皮肤和动物鼻咽道及口腔中。产肠毒素的金黄色葡萄球菌与其他金黄色葡萄球菌不同，后者所产毒素在肠中不起作用。葡萄球菌肠毒素是一类可溶性的多肽化合物，其中 A 型毒素的毒性最强。一般摄食 1 μg 就能引起中毒，所以 A 型毒素引起的食物中毒最常见。葡萄球菌肠毒素耐热，在 100℃以上亦不失其毒性；但葡萄球菌毒素引起的食物中毒一般不导致死亡。

2. 真菌毒素

真菌毒素（mycotoxin）是指以霉菌为主的真菌代谢活动所产生的毒素。至今已发现的真菌毒素达 300 种。其中毒性最强者有黄曲霉毒素、棕曲霉毒素和展青霉素等，主要污染食物及饲料。

黄曲霉毒素 B_1 能使动物致癌，它耐高温，至 200℃亦不破坏；高压灭菌 121℃下经 2 h 仅破坏 1/4～1/3，4 h 破坏 1/2。紫外线照射亦不能破坏此毒素。黄曲霉毒素耐酸性和中性，只有在 pH 9～10 的碱性条件下可被迅速分解。次氯酸钠和氯气等可使之破坏。我国粮食卫生标准（GB 2715–2005）是：玉米、花生油、花生及其制品不得超过 20 μg/kg；大米及其他食油不得超过 10 μg/kg。

镰刀菌毒素也是一种严重的真菌毒素，如粮食和饲料中常见的脱氧雪腐镰刀菌烯醇（简称 DON），主要存在于麦类赤霉病的病麦粒中，人误食含 DON 的赤霉病麦后即出现中毒，多数在 1 h 内出现恶心、眩晕、腹痛、呕吐和全身乏力等症状，少数伴有腹泻、流涎、颜面潮红和头痛等症状。

3. 藻类毒素

在海洋中藻类毒素可在贻贝和蛤体中积累，而人食之可中毒，其毒性急，短期（2～12 h）可以致死。

淡水中产毒素的常为蓝藻。在藻中研究较多的仅有微囊藻属、鱼腥藻属和束丝藻属三个属中的某些种所产的毒素。如铜锈微囊藻所产毒素为一种小分子环肽化合物，称为微囊藻快速致死因子。蓝藻主要使鱼类、家畜和水鸟类等致死。对人类，此类毒素虽不致死，但可引起皮炎、肠胃炎和呼吸失调等症状。

（五）酸性矿水

黄铁矿和斑铜矿等无机矿床内含有硫化铁，矿山开采后暴露于空气之中，由于化学氧化和微生物作用使矿水变酸，一般 pH 为 2.5～4.5。在这种酸性条件下，只有耐酸微生物能够生存繁殖。例如氧化硫硫杆菌（*Thiobacillus thiooxidans*）能使硫氧化为硫酸，氧化硫亚铁杆菌（*Ferrobacillus sulfooxidans*）与氧化亚铁杆菌（*Ferrobacillus ferroxidans*）能将硫酸亚铁氧化为硫酸高铁。通过这些细菌的作用，加剧了矿水的酸化，有时能使 pH 下降到 0.5。这种酸化了的矿水随水渗漏或顺河道传播，污染农田、水渠与河流，可破坏自然生态生物群落，毒害鱼类，影响人类生活。

（六）甲基汞

在微生物的作用下，汞、砷、镉、碲、硒、锡和铅等重金属离子，均可被甲基化而生成毒性很强的甲基化合物，例如甲基汞化合物。从 1953 年到 1960 年，日本水俣湾的渔民先后有 116 人因食用含汞的鱼和贝而发生不可逆转的中毒，其中有 43 人死亡。经查是因为上游的氯乙烯工厂排放含汞污水在环境中被微生物转化为甲基汞所致。

二、微生物对环境污染的指示作用

微生物可以作为环境污染的指示生物（indicator organism），如在环境卫生监测上往往以大肠菌群作为检测水体污染的一个指标。由于致病菌在水体中存在的数量比较少，检测技术比较复杂，因此常常不是直接检测水中的致病菌，而是选用间接指标即粪便污染指标的指示菌——大肠菌群作为代表。大肠菌群（coliform group）是指一群与大肠杆菌相似的好氧或兼性厌氧的革兰氏阴性无芽孢杆菌，能发酵乳糖产酸产气，包括埃希氏菌属、柠檬酸杆菌属（*Citrobacter*）、肠杆菌属（*Enterobacter*）和克雷伯氏菌属（*Klebsiella*）等。这是由于大肠菌群在水中存在的数目与致病菌呈一定的正相关，抵抗力略强，易于检查等特点，作为水体受粪便污染的指标菌最为理想。若检出有大肠菌群的存在，说明水体被粪便污染，亦即有被致病菌污染的可能性，预示该水体在微生物学上是不安全的。只有在特殊情况下才直接检验水中的病原菌。同时也可以通过检测水中的细菌总数来反映水体被细菌污染的状况。

我国现行饮用水卫生标准（GB 5749–2022）规定：细菌总数 1 mL 的自来水不得超过 100 个，大肠菌群数 100 mL 水中不得检出。水体受到粪便污染时，细菌总数和大肠菌群数会相应增加。一般认为，1 mL 水中，如果细菌总数为 10 ~ 100 个为极清洁水；100 ~ 1 000 个为清洁水；1 000 ~ 10 000 个为不太清洁水；10 000 ~ 100 000 个为不清洁水；多于 1 000 000 个为极不清洁水。水中微生物的含量对该水源的饮用价值影响很大。一般认为，作为良好的饮用水，其细菌含量应在 100 个 /mL 以下，当超过 500 个 /mL 时，即不适合作饮用水了。对饮用水来说，更重要的指标是其中微生物的种类。

水体中大量厌氧和兼性厌氧细菌及原生动物的生长是水体被有机物特别是生活污水严重污染的标志。同样水体的富营养化现象，即大量蓝细菌和藻类的生长是水体被氮和磷等营养元素污染的体现。

淡水水体中藻类作为指示生物的作用更为明显，如水体严重污染的指示藻类有绿色裸藻（*Euglena viridis*）、静裸藻（*E.caudata*）和小颤藻（*Oscillotoria tenuis*）等；指示水体中等污染的藻类有被甲栅藻（*Scenedesmus armatus*）、四角盘星藻（*Pediastram tetras*）和环绿藻（*Ulothrix zonata*）等；指示清水的藻类有簇生竹枝藻（*Draparnaldia glomerata*）。

三、微生物对环境污染的修复作用

生物修复是指利用特定的生物（主要是微生物）吸附、转化、清除或者降解环境污染物，实现环境净化和生态效应恢复的生物措施。采用的微生物可以是土著的或者外源功能强的微生物，进行人工添加到污染环境中。生物修复的特点是将污染物部分或者全部转化为微生物菌体，或者通过代谢作用转变成对环境稳定的末端产物（如 CO_2 和 H_2O 等）。生物修复的优点是费用小，能最大限度地降低环境污染物的浓度，可以用于其他技术难以应用的地方，可同时处理污染的土壤和水体。但是生物修复具有一定的局限性，不能清除所有的污染物，且受环境条件（如温度、湿度和 pH 等）影响。

微生物在环境污染修复中的主要应用领域如下：

（一）微生物处理废水的原理和应用

用微生物处理和净化废水的过程，实际是在废水处理装置这一小型人工生态系统内，利用不同生理和生化功能微生物间的协同作用而进行的一种物质循环过程，即利用微生物的吸附、转化和降解的活性清除污水中的污染物。如何明确水体污染程度和制定处理后水体的排放标准，采用以下指标。

1. 水处理指标

生化需氧量（biochemical oxygen demand，BOD）：是指在 1 L 待测水样中所含的一部分易氧化的有机物，在 20℃、5 昼夜条件下微生物对其氧化分解时，所消耗的水中溶解氧毫克数（单位为 mg/L），常用 BOD_5（5 日生化需氧量）来表示。我国对地面淡水环境质量标准的规定为：BOD_5 值一级水 < 2 mg/L，二级水 < 3 mg/L，三级水 < 4 mg/L，若 BOD_5 值 > 10 mg/L 时表示水已严重污染，鱼类无法生存。

化学需氧量（chemical oxygen demand，COD）：是指 1 L 待测水样中所含的有机物在强氧化剂将其氧化后，所消耗水中溶解氧的毫克数（单位为 mg/L）。常用的氧化剂是 $KMnO_4$。测定化学需氧量的方法比测定生化需氧量的方法更为快速和简便。

总需氧量（total oxygen demand，TOD）：指待测水样中的能被氧化的物质（主要指有机物）在高温下燃烧变成稳定氧化物时所需的氧量。

溶解氧量（dissolved oxygen，DO）：是指溶于水体中的分子态氧的量。DO 值的大小是水体能否进行自净作用的关键指标。天然水的 DO 值一般为 5 ~ 10 mg/L。我国规定地面水水质的合格标准为 DO > 4 mg/L。

总有机碳含量（total organic carbon，TOC）：指水体内所含有机物中的全部有机碳的量。可通过把水样中的所有有机物全部氧化成 CO_2 和 H_2O，然后测定生成 CO_2 的量进行计算。

2. 废水处理过程简介

废水处理过程一般包括三级处理（图 8–10A）。一级处理是利用物理方法沉降、过滤除去水不溶性的颗粒物质。二级处理是采用各种生物方法除去水中有机物质（图 8–10B，C）。首先是采用好氧微生物使有机物降解，有机物一方面被分解、利用，释放 CO_2，同时又导致微生物自身生长繁

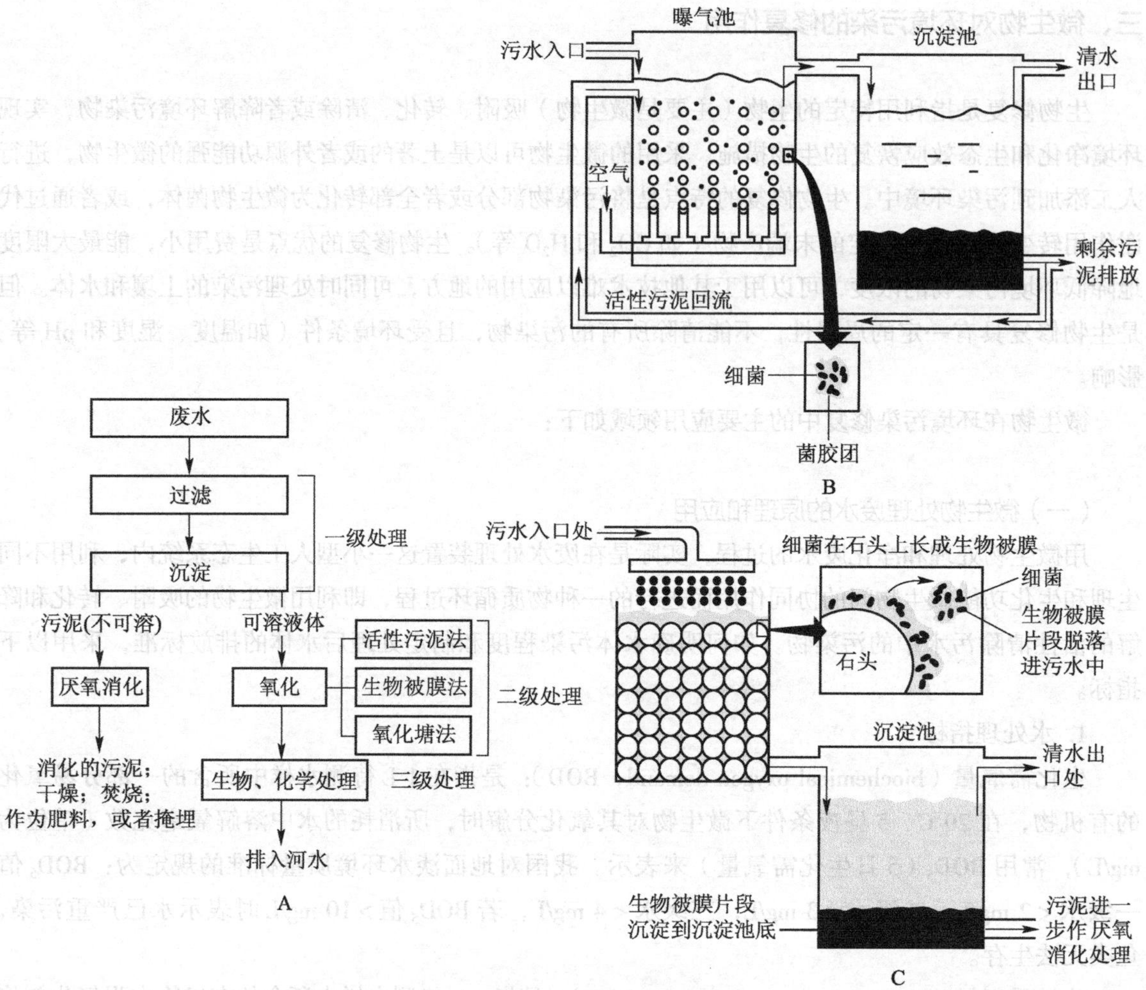

图 8–10 废水处理示意图

A. 三级处理流程 B. 活性污泥处理 C. 生物被膜处理

殖,形成活性污泥或生物被膜的增长部分(剩余活性污泥或生物被膜)。然后再采用厌氧微生物处理方法,对来自好氧微生物处理产生的活性污泥或生物被膜以及一级处理过程中产生的颗粒状有机物进一步处理,使复杂的有机化合物被降解,转化为简单和稳定的化合物,其中大部分以甲烷(CH_4)的形式出现,这是一种可燃气体,可回收利用。同时,仅少量有机物被转化而合成为新的生物体的组成部分。三级处理是利用化学和生物的方法将经前面两级处理后的水中存在的各种无机物质、重金属和难降解的有机污染物质(如多氯二苯)去除,包括加氯气消毒,因其价格昂贵,一般污水处理只进行前两步,经检测达到标准后排放。下面重点介绍二级处理过程中常用的一些好氧微生物处理法和厌氧微生物处理法。

3. 废水好氧微生物处理法

(1)活性污泥处理法

活性污泥处理法(activated sludge process)是利用某些微生物在生长繁殖过程中形成表面积较

大的菌胶团（zoogloea）来大量絮凝和吸附废水中悬浮的胶体或溶解的污染物，并将这些物质摄入细胞体内，在氧的作用下，将这些物质同化为菌体本身的组分，或将这些物质完全氧化为 CO_2 和 H_2O 等物质。这种具有活性的微生物菌胶团或絮状泥粒状的微生物群体即称为活性污泥。以活性污泥为主体的废水处理法就叫活性污泥处理法（图 8-10B）。

活性污泥的微生物由细菌、霉菌和原生动物等组成。在活性污泥中，细菌以菌胶团的形式存在，它是一个相当复杂的微生物群落。虽然一种活性污泥中也许只有一种或几种菌占优势，但是，要有效地处理废水，还需要菌胶团中多种微生物的相互配合。

（2）生物被膜处理法

生物被膜处理法（biofilm treatment）是利用微生物群体附着在固体填料表面而形成的生物被膜来处理废水的一种方法。天然水环境中生长在潮湿、通气的固体（如石头）表面上由多种微生物形成的黏滑的生物被膜，呈蓬松的絮状结构，微孔较多，表面积很大，具有很强的吸附作用。当废水在好氧条件下滴滤流过时，生物被膜能够吸附、氧化和分解废水中的有机物质。在此过程中，微生物生长繁殖，生物被膜增厚到一定程度时，会受到水力冲刷而发生剥落，适当的剥落可使生物被膜得到更新（图 8-10C）。生物被膜的外表层的微生物一般为好氧菌，因而称为好氧层。内层因氧的扩散受到影响而供氧不足，厌氧菌大量繁殖称为厌氧层。

（3）氧化塘法

氧化塘法（oxidation pond）是利用细菌和藻类的互生关系来分解有机物的一种处理废水方法。在一个大面积、敞开式的污水处理池塘内，细菌利用藻类光合作用产生的氧和空气溶解在水中的氧对有机物质进行氧化分解，藻类则利用细菌分解产生的无机物和小分子有机物进行生长繁殖，结果使有机物不断减少，污水得以净化，形成的菌体和藻体细胞可供微型动物捕食。

4. 污水厌氧微生物处理法

厌氧微生物处理的方法又称厌氧消化作用（anoxic digestion），或产甲烷作用（methanogenesis），或沼气发酵，其过程分为三个阶段：

（1）第一阶段（水解阶段）

由厌氧和兼性厌氧的水解性细菌或发酵性细菌将纤维素和淀粉等糖类水解成单糖，并进而形成丙酮酸；将蛋白质水解成氨基酸，并进而形成有机酸和氨；将脂质水解成甘油和脂肪酸，并进而形成丙酸、乙酸、丁酸、琥珀酸、乙醇、H_2 和 CO_2。本阶段的水解性细菌，主要包括梭菌属（*Clostridium*）、拟杆菌属（*Bacteroides*）、丁酸弧菌属（*Butyrivibrio*）、优杆菌属（*Eubacterium*）和双歧杆菌属（*Bifidobacterium*）等专性厌氧细菌；兼性厌氧菌包括链球菌属（*Streptococcus*）和一些肠道菌等。

（2）第二阶段（产酸阶段）

由产氢产乙酸细菌群利用第一阶段产生的各种有机酸，分解成乙酸、H_2 和 CO_2。经研究此阶段有两种细菌参与，其一称为 S 菌株，是一种产氢产乙酸菌，但当环境中 H_2 浓度达到 0.5 大气压时，生长就受抑制；另一为甲烷杆菌属 methanobacterium oxidizing hydrogen 的菌株 MOH，能利用分子氢产生甲烷，但不能利用乙醇，它与 S 菌株间形成了一个共生体。

（3）第三阶段（产气阶段）

由严格厌氧的产甲烷菌群利用碳化合物（CO_2、甲醇、甲酸、甲基胺和 CO）、乙酸和氢气形成甲烷。在其形成的甲烷中，约有30%来自 H_2 的氧化和 CO_2 的还原；另外70%左右则来自乙酸盐。在甲烷发酵的三个阶段中，产甲烷菌形成甲烷是关键所在；产甲烷菌也是自然界碳素循环中厌氧生物链的最后一个成员，对自然界物质循环起着重要的作用。

大多数产甲烷菌能利用 H_2 作为 CO_2 的还原剂以合成有机物，同时它们还利用特殊的厌氧呼吸，即甲烷发酵或碳酸盐呼吸来取得生命活动所需的能量。在后一种情况下，氢供体是 H_2，氢受体是 CO_2。产甲烷菌产生甲烷的总反应式是：$CO_2 + 4H_2 \rightarrow CH_4 + 2H_2O$。

（二）微生物在处理废气中的作用及应用

废气的微生物处理是利用微生物的生物化学作用，使污染物分解，转化为无害或少害的物质。目前，微生物处理大气污染主要用来净化有机污染物，特别是脱除臭味。废气的微生物处理具有设备简单、能耗低、不消耗有用的原料、安全可靠和无二次污染等优点，其缺点是不能回收利用污染物。

微生物能氧化有机物，产生二氧化碳和水等物质，但这一过程难于在气相中进行，因此废气的生物处理经过两个阶段：一是污染物由气相转入液相或固相表面的液膜中；二是污染物在液相或固相表面被微生物降解。

适合于微生物处理的废气污染组分主要有乙醇、硫醇、酚、甲酚、吲哚、噻妥衍生物、脂肪酸、乙醛、酮、二硫化碳、氨和胺等。通常某类微生物特别适合于某种污染物的处理。废气的微生物处理的主要方法可分为生物吸收法、生物洗涤法和生物过滤法等。

微生物过滤法（microorganism filter method）是用含有微生物的固体颗粒吸收废气中的污染物，然后微生物再将其转化为无害物质。常用的固体颗粒有土壤和堆肥，有的是专门设计的生物过滤床和微生物过滤箱。微生物过滤箱为封闭式装置，主要由箱体、生物活性床层、喷水器等组成。床层由多种有机物混合制成的颗粒状载体构成，有较强的生物活性和耐用性。微生物一部分附着于载体表面，一部分悬浮于床层水体中。废气通过床层，部分污染物被载体吸附，部分被水吸收，然后由微生物对污染物进行降解。微生物过滤箱的净化过程可按需要控制，因而能选择适当的条件，充分发挥微生物的作用。如用于处理肉类加工厂、动物饲养场和堆肥场等产生的废气。这类废气的主要特点是带有强烈的臭味，臭味是由一种或多种有机成分引起的，但这些有机成分在废气中的浓度不高，这些有机成分均能被微生物吸附和降解。

（三）微生物处理固体废弃物的原理与应用

多数固体废弃物都含有大量的有机物，通过微生物的活动，可以使之稳定化、无害化、减量化和资源化，其主要的处理方法有卫生填埋、堆肥、沼气发酵和纤维素废物的糖化、蛋白质化和产乙醇等。堆肥是固体有机物污染物（特别是城市垃圾）处理的常用的方法。根据堆肥化过程中微生物对氧气不同的需求情况，把堆肥化方法分成好氧堆肥和厌氧堆肥两种。

1. 好氧堆肥作用

好氧堆肥是在通气条件好，氧气充足的条件下借助好氧微生物的生命活动降解有机物，现代农

图 8-11 好氧堆肥场

业发酵有机肥工厂通常采用大型翻料机进行堆肥的翻料通气工作（图 8-11）。通常好氧堆肥温度一般在 55 ~ 60℃，极限可达 80 ~ 90℃，所以好氧堆肥可称为高温堆肥。

有机废物好氧堆肥化过程实际上就是基质的微生物发酵过程，可用下式表示：

（C、H、O、N、S、P）+ O_2 → CO_2 + NO_3 + SO_2 + 简单有机物 + 更多的微生物 + 热量

好氧堆肥过程可大致分成 3 个阶段。

第一阶段：发热阶段　这是指堆肥化过程的初期，堆肥中基本呈 15 ~ 45℃的中温，由中温好氧的真菌和细菌，利用易分解的有机物质，迅速增殖，释放热量。

第二阶段：高温阶段　当堆肥温度升至 45℃以上时即进入高温阶段，在这一阶段，好热纤维素分解微生物逐渐代替了中温菌；复杂的大分子物质开始分解。50℃左右主要是嗜热真菌和放线菌；60℃左右主要是嗜热的放线菌和细菌；70℃左右大多数的微生物进入休眠状态。高温对于堆肥的快速腐熟起着重要的作用，在此阶段形成了腐殖质，同时高温杀死了病原性微生物和虫卵。

第三阶段：降温和腐熟保肥阶段　在堆肥后期，剩下部分较难分解的有机物质和新形成的腐殖质。此时微生物的活性下降，发热量减少，温度下降，嗜温性微生物又占优势，残余物质进一步分解，腐殖质继续形成，堆肥进入了腐熟阶段。为保存腐殖质和氮素营养应采用压实堆肥的措施保持肥效。

2. 厌氧堆肥作用

厌氧堆肥则是在通气条件差、氧气不足的条件下借助厌氧微生物发酵堆肥。厌氧堆肥终产物除 CO_2 和水外，还产生氨、硫化氢、甲烷和其他有机酸等还原性终产物，其中腐熟往往需要几个月的时间。传统的农家堆肥就是厌氧堆肥。

（四）微生物对特殊污染物的生物降解

各种工业化学品，包括石油、杀虫剂和各种合成有机化合物都可能造成环境的污染，特别是人工合成的一些高分子化学物质，在环境中降解缓慢。因此，把环境污染物分为生物可降解物质和非生物可降解物质，微生物对这些污染化合物分子自然降解作用被称作生物降解（biodegradation）。

生物可降解物质最终将从环境中消失，而非生物可降解物质则会长期存在。一般认为天然产生的有机化合物在合适的条件下都是生物可降解的，很多的合成有机物也是生物可降解的。只有少数的某些合成物质，由于其合成目的之一就是要求他们具有化学稳定性。微生物初次接触这些陌生的物质，不能有效降解这些物质是正常的，但是，微生物具有极其多样的代谢类型和很强的变异性。在与这些化合物长期接触中，微生物也会发生适应那些新出现化合物的突变，诱导出生物分子的进化，发展出特异的分解代谢途径，产生特定的降解酶系，以降解和利用它们。但合成有机化合物大规模地产生仅仅是20世纪才开始的，因而微生物还不能在如此短的时间里进化出分解利用那些特殊和难分解的合成有机物代谢途径，导致这些污染物降解缓慢。因此，采用人工的方法筛选出一些针对特定化合物的高效降解菌，并利用这一原理定向驯化，培养出强大的降解菌群，使不能降解或者难降解的污染物转变为可降解，并且能把其迅速和高效的去除，用于生物修复。国内已有土壤微生物修复菌剂产品面市，用于难降解的农药如“六六六”等的消除，使用效果较好。

有时一些生物不可降解的有机物也可通过“共代谢（co-metabolism）”被微生物转化。微生物共代谢是指那些不能够被微生物用作碳源和能源的难降解有机物，在被微生物转化或降解时，需要向微生物提供容易降解利用的其他化合物供生长需要的现象。微生物的共代谢存在以下几种情况：一是靠降解其他有机物提供能源和碳源；二是通过与其他微生物协同作用，发生共代谢，降解污染物；三是由其他物质诱导产生相应的酶系，发生共代谢作用。例如，有些不易降解的农药，他们并不能被微生物利用，但是这些农药可以通过几种微生物的共代谢作用得到部分或全部的降解。如产气杆菌（*Aerobacter aerogenes*）和氢单孢菌（*Hydrogenomonas sp.*）的共代谢作用将DDT转变成对氮苯乙酸，再进一步被其他微生物降解。

摘 要

土壤具备微生物生活的良好环境。土壤从表层从上向下分为：①有机层：由黑色的有机碎屑如植物落叶残片所组成，主要含真菌和细菌（如放线菌），从碎屑能辨别出其来源。②好氧层：有机颗粒已不能辨别来源，充满了氧气和营养物质，微生物丰富。③淋漓层：经历着雨水的淋溶作用，颗粒之间充满着空气，土壤颗粒承载着菌落、生物被膜和细菌与真菌及其它们与植物根系相互作用形成的菌状体。④水饱和层：水饱和的缺氧环境，主要含无机化能微生物和厌氧异养微生物。

淡水湖泊由于营养缺乏微生物数量很少，以化能自养微生物和光能自养微生物为主。微生物呈垂直分布带，上层浅水区适宜蓝细菌、光合藻类和好氧微生物生长；下层深水区适宜厌氧光合细菌和厌氧菌生长；湖底区只有一些厌氧菌生长。水体自净作用包括物理的稀释作用和氧化作用，但主要是各种微生物学和生物化学作用，包括好氧菌对有机物的分解作用，原生动物对细菌等的吞噬作用，噬菌体对宿主的裂解作用，以及微生物产生的凝胶物质对污染物的吸附和沉降作用等。

海洋微生物适于生长在含盐和低温的条件，深海微生物具有耐高静水压能力。微生物从海面到海底呈垂直分布带，包括漂浮生物层：微生物含量最高，包括各种藻类和原生动物；透光区：位于阳光能够到达的水体区域，存在许多光合作用微生物；无光区：位于光线能够到达的区域以下，只有异养微生物和无机化能营养微生物，海洋深处只有极少数耐压菌；沉积物区：存在大量耐压微生物及海底热火山口附近的一些嗜热耐压微生物。

空气中微生物是土壤、人和动植物等物体上的微生物不断随微粒、尘埃、口腔飞沫等形式飘逸到空气中而造成。霉菌的孢子可弹射进入空气，水面水花也将微生物带入空气。

在人类的皮肤、黏膜以及一切与外界环境相通的腔道，如口腔、鼻咽腔、消化道和泌尿生殖道中存在的有益无害的微生物，称为正常菌群。正常菌群的微生物，由于机体防御性降低、生存部位改变或因数量剧增加等情况而引起人类疾病者，称为条件致病菌。

根际微生物是生活在植物根际附近，借助植物根系向土壤所分泌的各种外渗物质为营养的微生物。附生微生物指生活在植物体表面，主要借其外渗物质或分泌物质为营养的微生物。内生微生物是指其生活史的一定阶段或全部阶段生活于健康植物的各种组织和器官的细胞间隙或细胞内的微生物。

在自然环境中能够生长但不能在实验室培养的微生物被称作未培养微生物。目前已发展出DNA染色法、荧光原位杂交技术、宏基因组法、小亚基rRNA法等用来研究自然界中未能培养的微生物群落。

微生物群落是指在一定区域里，或一定生境里，各种微生物种群相互松散结合，或有组织紧凑结合的一种结构单位。微生物组是指包括所有微生物（细菌、古菌、低等和高等真核生物以及病毒）、它们的基因（组）及其周围环境条件在内的整个栖息地。微生物菌群通常是指特定环境中存在的所有活的微生物的集合。合成微生物群落构建就是指运用人工合成的方法精确添加微生物群落中各成员的比例与数量，以改变或构建环境微生物群落，应用于改善人类健康、农业生产、生物发酵与环境污染等领域。

微生物资源的开发利用的主要趋势是：①开发未培养微生物资源。②开发新生境中微生物资源。③开发新型功能性微生物。

生物间的相互关系有：中性关系，两个微生物种群之间或微生物种群与其他生物间缺乏相互作用的关系；互生关系，两种可以单独生活的生物，当它们生活在一起时，通过各自的代谢活动而有利于对方，或偏利于一方；共生关系，两种生物共居在一起，相互分工协作、相依为命，甚至达到难分难解、合二为一；寄生关系，一种小型生物生活在另一种较大型生物的体内或体表，从中取得营养和进行生长繁殖，同时使后者蒙受损害甚至被杀死；拮抗关系，由某种生物所产生的某种代谢产物可抑制它种生物的生长发育甚至杀死它们的一种相互关系；捕食关系，是指一种较大型的生物直接捕捉、吞食另一种小型生物以满足其营养需要的相互关系。

碳素循环中，除了光合作用、呼吸作用、发酵作用、产甲烷作用外，植物残体中纤维素、半纤维素和木质素等不易降解的成分主要依靠微生物分解。氮素循环中，生物固氮作用、微生物的硝化作用、同化性硝酸盐还原作用、氨化作用、铵盐同化作用、异化性硝酸盐还原作用、反硝化作用和亚硝酸氨化作用起重要作用。生物固氮是整个生命圈中除人造化肥外一切生物的氮素来源。硫素循环中，微生物的同化性硫酸盐还原作用、脱硫作用、硫氧化作用、异化性硫酸盐还原作用和异化性硫还原起重要作用。磷的循环中，微生物产生的有机酸、碳酸、硝酸和硫酸能促进磷酸钙的溶解，供植物吸收。铁的循环中微生物能在无机物或有机物中存在的铁离子（Fe^{3+}）与亚铁离子（Fe^{2+}）间进行氧化还原反应。

水体富营养化作用是指大量氮和磷等营养物质进入水体，使水中藻类等浮游生物旺盛增殖，从而破坏水体的生态平衡的现象。如赤潮和水华现象的发生。

大肠菌群数和细菌总数是反映水体被细菌污染状况的指标。BOD是指在1 L待测水样中所含的一部分易氧化的有机物，在20℃、5昼夜条件下微生物对其氧化分解时，所消耗的水中溶解氧毫克数。COD是指1 L待测水样中所含的有机物在强氧化剂将其氧化后，所消耗水中溶解氧的毫克数。

生物修复是指利用特定的生物（主要是微生物）吸附、转化、清除或者降解环境污染物，实现环境净化和生态效应恢复的生物措施。

废水处理过程包括：一级处理，利用物理方法沉降和过滤除去水不溶性的颗粒物质；二级处理，采用活性污泥法、生物被膜法、氧化塘法及厌氧消化法等生物方法除去水中有机物质；三级处理，将经前两级处理后的水中存在的各种无机物质、重金属和难降解的有机污染物质去除。活性污泥是废水好氧生物处理过程中使用并产生的具有活性的微生物菌胶团或絮状泥粒状的微生物群体，由细菌、霉菌和原生动物等组成。生物被膜是指废水好氧生物处理过程中生长在潮湿、通气的固体（如石头）表面上的一层有多种活微生物构成的黏滑、暗色的菌膜，呈蓬松的絮状结构，微孔较多，表面积很大，具有很强的吸附和降解作用。厌氧消化作用（产甲烷作用）分为三个阶段：水解阶段、产酸阶段和产气阶段。

好氧堆肥是在通气条件好，氧气充足的条件下借助好氧微生物的生命活动降解有机物，通常好氧堆肥温度一般在55~60℃，极限可达80~90℃。好氧堆肥过程分3个阶段：发热阶段、高温阶段及降温和腐熟保肥阶段。

微生物对污染环境的化合物分子自然降解作用被称作生物降解。微生物共代谢是指那些不能够被微生物用作碳源和能源的难降解有机物，在被微生物转化或降解时，需要向微生物提供容易降解利用的其他化合物供生长需要的现象。

思考题

1. 简述水体自净作用。
2. 简述海水特点及海洋微生物的适应性。
3. 为什么人多、空气污浊的地方空气中微生物的含量高？
4. 为什么说土壤是微生物生活的“大本营”？
5. 什么是条件致病菌，其产生的机制是什么？
6. 合成微生物群落构建的理论依据是什么？试从互联网检索其在环境污染治理领域的应用实例。
7. 什么是氮素循环？为什么说微生物在自然界氮素循环中起关键作用？
8. 试述根瘤菌与菌根菌有什么不同。
9. 试分析奶牛与瘤胃微生物的共生关系。
10. 为什么卫生学上将大肠菌群作为检测水体污染的指示菌？
11. 什么是水体富营养化？赤潮和水华有什么不同？

12. 什么是活性污泥？什么是生物被膜？两者在废水处理过程中有什么区别？
13. 简述沼气发酵的 3 个阶段。
14. 简述好氧堆肥过程的 3 个阶段。
15. 生物法之所以能处理废水是基于生物的什么特点？
16. 什么是生物降解、生物修复及共代谢？
17. 要调查某水库底淤泥中微生物的组成和多样性，但大多数微生物又不能人工培养，如何制订你的研究方案？请给出理由。

数字课程学习

教学课件　在线自测

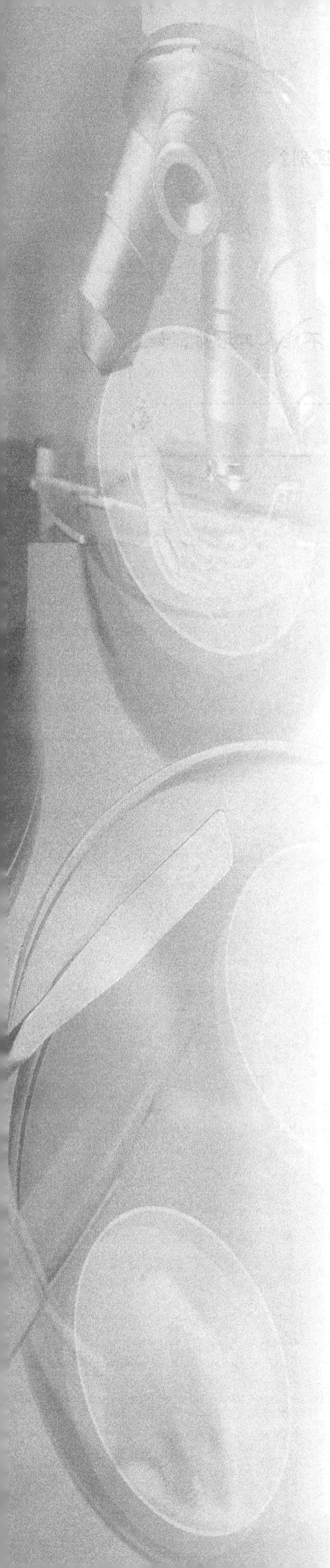

第九章

微生物感染与免疫

微生物感染与宿主的免疫体现了微生物与宿主之间的相互作用。微生物感染，是指细菌、病毒、真菌、原生动物等致病微生物侵入人体所引起的局部组织和全身性炎症反应。致病微生物要建立感染，首先必须克服宿主表面屏障，只有突破这些屏障，才能到达机体的深层组织。病原微生物在入侵过程中，势必遭到宿主的防御抵抗。所谓“免疫”，即免除瘟疫（古代的瘟疫指各种疫病），是人体的一种生理功能，人体能依靠这种功能识别“自己”和“非己”成分，破坏和清除进入人体的致病微生物、或人体本身所产生的损伤细胞和肿瘤细胞等，以维持人体的健康。人体的免疫功能由机体的免疫系统完成。免疫系统由免疫器官、免疫组织和免疫细胞组成。免疫学为人类诊断、预防和治疗各种疾病提供了理论基础和技术手段，而免疫学技术因其特异性和灵敏性，已成为生命科学研究必不可少的工具。

第一节　微生物的感染与致病性

大多数病原微生物侵染机体时，首先必须要吸附到宿主的体表，一旦吸附成功，它们便可以繁殖，产生毒素或侵入宿主体内，致使宿主发生疾病。有些情况下，一些病原微生物可定居在能与其特异分子结合的上皮细胞表面，引起这些细胞发生特异性改变。

一、病原微生物的感染

（一）病原微生物的吸附、侵入

病原微生物进入宿主细胞是引起疾病的必要条件。多数情况下，病原微生物必须要侵入皮肤、黏膜或者肠上皮细胞。

1. 特异性吸附（specific adherence）

病原微生物侵入机体时首先要黏附在宿主细胞和组织上，这种黏附具有选择性。细菌、病毒多通过蛋白质间的相互作用而与宿主表皮细胞特异性吸附。如淋病奈瑟氏球菌（*Neisseria gonorrhoeae*）通过表面 Opa 蛋白与宿主泌尿生殖道上皮细胞表面 CD66 蛋白分子特异性结合，且其吸附能力要比其他组织强得多；人类免疫缺陷病毒（human immunodeficiency virus，HIV）与 T 细胞表面的 CD4 蛋白分子特异性结合。此外，细菌的菌毛或性毛也可能参与了菌体的吸附，如带有菌毛的大肠杆菌株系比没有菌毛的株系更容易引起尿道感染。

2. 侵入（invasion）

病原微生物进入宿主细胞内或深部组织的过程叫做侵入。黏附在宿主特定组织或器官上的病原细菌主要以两种方式侵入机体：一种方式是通过菌体所黏附的宿主细胞表面受体诱导宿主细胞通过吞噬作用将菌体摄入（吞噬作用参见图 9-3）；另一种方式是菌体细胞释放一种侵入素，诱导通常不进行吞噬作用的宿主细胞变为吞噬细胞，将菌体包裹摄入。

病毒侵入机体的途径详见“病毒”一章。真菌可能是通过与宿主细胞结合后，产生一种吸收信号，诱导真菌细胞质内部化。

（二）病原微生物的定居和繁殖（colonization and growth）

病原微生物侵染机体，并在机体中繁殖的过程称为定居。

有些微生物吸附到机体表面后，直接定居在那里繁殖，如百日咳杆菌（*Bordetella pertussis*）就吸附在儿童鼻黏膜表皮细胞的纤毛上，在那里进行增殖，引起小儿咳嗽。肺炎链球菌（*Streptococcus pneumoniae*）黏附在消化道表皮细胞处进行增殖。

有些病原微生物需要侵入宿主细胞内或深部组织内进行繁殖。例如痢疾志贺氏菌（*Shigella dysenteriae*）侵入肠道细胞内生长繁殖并产生毒素，使细胞死亡，造成溃疡；溶血链球菌（*Streptococcus haemolyticus*）穿过黏膜上皮细胞或细胞间质侵入表层下部组织或血液中进一步扩散、生长繁殖，引起化脓性感染等。有些病原微生物需要在宿主特定的组织器官中定居繁殖，如流产布鲁氏杆菌（*Brucella abortus*）在感染的牛体内大部分组织中生长很慢，但在胎盘中却能快速生长，这是因为胎盘内存在高浓度的赤藻糖醇。

二、病原微生物的致病性

（一）病原细菌致病性

病原细菌致病性（pathogenicity）大小通常以毒力（virulence）表示，所谓毒力就是指病原体的致病能力。各种病原菌的毒力常不一致；同一病原菌，不同菌株毒力强弱也存在差异。根据细菌在引发疾病过程中的机制不同，常将疾病分成两种不同的类型：侵染和中毒。

侵染（invasiveness）是由于入侵的病原体在宿主体内大量生长繁殖，引起疾病。这种病原体虽不产生毒素，但可通过大量入侵，造成组织损伤，产生病害，如带荚膜的肺炎链球菌（*S. pneumoniae*）株系可在肺部大量繁殖，引起肺炎。

中毒（toxicity）则是由进入体内的病原体代谢产生的毒素或酶类所引起的疾病。如破伤风梭菌（*Clostridium tetani*）很少离开宿主受伤部位，并且在受伤部位生长相对较慢，但它产生的破伤风毒素可转移到身体的其他部位，引起肌肉萎缩和宿主死亡。

大部分病原菌通过这两种方式共同作用，引起疾病。因此病原细菌的致病力可分为侵袭力和毒素作用两种。

1. 侵袭力（invasiveness）

指病原菌突破宿主防线，并能于宿主体内定居、繁殖和扩散的能力，由病原菌的吸附与侵入、繁殖与扩散，以及对宿主防御功能的抵抗等因素组成。

（1）吸附与侵入能力

细菌通过具有黏附能力的结构如革兰氏阴性细菌的菌毛黏附于宿主的呼吸道、消化道及泌尿生殖道黏膜上皮细胞的相应受体上，局部繁殖，积聚毒力或继续侵入机体内部。如淋病奈瑟氏球菌通过菌毛吸附于尿道黏膜上皮的表面而不被尿液冲走；变异链球菌（*Streptococcus mutants*）能用蔗糖合成葡聚糖，使细菌与牙齿表面黏连成菌斑，而乳杆菌（*Lactobacillus*）等可在菌斑上进一步发酵蔗糖产生大量有机酸（pH 降低至 4.5 左右），结果导致牙釉质和牙质脱钙，造成龋齿。

（2）繁殖与扩散能力

病原菌往往能够产生、分泌一些水解性酶类，使组织疏松、通透性增加，有利于病原菌的繁殖和扩散。常见的水解酶类有：①透明质酸酶（hyaluronidase），可水解结缔组织中透明质酸，从而使组织疏松、透性增加，利于病原体迅速扩散，引起全身感染，如链球菌、金黄色葡萄球菌等。②胶原酶（collagenase），可水解胶原蛋白，利于病原菌在组织中扩散，如产生气生坏疽的产气荚膜梭菌（*Clostridium perfringens*）等。③链激酶（streptokinase），即血纤维蛋白溶酶（fibrinolysin），可激活血纤维蛋白溶酶原，使其变成血纤维蛋白溶酶，后者可进一步把血浆中的纤维蛋白凝块水解，利于菌体扩散，如许多溶血性链球菌产生此酶。

（3）对宿主防御机能的抵抗能力

面对病原菌的侵入，机体会调动各种防御机能设法摧毁入侵的病原菌，因此病原菌发展了如下的一些抵抗能力以逃逸并生存：①细菌的荚膜和微荚膜具有抗吞噬和抗体液杀菌物质的能力，有助于病原菌在体内存活，例如肺炎链球菌的荚膜。②绝大多数致病菌均可产生血浆凝固酶（coagulase），该酶能使含有抗凝剂（枸橼酸钠、肝素）的人血浆凝固，非致病菌株一般不产生，如致病性葡萄球菌产生的血浆凝固酶有抗吞噬作用，加速血浆凝固成纤维蛋白屏障，以保护病原菌免受宿主的吞噬细胞和抗体的作用。③有些病原菌可分泌一些活性物质如溶血素（hemolysin），抑制白细胞的趋化作用。④有的病原菌具有抵抗在吞噬细胞内被死杀的能力，能在吞噬细胞内寄生。如能杀死大多数病原菌的水解酶和化合物就不能穿过结核分枝杆菌（*Mycobacterium tuberculosis*）的蜡质细胞壁，这样被吞噬的结核分枝杆菌就能够在体内繁殖，分布到全身，成功实现感染。单核细胞李斯特氏菌（*Listeria monocytogenes*）被宿主细胞摄入形成吞噬小体后，能分泌一种酶溶解包裹着的吞噬小体膜，进入营养丰富的细胞质中生长繁殖。

2. 毒素作用

毒素（toxin）是菌体代谢过程中产生的、能够改变宿主细胞正常新陈代谢、对宿主有害的物质。根据所产生的毒素是否可以泌出，细菌毒素分为两种主要类型：外毒素和内毒素。

（1）外毒素（exotoxin）

外毒素是指细菌代谢过程中产生并分泌到胞外的毒性物质，通常是一些可溶的、热不稳定蛋白质（少数是酶），一般由革兰氏阳性细菌产生，如肉毒梭菌（*Clostridium botulinum*）产生的肉毒毒素、白喉棒杆菌（*Corynebacterium diphtheriae*）产生的白喉毒素等；一些革兰氏阴性细菌也可产生外毒素，例如大肠杆菌产生的热不稳定的肠毒素、痢疾志贺氏菌（*S. dysenteriae*）产生的志贺毒素等。外毒素毒性极强，例如 1 μg 肉毒梭菌毒素纯品可使人致死。

大部分外毒素可分成溶细胞毒素、A–B 毒素和超抗原毒素 3 类。溶细胞毒素可通过系列酶裂解细胞组分，引起细胞裂解，如产气荚膜梭菌（*C. perfringens*）产生的 α– 毒素是一种卵磷脂酶（lecithinase），可溶解膜脂，引起细胞裂解。A–B 毒素由 A、B 两个亚基共价结合而成，如白喉棒杆菌（*C. diphtheriae*）产生的白喉毒素，其 B 组分与宿主受体结合后，A 组分通过 A、B 之间的蛋白裂解位点进入宿主细胞内，干扰宿主蛋白的合成。超抗原毒素可激活大量的免疫反应细胞，导致机体产生炎症反应。

（2）内毒素

内毒素（endotoxin）仅在革兰氏阴性细菌中发现，主要是革兰氏阴性细菌的外壁物质，其主要成分是脂多糖复合物（毒性中心为类脂 A），一般仅在细菌自溶或人工裂解后，才能释放出来。一些细菌在增殖过程中也会释放内毒素。内毒素耐热，100℃加热 1 h 不被破坏，160℃处理 2 ~ 4 h 或强碱、强酸或强氧化剂加温处理 30 min，才能灭活，具弱的免疫原性。内毒素和外毒素的主要差别参见表 9–1。

细菌内毒素对机体具有致病作用，且化学性质稳定，因此是生物制品安全的重要检验项目之一。目前在医药卫生、食品卫生和环境卫生中广泛应用的内毒素检测方法是由美国学者 Levin 和 Bang 于 1968 年建立的鲎试剂法，即体外鲎变形细胞裂解物（limulus amoebocyte lysate，LAL）测定法，该方法的原理是，来源于鲎血液中的循环变形细胞（amoebocyte）中的凝固蛋白接触细菌内毒

表 9–1　外毒素和内毒素特性比较

性质	外毒素	内毒素
产生菌	几乎所有 G^+ 菌，少数 G^- 菌	几乎所有 G^- 菌
细胞内部位	胞外，分泌到介质中	结合在细胞壁上，细胞死亡释放
化学性质	大部分是多肽	脂多糖复合物
稳定性	不稳定，60℃以上或紫外线下易变性	稳定，能忍耐 60℃以上温度数小时
毒性	剧毒致命，有的属最毒的化合物之列	弱毒，一般不致命
作用方式	高度组织特异性，神经毒性或心肌毒性	组织特异性不强，周身疼痛或局部反应
引起症状	不发热，不同外毒素不同，常致死	发热、痢疾、呕吐等
抗原性	强，刺激抗体产生和免疫反应	弱，通常不引起免疫反应
举例	肉毒梭菌产生肉毒毒素、白喉棒杆菌产生白喉毒素、破伤风梭菌产生破伤风毒素	大肠杆菌、志贺氏菌、沙门氏菌等产生内毒素

素时会发生特异性强、灵敏度高的凝胶化反应。

（二）病毒致病性

病毒是一类活细胞寄生物，因此致病机制有其独特的特点。病毒的感染发生在基因水平，其通过自身的复制，来干扰宿主的核酸和蛋白质代谢，或直接导致感染细胞损伤，甚至死亡，如新冠病毒感染引发患者肺部组织损伤；或改变细胞膜组分而诱发自身免疫反应，导致机体损伤；有些病毒基因组甚至可以整合到宿主细胞染色体上，是引起恶性肿瘤的原因之一，如 Epsfein–Barr（EB）病毒等。

（三）真菌致病性

一些外源性真菌，如皮肤癣菌在皮肤感染部位大量繁殖后，通过机械刺激和代谢产物作用，引起局部炎症和病变；而一些内源性真菌可通过继发感染致病；许多霉菌在代谢过程中还会产生一些耐热、无免疫原性的小分子化合物，这些小分子的毒素会导致机体致病，病变症状因毒素而异，许多与肿瘤形成有关，如黄曲霉毒素可引发肝癌，镰刀菌的 T–2 毒素可诱发大鼠胃癌、胰腺癌等。

三、影响病原微生物致病性的因素

病原微生物的致病性除了与其本身的毒力有关外，还受侵入数量、侵染途径以及机体的免疫力和环境等因素的影响。

（一）病原微生物侵入的数量

不同的病原菌有不同的致病剂量。食品中蜡状芽孢杆菌（*Bacillus cereus*）$>10^6$ 个 /mL（g）时，才可能引起食物中毒，而鼠疫耶森氏菌（*Yersinia pestis*）只要几个细胞就可引起宿主感染。

（二）病原微生物侵染的途径

不同的病原体感染宿主的途径各异，主要是因为宿主的不同部位、不同组织对微生物的敏感性不同。

1. 呼吸道感染

大部分病毒可通过呼吸道感染，像流感病毒、腺病毒以及水痘等；细菌中也存在许多对呼吸道有特别亲和力的病原菌，像肺炎链球菌（*S. pneumoniae*）、白喉棒杆菌（*C. diphtheriae*）、结核分枝杆菌（*M. tuberculosis*）等。

2. 消化道感染

最典型的、通过消化道感染的病毒有甲型肝炎病毒、脊髓灰质炎病毒等；一些肠杆菌科的细菌易从消化道侵入，如伤寒沙门氏菌（*Salmonella typhi*）、痢疾志贺氏菌（*S. dysenteriae*）、空肠弯曲杆菌（*Campylobacter jejuni*）等；此外还有其他能引起食物中毒病原细菌和真菌，一些过敏体质者甚至因为食入一些真菌孢子而引发过敏反应。

3. 创伤感染

许多病原微生物可通过皮肤伤口进入宿主体内。如金黄色葡萄球菌、破伤风梭菌（*C. tetani*）等；狂犬病病毒一般是被病犬或其他动物咬伤后，由伤口带入体内；一些条件性的致病真菌，如假丝酵母、曲霉、毛霉等往往在应用导管、手术等过程中引起继发感染。

4. 生殖道感染

一些性传播疾病主要通过生殖道传染，如淋病奈瑟氏球菌、梅毒密螺旋体、人类免疫缺陷病毒（HIV）等通过泌尿生殖道侵入人体。

5. 垂直传播

所谓垂直传播即病原体通过亲代直接传播给子代的方式，主要见于病毒感染，如 HIV、乙肝病毒等。

6. 血液传播

病原体侵入还可通过血液传播，如 HIV、西尼罗病毒等。

需要注意的是，许多病原体可通过多种途径入侵，如炭疽芽孢杆菌（*Bacillus anthracis*）既可通过消化系统，又可通过呼吸系统和皮肤接触感染宿主。

（三）机体的免疫力

病原微生物与机体接触后，其引发的结果如何与机体本身的免疫力有关。所谓的免疫力或免疫（immunity）是指机体识别并排除非自身物质包括病原体的一种能力。正常条件下，机体的免疫力对机体实现保护性作用，但异常情况下，如过敏反应中，也可对机体造成损伤。

（四）环境因素

疾病的发生与发展除了与病原微生物和宿主两种内在因素有关外，还受外在的环境条件影响。良好的环境利于提高机体的免疫力，也有助于限制、消灭病原体的传播，防止疾病的流行。

四、感染的类型和结果

病原微生物成功感染后，可在宿主体内生长繁殖，并释放毒性物质，引起不同程度的病理变化。感染的最终结局要依赖于病原菌、机体免疫力以及外界环境三方面力量的抗衡，大体上可分为显性感染、隐性感染、潜伏感染和带菌状态等四种不同类型。

（一）显性感染（apparent infection）

机体的抗感染能力较弱，微生物感染后，造成机体不同程度的病理损伤或生理功能改变，出现明显的临床症状。

（二）隐性感染（inapparent infection）

机体有较强的抵抗能力，病原体的入侵对机体损伤较轻，不出现明显的临床症状，新冠病毒无症状感染者就属于这种情况。隐性感染后，机体可获得特异性的免疫力，能抵御同种病原体的再次感染，但有时也是重要的传染源。

(三) 潜伏感染 (latent infection)

潜伏在宿主的某个组织或病灶内的病原体，一般不出现在分泌物或排泄物中，一旦机体免疫力下降，这些病原物即可被激活、繁殖，引起疾病。结核分枝杆菌的感染就是一典型实例。还有单纯疱疹病毒，其感染后，潜伏在局部神经节中，此时机体既无临床症状也无病毒排出；若机体免疫功能下降，潜伏的病毒被激活，发生单纯疱疹。

(四) 带菌状态 (carrier state)

病原体显性或隐性感染后，在机体中未完全消除，继续存在于机体中，与机体免疫力处于一相对平衡的状态。患者经常或间歇性向体外排出病原物，成为重要的传染源。如美国的"伤寒玛丽"(Mary Mallon) 就曾造成美国 7 个地区多达 1 500 个人感染伤寒。慢性乙型肝炎、HIV 感染均属带菌者传播，因此及时发现并有效治疗患者，对控制和消灭传染病的流行具有重要意义。

第二节 宿主非特异性免疫

生物在进化过程中形成的 、由先天遗传而来的、相对稳定、对任何外界异物具有的天然防御力，称为非特异性免疫 (nonspecific immunity) 或固有免疫 (innate immunity)。机体在长期种系发育和进化过程中与病原微生物相互作用，逐渐建立起一系列天然防御功能，包括皮肤、黏膜、血脑屏障、胎盘屏障、巨噬细胞、干扰素、正常菌群以及炎症反应等。

一、非特异性免疫屏障作用

人体及高等动物对入侵病原微生物的第一道防线就是表面屏障作用，包括物理屏障作用、化学屏障作用和遗传屏障作用，以便抑制微生物的侵入，阻挡疾病的发生。

(一) 物理屏障作用

1. 皮肤和黏膜

完整的皮肤和黏膜可机械阻挡病原微生物进入机体。

2. 血脑屏障

血脑屏障可阻挡病原微生物及其产生的有毒产物从血流进入脑组织或脑脊液，从而保护了中枢神经系统。

3. 胎盘屏障

胎盘屏障一般不妨碍母子间的物质交换，但可阻止母体内的病原体和有害产物进入胎儿。

（二）化学屏障作用

皮肤和黏膜也可提供很多分泌物作为化学屏障，抑制或杀灭病原微生物，如眼泪和唾液中含有的溶菌酶可通过水解细菌细胞壁肽聚糖抑制微生物生长，皮肤内脂腺分泌的脂肪酸和乳酸可通过降低 pH 抑制病原菌的定殖，胃黏膜分泌的胃酸可杀死伤寒沙门氏菌（*S. typhi*）、痢疾志贺氏菌（*S. dysenteriae*）等。此外，人类黏膜系统如肠黏膜和女性生殖道黏膜还可分泌防御素（defensin），它们是一类含 29 ~ 47 个氨基酸的阳离子多肽，能够通过插入到入侵的病原菌细胞膜上而摧毁其细胞。

（三）遗传屏障作用

由于长期的物种进化作用，使得一种动物体缺乏另一种动物所具有的某种病原体的特定受体，因而可以有效抵抗该种病原体的侵染。有时候这种遗传特异性也表现在同一物种的不同个体身上。比如流感病毒是通过细胞表面特定的流感病毒受体而感染宿主的，因此，一般而言，人型流感病毒只能感染人，禽型流感病毒只能感染禽类。这是因为人的上呼吸道主要分布人型流感病毒受体，下呼吸道同时分布有人型和禽型流感病毒受体，一般来说流感病毒首先侵犯的是人上呼吸道黏膜上皮细胞，所以人型流感病毒更容易感染人类。而禽类的消化道和呼吸道则主要分布禽型流感病毒受体，所以禽型流感病毒更倾向于禽类。如果禽型流感病毒通过所谓的基因变异去适应人的受体，就会导致人感染禽型流感病毒。

二、非特异性细胞免疫

尽管机体有皮肤等非特异性免疫器官，能有效阻挡微生物的侵入，但日常生活中，我们经常会造成一些小伤口，如皮肤破裂，甚至刷牙的时候也可能形成小的伤口，一些病原菌便可通过这些小伤口进入血液或相连组织，我们之所以没有被感染，是因为机体中经常还存在细胞和分子防御，它们可杀死或清除血液、组织中入侵的病原体。因此病原体一旦突破人体的“第一道防线”后，就会遇到机体的“第二道防线”——非特异性细胞免疫和非特异性分子免疫。

（一）免疫细胞

免疫细胞是指存在于血液循环系统和淋巴循环系统中的一类特殊细胞。免疫细胞在两个循环系统之间通过毛细管渗透作用进出联系。人类血液中数量最多的细胞是无细胞核的红细胞，还有血小板，只有大约 0.1% 左右的细胞是有核的白细胞，白细胞除了包括各种粒细胞外，还包括各种吞噬细胞和淋巴细胞。淋巴系统中的淋巴液类似血液，但不含红细胞。如图 9–1 所示，所有血液细胞和淋巴细胞都是由骨髓中产生的共同干细胞分化、成熟而成。白细胞是参与机体非特异性和特异性免疫的细胞，在免疫反应中承担不同的功能（表 9–2）。

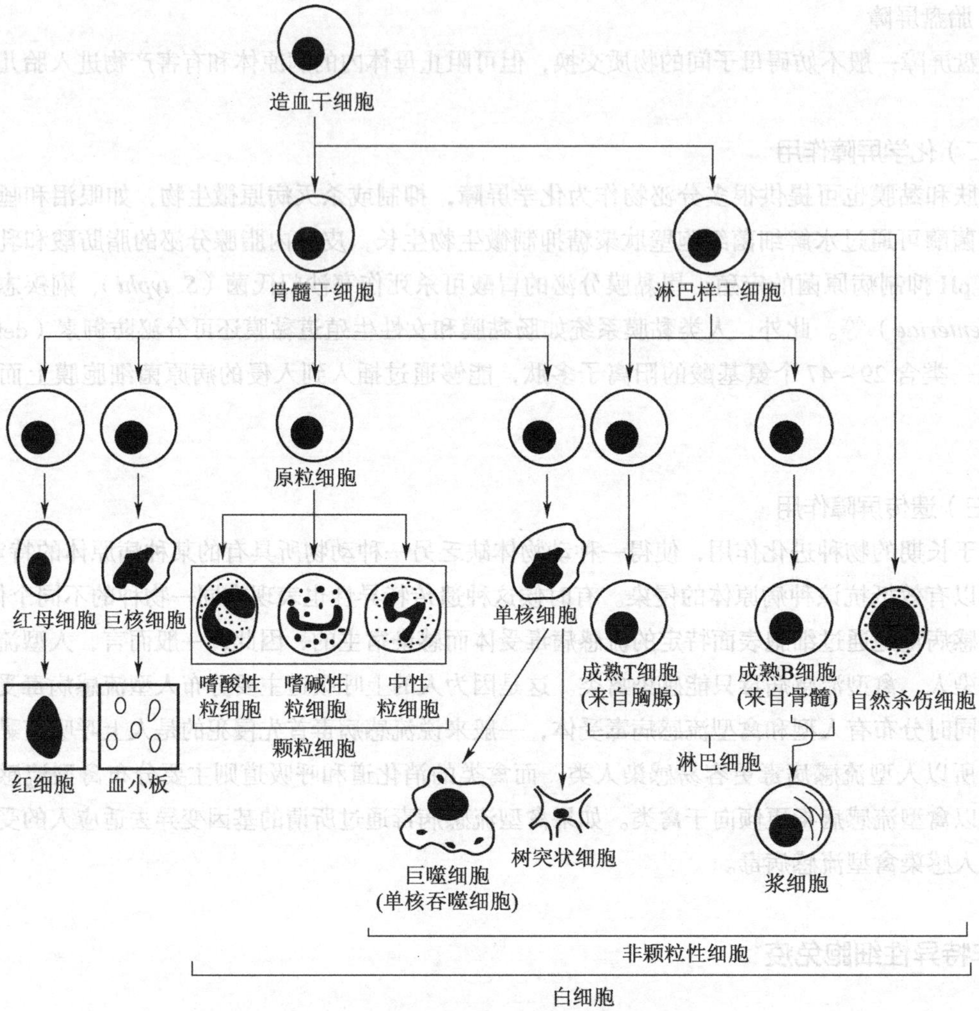

图 9–1 不同血液细胞和淋巴细胞的来源与分化

表 9–2 不同白细胞的特性

类型	细胞数量	功能
粒细胞		
嗜酸性粒细胞	占白细胞总数的 1%~3%	释放防御性物质杀伤较大的真核微生物如蠕虫、真菌；吞噬作用
嗜碱性粒细胞	占白细胞总数的 0.5%	在炎症反应中释放组胺和其他化学物质；参与过敏反应
中性粒细胞	占白细胞总数的 55%~90%	吞噬作用；含有氧化物质杀死胞内微生物
单核细胞	占白细胞总数的 3%~7%	
巨噬细胞		吞噬作用；参与特异性免疫的抗原递呈作用
树突状细胞		吞噬作用；参与特异性免疫的抗原递呈作用

续表

类型	细胞数量	功能
淋巴细胞	占白细胞总数的 20% ~ 35%	
T 细胞		参与特异性细胞免疫；辅助特异性体液免疫
B 细胞		参与特异性体液免疫，分泌抗体
自然杀伤细胞		分泌细胞毒性蛋白，杀死胞内感染微生物的细胞

淋巴循环系统是由淋巴管、淋巴结与淋巴组织和器官组成的网络系统及其所含的淋巴液所组成（图 9–2）。淋巴管由淋巴毛细管汇合而成，淋巴毛细管遍布人体全身，从血液毛细管渗漏而出的液体、血浆蛋白通过淋巴毛细管进入淋巴系统，再通过淋巴结、左右淋巴导管返回到左右锁骨下静脉。人类在免疫机制中发挥重要作用的免疫器官有淋巴结、胸腺和脾。所有淋巴器官含有免疫细胞。免疫细胞是由骨髓产生并释放到血液或淋巴液中的。人类所含的大多数淋巴细胞或是 B 淋巴细胞（B 细胞）或 T 淋巴细胞（T 细胞）。B 细胞是在骨髓中分化成熟，然后迁移到淋巴结和脾部位；T 细胞是先从骨髓迁移到胸腺，在胸腺中分化成熟后再迁移到淋巴结或脾部位。骨髓和胸腺因是淋巴细胞起源和成熟场所，被称作是一级淋巴器官（primary lymphoid organ），又称中枢免疫器官（central immune organ）。相应地，淋巴细胞积聚并与各种进入机体的抗原接触的场所被称作二级淋巴器官（secondary lymphoid organ），又称周围免疫器官（peripheral immune organ），包括淋巴结、脾、颌下腺、咽扁桃腺、阑尾等。

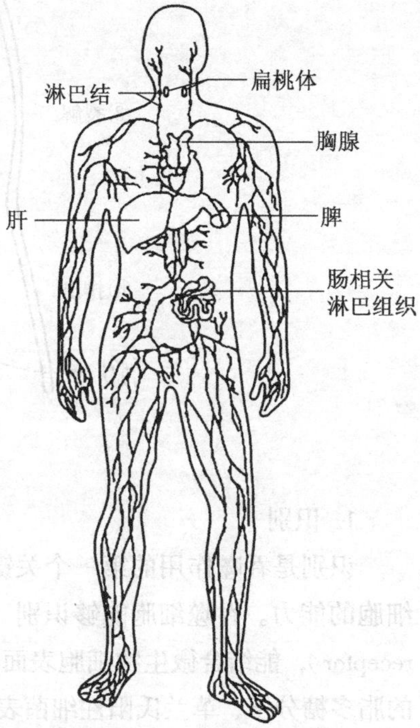

图 9–2　人体淋巴系统

（二）吞噬细胞与吞噬作用

吞噬细胞（phagocyte）主要有两类，巨噬细胞（macrophage）和中性粒细胞（neutrophil）。巨噬细胞是单核细胞离开血管进入组织中分化成熟而成，生存时间较长。中性粒细胞在血液循环系统中，也进入受感染的组织，是机体中最丰富的白细胞，但生存时间较短，进入感染组织中仅存活几小时。吞噬作用（phagocytosis）是指吞噬细胞识别入侵的病原菌，将其吞食、摧毁，并最终将产生的菌体碎片排出细胞外的过程。吞噬作用是机体清除病原体的主要方式，常常可以成功地将入侵的病原体清除干净。

吞噬作用可分为识别、吞食、裂解、排出 4 个步骤（图 9–3）。

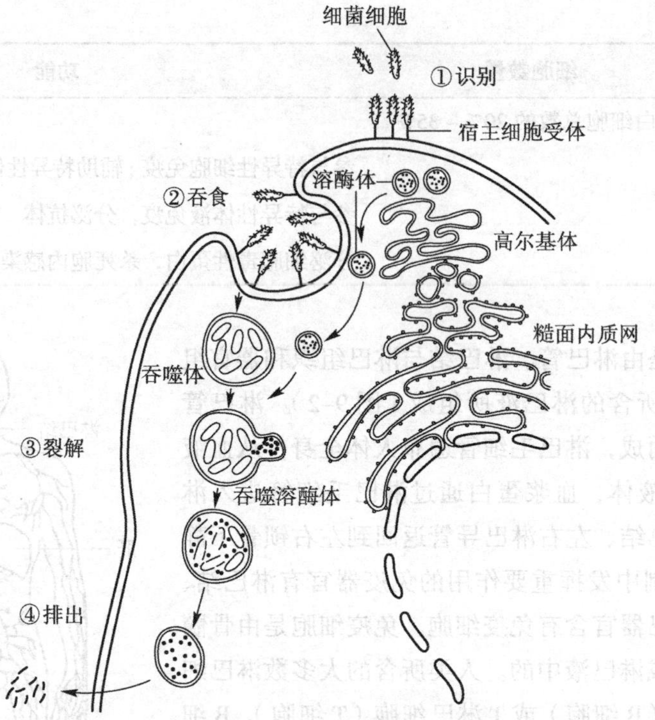

图 9-3 吞噬细胞的吞噬作用过程

1. 识别

识别是吞噬作用的第一个关键步骤，是吞噬细胞能定向杀死入侵微生物而不是自身机体其他细胞的能力。吞噬细胞能够识别“异己”，在于其细胞外表面载有细胞表面受体蛋白（cell-surface receptor），能结合微生物细胞表面特有而宿主细胞表面不存在的分子上，例如革兰氏阴性细菌表面的脂多糖分子、革兰氏阳性细菌表面的肽聚糖分子等。吞噬细胞吸附到所识别的病原菌细胞上需要借助补体成分 C3b（见后）或其他一些称作调理素的物质的帮助，这些物质能够在吞噬细胞和病原菌表面特异分子之间形成连接的“桥梁”。

2. 吞食

吞噬细胞吸附到微生物细胞表面后，就伸出伪足，将菌体包裹，当伪足两端相遇，就融合形成吞噬体（phagosome）——一种膜包被的液泡，入侵的细菌细胞就被包埋在里面。

3. 裂解

吞噬体很快与溶酶体融合形成吞噬溶酶体（phagolysosome）。然后来自溶酶体的各种化学成分，如溶菌酶、乳酸、NO，及其他的一些水解酶或氧化剂共同参与对菌体的裂解作用，最终导致菌体死亡。

4. 排出

当菌体被消化裂解之后，吞噬溶酶体就和细胞膜融合，将未能消化的菌体碎片排出细胞外。

（三）自然杀伤细胞与裂解细胞作用

自然杀伤细胞（natural killer cell，NK 细胞）通过杀死受感染细胞的方式来清除病毒和其他细胞内感染的病原体。自然杀伤细胞正常存在于血液循环系统，其细胞表面存在一个抑制性受体和一个激活性受体，控制细胞是否释放所含的裂解性颗粒。自然杀伤细胞通过其抑制性受体与正常细胞表面的Ⅰ型主要组织相容性复合体（MHC-Ⅰ）结合，裂解性颗粒不能释放到胞外；当病毒侵染进入宿主细胞后，终止受感染细胞合成 MHC-Ⅰ，使感染细胞表面丧失 MHC-Ⅰ，导致自然杀伤细胞能通过其激活性受体与受感染细胞相应表面蛋白结合，结果被激活，释放胞内的裂解性颗粒。裂解性颗粒主要含各种细胞裂解酶和穿孔素蛋白，能使受感染细胞裂解死亡（图 9-4）。

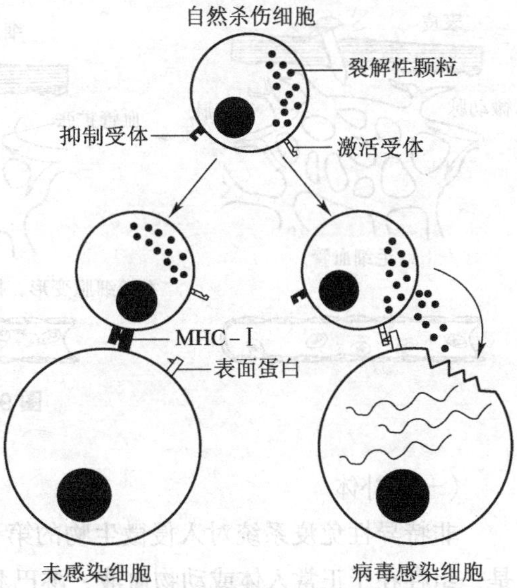

图 9-4 自然杀伤细胞识别和杀死被病毒感染的细胞

（四）炎症

炎症（inflammation）是机体对微生物感染或其他损伤的一种非特异性的保护性反应，其症状表现为受感染或受伤部位的发热、发红、肿胀和疼痛。炎症反应的功能是确定受伤部位，阻隔、限制组织的损伤，进行局部的免疫反应，摧毁局部入侵的病原微生物和受伤的细胞，恢复组织功能。

当细胞受损，嗜碱性粒细胞和巨大细胞就释放出组胺等炎症因子（inflammatory factor），组胺扩散进入附近毛细血管和微静脉，引起这些毛细血管和微静脉膨胀，增加通透性。血管膨胀增加了流向受伤部位的血液量，使得受伤部位发红、发热。血管通透性增加，这样液体能够离开血管向周围受伤组织渗漏积累，引起肿胀。液体中的某些物质能够刺激敏感性的神经末梢引起疼痛感。与此同时，炎症反应过程中产生的某些炎症因子有利于血液中的吞噬细胞被激活并吸附到血管内皮细胞上，通过变形、挤压穿过血管向外迁移进入周围组织，通过吞噬作用处理入侵的微生物细胞或组织碎片。死亡的吞噬细胞、组织碎片积聚就构成了炎症反应部位常常观察到的脓包（图 9-5）。

三、非特异性分子免疫

正常的体液和组织中含有多种抗菌物质，如补体、乙型溶素、溶菌酶等，它们一般不直接杀死病原体，但能配合免疫细胞和抗体，发挥较强的免疫功能；此外，机体细胞也会分泌一些小分子多肽如干扰素、白细胞介素等，能够非特异性作用于病原体。

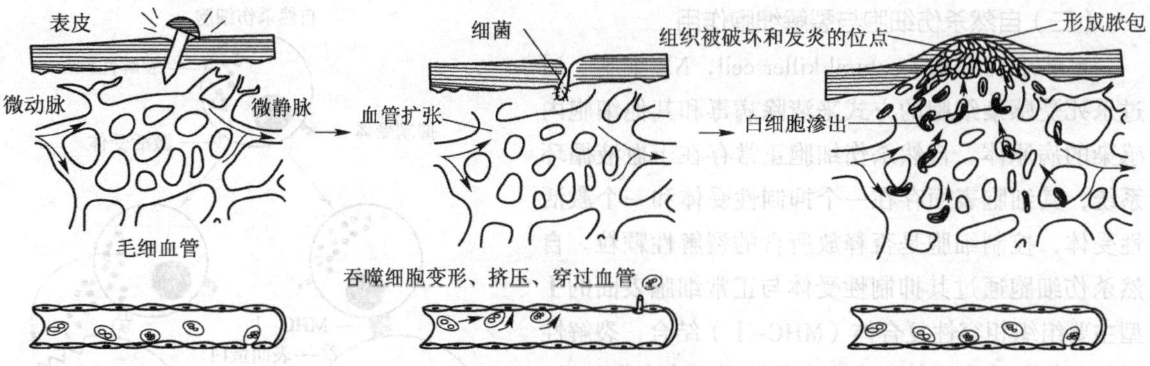

图 9–5 炎症反应过程

（一）补体

非特异性免疫系统对入侵微生物的第一个反应就是激活补体系统（complement system）。补体是一组存在于正常人体或动物血液、淋巴和体液中的攻击微生物蛋白。补体系统至少由 26 种蛋白质成分构成，大多以无活性的酶原形式存在，被入侵微生物或抗原 – 抗体复合物激活后，能协同抗体作用杀死微生物细胞和病毒，因其具有辅助和补充抗体反应的功能，是抗体发挥溶菌作用的必要补充条件，故称补体。补体系统来源于肝细胞、淋巴细胞和单核细胞。补体系统蛋白质成分的编号是根据它们被发现的顺序而不是它们在激活过程中的顺序命名的。

1. 补体系统激活过程与途径

补体激活过程通常分为两个阶段：起始阶段和末端阶段（图 9–6）。

（1）起始阶段

补体激活起始阶段根据激活物质和参与的补体成分不同，分为经典途径（classical pathway）、旁路途径（alternative pathway）和凝集素途径（the lectin pathway of complement activation）。

在经典途径中，最初起作用的补体成分是 C1，C1 是由 C1q、C1r、C1s 三个亚基组成的复合物。当 C1 复合物通过 C1q 识别并结合到吸附在病原菌表面的抗体上的 Fc 区域后，进一步吸引补体 C2 和 C4 结合到附近膜上，同时 C1r 亚基裂解 C1s 使其从无活性的酶原形式转变为激活的 C1s，激活的 C1s 裂解 C2 和 C4，释放出 C2b 和 C4a，形成仍结合在膜上的 C4b2a 复合物。C4b2a 为 C3 转化酶，能将 C3 分解成 C3a 和 C3b。C3b 与 C4b2a 结合形成 C4b2a3b 复合物。C4b2a3b 是 C5 转化酶，C5 转化酶裂解 C5，即进入末端阶段。

在旁路途径中，起始反应的第一步是补体成分 C3 自发水解形成 C3（H_2O）。形成的 C3（H_2O）结合到辅助因子 B 分子上，在辅助因子 D 的作用下，C3（H_2O）–B 复合物释放出 Ba 片段成为具有催化功能的 C3（H_2O）–Bb，C3（H_2O）–Bb 能裂解 C3 成为 C3a 和 C3b。正常情况下自发形成的 C3b 分子不稳定，可以很快地被降解清除；若遇到外来入侵的微生物，C3b 分子便可通过备解素（properdin，P）吸附到微生物细胞表面，结合在微生物细胞表面的 C3b 分子较为稳定，与 Bb 作用形成稳定的 C3 转化酶（C3bBbP），C3 转化酶能快速将 C3 转化为 C3b，同时形成结合在膜上的 C3bBb3b 复合物。C3bBb3b 类似经典途径中的 C4b2a3b 复合物功能，是 C5 转化酶，即进入末端阶段。

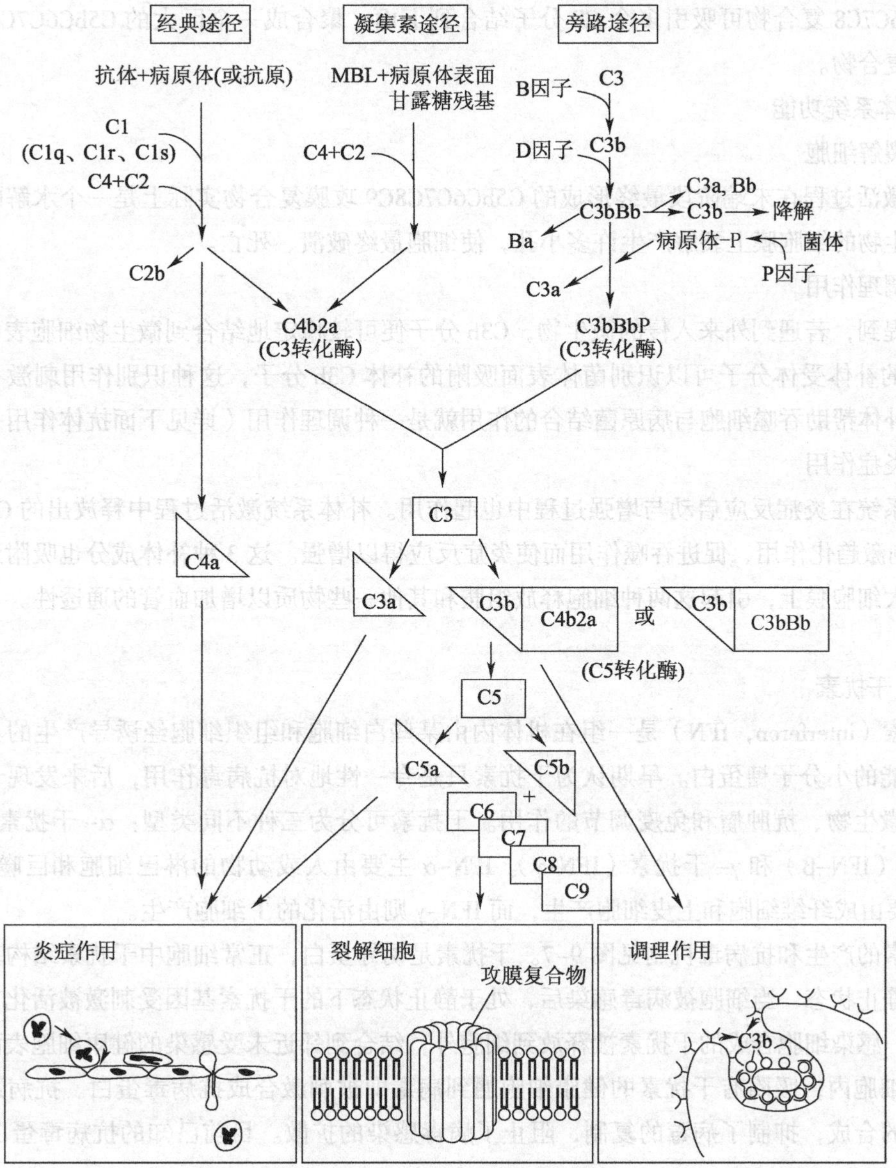

图 9–6　补体激活过程及作用

在凝集素途径中，甘露聚糖结合凝集素（mannan-binding lectin，MBL）能结合到细菌、真菌、原生物等病原微生物表面特有的含甘露糖基的多糖上面，形成的凝集素 - 多糖复合物，类似补体经典途径中的 C1 复合物，能固定补体 C4、C2 和 C3 到菌体细胞表面，最终形成 C5 转化酶（C4b2a3b 复合物），进入末端阶段。

（2）末端阶段

从补体成分 C5 激活开始，到攻膜作用导致细胞裂解为止，是补体系统作用的末端阶段。这是所有补体系统途径最终都要经历的阶段。在末端阶段，C5 转化酶将 C5 裂解为 C5a 和 C5b 两个片段，C5b 结合在膜上，和 C6、C7 结合形成一个插入膜中的稳定复合物，接着 C8 加入到该复合物上，C5bC6C7C8 复合物可吸引多个 C9 分子结合到上面，聚合成一个巨大的 C5bC6C7C8C9 环状中空的攻膜复合物。

2. 补体系统功能

（1）裂解细胞

补体激活过程在末端阶段最终形成的 C5bC6C7C8C9 攻膜复合物实际上是一个水解酶，能在外来入侵微生物的细胞膜上裂解产生许多小孔，使细胞最终破溃、死亡。

（2）调理作用

前已提到，若遇到外来入侵的微生物，C3b 分子便可较稳定地结合到微生物细胞表面。而吞噬细胞表面的补体受体分子可以识别菌体表面吸附的补体 C3b 分子，这种识别作用刺激吞噬作用发生。这种补体帮助吞噬细胞与病原菌结合的作用就是一种调理作用（详见下面抗体作用一节）。

（3）炎症作用

补体系统在炎症反应启动与增强过程中也起作用。补体系统激活过程中释放出的 C3a、C4a 和 C5a 通过刺激趋化作用、促进吞噬作用而使炎症反应得以增强。这 3 种补体成分也吸附到嗜碱性粒细胞和巨大细胞膜上，引起这两种细胞释放组胺和其他一些物质以增加血管的通透性。

（二）干扰素

干扰素（interferon，IFN）是一组在机体内由某些白细胞和组织细胞经诱导产生的具有干扰病毒复制功能的小分子糖蛋白。早期认为干扰素只是专一性地对抗病毒作用，后来发现干扰素也具有抗其他微生物、抗肿瘤和免疫调节的作用。干扰素可分为三种不同类型：α- 干扰素（IFN-α）、β- 干扰素（IFN-β）和 γ- 干扰素（IFN-γ）。IFN-α 主要由人或动物的淋巴细胞和巨噬细胞产生，IFN-β 主要由成纤维细胞和上皮细胞产生，而 IFN-γ 则由活化的 T 细胞产生。

干扰素的产生和抗病毒机制见图 9-7。干扰素是诱导蛋白，正常细胞中干扰素结构基因和调节基因处于静止状态，当细胞被病毒感染后，处于静止状态下的干扰素基因受刺激被活化，转录并产生干扰素。感染细胞合成的干扰素被释放到细胞外，结合到邻近未受感染的健康细胞表面，即将信号传递到细胞内，吸附有干扰素的健康细胞遇到病毒即被刺激合成抗病毒蛋白。抗病毒蛋白干扰病毒蛋白的合成，抑制了病毒的复制，阻止了病毒感染的扩散。目前已知的抗病毒蛋白（antiviral

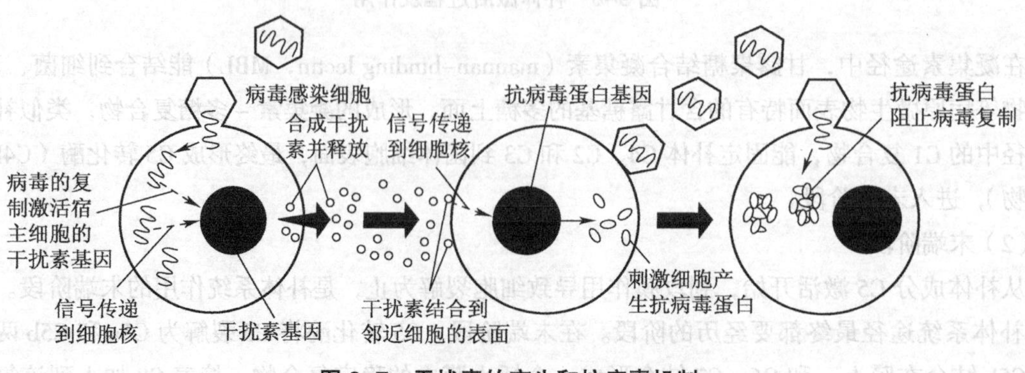

图 9-7 干扰素的产生和抗病毒机制

protein，AVP）主要是一些酶，如蛋白激酶、磷酸二酯酶和2′–5′寡腺苷酸合成酶等，蛋白激酶、磷酸二酯酶能破坏细胞核糖体翻译病毒蛋白质，而2′–5′寡腺苷酸合成酶能降解病毒mRNA。除了病毒以外，某些细菌和原生动物、人工合成的双链RNA，以及内毒素等也可诱导细胞产生干扰素。

需要指出的是，干扰素的抗病毒能力是非特异性的，也就是说，受一种类型病毒刺激产生的干扰素，能够抗其他不同类型的病毒。

第三节 宿主特异性免疫

特异性免疫（specific immunity）是个体在后天与抗原物质接触过程中所建立起来的免疫力，故又称为适应性免疫（adaptive immunity）或获得性免疫（acquired immunity）。当病原体入侵突破机体第三道防线时，机体通过T细胞直接摧毁受到感染的宿主细胞或激活巨噬细胞通过吞噬作用摧毁入侵的病原菌，或通过B细胞产生针对病原体上特定抗原的抗体，特异性的抗体与病原体特异性结合保护宿主细胞，或指导非特异性免疫系统如补体系统或吞噬细胞摧毁入侵的病原体。

一、抗原

研究证明机体对入侵的病原体之所以能发生特异性免疫反应，是由于病原体表面携带有与其他细胞相比有所差别的物质，因而能够启动机体产生针对该物质的特异性免疫物质——抗体或免疫细胞，这样就需要引入一个抗原的概念。所谓抗原（antigen），就是指能刺激机体发生免疫应答，使之产生抗体或（和）致敏淋巴细胞，并能与之在体内外发生特异性反应的一类物质。

（一）抗原特性

抗原具有两个显著特性，一是免疫原性（immunogenicity），即刺激机体免疫系统产生抗体或（和）致敏淋巴细胞的能力；二是反应原性或特异反应性（specific reactivity），即体内外能与相应抗体或致敏淋巴细胞特异性结合的特性。凡是具有这两种特性的物质称为完全抗原，如细菌、病毒和大分子蛋白质等。

有些化合物只具有反应原性而无免疫原性，被称为半抗原（hapten），如一些药物（如青霉素）、寡糖、氨基酸、脂肪和其他一些有机化合物等。这些有机小分子必须与某种蛋白质（称为载体蛋白）偶联，才能表现出免疫原性。在偶联的分子中，半抗原相当于一个抗原决定簇，可以诱导机体产生对该半抗原的免疫应答，产生与其特异性结合的抗体。

（二）决定免疫原性的因素

1. 异物性

所谓异物是指“非己”的、化学结构与机体自身成分不同或在胚胎期未与机体的免疫活性细胞接触的物质。异物性是抗原对机体具有免疫原性的第一要素。正常情况下，机体能够“识别自己和非己”，对自身物质不发生免疫应答，而对“非己”物质则加以排斥。

2. 分子大小

抗原的免疫原性与抗原分子大小密切相关。一般认为相对分子质量低于 5 000 ~ 10 000 的蛋白质没有免疫原性，而多糖抗原相对分子质量达到 6×10^5 以上才具有免疫原性。一定范围内，相对分子质量越大，其抗原性越强。

3. 结构复杂性

抗原不仅要求相对分子质量大，而且还要求分子具有复杂的化学结构。直链结构的物质一般缺乏免疫原性，多支链的物质容易成为抗原，如明胶为直链分子，相对分子质量为 100 000，但免疫原性很弱，若偶连上 2% 酪氨酸即可明显增强其免疫原性。另外某些氨基酸在肽链中的位置也会影响免疫原性，如酪氨酸和谷氨酸的外露可增强免疫原性。光学构型也会影响免疫原性，D- 氨基酸聚合体的免疫原性低于相应的 L- 异构体。

抗原的物理状态与免疫原性的强弱有关。例如球形蛋白质分子的免疫原性比线形分子强，聚合状态的蛋白质较其单体的抗原性强，颗粒性抗原较溶解性抗原强。因此将免疫原性弱的物质吸附在某些大颗粒表面，可增强免疫原性。

（三）抗原决定簇

抗原决定簇（antigenic determinant）或称抗原表位（epitope），是位于抗原物质表面或其他部位的具有一定组成和结构的化学基团，是抗原分子与相应抗体或致敏淋巴细胞发生特异性结合的部位，因此是抗原特异性的基础。抗原决定簇的性质、数目和空间结构决定着抗原特异性。在蛋白质抗原中，抗原决定簇由氨基酸残基组成，3 ~ 8 个氨基酸组成一个抗原决定簇；在多糖中 3 ~ 6 个呋喃环可组成一个抗原决定簇。

抗原决定簇依赖于其化学结构，它包括一级结构的序列，称为顺序决定簇（sequential determinant），以及空间结构，称为构象决定簇（conformational determinant）。顺序决定簇的功能基团取决于组成氨基酸的排列顺序，氨基酸顺序的改变会影响决定簇的功能；构象决定簇是由互不相连的氨基酸残基经多肽的折叠卷曲而在空间组合起来的功能基团，一般位于蛋白质的表面，蛋白质变性或水解后，该决定簇即被破坏。

抗原表面抗原决定簇的数目称为抗原的价（antigenic valence），价决定了能同时结合特异性抗体分子的数量。简单半抗原一般只能与一个抗体分子结合，是单价抗原；多数抗原的结合价在两价以上，属多价抗原。

一种抗原分子可以只有一类相同的抗原决定簇，但大多数抗原具有多种不同的决定簇，诱导机体产生混合的免疫应答。微生物细胞表面常常含有多种不同的大分子，而每一个大分子又会具有许多不同的抗原决定簇，因而会具有非常众多的抗原决定簇。

（四）病原微生物的主要抗原

病毒、细菌、真菌、原生动物等病原微生物的化学组成成分相当复杂，含有各种不同的蛋白质、核酸、多糖、脂类等，它们当中很多具有抗原的特性。以细菌为例，其菌体细胞的主要抗原有：

1. 菌体抗原

存在于细菌细胞壁、细胞膜和细胞质上的抗原。如 O- 抗原，就是革兰氏阴性细菌细胞壁外膜脂多糖上的多糖侧链成分（*O*- 特异侧链）。

2. 表面抗原

包裹在细菌细胞壁外面的抗原，如肺炎链球菌的荚膜抗原。

3. 鞭毛抗原

存在于鞭毛上的抗原，即鞭毛蛋白抗原，又称 H- 抗原。

4. 菌毛抗原

即由细菌菌毛蛋白组成的抗原。

5. 外毒素

细菌外毒素是抗原性很强的蛋白质抗原。

二、特异性细胞免疫

特异性细胞免疫是由 T 细胞参与的针对特异性抗原的一种免疫反应。T 细胞不产生抗体，而是通过细胞间接触发生直接与菌体细胞表面的抗原作用。T 细胞表面有特异性的表面标志——绵羊红细胞受体和抗原受体等。T 细胞表面的绵羊红细胞受体能与绵羊红细胞相结合，形成玫瑰花状物，用于检测外周血中 T 细胞的数目及比例，被称作 E 玫瑰花结试验。T 细胞表面抗原受体能识别经抗原递呈细胞加工后递呈的抗原，是 T 细胞能够识别抗原异物性的物质基础。

根据 T 细胞表面抗原的不同和 T 细胞在免疫应答中承担的功能不同，可将 T 细胞分为辅助性 T 细胞（helper T cell，T_H）、抑制性 T 细胞（suppressor T cell，T_S）、细胞毒性 T 细胞（cytotoxin T cell，T_C）以及迟发型超敏反应性 T 细胞（delayed type hypersensitivity T cell，T_{DTH}）等。T_H 细胞表面表达 CD4 抗原但不表达 CD8 抗原，因能够辅助 B 细胞分化成抗体形成细胞和放大免疫效应而得名。T_C 细胞表面表达 CD8 抗原但不表达 CD4 抗原，能够特异性地溶解靶细胞，这一作用具有主要组织相容性复合体（MHC）限制性；T_C 杀伤一个靶细胞后，可以转向另一个靶细胞，反复行使这种杀伤功能。T_S 细胞对 B 细胞、T_C 和 T_H 细胞等具有抑制作用。T_{DTH} 细胞可介导Ⅳ型超敏反应，遇抗原后可释放 50 种以上的淋巴因子。

特异性细胞免疫在控制侵入细胞内的病原微生物方面十分重要。特异性体液免疫的分子抗体是无法进入细胞、控制细胞内感染的，而有些细菌以及所有的病毒都是在细胞内生长繁殖，但宿主细胞却也能受到抗体的保护。这种控制细胞内感染的问题可由特异性细胞免疫作用来控制。如 Tc 细胞可以杀死体内那些被病毒侵染的细胞，T_H 细胞可以刺激受细菌感染的细胞杀死其胞内所含的病原体。特异性细胞免疫还提供对真菌和某些原生动物感染的防御作用、对自身机体肿瘤细胞发生的免疫监视作用、器官移植的排斥作用，以及某些类型的超敏反应。

特异性细胞免疫作用分为抗原的识别、T 细胞的激活和 T 细胞反应 3 个阶段（图 9-8）。

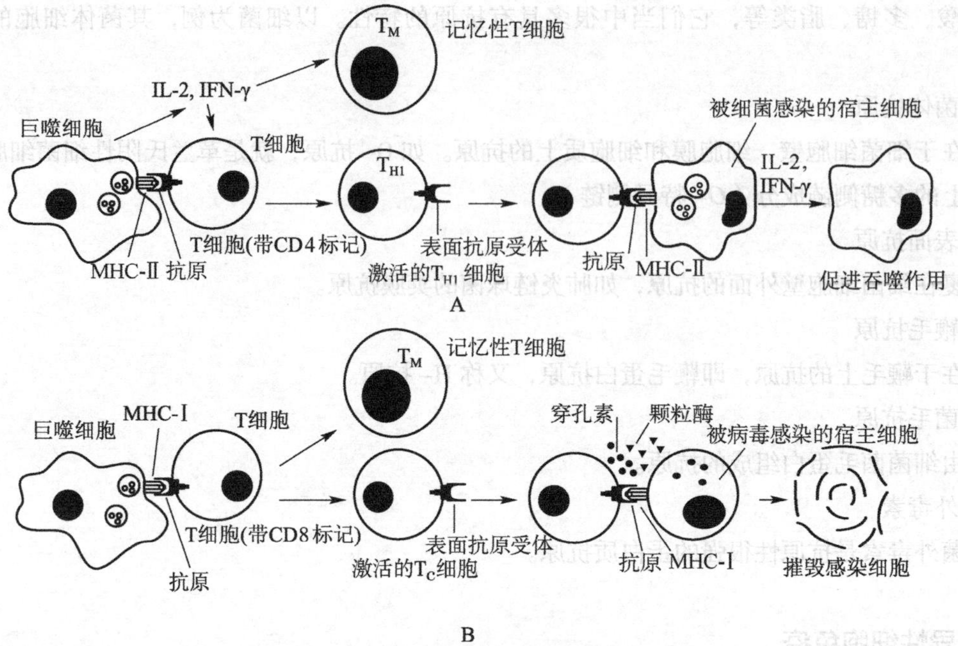

图 9–8 特异性细胞免疫反应

A. T_H细胞的激活与免疫反应 B. T_C细胞的激活与免疫反应

(一)抗原的识别

T 细胞不能识别完整抗原。抗原首先要被抗原递呈细胞(antigen presenting cell，APC)进行加工。最重要的抗原递呈细胞是巨噬细胞，树突状细胞(dendritic cell)也很重要。遍布在全身的抗原递呈细胞将所遇到的蛋白质抗原(来自于微生物或其他外来细胞)消化成碎片，然后将多肽碎片以 T 细胞能识别的方式展示在其细胞的表面。展示在抗原递呈细胞表面的抗原碎片由主要组织相容性复合物(MHC 蛋白)抓住，人体所有有核细胞都含有 MHC 蛋白，但在不同个体间有差异，因而互为抗原，这是器官移植过程中产生异体免疫排斥作用的原因。

MHC 蛋白有两类，MHC-Ⅱ和 MHC-Ⅰ。MHC-Ⅱ负责在抗原递呈细胞表面抓住细菌蛋白抗原碎片(图 9–8A)，MHC-Ⅰ负责在抗原递呈细胞表面抓住病毒蛋白降解的肽片段(图 9–8B)。带有展示抗原的抗原递呈细胞在淋巴系统流动。一旦遇到带有相匹配受体的 T 细胞，识别作用就发生。T 细胞表面抗原受体与 B 细胞表面抗原受体类似，是一种固定在 T 细胞表面的抗体分子。当 T 细胞表面抗原受体与抗原递呈细胞表面的抗原碎片通过识别作用结合在一起，就进入激活阶段。

机体内几百万个不同的 T 细胞所带的表面抗原受体相互之间是不同的，决定了不同 T 细胞对不同抗原具有不同的特异性。T 细胞表面抗原受体恒定区还有一个抗原递呈细胞 MHC 蛋白的识别位点。

(二)T 细胞的激活

所有 T 细胞在接触并结合到抗原递呈细胞表面相匹配的抗原碎片 -MHC 之前，都处于静息状态（resting state）。T 细胞表面抗原受体与抗原递呈细胞表面相匹配的抗原和 MHC-Ⅱ结合，刺激 T 细胞分裂，并大量分泌淋巴因子。最先被激活的是 T_H 细胞，巨噬细胞产生的白细胞介素 -2（IL-2）可增强 T_H 细胞的激活，激活的 T_H 细胞产生的 IL-2 也刺激本身进一步分裂。激活的 T_H 细胞表面带有更多的 IL-2 受体，对 IL-2 刺激作用更敏感（图 9-8A）。被激活的 T_H 细胞分化成不同类型 T_H 细胞，如 T_{H1} 细胞、T_{H2} 细胞、T_M 细胞。激活的 T_{H1} 细胞可释放 IL-2、IFN-γ 和肿瘤坏死因子（TNF）等，参与免疫效应。

被激活的 T_H 细胞产生的 IL-2 也帮助激活 T_c 细胞。当 T_c 细胞识别出抗原递呈细胞表面的抗原碎片和 MHC-Ⅰ时，就对 IL-2 刺激起反应。抗原识别作用和 IL-2 的共同作用，引起 T_c 细胞增殖，产生大量的被激活 T_c 细胞克隆，参与细胞免疫反应（图 9-8B）。

（三）T 细胞反应

被激活的 T 细胞可杀死受病毒感染的细胞，或传递信息给受细菌感染的细胞杀死胞内寄生物，并增强免疫反应。

1. T 细胞对感染细菌细胞的作用

受细菌感染的细胞可将侵入胞内、存在于吞噬小体细菌的某些蛋白质降解为一些肽片段，但不是通过 MHC-Ⅰ蛋白而是通过 MHC-Ⅱ蛋白将这些细菌蛋白碎片抗原展示在受感染细胞表面，结果就被标记为 T_H 细胞的靶细胞表面抗原。被激活的 T_{H1} 细胞所携带的表面抗原受体与受感染细胞表面所展示的抗原 -MHC-Ⅱ蛋白互补时，就结合到上面去，释放淋巴因子，刺激受感染细胞杀死其吞噬小体中所含的细菌，使感染细胞最终存活下来（图 9-8A）。

2. T 细胞对感染病毒细胞的作用

受病毒感染的细胞可以降解某些病毒蛋白为一些肽片段，通过 MHC-Ⅰ蛋白将这些肽片段展示在受感染细胞表面，结果就被标记为 T_c 细胞的靶细胞表面抗原。当 T_c 细胞所携带的表面抗原受体与受感染细胞表面所展示的病毒抗原互补时，就结合到上面去，从淋巴细胞颗粒中分泌一种有毒的穿孔素蛋白，在受感染细胞膜上作用形成小孔，最后使感染细胞膨胀裂解。接着，再作用于周围其他受病毒感染细胞，以终止新病毒粒子的产生，阻止感染的扩散（图 9-8B）。

三、特异性分子免疫

特异性分子免疫是由血液循环系统当中存在的抗体分子所进行的，因而又称作体液免疫。抗体分子是由 B 细胞所产生。B 细胞表面有特异性的表面标志：B 细胞抗原受体、IgG Fc 受体、补体 C3b 受体等。B 细胞抗原受体为膜表面免疫球蛋白（SmIg），能与抗原特异性结合，是 B 细胞被特异性抗原激活并产生相应抗体的物质基础。B 细胞表面 IgG Fc 受体与 IgG 抗体致敏的红细胞（EA）结合，可形成以 B 细胞为中心的 EA 玫瑰花结，EA 玫瑰花结试验可用来鉴别 T 细胞、B 细胞。B 细胞通过表面 C3b 受体与 EAC（由抗体致敏红细胞结合补体 C3b 所形成）复合物中的 C3b 结合，可形成以 B 细胞为中心的 EAC 玫瑰花结，EAC 玫瑰花结试验也可用来鉴别 T 细胞、B 细胞。

当机体受到病原菌等抗原的刺激，B 细胞就分化产生抗体释放到血液中。每个人体大约有 10

万亿个（10^{13}）B 细胞，每个 B 细胞能在其细胞表面产生一个特殊的抗体作为一种特殊抗原的受体，也就是说 10 万亿个 B 细胞能产生 10 万亿个不同的抗体，因而具有 10 万亿个不同的 B 细胞。如此众多的不同抗体种类足以使它们能够识别人的一生中所能够遇到的任何抗原了。

（一）抗体

抗体（antibody，Ab）是 B 细胞在抗原刺激下增殖分化为浆细胞，产生能与相应抗原发生特异性结合的免疫球蛋白。1937 年 Tiselius 用电泳方法将血清蛋白分为白蛋白、α1、α2、β 及 γ 球蛋白等组分，其后又证明抗体的活性部分是在 γ 球蛋白部分。因此，相当长一段时间内，抗体又被称为 γ 球蛋白（丙种球蛋白）。实际上，抗体的活性除 γ 球蛋白外，还存在于 α 和 β 球蛋白处。1968 年和 1972 年的两次国际会议上，将具有抗体活性或化学结构与抗体相似的球蛋白统一命名为免疫球蛋白（immunoglobulin，Ig）。

1. 抗体的基本结构

抗体分子的基本结构单位是由两条相同的重链（heavy chain，H 链）和两条相同的轻链（light chain，L 链）通过链间二硫键连接而成的“Y”形四肽链结构（图 9–9）。抗体重链的相对分子质量为 $50\times10^3\sim75\times10^3$，由 450 ~ 550 个氨基酸残基组成；轻链的相对分子质量约 25×10^3，由 214 个氨基酸残基构成。抗体的抗原结合位点位于抗体双臂的每一个 N 端，抗原结合位点及其紧邻的一部分区域为可变区（variable region，V 区），含 110 个左右的氨基酸，约占重链的 1/4、轻链的 1/2，其氨基酸的序列变化很大，是构成抗体多样性的基础；其余部分的氨基酸序列相对稳定，称为恒定区（constant region，C 区）。吞噬细胞和补体的结合位点在恒定区，其氨基酸序列比较恒定，因此能够满足不同抗体都可与非特异性的吞噬细胞和补体结合的需要。

植物木瓜蛋白酶可裂解抗体臂和柄相连接处，形成 2 个抗原结合片段（Fab），相当于抗体分子的两个臂，Fab 片段为单价，与抗原结合后，不能形成凝集反应或沉淀反应；另一个片段是含有两个重链组成的柄部，为 Fc 片段，无抗原结合活性，是抗体分子与补体结合、并与凝聚反应、组织致敏和穿过胎盘等活性有关，免疫球蛋白同种型的抗原性主要存在于 Fc 片段。

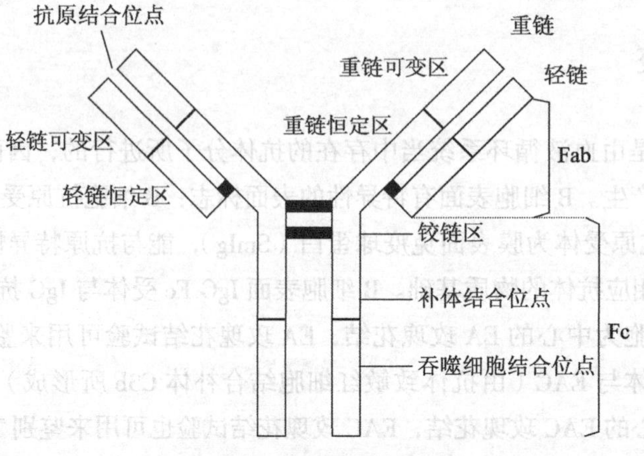

图 9–9 抗体的基本结构

2. 抗体的类型

抗体重链恒定区在不同类型抗体中其氨基酸的组成和排列顺序不同，可分为 μ 链、δ 链、γ 链、α 链和 ε 链 5 种，据此，可将抗体分为 5 类，即 IgM、IgD、IgG、IgA 和 IgE。抗体轻链恒定区也可分为两型，即 κ 型和 λ 型，一个天然 Ig 分子上两条轻链的型别总是相同的。五类 Ig 中每类 Ig 都可以有 κ 链或 λ 链，两型轻链的功能无差异。

所有 5 种抗体都以单体形式（单个的“Y”形基本结构分子）存在于产生它们的 B 细胞表面。IgD、IgE 和 IgG 3 种抗体也作为单体分泌到血液中，但 IgM 是以 5 个单体 IgM 连结为一个五聚体形式分泌到血液中，IgA 是以单体和二聚体混合物形式分泌到血液中。由于抗体单体有两个抗原结合位，因此单体抗体结合价是二价；二聚体抗体结合价是四价，五聚体抗体结合价是十价。5 种抗体的特性归纳总结于表 9–3。

表 9–3　5 种类型抗体的特性和比较

抗体类型	IgA	IgD	IgE	IgG	IgM
结构	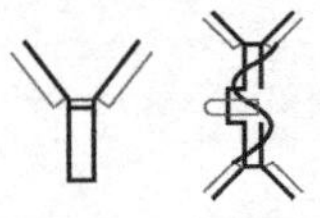				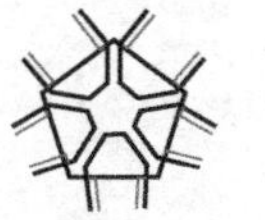
相对分子质量	160 000 或 390 000	184 000	188 000	146 000	970 000
占 Ig 百分比	10%~13%	＜1%	＜0.01%	80%~85%	5%~13%
分泌形式	单体和双体	单体	单体	单体	五联体
分布	单体在血液里，双体在分泌物中	B 细胞表面	巨大细胞、嗜曙红细胞和嗜碱性粒细胞表面	血液和胞外	血液和胞外体液
性质	分泌到唾液、乳汁、黏液中及其他分泌物中，分泌形式能抗酶降解		附着在巨大细胞和嗜碱性粒细胞上，带有 IgE 的细胞结合抗原后会导致细胞释放它的颗粒性成分	特异性地附着在吞噬细胞表面，参与补体固定过程，能够穿过胎盘屏障	参与补体固定，是初次免疫反应首先产生的抗体，是不依赖 T 细胞的抗原反应产生的唯一抗体
功能	保护黏膜，阻止微生物吸附到黏膜上	参与抗体反应的发育和成熟，功能还未完全阐明	参与许多过敏反应，在抗体依赖的细胞毒作用中起作用，帮助排除寄生物	参与凝聚反应、沉淀反应、调理作用、抗体依赖的细胞毒作用和补体的激活作用	参与凝聚反应、沉淀反应和补体的激活作用

3. 抗体多样性产生的基因重组机制

B 细胞是如何能够合成不同的特异性抗体以应对所接触的各种外来抗原呢？其原因在于 B 细胞所含的免疫球蛋白基因是由不同的基因片段所组成。在骨髓中 B 细胞形成时，每一个 B 细胞能随

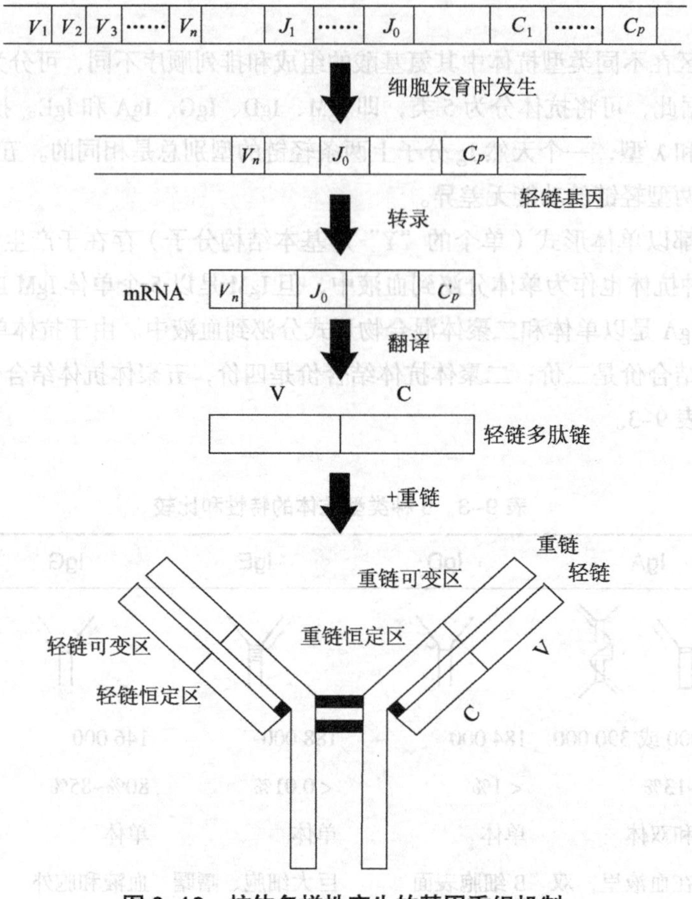

图 9-10 抗体多样性产生的基因重组机制

机地将它的抗体基因的不同片段拼接在一起，形成多样性的抗体基因（图 9-10）。在胚胎发育时，干细胞中各有数百个编码重链和轻链可变区基因的片段（从 $V_1 \sim V_n$），而只有很少的编码重链和轻链恒定区（C 区）的基因片段，并且与可变区基因片段相距较远。以轻链为例，当将某一可变区片段与恒定区片段之间的 DNA 片段移开之后，由一个 J 片段将该可变区基因片段与恒定区基因片段相连，就形成了一个连续的功能性轻链编码基因。重链基因以类似方式形成。经过基因转录和翻译，轻链多肽就合成了，它们再与重链多肽结合就形成了功能性的抗体分子。可见，抗体的抗原结合位点的多样性是由于抗体基因是由不同的可变区基因片段随机与恒定区基因片段相连重组而成，这样就产生一系列不同氨基酸组成的轻链和重链。

（二）B 细胞的激活与抗体产生

B 细胞的激活与抗体的产生一般经历如下一些过程（图 9-11）：

1. 克隆选择作用

机体内存在的 B 细胞表面各自带有针对不同种抗原的抗体，当外来某一抗原进入机体，可与具有互补结构的 B 细胞表面受体（抗体）蛋白结合，便使之激活、增殖和分化产生大量针对此特

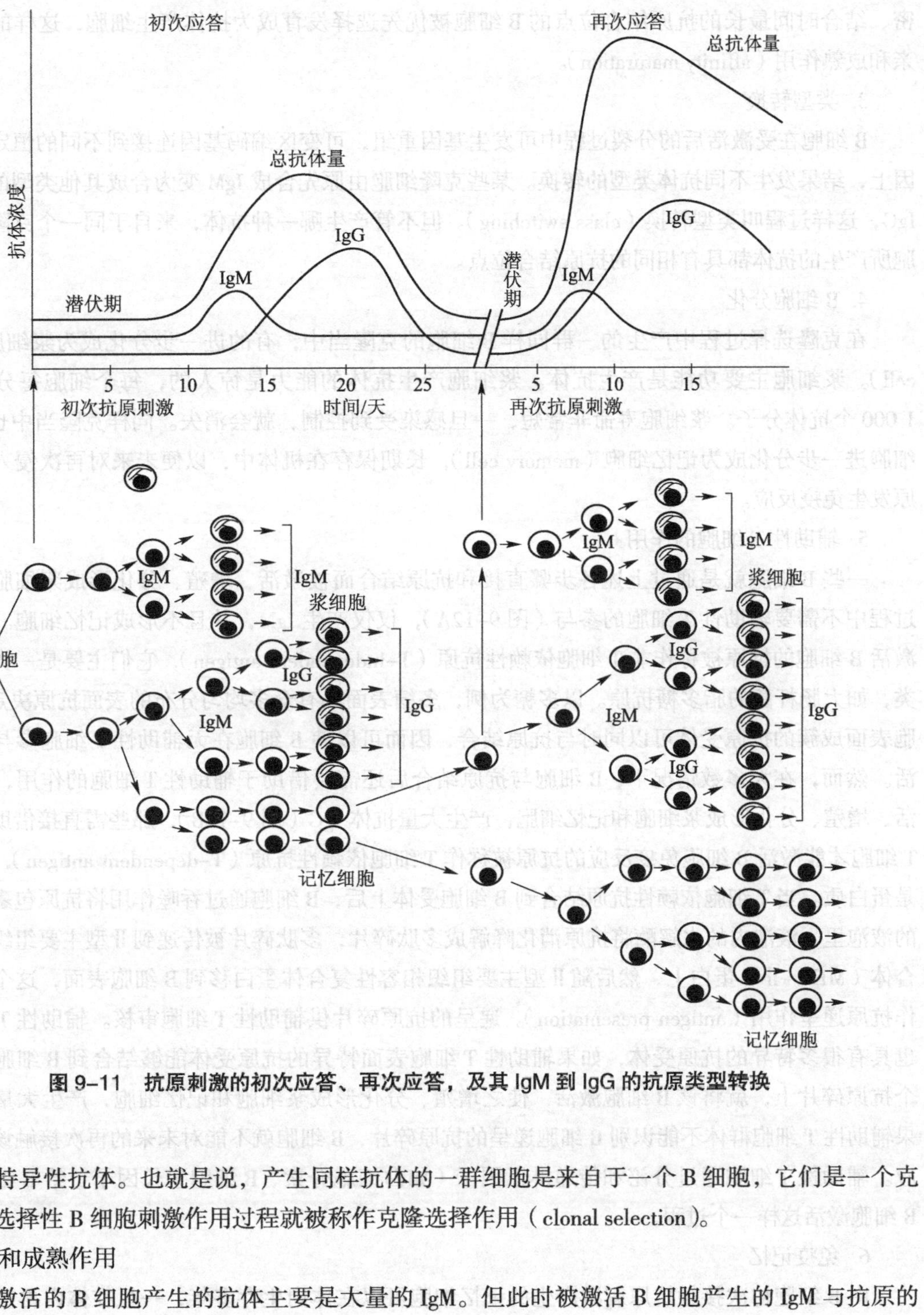

图 9-11　抗原刺激的初次应答、再次应答，及其 IgM 到 IgG 的抗原类型转换

定抗原的特异性抗体。也就是说，产生同样抗体的一群细胞是来自于一个 B 细胞，它们是一个克隆，这种选择性 B 细胞刺激作用过程就被称作克隆选择作用（clonal selection）。

2. 亲和成熟作用

最初激活的 B 细胞产生的抗体主要是大量的 IgM。但此时被激活 B 细胞产生的 IgM 与抗原的结合在结构上可能还不是处于最好的互补状态，但五聚体的 IgM 具有 10 个抗原结合位点，可以部分补偿其自身抗原结合位点尚不完善的问题。在激活过程期间，不完善的抗原结合位点可因抗体可变区编码基因的突变而得到改进。某些发生的突变改善了抗原结合位点。那些载有与抗原结合最紧密、结合时间最长的抗原结合位点的B细胞被优先选择发育成为抗体产生细胞，这样的过程就叫亲和成熟作用（affinity maturation）。

3. 类型转换

B细胞在受激活后的分裂过程中可发生基因重组，可变区编码基因连接到不同的恒定区编码基因上，结果发生不同抗体类型的转换。某些克隆细胞由原先合成IgM变为合成其他类型的抗体，如IgG，这样过程叫类型转换（class switching）。但不管产生哪一种抗体，来自于同一个克隆的所有细胞所产生的抗体都具有相同的抗原结合位点。

4. B细胞分化

在克隆选择过程中产生的一群同样B细胞的克隆当中，有的进一步分化成为浆细胞（plasma cell）。浆细胞主要功能是产生抗体。浆细胞产生抗体的能力是惊人的，每个细胞每分钟可产生1 000个抗体分子。浆细胞寿命非常短，一旦感染受到控制，就会消失。同样克隆当中也有一些B细胞进一步分化成为记忆细胞（memory cell），长期保存在机体中，以便未来对再次侵入的同样抗原发生免疫反应。

5. 辅助性T细胞的作用

一些B细胞就是通过上述各步骤直接和抗原结合而被激活、增殖、分化形成浆细胞，在整个过程中不需要辅助性T细胞的参与（图9–12A），仅仅产生IgM，并且不形成记忆细胞。能够直接激活B细胞的抗原被称作非T细胞依赖性抗原（T–independent antigen），它们主要是一类多糖和脂类，如大肠杆菌的脂多糖抗原。以多糖为例，多糖表面具有众多均匀分布的表面抗原决定簇，B细胞表面成簇的抗原受体可以同时与抗原结合，因而可以使B细胞在无辅助性T细胞参与下就被激活。然而，在大多数情况下，B细胞与抗原结合后还需要借助于辅助性T细胞的作用，才能被激活、增殖、分化形成浆细胞和记忆细胞，产生大量抗体IgG（图9–12B），那些需直接借助于辅助性T细胞才能激活B细胞免疫反应的抗原被称作T细胞依赖性抗原（T–dependent antigen），它们通常是蛋白质。当T细胞依赖性抗原结合到B细胞受体上后，B细胞通过吞噬作用将抗原包裹在细胞内的液泡里，液泡内的水解酶将抗原消化降解成多肽碎片，多肽碎片被传递到Ⅱ型主要组织相容性复合体（MHC–Ⅱ）蛋白上，然后随Ⅱ型主要组织相容性复合体蛋白移到B细胞表面，这个过程被称作抗原递呈作用（antigen presentation）。递呈的抗原碎片供辅助性T细胞审核。辅助性T细胞表面也具有很多特异的抗原受体，如果辅助性T细胞表面特异的抗原受体能够结合到B细胞递呈的一个抗原碎片上，就将该B细胞激活，使之增殖、分化形成浆细胞和记忆细胞，产生大量抗体。如果辅助性T细胞群体不能识别B细胞递呈的抗原碎片，B细胞就不能对未来的再次接触该抗原起反应。辅助性T细胞通过分泌和传递淋巴因子（如白细胞介素、B细胞生长因子）给B细胞，启动B细胞激活这样一个过程。

6. 免疫记忆

由B细胞初次接触抗原刺激产生的记忆细胞可以在体内生存多年，一旦在体内再次遇到同样的抗原时，它们不需要经过辅助性T细胞的激活就可以直接转化为浆细胞，免疫应答潜伏期短，反应速度快，产生的抗体量是初次接触抗原产生量的10～100倍，并且发生类型转换作用，产生的抗体是IgG，这种免疫记忆现象称作再次免疫应答反应。相应地，将机体初次接触抗原的反应称作

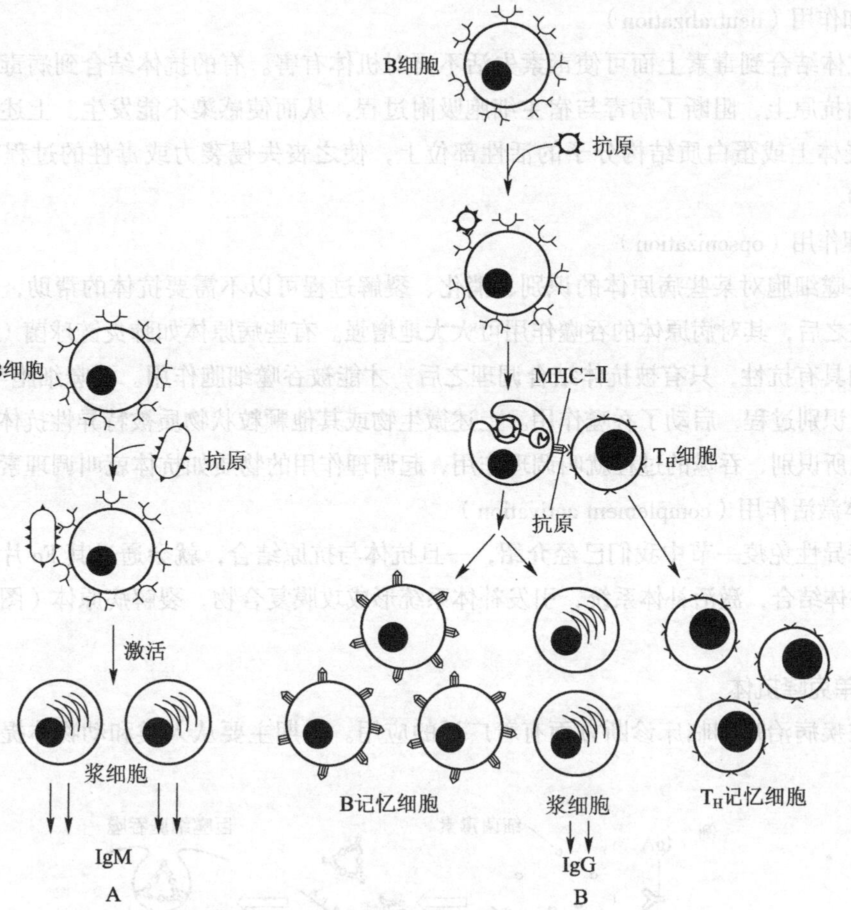

图 9-12　B 细胞的激活与抗体的产生过程

A. 不需要辅助性T细胞的参与　B. 需要辅助性T细胞的参与

初次免疫应答反应（primary immune response）。初次应答的特点是抗原首次进入机体，从诱发免疫到抗体的产生需要一个较长的停滞期，抗体产生的量不高，效价低，抗体以 IgM 为主。初次应答除了产生抗体外，还有一些受到刺激的幼 B 细胞会分化形成前述的记忆细胞（图 9-11）。为了预防传染病的发生，人们根据免疫记忆的原理，用人工方法将细菌、病毒减低毒性，制成菌苗、疫苗，通过注射、口服等方法接种到人体，刺激机体产生针对相应病原体的免疫记忆细胞，当遇到入侵的非减毒致病的同样病原体时，就能立刻启动免疫应答反应，产生大量抗体，控制和摧毁病原微生物，达到免疫的目的，这就是预防接种。

（三）抗体的功能

抗体不直接杀死病原体，而是直接紧密地结合到相匹配的抗原上形成抗原 - 抗体复合物，通过中和作用、调理作用和补体激活作用等发挥免疫作用。

1. 中和作用（neutralization）

有些抗体结合到毒素上面可使毒素失活不再对机体有害。有的抗体结合到病毒与宿主细胞相吸附的表面抗原上，阻断了病毒与宿主细胞吸附过程，从而使感染不能发生。上述抗体结合在病原体表面受体上或蛋白质结构分子的活性部位上，使之丧失侵袭力或毒性的过程就叫中和作用（图 9–13A）。

2. 调理作用（opsonization）

尽管吞噬细胞对某些病原体的识别、消化、裂解过程可以不需要抗体的帮助，但如果病原体被抗体包被之后，其对病原体的吞噬作用可大大地增强。有些病原体如肺炎链球菌（*S. pneumonia*）对吞噬作用具有抗性，只有被抗体结合调理之后，才能被吞噬细胞作用。吞噬细胞与抗体 Fc 片段结合促进了识别过程，启动了吞噬作用。上述微生物或其他颗粒状物质被特异性抗体包被后更容易被吞噬细胞所识别、吞噬的过程就叫调理作用，起调理作用的物质如抗体就叫调理素（图 9–13B）。

3. 补体激活作用（complement activation）

在非特异性免疫一节中我们已经介绍，一旦抗体与抗原结合，就会通过其 Fc 片段上的补体结合位点与补体结合，激活补体系统，引发补体系统形成攻膜复合物，裂解病原体（图 9–13C）。

（四）单克隆抗体

抗体在疾病治疗和临床诊断方面有着广泛的应用。早期主要从人类和动物体提取抗血清。但

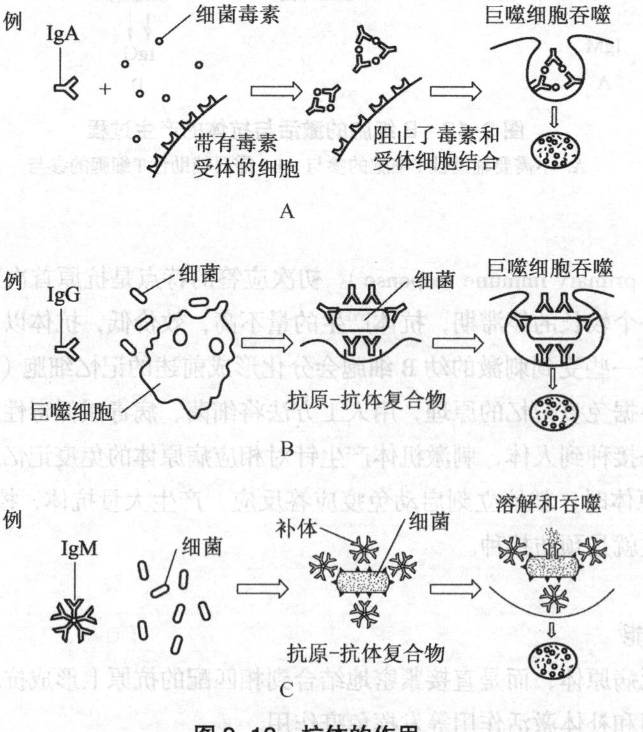

图 9–13　抗体的作用

A. 中和作用　B. 调理作用　C. 补体激活作用

由前所知，抗血清中所含的抗体产自不同的B细胞，它们所针对的可以是同一抗原的不同抗原决定簇，或者虽然针对同一个抗原决定簇但相匹配的抗体结构会有所不同，甚至一个微生物可以刺激机体产生几种不同的抗体类型，因而抗血清实际上是不同抗体的混合物，被称作多克隆抗体（polyclonal antibodies）。但某些情况下需要由单一B细胞克隆所产生、并具有单一抗原特异性的单一抗体分子所组成的抗体纯制备物，通常称为单克隆抗体（monoclonal antibody）。但B细胞存在不能体外繁殖和传代的问题。1975年，英国学者Kohler和Milstein建立了淋巴细胞杂交瘤技术，该项技术始于一种小鼠多发性骨髓瘤细胞的发现。小鼠多发性骨髓瘤细胞是一种癌变的浆细胞，能够体外反复传代繁殖，因此很容易形成单克隆，并产生大量均质、单克隆性质的抗体，只不过绝大多数情况下所产生的抗体并不能与人们所希望的抗原进行特异结合。于是他们事先利用目的抗原免疫小鼠，再从其脾中取得B细胞，利用该B细胞具有分泌针对目的抗原的特异性抗体的能力，将之与骨髓瘤细胞通过细胞融合的方式进行杂交，通过筛选获得杂交瘤细胞的单克隆。这样，该杂交瘤细胞单克隆就既能在体外传代培养，又能分泌针对目的抗原、具单一抗原特异性、由单一抗体分子所组成的单克隆抗体。单克隆抗体不但在疾病诊断中显示出优越性，而且可利用其免疫特异性与药物偶联制作“靶向药物（药物导弹）”用于肿瘤等疾病的治疗。Kohler和Milstein等人因此项研究工作而于1984年获得了诺贝尔生理学或医学奖。

四、免疫应答的病理反应

正常情况下，抗原的刺激可引起机体产生体液免疫和细胞免疫，从而保护机体。但在有些情况下，抗原刺激可能会引起机体产生不正常的免疫应答，甚至会引起组织损伤，如过度的免疫应答，严重的可以引起休克甚至死亡，这种免疫应答称之为超敏反应（hypersensitivity）或变态反应（allergy response）；而对自身组织器官产生免疫应答的也会引起机体组织损伤，即自身免疫；但有时机体也可能对抗原的刺激不产生免疫应答，称为免疫耐受（immunological tolerance）。

（一）超敏反应

超敏反应（hypersensitivity）往往是在机体第二次接触过敏原时发生，一般具有个体特征，花粉、昆虫毒液以及各类食物等都是常见的过敏原，这类应答常常引起机体组织损伤或生理机能障碍。

根据超敏反应机制和临床特征，可将其分为4型：Ⅰ型，即速发型过敏反应，由IgE抗体介导；Ⅱ型，即细胞毒型反应，通过补体或吞噬细胞作用；Ⅲ型，即免疫复合物反应，抗原-抗体复合物聚集在血液循环或组织滑膜处，导致补体活化，粒细胞吸附，使组织损伤；Ⅳ型，即细胞免疫反应，由T细胞介导，T细胞活化后，释放淋巴因子，巨噬细胞聚集和活化，局部损伤。4种类型超敏反应的特点见表9-4。

（二）自身免疫失调

机体的免疫应答通常是机体对各种侵染原，如细菌、真菌、病毒及寄生虫等的重要防御机制，

表 9–4 不同类型超敏反应的特点和比较

	Ⅰ型	Ⅱ型	Ⅲ型	Ⅳ型
特点	立即发生	细胞溶解	免疫复合物	细胞参与
主要参与者	IgE	IgG、IgM	IgG、IgM	T 细胞
其他参与者	肥大细胞、嗜碱性粒细胞、组胺、前列腺素、白三烯	补体	补体、炎症因子	淋巴因子、巨噬细胞
抗原	可溶性的或微粒	在细胞表面	可溶性的或微粒	在细胞表面
反应时间	几秒到 30 min	变化不定，通常几小时	3 ~ 8 h	24 h ~ 4 星期或更长
反应类型	局部水疱和发亮、过敏性休克	红细胞聚集，破坏细胞	急性发炎作用	细胞介导的细胞死亡
实例	如青霉素过敏性休克反应，患者如不及时抢救会致死	如不同血型的错误输血	一些 A 组链球菌感染引起的血管球性肾炎，抗原 – 抗体复合物沉积于肾小球	结核菌素超敏感性（TB 皮肤试验），接种部位变红、硬结（热、痛）
治疗方法	脱敏作用、抗组胺药物，固醇类物质	固醇类物质	固醇类物质	固醇类物质

对机体有保护作用。但许多情况下免疫应答也会对机体造成损伤，如前面所述的超敏反应。此外还有一种对自身组织、细胞或蛋白质产生的免疫应答，即自身免疫（autoimmunity），会引起自身组织的损伤。

自身免疫是一种对自身成分产生过敏反应的过程。这种反应通常可持续很长时间，引起长时间的组织损伤。对于自身免疫的发生，可能存在几种不同的机制：①一些遗传因子可能易导致形成自身免疫。如主要组织相容性抗原的基因比正常人大的个体，容易引发自身免疫紊乱。②抗原及分子拟态可引发自身免疫失调。T_H 细胞可能会攻击那些与病原菌抗原相似的组织抗原。像曾患过风湿热（由化脓性链球菌 *Streptococcus pyogenes* 引起）的小孩以后易发生风湿性心脏病，因为这些人的心脏瓣膜组织与链球菌的细胞壁抗原及胞质膜抗原相似。③胸腺是正常 T 细胞的发育场所。若克隆缺失不能清除那些对自身物质起反应的 T 细胞，那么这些 T_H 细胞一旦存活并增殖，就可能攻击自身抗原，刺激 B 细胞产生自身抗体，引起组织损伤。④自身抗原发生突变，产生的异常蛋白可能被 B 细胞识别，产生自身抗体。

（三）免疫耐受

免疫耐受是指免疫系统缺乏对自身抗原的反应。能够将自身抗原与外来抗原相区别，说明免疫系统能区别自己与非己。根据克隆消除学说，在骨髓中正在进行分化的 B 细胞和在胸腺中正在进行分化的 T 细胞与最终分化后的细胞是相当不同的。处于正在分化中的 B 细胞和 T 细胞一旦被抗原激活，就被杀死，进行细胞凋亡。由于这些免疫细胞处于自身抗原组成的体液之中，没有外来抗原存在，所以那些能和自身抗原起反应的 B 细胞和 T 细胞就通过这种方式被消除，而只有那些与外来抗原起反应的细胞才能生存下来。正常生理状况下，机体对自身组织抗原是耐受的，这是免疫系统的基本性质，称为自身耐受（self-tolerance），如果破坏了这种自身耐受，就会导致自身免疫病。

免疫耐受是机体免疫调节的内容之一，而诱导机体对特异性抗原的免疫耐受对自身免疫病的治疗，消除器官移植的排斥现象以及对过敏反应的治疗均有重要意义。

第四节 免疫学的应用

一、免疫预防

人为地给机体输入抗原物质，以调动机体的免疫系统，或直接注射免疫血清或淋巴细胞，从而获得特异性免疫力，这种免疫称为人工免疫（artificial immunization）。前者称人工自动免疫（artificial active immunization），后者为人工被动免疫（artificial passive immunization）。

（一）人工自动免疫

人工自动免疫就是机体被动输入抗原物质后，机体的免疫系统因抗原的刺激就发生类似感染时所发生的应答过程，从而产生特异性免疫力，以预防或治疗疾病。用于人工自动免疫的抗原制品称为疫苗（vaccine），其可以是完整的病原微生物，如细菌、病毒、立克次氏体、螺旋体等，也可以是其中的某些成分或与之相似的其他抗原。

1. 常规疫苗

常规疫苗是指利用灭活的（杀死）或减毒的病原微生物，如细菌、病毒、立克次氏体或螺旋体等制成的预防制品，可分为活疫苗、死疫苗、联合疫苗等。

（1）活疫苗

活疫苗（live vaccine）是通过人工定向育种或从自然界中筛选获得病原菌的无毒株或微毒株所制成的预防制品，又称减毒活疫苗（attenuated vaccine），如卡介苗、麻疹疫苗、脊髓灰质炎疫苗等。

（2）死疫苗

死疫苗（dead vaccine）是用物理或化学方法将病原微生物杀死，但保留其原有的免疫原性的预防制品。与活疫苗相比较，死疫苗丧失了感染和繁殖的能力，因此接种量较大，且持续时间短。常用的死疫苗有狂犬、伤寒、霍乱、流行性乙型脑炎、钩端螺旋体等疫苗。

（3）联合疫苗

联合疫苗（combined vaccine）是指由两种或两种以上的病原微生物或同一病原菌的不同血清型菌株的培养物灭活后，按一定的比例混合在一起。如白喉－百日咳－破伤风三联疫苗。

2. 基因工程疫苗

基因工程疫苗是一类通过 DNA 重组技术获得的新型疫苗。

（1）基因缺失疫苗

基因缺失疫苗（gene-deleted vaccine）是指运用分子生物学和基因工程的手段，将病原菌强毒株中与毒力有关的基因删除，使其不易返祖，更为安全。在细菌中曾用于研究霍乱减毒疫苗，病毒中曾用于研究单纯疱疹疫苗。

（2）载体疫苗

载体疫苗（recombinant-vector vaccine）是指将编码病原菌保护性抗原或表面抗原基因插入已有病毒、细菌基因组的某些部位使其高效表达，但不影响该病毒、细菌的生存与增殖。以我国获批有条件上市的重组新冠疫苗（5 型腺病毒载体，Ad5）为例，首先剔除腺病毒中与复制相关的基因，使之不能在人体中复制，再将新冠病毒刺突蛋白（S 蛋白）的基因插入腺病毒基因组 DNA 中。当重组腺病毒进入人体后，经翻译产生的新冠病毒刺突蛋白，能引起机体产生针对新冠病毒刺突蛋白的免疫应答反应。

3. 亚单位疫苗

利用微生物的某种表面结构成分（抗原）制成不含有核酸、能诱发机体产生抗体的疫苗，称为亚单位疫苗（subunit vaccine）。例如，通过化学分解或有控制性的蛋白质水解方法，提取细菌、病毒的特殊蛋白质结构，筛选出的具有免疫活性的片段制成的亚单位疫苗。

重组亚单位蛋白疫苗（recombinant subunit vaccine）是一种新型亚单位疫苗。该类疫苗是将某种病原体蛋白抗原基因构建在表达载体上，将构建好的表达蛋白载体转化到细菌、酵母或哺乳动物或昆虫细胞中，在一定的诱导条件下，表达出大量的抗原蛋白，通过纯化后制备而成。临床上使用的重组亚单位蛋白疫苗有乙肝疫苗、宫颈癌疫苗、流感疫苗、戊肝疫苗、带状疱疹疫苗。我国获批紧急使用的重组新型冠状病毒疫苗（CHO 细胞）就是一种新冠重组亚单位蛋白疫苗。另全球报告有 6 种结核分枝杆菌重组亚单位蛋白疫苗进入临床试验阶段。

4. 核酸疫苗

核酸疫苗（nucleic acid vaccine）包括 mRNA 疫苗及重组质粒 DNA 疫苗。核酸疫苗研究虽然已有多年，但新冠病毒的暴发加快了核酸疫苗的研发和应用。

以新冠病毒 mRNA 疫苗为例，该法将编码新冠病毒特异性蛋白（抗原）的 mRNA 序列片段经适当保护修饰后导入机体，被宿主细胞的蛋白质合成机器用作模板翻译产生蛋白质抗原并显示在免疫递呈细胞表面，当被机体免疫细胞识别后，诱导产生相应的特异性免疫反应，达到预防免疫的作用。如美国 Moderna 公司研发的新冠病毒 mRNA-1273 疫苗和德国 BioNTech 公司与美国辉瑞公司共同研发的 BNT162b2 新冠病毒 mRNA 疫苗。mRNA 疫苗是继灭活疫苗、减毒活疫苗、亚单位疫苗和病毒载体疫苗后的第三代疫苗，具有针对病原体变异反应速度快、生产工艺简单、易规模化扩大等特点。

DNA 疫苗的原理是将编码病毒抗原蛋白的核酸插入表达载体，注入人体后表达抗原，从而产生免疫原性。DNA 疫苗与 mRNA 疫苗相比其免疫原性较差，需多次注射并需添加佐剂。

5. 类毒素

用 0.3%～0.4% 甲醛处理外毒素，可使其毒性丧失但仍保留抗原性，这种经过处理的无毒但保留抗原性的外毒素被称作类毒素（toxoid），可用于预防接种，如白喉类毒素和破伤风类毒素。

（二）人工被动免疫

人工被动免疫就是输入免疫血清（含有特异性抗体的血清）或致敏淋巴细胞，使机体立即获得针对某种病原的免疫力，以达到治疗和紧急预防的目的。目前使用的免疫血清有：①抗毒素，是指利用类毒素免疫动物，刺激机体产生具有中和外毒素作用的抗体，可用于紧急预防、治疗某些外毒素引起的疾病，如白喉抗毒素、破伤风抗毒素等。②免疫球蛋白制剂，如血清球蛋白（一种从血清中提取的丙种球蛋白）以及胎盘球蛋白（自健康产妇的胎盘中提取的丙种球蛋白）可预防麻疹和甲肝、丙肝等。③单克隆抗体，如面对新冠病毒疫情暴发，国家药监局应急批准了一种新冠病毒中和抗体联合治疗药物安巴韦单抗注射液（BRII-196）及罗米司韦单抗注射液（BRII-198）注册申请。另外，抗血清在特殊情况下也可使用，如新冠病毒感染暴发初期，曾尝试采用康复者恢复期血浆（其中含有抗新冠病毒抗体）临床输入救治新冠病毒感染危重患者，免疫血清可立即发挥其中和病毒抗原作用，但维持时间较短，而且可能会导致机体产生血清病。

二、肿瘤免疫治疗

（一）单克隆抗体类抗肿瘤药物

单克隆抗体（单抗）类抗肿瘤药物是经过分子生物学手段制备的、由单一 B 细胞克隆得到的高度均一的抗体分子，能特异性识别肿瘤相关抗原，介导抗体和补体依赖的细胞毒作用，杀死肿瘤细胞。如我国批准临床上使用的利妥昔单抗（治疗滤泡性中央型淋巴瘤）、曲妥珠单抗（治疗乳腺癌）和西妥昔单抗（结直肠癌）注射液等就是治疗恶性肿瘤的单克隆抗体药物。

（二）肿瘤的嵌合抗原受体 T 细胞免疫疗法

前已介绍，在没有受到抗原刺激时，T 细胞处于静息状态。在抗原的刺激下，静息的 T_c 细胞经过激活成为效应 T_c 细胞才能特异性杀死受病毒感染细胞或肿瘤细胞。在激活过程中，病毒或肿瘤抗原要先经过抗原递呈细胞降解加工成蛋白碎片，并与主要组织相容性复合体 MHC-Ⅰ结合形成 MHC-Ⅰ-抗原肽展示于肿瘤细胞表面，才能被 T_c 细胞表面的抗原受体（T cell receptor，TCR）所识别。TCR 还必须与 T_c 细胞膜表面分子 CD3 形成复合物，此外还需要某些共刺激蛋白分子参与。然而，肿瘤细胞能通过减少其 MHC-Ⅰ和共刺激蛋白分子的表达，破坏 T_c 细胞的激活过程，使得 T_c 细胞无法发挥杀伤肿瘤细胞的能力。为此，科学家们发明了一种嵌合抗原受体 T 细胞（chimeric antigen receptor T cell，CAR-T）免疫疗法，就是将能识别肿瘤抗原的抗体的抗原结合部（含重链可变区 V_H 和轻链可变区 V_L）、跨膜结构域、共刺激蛋白分子 4-1BB 和 CD28，以及介导 T_c 细胞激活信号转导通路的信号域 CD3ζ 等基因融合而成嵌合基因，通过基因转导方法转染患者的 T 细胞，使其表达产生单链嵌合抗原受体（chimeric antigen receptor，CAR）（图 9-14）。这样，通过人工改造 TCR，同时具有肿瘤抗原识别能力和识别肿瘤抗原后转导活化信号激活 T 细胞的能力，这样就可以绕过巨噬细胞 MHC-Ⅰ递呈抗原的过程，有效地遏制肿瘤通过降低 MHC-Ⅰ分子表达水平来逃避机体免疫系统的攻击。CAR-T 免疫疗法主要包括以下几个步骤：首先从肿瘤患者血液中分离出纯化 T 细胞；然后将一个带有嵌合抗原受体基因的病毒载体转入 T 细胞，使之成为 CAR-T 细胞，并体外培养，扩增 CAR-T 细胞；最后将 CAR-T 细胞回输到患者体内，开始进行肿瘤细胞免疫治疗。目前 CAR-T 已经用于血液肿瘤如白血病的治疗，对实体瘤的治疗效果还有待改进和探索。

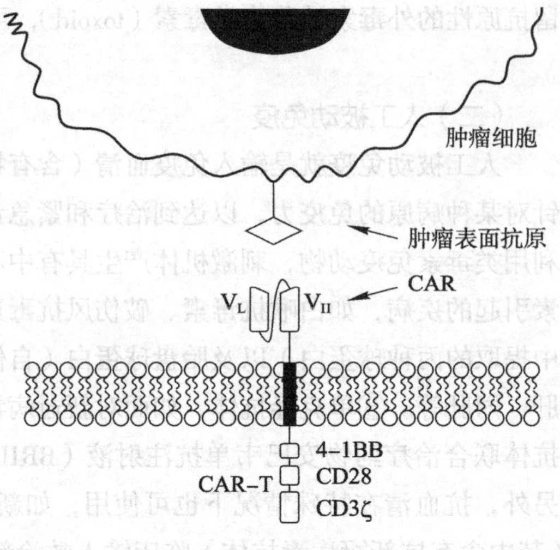

图 9-14 嵌合抗原受体 T 细胞（CAR-T）示意图

三、免疫分析

抗原与抗体反应的特点是具有高度的特异性，而且这种特异性反应不仅在体内进行，还可以在体外进行，在体外反应的这一免疫学分支称为血清学（serology）。现在血清学技术的应用已远远超出了免疫学、医学，甚至生命科学的范围，成为一类微量、灵敏、特异和快速的检测分析方法。

抗原与抗体结合后，常常会交联而形成网格状聚合物，进而出现可见的凝集或沉淀反应，这是血清学检验的基础。抗原－抗体凝集或沉淀反应除了依赖于外界的环境条件如温度、离子强度和溶液的 pH 外，尚需要合适的抗原与抗体的比例，抗体或抗原过剩均不会产生可见的凝集或沉淀（图 9-15）。抗体有两个结合位点（IgM 除外），为 2 价，而抗原有多个抗原决定簇，为多价，只有当它们的结合价彼此饱和时，才能连接成一个大的网格状聚合物，出现肉眼可见的凝集或沉淀。

（一）沉淀反应

当抗原是可溶性分子时，与抗体结合形成沉淀，称为沉淀反应（precipitation reaction）。沉淀反应是发展最早的一种血清技术，该反应中与抗原反应的抗体被称为沉淀素，二者相互扩散，形成肉

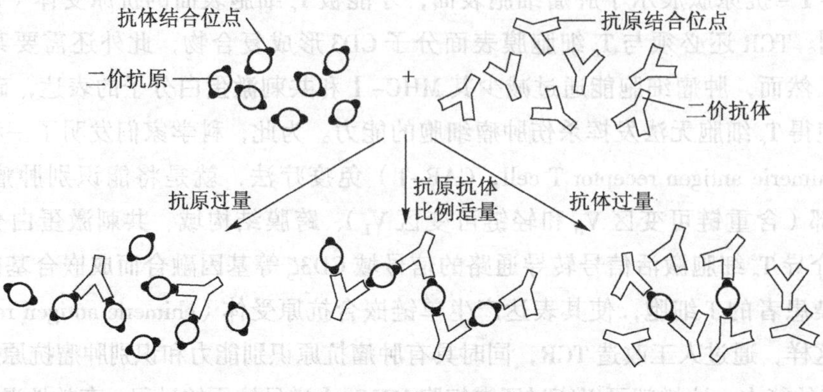

图 9-15 抗原与抗体反应聚合物的形成

眼可见的沉淀。

1. 免疫扩散试验

免疫扩散试验（immunodiffusion test）是一种在凝胶琼脂中进行的沉淀反应。在凝固的琼脂板上打孔，抗原和抗体分别加入不同的孔中，抗原和抗体分别从相邻的孔中向四周扩散，在抗原孔和抗体孔之间比例合适的部位形成沉淀线。若抗原孔及抗体孔中分别含有多种抗原和抗体的时候，就会形成多条沉淀带。具体做法有单向免疫扩散法和双向免疫扩散法。单向免疫扩散法试验中，先将适量抗体加入溶解的琼脂中，在载玻片上倒一薄层，待琼脂凝固后，打孔，加入不同浓度的抗原，通过抗原周围沉淀环直径的大小便可确定抗原的量，同理也可通过这种方法对抗体定量。

2. 免疫电泳法

免疫电泳法（immuno-electrophoresis）是利用蛋白质在凝胶中电泳迁移率不同，而将其彼此分开并结合免疫扩散进行分析的一种方法。具体做法有对流免疫电泳法、火箭电泳法、双向免疫电泳法等。如对流免疫电泳时，抗原与抗体分别置于琼脂糖凝胶板上靠正、负极两端的小孔中。通电后，抗原向正极方向移动，抗体向负极方向移动，结果在两孔间抗原、抗体浓度和比例合适的之处就形成了一条或若干条沉淀线。免疫电泳通过外加电场加速抗原抗体的自由扩散速度，具有反应快、时间短、灵敏度高等优点。

该法可检测不同类型的免疫球蛋白，比如患者是否产生非正常量的IgG、IgM、IgA；也可根据患者是否产生大量某单一抗体来诊断或监测患骨髓瘤（浆细胞瘤）患者。

（二）凝集反应

凝集反应（agglutination reaction）是指颗粒性抗原与抗体结合出现的可见现象，颗粒抗原如完整的细菌、细胞等与相应抗体相混合，一定条件下出现凝集。

凝集反应的一个方面的应用是红细胞凝集（hemagglutination）试验，就是将抗原吸附在红细胞表面，常用的红细胞为新鲜的绵羊红细胞，吸附有抗原的红细胞称为致敏红细胞。该试验可用来检测血型和某些病毒如麻疹和流感病毒等。凝集反应可以在载玻片上、试管内或微量滴定塑料板上进行。

（三）抗体标记技术

检测抗原或抗体最敏感的方法是将抗体进行标记，能检测极低浓度甚至皮克水平的抗体或抗原。标记的方法很多，如荧光标记、放射核素标记、酶标记等，这就出现了免疫荧光技术、放射免疫技术和免疫酶技术等。

1. 免疫荧光技术

免疫荧光技术是通过双功能交联剂将抗体（通常是IgG）的Fc片段与荧光染料分子连接。常用的荧光素为异硫氰荧光素和异硫氰四甲基罗丹明等。荧光标记的抗体可检测细胞上或组织中的抗原、其他抗体或补体。

2. 放射免疫分析

放射免疫分析（radioimmunoassay，RIA）中，用来标记抗原或抗体的同位素有 ^{125}I、^{131}I、^{3}H 和

^{35}S 等。放射活性的检测，液相反应体系用液体闪烁仪计数，而固相体系可用 X 射线显影。

如要检测样本中的抗体的量，可将已知的抗原溶解在盐溶液中，放在塑料微孔板中孵育，抗原分子与微孔板结合，没有结合的抗原将被洗掉；加入待测的抗体，使之与抗原反应；再加入同位素标记的抗抗体，孵育一段时间以后，洗掉过量的抗体，用液体闪烁仪进行计数，确定样本中抗体的浓度，可检测到纳克级的抗原或抗体。

3. 酶联免疫吸附试验

酶联免疫吸附试验（enzyme-linked immunosorbent assay，ELISA）是将抗抗体用辣根过氧化物酶标记而不是同位素标记，当待检测的抗体与抗原反应后，加入抗抗体－酶的复合物，酶可催化底物形成有颜色的化合物，化合物颜色的深浅与抗体的浓度成比例关系。

摘 要

病原微生物感染包括特异性吸附、侵入、定居和繁殖等步骤。病原微生物的致病性与其所产生的毒力因子和毒素有关，还受其侵入数量、侵染途径以及机体的免疫力和环境因素等影响。病原微生物感染后的最终结局分为显性感染、隐性感染、潜伏感染和带菌状态 4 种类型。

生物在进化过程中形成的 、由先天遗传而来的、相对稳定、对任何外界异物具有的天然防御力，称为非特异性免疫。非特异性免疫屏障作用包括皮肤和黏膜、血脑屏障、胎盘屏障等物理屏障作用，皮肤和黏膜、泪液、唾液、胃液等分泌物的化学屏障作用，以及不同物种或同一物种不同个体之间存在的遗传屏障作用。

机体的非特异性细胞免疫包括吞噬作用和炎症反应。吞噬作用是吞噬细胞识别入侵的病原菌，将其吞食、摧毁，并最终将产生的菌体碎片排出细胞外的过程。炎症反应是指机体受到损伤、微生物感染时，嗜碱性粒细胞和巨大细胞释放出组胺等炎症因子，引起周围毛细血管和微静脉膨胀，增加血液量，使得受伤部位发红、发热、肿胀、疼痛，并使吞噬细胞激活吸附到血管内皮细胞上，变形、挤压、穿过血管进入周围组织中，通过吞噬作用处理入侵的微生物细胞或组织碎片。

机体的非特异性分子免疫包括补体和干扰素分子，以及其他一些免疫分子。补体是一组存在于正常人体或动物血液、淋巴和体液中的蛋白质，大多以无活性的酶原形式存在，被入侵微生物或抗原与抗体复合物激活。补体激活分为 3 种途径；经典途径、旁路途径和凝集素途径。补体功能包括裂解细胞、调理作用和炎症作用。干扰素是一组由某些白细胞和组织细胞天然产生的具有干扰病毒复制功能的小分子糖蛋白。当细胞被病毒感染后，使干扰素基因受刺激被活化，转录并产生干扰素，被释放到细胞外的干扰素结合到邻近未受感染的健康细胞表面，吸附有干扰素的健康细胞遇到病毒侵染时即被刺激合成抗病毒蛋白，干扰病毒蛋白的合成。

特异性免疫是个体在后天与抗原物质接触过程中所建立起来的免疫力。抗原是指能刺激机体发生免疫应答，产生抗体或（和）致敏淋巴细胞，并能与之在体内外发生特异性反应的一类物质。抗原具有免疫原性和反应原性。只具有反应原性而无免疫原性的物质称为半抗原。决定抗原免疫原性的因素包括抗原异物性、具有较高相对分子质量和复杂的化学结构。抗原决定簇是位于抗原物质表面或其他部位的具有一定组成和结构的化学基团。抗原表面抗原决定簇的数目称为抗原的价，多数抗原的结合价在两价以上，属多价抗原。细菌细胞的主要抗原有：菌体抗原（如 O- 抗原)、表面抗原（如肺炎链球菌的荚膜抗原）、鞭毛抗原（H- 抗原）、菌毛抗原、外毒素和类毒素。

特异性细胞免疫是由 T 细胞参与。其过程是：抗原递呈细胞（巨噬细胞和树突状细胞）将抗原吞噬、加工，将消化的抗原碎片展示在其细胞的表面，MHC-Ⅱ负责在抗原递呈细胞表面抓住细菌蛋白抗原碎片，MHC-Ⅰ负责在抗原递呈细胞表面抓住病毒蛋白降解的肽片段；T_H 细胞与抗原递呈细胞表面的细菌蛋白抗原碎片和 MHC-Ⅱ结合，被激活增殖，释放淋巴因子传递信息给受感染细胞，使其杀死胞内吞噬小体中所含的细菌；T_c 细胞识别并与抗原递呈细胞表面的病毒抗原碎片和 MHC-Ⅰ结合，被激活增殖，分泌穿孔素蛋白，使受病毒感染细胞膜上形成小孔，膨胀裂解。

特异性分子免疫是由血液循环系统中抗体分子所参与。抗体是 B 细胞在抗原刺激下增殖分化为浆细胞，产生能与相应抗原发生特异性结合的免疫蛋白。抗体分子的基本结构单位是由两条相同的重链和两条相同的轻链所组成的“Y”形四肽链结构。抗原结合位点位于抗体双臂的每一个 N 端，抗原结合位点及其紧邻的一部分区域为可变区，占重链的 1/4、轻链的 1/2；其余部分氨基酸序列相对稳定，称为恒定区，吞噬细胞和补体的结合位点在恒定区。抗体分为五类，IgM、IgD、IgG、IgA 和 IgE，IgD、IgE 和 IgG 三种抗体以单体分泌到血液中，但 IgM 以五聚体形式分泌到血液中，IgA 以单体和二聚体混合物形式分泌到血液中。B 细胞形成时，每一个 B 细胞能随机地将它的抗体基因的不同片段拼接在一起，形成多样性的抗体基因，因而能合成不同的特异性抗体。机体通过克隆选择作用，使表面带有针对特定抗原的抗体的 B 细胞激活、增殖和分化，产生大量针对该抗原的特异性抗体。在克隆选择过程中产生的一群同样 B 细胞的克隆当中，有的分化成为记忆细胞，以便未来对再次侵入的同样抗原发生免疫反应。B 细胞激活分为非 T 细胞依赖性的抗原激活和 T 细胞依赖性的抗原激活。抗体的功能包括中和作用、调理作用和激活补体作用。利用骨髓瘤细胞能够体外反复传代繁殖能力和 B 细胞分泌特异性抗体的能力，通过细胞融合的方式进行杂交获得杂交瘤细胞的单克隆，该杂交瘤细胞单克隆既能在体外传代培养，又能分泌针对目的抗原、具单一抗原特异性、由单一抗体分子所组成的均一抗体，称作单克隆抗体。

如果抗原刺激引起机体产生不正常的免疫应答，甚至引起组织损伤，如过度的免疫应答，严重的可以引起休克甚至死亡，这种免疫应答称之为超敏反应。如果机体对自身组织、细胞或蛋白质产生免疫应答，引起自身组织的损伤，称之为自身免疫。如果机体对抗原的刺激不产生免疫应答，则称为免疫耐受。

人工自动免疫就是机体被动输入抗原物质后，机体的免疫系统因抗原的刺激发生类似感染时所发生的应答过程，从而产生特异性免疫力，以预防或治疗疾病。用于人工自动免疫的抗原制品称为疫苗，有活疫苗、死疫苗、联合疫苗、基因工程疫苗、亚单位疫苗、核酸疫苗、类毒素等。人工被动免疫就是输入免疫血清或致敏淋巴细胞，使机体立即获得针对某种病原的免疫力，以达到治疗和紧急预防的目的，如抗毒素、血清球蛋白、胎盘球蛋白等。利用特异性免疫原理，发展出了治疗恶性肿瘤的单克隆抗体药物和肿瘤的嵌合抗原受体 T 细胞（CAR-T）免疫疗法。利用抗原与抗体发生特异性结合交联形成网格状聚集物原理，发展出了免疫扩散试验、免疫电泳法、凝集试验、免疫荧光技术、放射免疫分析和酶联免疫吸附试验等方法。

思考题

1. 有哪些因素影响病原微生物的致病性？
2. 外毒素的主要特点是什么？
3. 为什么革兰氏阳性菌不能产生内毒素？
4. 举例说明病原菌的侵袭力有哪些？
5. 人体有哪些白细胞？它们起源于何处，各自在免疫反应中起什么作用？
6. 为什么说炎症反应是非特异性的细胞免疫反应过程？
7. 什么叫吞噬作用？归纳总结吞噬作用在整个免疫反应过程中的作用。
8. 试列表比较补体激活的三条途径。
9. 试述干扰素的分类及其生物学作用特点，干扰素主要可以治疗哪些传染性疾病？
10. 机体有哪些免疫细胞和免疫分子参与抗病毒感染？它们是如何发挥抗病毒免疫作用的？
11. 抗原、抗原表位和半抗原之间有什么不同？
12. 试述免疫球蛋白（Ig）的结构与功能的关系。
13. B 细胞的激活与抗体的产生过程有哪两种方式？试比较它们的异同。
14. 特异性体液免疫的免疫记忆作用是如何产生的？
15. 机体产生针对成千上万种不同抗原的特异性抗体的分子基础是什么？
16. 骨髓瘤细胞也是一种浆细胞，为什么大多数骨髓瘤细胞单克隆细胞产生的抗体不能与所使用的抗原发生免疫反应？
17. 简述特异性细胞免疫作用的三个阶段。
18. 下列情形各属于何种免疫，为什么？（1）接种脊髓灰质炎疫苗；（2）注射胎盘球蛋白；（3）患病毒性感冒；（4）注射抗毒素。
19. 简述肿瘤 CAR-T 免疫治疗的原理。
20. 什么是死疫苗、载体疫苗、重组亚单位蛋白疫苗和 mRNA 疫苗？它们各有什么优缺点？

数字课程学习

教学课件　　在线自测

主要参考文献

陈沫先，韦中，田亮，等.合成微生物群落的构建与应用.科学通报，2021，66（3）：273–283.

邓子新，陈峰.微生物学.北京：高等教育出版社，2017.

邓子新，陈峰.微生物学.2版.北京：高等教育出版社，2022.

黄玥，胡珂嘉，胡永仙，等.通用型嵌合抗原受体T细胞治疗的研究进展.中华血液学杂志，2021，42（9）：782–786.

黄秀梨.微生物学.北京：高等教育出版社，1998.

李向茸，李倩，冯若飞.冠状病毒的研究进展.中国人兽共患病学报，2021，37（1）：22–38.

刘小玲，雷蓉.从入选中国科学十大进展看合成生物学的发展.科技中国，2022（4）：36–47.

刘双江，施文元，赵国屏.中国微生物组计划：机遇与挑战.中国科学院院刊，2017，32（3）：241–250.

门大鹏，程光胜.我国古代认识和利用微生物的成就.微生物学通报，1978，1：39–41.

沈萍，陈向东.微生物学.2版.北京：高等教育出版社，2006.

沈萍，陈向东.微生物学.8版.北京：高等教育出版社，2016.

辛明秀，黄秀梨.微生物学.4版.北京：高等教育出版社，2020.

杨文博，李明春.微生物学.北京：高等教育出版社，2010.

周德庆.微生物学.北京：高等教育出版社，1993.

周德庆.微生物学教程.4版.北京：高等教育出版社，2020.

Abrahão J，Silva L，Silva LS，et al. Tailed giant Tupanvirus possesses the most complete translational apparatus of the known virosphere. Nat Commun，2018，9：749.

Abreu TR，Fonseca NA，Goncalves N，et al. Current challenges and emerging opportunities of CAR–T cell therapies. J of Control Release，2020，319：246–261.

Anderson DG，Salm SN，Allen DP，et al. Nester's Microbiology：A Human Perspective. 9th edition. New York：McGraw–Hill Education，2019

Bada JL. New insights into prebiotic chemistry from Stanley Miller's spark discharge experiments. Chem Soc Rev，2013，42（5）：2186–2196.

Barratt J，Weitz I. Complement factor D as a strategic target for regulating the alternative complement pathway. Front Immunol，2021，12：712572.

Bartnicki–Garcia S. Glucans，walls，and morphogenesis：on the contributions of J. G. H. Wessels to the golden decades of fungal physiology and beyond. Fungal Genet Biol，1999，27：119–127.

Behjati S，Tarpey PS. What is next generation sequencing? Arch Dis Child Educ Pract Ed，2013，98（6）：236–238.

Berg G，Rybakova D，Fischer D，et al. Microbiome definition re–visited：old concepts and new challenges.

Microbiome, 2020, 8 (1): 103.

Bernheim A, Sorek R. The pan-immune system of bacteria: antiviral defence as a community resource. Nat Rev Microbiol, 2020, 18 (2): 113–119.

Black JG. Microbiology: Principles and Explorations. 7th edition. Hoboken: John Wiley and Sons, Inc., USA, 2008.

Blanco N, Reidy M, Arroyo J, et al. Crosslinks in the cell wall of budding yeast control morphogenesis at the mother-bud neck. J Cell Sci, 2012, 125: 5781–5789.

Brandes N, Linial M. Giant viruses-big surprises. Viruses, 2019, 11: 404.

Cheng T, Yao X, Wu C, et al. Endophytic *Bacillus megaterium* triggers salicylic acid-dependent resistance and improves the rhizosphere bacterial community to mitigate rice spikelet rot disease. Applied Soil Ecology, 2020, 156: 103710.

Chess B. Talaro's Foundations in Microbiology: Basic Principles. 11th edition. New York: McGraw-Hill Education, 2020.

Choi J, Kima S-H. A genome tree of life for the fungi kingdom. PNAS, 2017, 114 (35): 9391–9396.

Cowan MK. Microbiology: A Systems Approach. 3rd edition. New York: McGraw Hill Companies, Inc., 2012.

Cowan MK, Smith. H ISE Microbiology: A Systems Approach. 6th edition. New York: McGraw-Hill Education, 2021.

Fiore-Donno AM, Nikolaev SI, Nelson M, et al. Deep phylogeny and evolution of slime moulds (mycetozoa). Protist, 2010, 161 (1): 55–70.

Flores R, Owens RA, Taylor J. Pathogenesis by subviral agents: viroids and hepatitis delta virus. Curr Opin Virol, 2016, 17, 87–94.

Gibson DG, Glass JI, Lartigue C, et al. Creation of a bacterial cell controlled by a chemically synthesized genome. Science, 2010, 329 (5987): 52–56.

Gnanasekaran P, Chakraborty S. Biology of viral satellites and their role in pathogenesis. Curr Opin Virol, 2018, 33: 96–105.

Hawksworth DL, Lücking R. Fungal diversity revisited: 2.2 to 3.8 million species. Microbiol Spectr, 2017, 5 (4).

Higgs PG, Lehman N. The RNA world: molecular cooperation at the origins of life. Nat Rev Genet, 2015, 16 (1): 7–17.

Hugenholtz P, Chuvochina M, Oren A, et al. Prokaryotic taxonomy and nomenclature in the age of big sequence data. ISME J, 2021, 15 (7): 1879–1892.

Hughes SA, Wedemeyer H, Harrison PM. Hepatitis delta virus. Lancet, 2011, 378 (9785): 73–85.

Jagmann N, Philipp B. Design of synthetic microbial communities for biotechnological production processes. J Biotechnol, 2014, 84: 209–218.

Jiang F, Doudna JA. CRISPR-Cas9 structures and mechanisms. Annu Rev Biophys, 2017, 46: 505–529.

Johns NI, Blazejewski T, Gomes AL, et al. Principles for designing synthetic microbial communities. Curr Opin Microbiol, 2016, 31: 146–153.

Khan AU, Maryam L, Zarrilli R. Structure, genetics and worldwide spread of new delhi metallo-beta-lactamase (NDM): a threat to public health. BMC Microbiol, 2017, 17 (1): 101.

Koonin EV, Yutin N. Multiple evolutionary origins of giant viruses. F1000 Research, 2018, 7 (F1000 Faculty Rev): 1840.

Kuranda MJ, Robbins PW. Chitinase is required for cell separation during growth of *Saccharomyces cerevisiae*. J Biol Chem, 1991, 266: 19758–19767.

Latge JP. The cell wall: a carbohydrate armour for the fungal cell. Mol Microbiol, 2007, 66: 279–290.

Liu C, Bi J, Kang L, et al. The molecular mechanism of stipe cell wall extension for mushroom stipe elongation growth. Fungal Biol Rev, 2021, 35: 14–26.

Madigan MT, Martinko JM. Brock Biology of Microorganisms. 11th edition. London: Pearson Education, Inc. USA, 2006.

Madigan M, Bender K, Buckley D, et al. Brock Biology of Microorganisms. 16th edition. London: Pearson Education, Inc. USA, 2020.

Malyshev DA, Dhami K, Lavergne T, et al. A semi-synthetic organism with an expanded genetic alphabet. Nature, 2014, 509 (7500): 385–388.

Marchesi, JR, Ravel J. The vocabulary of microbiome research: a proposal. Microbiome, 2015, 3: 31.

Mizuuchi R, Furubayashi T, Ichihashi N. Evolutionary transition from a single RNA replicator to a multiple replicator network. Nat Commun, 2022, 13: 1460.

Nester EW, Anderson DG, Roberts Jr CE, et al. Microbiology: A Human Perspective. 6th edition. New York: Mcgraw-Hill Higher Education, Inc., 2009.

Nilsson RH, Anslan S, Bahram M, et al. Mycobiome diversity: high-throughput sequencing and identification of fungi. Nat Rev Microbiol, 2019, 17 (2): 95–109.

Pommerville JC. Alcamo's Fundamentals of Microbiology. 9th edition. Boston: Jones and Bartlett Publishers, 2011.

Pommerville JC. Fundamentals of Microbiology. 11th edition. Boston: Jones and Bartlett Publishers, 2018.

Ramzi AB. Metabolic engineering and synthetic biology. Adv Exp Med Biol, 2018, 1102: 81–95.

Shao Y, Lu N, Wu Z, et al. Creating a functional single-chromosome yeast. Nature, 2018, 560: 331–335.

Sherman RM, Salzberg SL. Pan-genomics in the human genome era. Nat Rev Genet, 2020, 21 (4): 243–254.

Shuptrine CW, Surana R, Weiner LM. Monoclonal antibodies for the treatment of cancer. Seminars in Cancer Biology, 2012, 22 (1): 3–13.

Slonczewski JL, Foster JW, Gillen KM. Microbiology: An Evolving Science. 2nd edition. New York: W.W. Norton and Company, 2011.

Slonczewski JL, Foster JW, Zinser ER. Microbiology: An Evolving Science. 5th edition. New York: W.W. Norton and Company, 2020.

Spatafora JW, Aime MC, Grigoriev IV, et al. The fungal tree of life: from molecular systematics to genome-scale phylogenies. Microbiol Spectr, 2017, 5 (5).

Stearns J, Surette M, Kaiser JC. Microbiology for Dummies. Hoboken: John Wiley and Sons, Inc., 2019

Talaro KP. Foundations in Microbiology. 6th edition. New York: Mcgraw-Hill Companies, Inc., 2008.

Tessera M. Life began when evolution began: a lipidic vesicle-based scenario. Orig. Life Evol. Biosph, 2009, 39, 559–564.

Thines M. Oomycetes. Curr Biol, 2018, 28 (15): R812–R813.

Tortora GJ, Funke BR, Case CJ. Microbiology: An Introduction. 10th Edition. Boston: Pearson Education Inc, 2010.

Tortora GJ, Funke BR, Case CJ. Microbiology: An Introduction. 13th Edition. Boston: Pearson Education Inc, 2019.

Venturelli OS, Carr AC, Fisher G, et al. Deciphering microbial interactions in synthetic human gut microbiome communities. Mol Syst Biol, 2018, 14 (6): e8157.

Wheelis ML. Principles of Modern Microbiology. Boston:

Jones and Bartlett Publishers，2008.

WHO. Genomics and world health：report of the advisory committee on health research.Geneva：WHO，2022.

Willey J，Sandman K，Wood D. Prescott's Microbiology. 11th edition. New York：McGraw-Hill Education，2020.

Willey JM，Sherwood LM，Woolverton CJ. Prescott's Principles of Microbiology. New York：McGraw-Hill Education，2009.

Wolfe-Simon F，Blum JS，Kulp TR，et al. A bacterium that can grow by using arsenic instead of phosphorus. Science，2011，332（6034）：1163-1166.

Xie X，Huang C，Fu W，et al. Potential of endophytic fungus *Phomopsis liquidambari* for transformation and degradation of recalcitrant pollutant sinapic acid. Fungal Biol，2016，120：402-413.

Weissenbach J. The rise of genomics. C R Biol，2016，339（7-8）：231-239.

Ye X，Tang J，Mao Y，et al. Integrated proteomics sample preparation and fractionation：method development and applications. Trends in Anal Chem，2019，120：115667.

Zaremba-Niedzwiedzka K，Caceres EF，Saw JH，et al. Asgard archaea illuminate the origin of eukaryotic cellular complexity. Nature，2017，541（7637）：353-358.

Zhang Y，Lamb BM，Feldman AW，et al. A semisynthetic organism engineered for the stable expansion of the genetic alphabet. Proc Natl Acad Sci U S A，2017，114（6）：1317-1322.

Zhou J，Kang L，Liu C，et al. Chitinases play a key role in stipe cell wall extension in the mushroom *Coprinopsis cinerea*. Appl Environ Microbiol，2019，85，1e44.

Zhuang L，Li Y，Wang Z，et al. Synthetic community with six *Pseudomonas* strains screened from garlic rhizosphere microbiome promotes plant growth. Microb Biotechnol，2020，4（2）：488-502.

索　引

G

H